高等院校新能源专业系列教材
普通高等教育新能源类“十四五”精品系列教材

Wind Turbine Control Technology

风力发电机组控制

（第2版）

霍志红　郑　源　张志学　左　潞　张德虎
胡鹤轩　许　昌　王　冰　赵振宙　编著

·北京·

内 容 提 要

风力发电控制技术是一门新兴的综合性学科，涵盖了电气工程、机械工程、控制工程、电力电子、流体力学、材料力学、气象学等相关内容。本书系统地介绍了风力发电机组基本控制原理与控制技术，其中包括典型风力发电机组控制系统结构及基本控制方法，变桨系统、偏航系统、液压与制动系统、变流系统，以及目前风电场的两种主流机型双馈异步风力发电机组和直驱永磁同步风力发电机组的运行与控制、并网技术、监控系统、故障诊断技术等内容。

本书既可作为高等院校新能源科学与工程专业通用教材，也可作为科研院所从事风力发电相关工作和有关工程技术人员的学习、培训教材及参考用书。

图书在版编目（CIP）数据

风力发电机组控制 / 霍志红等编著. -- 2版. -- 北京 : 中国水利水电出版社, 2022.3
高等院校新能源专业系列教材 普通高等教育新能源类“十四五”精品系列教材
ISBN 978-7-5226-0521-0

Ⅰ. ①风… Ⅱ. ①霍… Ⅲ. ①风力发电机－发电机组－控制系统－高等学校－教材 Ⅳ. ①TM315

中国版本图书馆CIP数据核字(2022)第032198号

书 名	高等院校新能源专业系列教材 普通高等教育新能源类“十四五”精品系列教材 **风力发电机组控制（第2版）** FENGLI FADIAN JIZU KONGZHI (DI 2 BAN)
作 者	霍志红 郑 源 等 编著
出版发行	中国水利水电出版社 （北京市海淀区玉渊潭南路1号D座 100038） 网址：www.waterpub.com.cn E-mail：sales@mwr.gov.cn 电话：(010) 68545888（营销中心）
经 售	北京科水图书销售有限公司 电话：(010) 68545874、63202643 全国各地新华书店和相关出版物销售网点
排 版	中国水利水电出版社微机排版中心
印 刷	清淞永业（天津）印刷有限公司
规 格	184mm×260mm 16开本 17.75印张 432千字
版 次	2014年1月第1版第1次印刷 2022年3月第2版 2022年3月第1次印刷
印 数	0001—4000册
定 价	**68.00**元

前言

能源、环境是当今人类生存和发展所要解决的紧迫问题。将风能作为未来重要的清洁替代能源之一，对于缓解能源匮乏具有非同寻常的意义。《风力发电机组控制》第1版自2014年出版发行到2021年重印了3次，被国内多所高校作为本科生专业教材使用，使我们深受鼓舞，但不可否认，随着风电技术的不断发展，第1版中的一些内容已经不再适用。结合多年风力发电机组控制教学经验，本次再版对本书整体结构进行了重新梳理与融合，使之能更好地服务于高等学校本科教学工作和从事风力发电相关工作的人员和有关工程技术人员。

本书共分12章：第1章绪论对风力发电以及风力发电机组控制系统的发展概况进行简要介绍；第2章介绍了风力发电机组的相关基本理论，包括风力机的空气动力学基础、桨叶受力分析及风轮气动功率调节技术；第3章介绍了风力发电机组控制系统的组成、基本工作原理；第4章介绍了风力发电机组变桨系统，其中包括电动变桨、液压变桨、独立变桨及智能变桨技术；第5章着重介绍了偏航系统的结构组成、工作原理及偏航系统的技术要求及维护；第6章介绍了风力发电机组液压与制动系统的组成结构及工作原理、空气动力制动、安全链及风力发电机组的防雷技术；第7章介绍了变流系统，变流器的结构及工作原理，双PWM变流器及典型风电变流方案；第8章和第9章分别介绍了双馈异步风力发电机组及直驱永磁同步风力发电机组的结构、工作原理、矢量控制技术及这两种主流机型的运行与控制技术；第10章介绍了不同类型风力发电机组的并网技术，其中包括异步发电机、双馈异步发电机和同步发电机并网，同时介绍了低电压穿越技术及高电压穿越技术；第11章介绍了风电场监控系统，其中包括风电场 SCADA 系统、风力发电机组的数据采集与监控系统；第 12 章主要介绍了风力发电机组故障诊断技术，故障诊断的基本方法、风力发电机组常见故障、机组状态监测及健康诊断及机组的运行与维护。

本书在编写过程中得到了河海大学能源与电气学院的各位领导和老师的支持与帮助，没有他们的帮助，本书很难及时推出。

本书的写作得到了中国水利水电出版社李莉主任、高丽霄编辑的大力支持与帮助，在此对她们为本书所做出的贡献表示衷心的感谢。

本书在写作过程中参考了大量文献资料，对所引用的资料已尽可能地列写在书后的参考文献中，但其中难免有遗漏，在此特向所有引用文献的作者表示诚挚的感谢。

尽管笔者试图使本书尽可能全面地呈现给读者，但由于能力有限，书中内容仍有局限与欠缺之处，有待不断充实与更新，衷心希望读者不吝赐教。

霍志红

2021 年 10 月 15 日

目　录

第1章 绪　论

1.1 风力发电概述

第1章课件

风力发电机组内部结构图（含变桨）

随着经济的快速发展，能源的消费逐年增加，常规能源资源面临日益枯竭的窘境，迫切需要一些清洁、无污染、可再生的新能源。在目前众多可再生能源与新能源开发技术中，风力发电有着自身独特的优势，在可再生的绿色能源开发领域中占有重要地位。我国作为风力资源丰富的国家之一，在风力发电机组的国产化方面也取得了较快进展。控制系统是机组正常运行的核心，控制技术是风力发电机组的关键技术之一，与风力发电机组的其他部分关系密切，控制系统直接影响机组的安全与运行效率，因此，控制系统是风力发电机组可靠运行以及实现最佳运行的可靠保证。

风力发电机组的控制系统是综合性控制系统，不仅要监测电网、风况和机组的运行参数，对机组进行并网与脱网控制，确保运行的安全性与可靠性，同时还要根据风速与风向的变化，对机组进行转速控制和偏航控制，以提高机组的运行效率和发电量。

20世纪80年代中期开始进入风力发电市场的定桨距风力发电机组，主要解决了风力发电机组的并网问题和运行的安全性与可靠性问题，其采用了软并网技术、空气动力刹车技术、偏航与自动解缆技术，这些都是并网运行的风力发电机组需要解决的基本的问题。由于功率输出受到桨叶自身的性能限制，叶片的桨距角在安装时已经固定，发电机的转速由电网频率限制。因此，只要在允许的风速范围内，定桨距风力发电机组的控制系统在运行过程中对由于风速变化引起的输出能量的变化是不做任何控制的。这就简化了控制技术和相应的伺服传动技术，使定桨距风力发电机组能够在较短时间内实现商业化运行。

恒速定桨距风力发电机组在低风速运行时风能转换效率较低。在整个运行风速范围内由于气流的速度不断变化，如果风力机的转速不能随风速变化而调整，将会导致风轮在低风速时的效率降低。同时发电机本身也存在低负荷时的效率问题，尽管目前用于风力发电机组的发电机已能设计得较为理想，它们在功率大于30%额定功率范围内，均有高于90%的效率，但当功率小于25%额定功率时，效率仍然会急剧下降。为了解决上述问题，引入了双速风力发电机组的概念，将发电机分别设计成4极和6极，提高了风力发电机组的效率。

经过多年的实践，设计人员对风力发电机组的运行工况和各种受力状态已经有了深入的了解，不再满足于仅仅提高风力发电机组运行的可靠性，而开始追求不断优化的输出功率曲线，同时采用变桨距机构的风力发电机组可使桨叶和整机的受力

状况大为改善，这对大型风力发电机组的总体设计十分有利。因此，进入 20 世纪 90 年代以后，变桨距控制系统又重新受到了设计人员的重视。

变桨距控制主要是通过改变翼型迎角，通过翼型升力变化进行调节。变桨距控制多用于大型风力发电机组。变桨距风力发电机组又分为主动变桨距控制与被动变桨距控制。主动变桨距控制可以在大于额定风速时限制功率，这种控制的实现是通过将每个叶片沿着自身轴向方向旋转以减小攻角，同时也减小了升力系数。被动变桨距控制是一种可以替代主动变桨距限制功率的控制方式，控制思想是将叶片或叶片的轮毂设计成在叶片载荷的作用下扭转，以便在高风速下获得所需的桨距角。不过，尽管理论说起来很简单，但却很难实现，因为叶片随风速变换而扭转的变化量一般并不与叶片相应的载荷变化相匹配。变桨变距风力发电机组并网后可对功率进行控制，相对于定桨距机组而言，机组的启动性能和功率输出特性都有显著的改善。

随着人们对机组性能要求的逐步提高，变桨距风力发电机组在额定风速以下运行时的效果仍不理想，到了 20 世纪 90 年代末期，基于变速恒频技术的各种变速风力发电机组开始进入风电场。变速风力发电机组控制系统与定速风力发电机组控制系统的根本区别在于变速风力发电机组是把风速信号作为控制系统的输入变量来进行转速和功率控制的。变速风力发电机组的主要特点是：在低于额定风速时，它能跟踪最佳功率曲线，使风力发电机组具有较高的风能转换效率；在高于额定风速时，它增加了传动系统的柔性，使功率输出更加稳定，特别是解决了高次谐波、无功补偿等问题后，达到了高效率、高质量地向电网提供电力的目的。可以说，风力发电机组的控制技术从机组的定桨距恒速运行发展到变速恒频技术的变速运行，明显改善了机组的受力及输出电能的质量。

变速恒频风力发电技术目前的控制方法是：当风速变化时通过调节发电机电磁转矩或风力机桨距角使叶尖速比保持最佳值，实现风能的最大捕获。但在随机扰动大、不确定因素多、非线性严重的风力发电系统，传统的控制方法会产生较大误差，因此近些年国内外学者都开展了许多研究工作。一些新的控制理论开始应用于风力发电机组控制系统，如采用模糊逻辑控制、神经网络控制、鲁棒控制等。风力发电机组控制技术开始向更加智能化的方向发展。

经过 20 多年的发展，我国风电行业已经积累了丰富的经验，但仍然存在一些问题，例如风电优化设计水平参差不齐、风电核心技术水平和发电设备可靠性有待提高、弃风限电等问题。大力开展技术研发，推进核心技术国产化，才能激发技术创新和产品创新。而作为风电开发企业，也应当努力掌握风电设备关键技术，为风电场的运行维护、技术改造、提质增效提供有力支撑。智能化是能源发展未来的趋势。风力发电机组智能化、风电场智能化，就是要推动风电与控制技术、信息技术、通信技术的深度融合，实现风电的智能化开发、智能化运维、智能化监控以及智能化管理。随着产业体系图的不断完善和技术水平的不断提高，智能化将成为未来风电发展的主要方向。

1.2 风力发电控制技术

1.2.1 风力发电机组控制类型

随着对风电技术的不断研究与开发，风力发电机组逐渐大型化和商品化，因此，对机组关键技术的研究也越来越深入。根据桨叶的不同，风力发电机组控制系统的类型可分为以下三种：

1. 定桨距失速调节型风力发电机组

定桨距是指桨叶与轮毂的连接是固定的，即当风速变化时，桨叶的迎风角度不能随之变化。失速是指桨叶本身所具有的失速特性，当风速高于额定风速时，气流将在桨叶的表面产生涡流，使效率降低，产生失速，限制发电机的功率输出。为了提高风电机组在低风速时的效率，通常采用双速发电机（即大/小发电机）。在低风速运行时，采用小电机使桨叶具有较高的气动效率，提高机组运行效率。定桨失速调节型的优点是失速调节由桨叶本身完成，简单可靠，当风速变化引起的输出功率的变化只通过桨叶的被动失速调节而控制系统不作任何控制，使控制系统大为简化。但是在输入变化的情况下，风力发电机组只有很小的机会能在最佳状态下运行，因此机组的整体效率较低。通常很少应用在兆瓦级以上的大型风力发电机上。

2. 变桨距调节型风力发电机组

变桨距是指安装在轮毂上的叶片，通过控制可以调整桨距角的大小。在运行过程中，当发电机输出功率小于额定功率，桨距角保持在0°位置不变，不做调节。当发电机输出功率达到额定功率，控制系统根据输出功率的变化调整桨距角的大小，使发电机的输出功率保持在额定功率，此时控制系统参与调节，形成闭环控制。

3. 主动失速调节型风力发电机组

这一类型机组将定桨距失速调节与变桨距调节两种风力发电机组相结合，充分吸取了被动失速和桨距调节的优点，桨叶采用失速特性，调节系统采用变桨距调节。低风速时，将桨叶节距调节到可获取最大风功率位置，桨距角调整优化机组功率的输出；当机组输出功率超过额定功率后，桨叶节距主动向失速方向调节，从而控制输出功率。

1.2.2 变速恒频发电机控制类型

根据风机转速风力发电机组分为恒速恒频和变速恒频两种，恒速恒频机组的整体效率较低，而变速恒频调节方式是目前公认的优化调节方式，也是未来风电技术发展的主要方向。变速恒频机组的优点是大范围内调节运行转速来适应因风速变化而引起的输出功率的变化，可以最大限度利用风能，运行效率高，控制灵活，可以较好地调节系统的有功功率和无功功率，但控制系统较为复杂。变速恒频又根据发电机的不同分为以下几种：

1. 基于异步感应电机的风力发电机组

异步感应电机的风力发电机组结构如图1-1所示，通过晶闸管控制的软并网装置接入电网，并网冲击电流较大，需要电容无功补偿装置，控制电路简单。各大风电设备制造商都有此类产品。

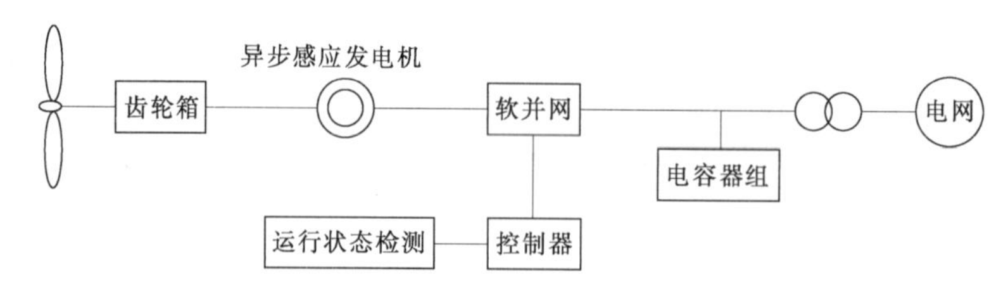

图1-1　异步感应电机的风力发电机组结构

2. 基于绕线转子异步电机的风力发电机组

绕线转子异步电机的风力发电机组结构如图1-2所示，绕线转子异步发电机可以采用功率辅助调节方式，即转子电流控制（rotor current control，RCC）方式来配合变桨距机构，共同完成发电机输出功率的调节。在绕线转子输入由电力电子装置控制的发电机转子电流，可以加大异步发电机转差率（可到10%），使发电机在较大的转速范围内向电网送电，提高异步发电机的风能利用率。

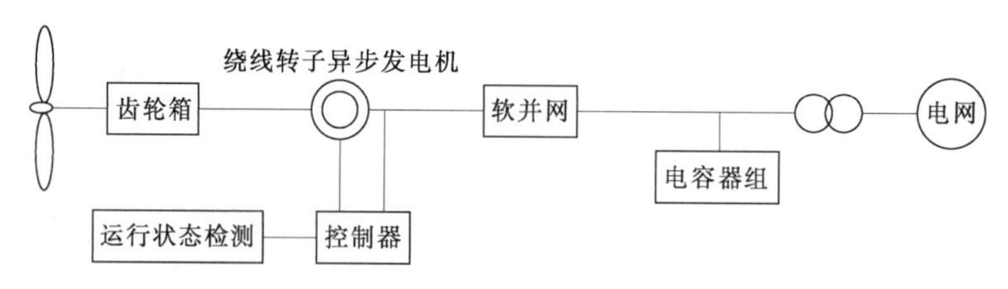

图1-2　绕线转子异步电机的风力发电机组结构

3. 双馈异步风力发电机组

双馈异步发电机的结构类似于绕线式感应电机，不同的是转子绕组具有可调节频率的三相电源激励，双馈异步风力发电机组结构如图1-3所示。

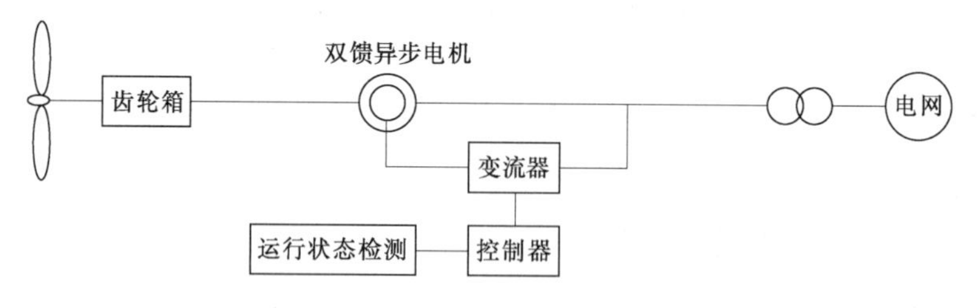

图1-3　双馈异步风力发电机组结构

双馈异步发电机励磁可调量有三个：一是励磁电流的幅值；二是励磁电流的频率；三是励磁电流的相位。通过改变励磁电流频率，可调节机组转速，这样在负荷突然变化时，迅速改变电机的转速，充分利用转子的动能，释放和吸收负荷，对电网的扰动比常规电机小。另外，通过调节转子励磁电流的相位和幅值，可以调节有功功率和无功功率，提高机组的效率，对电网起到稳频、稳压的作用。双馈发电机组控制简图如图1-4所示。

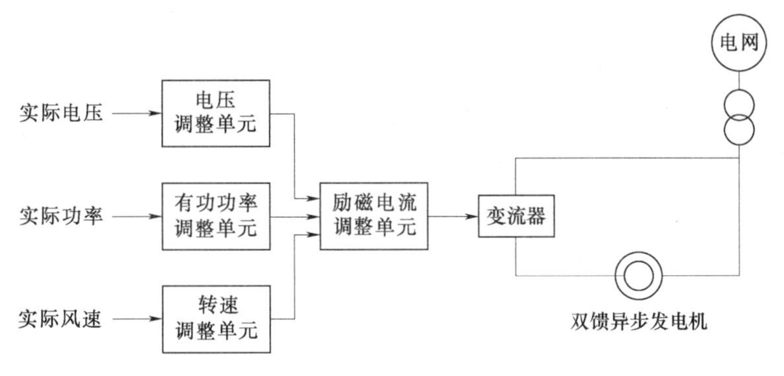

图 1-4 双馈发电机组控制简图

整个控制系统可分为转速调整单元、有功功率调整单元和电压调整单元（无功功率调整）。它们分别接受风速和转速、有功功率、无功功率指令，并产生一个综合信号，送给励磁控制装置，改变励磁电流的幅值、频率与相位角，以满足系统的控制要求。由于双馈电机既可以调节有功功率，又可以调节无功功率，有风时，机组并网发电；无风时，也可作抑制电网频率和电压波动的补偿装置。

双馈电机应用于风力发电中，可以解决风力机转速不可调、机组效率低等问题。同时，由于双馈电机对无功功率、有功功率均可调，对电网可起到稳压、稳频的作用，提高了发电质量。与同步电机交—直—交系统相比，它还具有变流装置容量小（一般为发电机额定容量的 25%～30%）、重量轻的优点。但这种结构也存在一些问题，如控制电路复杂，不同的控制方法效果有一定差异，由于变流器容量相对较小，该结构比其他结构更容易受到电网故障的影响。

4. 直驱永磁同步风力发电机组

直驱永磁同步风力发电机组结构如图 1-5 所示。

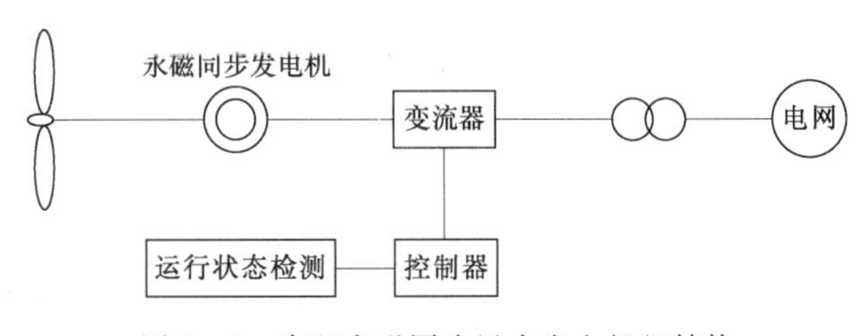

图 1-5 直驱永磁同步风力发电机组结构

由变桨距风轮直接驱动永磁同步发电机，省去了齿轮箱。发电机输出先经机侧变流器变为直流，再经网侧变流器将电能输送到电网。对风力发电机工作点的控制是通过控制网侧变流器送到电网的电流实现对直流环节电压的控制，从而控制风力机的转速。风力发电机输出电能的频率、电压、电功率都是随着风速的变化而变化的，这样有利于最大限度地利用风能资源，恒频恒压并网的任务则由变流器完成。除了直驱永磁同步发电机可以直接并网外，还可以构成风力发电机（群），比如有些风力发电系统采用的是高压直驱永磁同步发电机（群），结构如图 1-6 所示。

单机容量为 3～5MW，输出额定电压高达 20kV，频率为 5～10Hz，每一台发

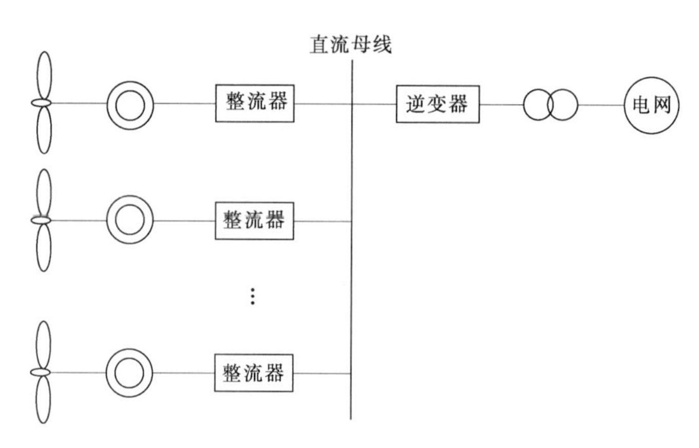

图1-6　高压直驱永磁同步发电机（群）

电机机端配置有整流器，把交流变换为直流，通过直流母线实现与风电场其他机组（群）的并联运行，提高了可靠性和效率。风电场由一台大容量公用逆变器把直流母线的直流电转换成50Hz的交流电，电压为12kV，可直接并入当地电网使用，也可经变压器升压至更高电压后并入更高压电网传输到远处。

直驱永磁同步发电机系统存在的缺点是：对永磁材料的性能稳定性要求高，电机重量增加。另外，IGBT逆变器的容量较大，一般要选发电机额定功率的120%以上。但使用IGBT逆变器也带来一些好处：

（1）使用脉宽调制（PWM）获得正弦形转子电流，电机内不会产生低次谐波，改善了谐波性能。

（2）有功功率和无功功率的控制更为方便。

（3）大功率IGBT易驱动。

（4）开关时间短，减小功耗。

发电机控制系统除了控制发电机“获取最大能量”外，还要使发电机向电网提供高品质的电能。因此要求发电机控制系统做到以下内容：

（1）尽可能产生较低的谐波电流。

（2）能够控制功率因数。

（3）使发电机输出电压适应电网电压的变化。

（4）向电网提供稳定的功率。

第2章 风力发电机组

第2章课件

风力发电是将风的动能转换为机械能，带动发电机发电，再将其转换成电能。学习风力机的基本理论可以对风力发电机组控制系统有更深入的了解。本章介绍了风力发电机组的基本结构及分类、风力机空气动力学基础、桨叶受力分析以及风轮气动功率调节等内容。

2.1 简　介

2.1.1 结构

风力发电机组的类型虽然很多，但其原理和结构总的说来还是大同小异的。本书以上风向、水平轴、三叶片风力发电机组为研究对象，风力发电机组结构如图2-1所示。

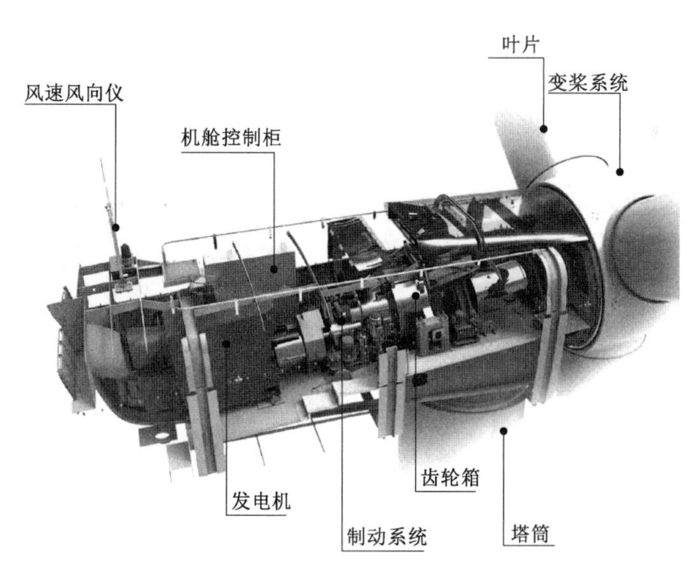

图2-1 风力发电机组结构图

风力发电机组各组成部分及作用如下：

（1）叶片。叶片捕获风能并将风能传送到转子轴心。叶片的翼型设计、结构形式直接影响机组的性能。叶片材料的强度和刚度是决定风力发电机组性能优劣的关键。叶片外形如图2-2所示，叶片按材料不同主要有以下几种：

1）木制叶片及布蒙皮叶片。

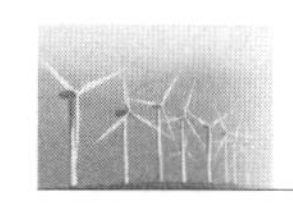

2）钢梁玻璃纤维蒙皮叶片。

3）铝合金等弦长挤压成型叶片。

4）玻璃钢复合叶片。

5）碳纤维复合叶片。

风轮

新型玻璃钢复合材料叶片材料因为质量轻、比强度高、可设计性强、价格适中等因素，成为大中型风机叶片材料的主流。然而，随着风机叶片朝着超大型化和轻量化的方向发展，玻璃钢复合材料也开始达到了其使用性能的极限，碳纤维复合材料逐渐应用到超大型风机叶片中。

轮毂结构

（2）轮毂。风力机叶片安装在轮毂上。轮毂是风轮的枢组，也是叶片根部与主轴的连接件。所有从叶片传来的力都通过轮毂传递到传动系统，再传到发电机。轮毂的外形如图2－3所示。

图2－2 叶片外形图

图2－3 轮毂外形图

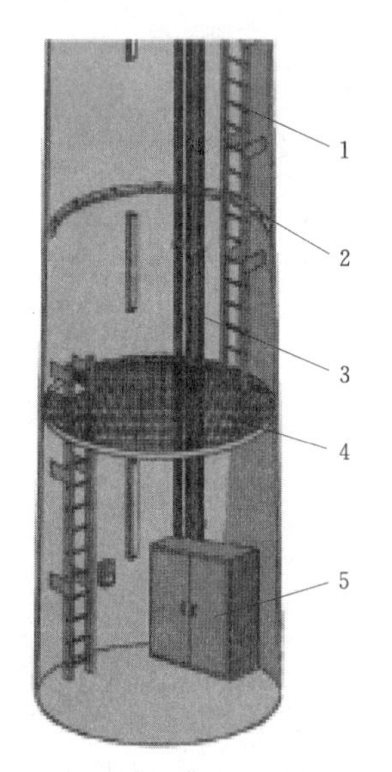

图2－4 管式塔架结构示意图
1—爬梯；2—法兰；3—电缆；
4—平台；5—地面控制设备

（3）塔架。通常高的塔架具有优势，因为离地面越高，风速越大。它可以是管状的塔架，也可以是格状的塔架。管状的塔架对于维修人员更为安全，工作人员可以通过内部的梯子到达塔顶。在塔筒的内部有带攀爬保护装置的爬梯、休息平台及电缆管夹等附件。塔筒各段之间，塔筒与基础之间，以及塔筒与机舱之间通过预紧螺栓连接。在每个连接法兰下方设有休息平台。格状塔架的成本较低。管式塔架结构如图2－4所示。

塔架除了要支撑风力机的重量，还要承受吹向风力机和塔架的风压，以及风力机运行中的动载荷。塔架的刚度和风力机的振动有密切关系，如果说塔架对小型风力机影响尚不明显的话，对大、中型风力机的影响就不容忽视了。

（4）机舱。机舱内有风力发电机组的关键设备，包括齿轮箱、发电机。维护人员可以通过风机塔架进入机舱，机舱内部结构如图2－5所示。

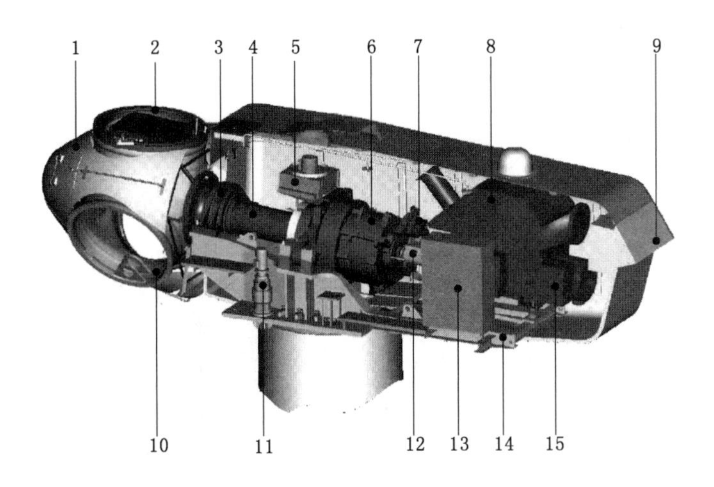

图 2-5　机舱内部结构图

1—导流罩；2—叶片轴承；3—轴承座；4—主轴；5—油冷却器；6—齿轮箱；7—液压停车制动器；8—热交换器；9—通风；10—转子轮毂；11—偏航驱动；12—联轴器；13—控制柜；14—底座；15—发电机

机舱罩主视图

机舱罩俯视图

（5）主轴。前端法兰与轮毂相连接，支撑轮毂处传递过来的各种负载，并将扭矩转递给齿轮箱，将轴向推力、气动弯矩传递给机舱、塔架。在主轴中心有一个轴心通孔，作为控制机构通过或电缆传输的通道。主轴外形如图 2-6 所示。

（6）齿轮箱（可选）。风轮旋转产生的能量，通过主轴、齿轮箱及高速轴传送到发电机。齿轮箱是一个重要的机械部件，它的主要功用是将风轮在风力作用下所产生的动力传递给发电机并使其得到相应的转速。通常风轮的转速较低，无法达到发电机发电所要求的转速，需要通过齿轮箱齿轮副的增速作用来实现（直驱式机组除外），故也将齿轮箱称之为增速箱。齿轮箱外形如图 2-7 所示。

图 2-6　主轴外形图

图 2-7　齿轮箱外形图

齿轮箱

根据机组的总体布置要求，有时将与风轮轮毂直接相连的主轴与齿轮箱合为一体，也有将主轴与齿轮箱分别布置，利用胀紧套装置或联轴器连接。为了增加机组的制动能力，常常在齿轮箱的输入端或输出端设置刹车装置，配合叶尖制动（定桨距风轮）或变桨距制动装置共同对机组传动系统进行联合制动。同形式的风力发电机组可能有不一样的要求，齿轮箱的布置形式及结构也不同。在风力发电领域中，

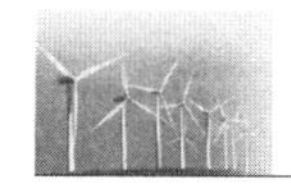

水平轴风力发电机组采用固定平行轴齿轮传动和行星齿轮传动最为常见。齿轮箱内部结构如图 2-8 所示。

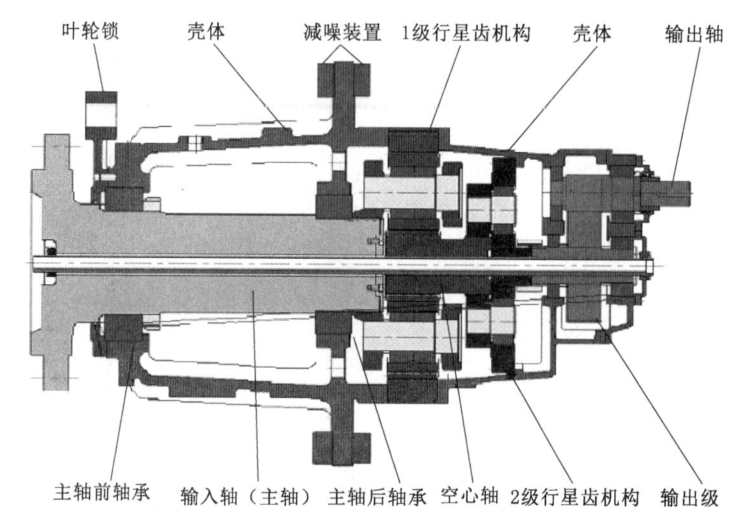

图 2-8　齿轮箱内部结构

(7) 风速仪和风向标。风速仪和风向标用于测量风速及风向。风力发电机组很多控制算法都要依靠风速和风向这两个输入量。风速仪主要有以下几种：风杯风速计、螺旋桨式风速计、热线风速计、声学风速表。风杯风速计是常见的一种风速计。风杯风速计由英国鲁宾孙（Robinson anemometer）发明，当时是四杯，后来改为三杯。在风力的作用下风杯绕轴旋转，其转速正比于风速。转速可以用电触点、测速发电机或光电计数器等记录。它的外形如图 2-9 所示。

风向标是各种测风仪器中用以指示风向的主要部件，分为头部、水平杆和尾翼三部分。在风的作用下，风向标绕垂直轴旋转，使风尾摆向下风方向，头部指向风的来向。风向标外形如图 2-10 所示。

(8) 发电机。发电机是产生电能的主要设备，应用于风力发电中的主要有双馈异步发电机、普通笼型异步发电机、永磁同步发电机、电励磁同步发电机等。双馈异步发电机外形如图 2-11 所示。

图 2-9　风速仪

图 2-10　风向标

图 2-11　双馈异步发电机外形图

(9) 偏航系统。偏航系统借助电动机转动机舱，使风轮正对来风。偏航系统如图 2-12 所示，偏航装置由电子控制器操作，电子控制器可以通过风向标来检测风向。

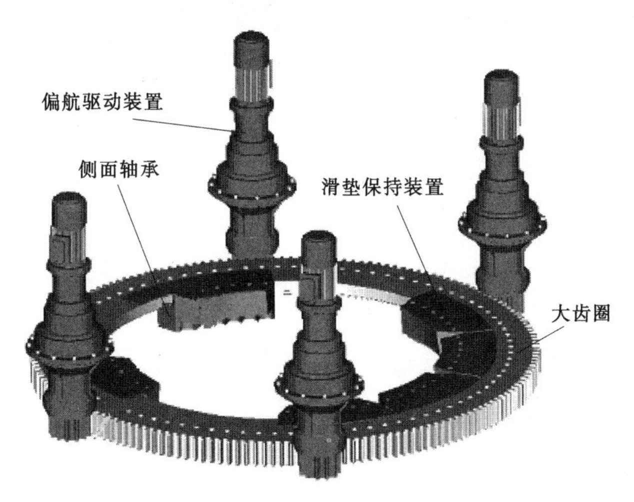

图 2-12 偏航系统示意图

(10) 控制系统。目前国内外兆瓦级以上技术较先进的主流风力发电机组主要是双馈异步风力发电机组和直驱永磁同步风力发电机组，两者各有特点。单从控制系统本身来讲，永磁直驱风力发电机组控制回路少，控制简单，但要求变流器容量大，而双馈型风力发电机组控制回路多，控制复杂些，但控制灵活，尤其是对有功、无功的控制，双馈式机组的变流器容量较小。风力发电机组控制系统分布如图 2-13 所示。

(11) 液压系统。液压系统是以有压液体为介质实现动力传输和运动控制的机械单元。液压系统在风力发电机组中的应用有：

1) 变桨距控制。

2) 偏航驱动与制动。

3) 定桨距空气动力制动。

4) 机械制动、风轮锁定。

5) 开关机舱和驱动起重机。

6) 齿轮箱油液冷却和过滤，发电机、变压器冷却。

7) 变流器油液温度控制。

(12) 冷却系统。为使机组正常运行，冷却系统必不可少，如发电机在运转时需要冷却。有些发电机使用大型风扇来冷却，还有一部分制造商采用水冷方式。水冷发电机更加小巧，而且电效高，但这种方式需要在机舱内设置散热器，来消除液体冷却系统产生的热量。

(13) 机舱罩。为保护风机设备不受外部环境影响，减少噪声排放，机舱与轮毂均采用罩体密封。罩体材料是由聚酯树脂、胶衣、面层、玻璃纤维织物等材料复合而成的。罩体包括机舱罩和轮毂罩，机舱罩是由左下部机舱罩、右下部机舱罩、

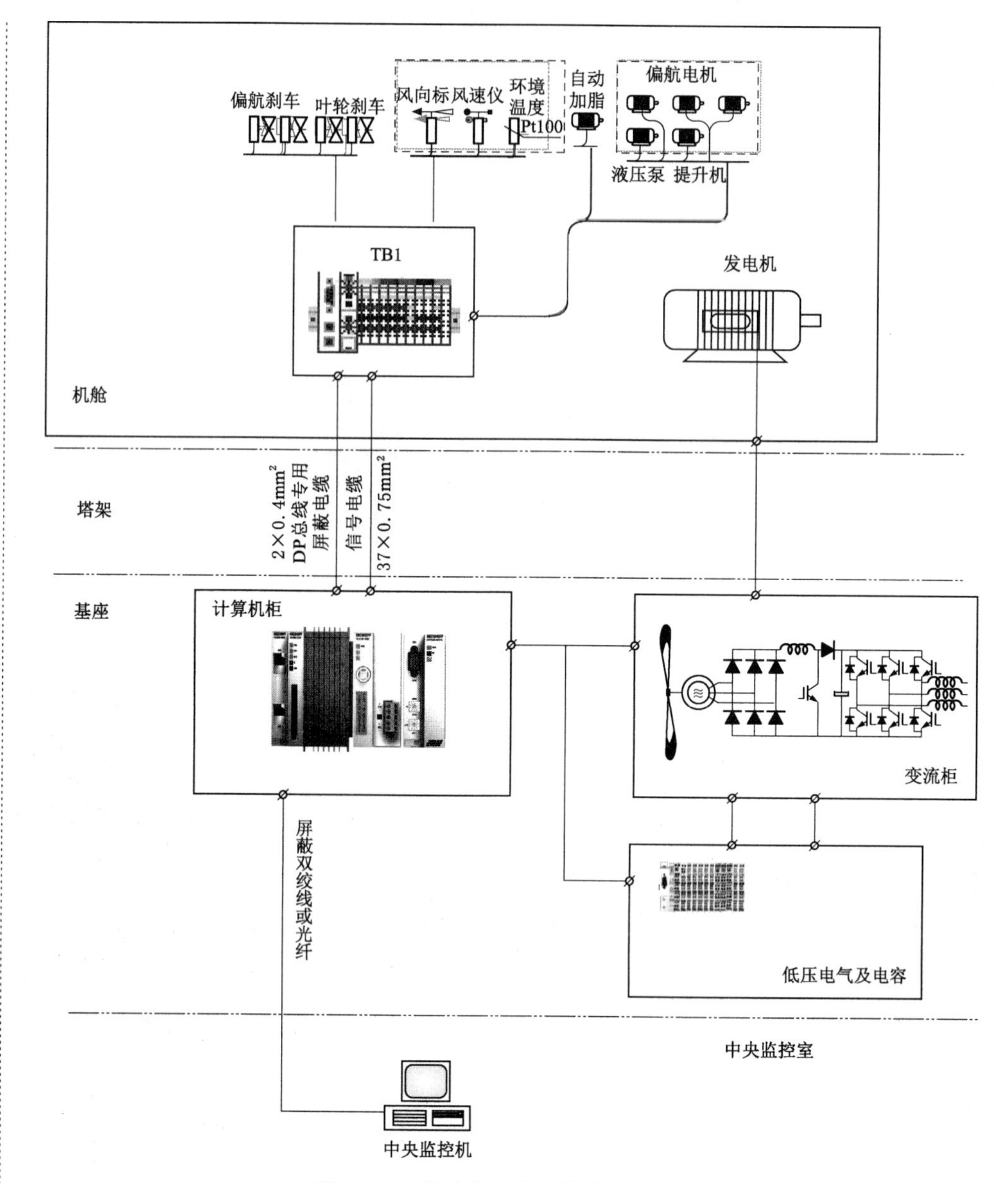

图 2-13 风力发电机组控制系统分布

左机舱罩、右机舱罩、上部机舱罩、上背板和下背板七大主要部分通过螺栓联结组合而成的壳体。机舱罩设有紧急逃生孔，紧急情况下人员可以通过逃生孔到达机舱外部逃离。机舱罩内壁分布着接地电缆，作为防雷击系统的一部分。轮毂罩是由轮毂罩体、导流帽和分割壁通过螺栓联结组合而成的壳体。

联轴器

(14) 主机架。主机架为焊接件，是机舱中的承载部件，用于固定齿轮箱、发电机等零部件。主机架结构如图 2-14 所示。

(15) 联轴器。作为一个柔性轴，联轴器可以补偿齿轮箱输出轴和发电机转子的平行性偏差和角度误差。为了减少传动时的振动，联轴器需要有振动和阻尼。联轴器外形及拆分如图 2-15、图 2-16 所示。

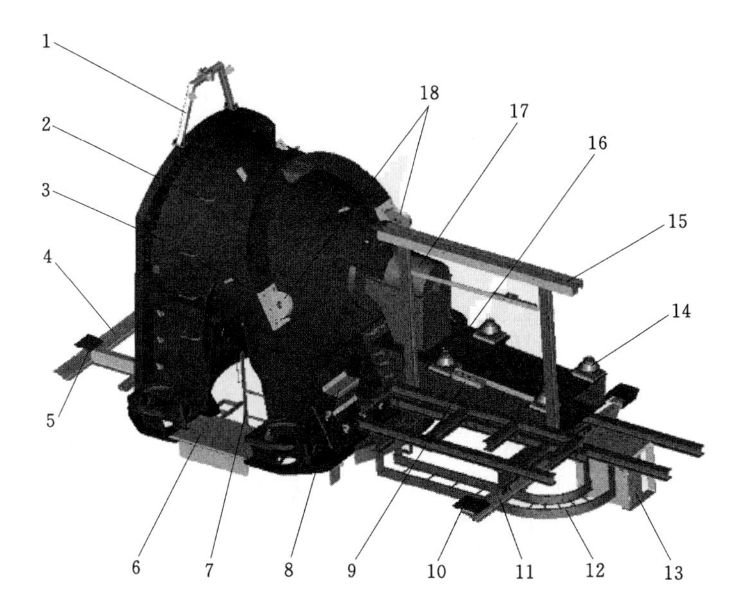

图 2-14　主机架结构图

1—壳体吊挂；2—梯子；3—增速机机架；4、11—机架悬臂；5、10—U 型板；6—踏板；7—机舱梯子；8—背壁板；9—电缆管夹；12—电缆支架；13—水冷支架；14—弹性支架；15—控制柜支架；16—发电机底座；17—联轴器罩子；18—提升吊耳

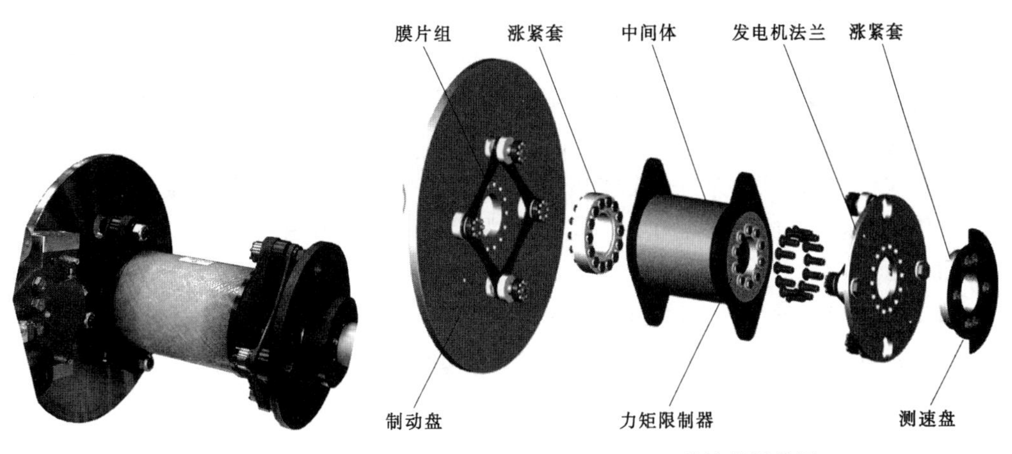

图 2-15　联轴器外形图　　　　图 2-16　联轴器拆分图

不同厂家、不同容量、不同类型的风力发电机组组成会略有不同，1.5MW 双馈异步风力发电机组的基本组成如图 2-17 所示。

2.1.2　分类

按照不同的分类方式，风力发电机组可分为以下几种类型：

1. 按风轮桨叶分类

(1) 失速型：高风速时，因桨叶形状或叶尖处的扰流器动作，限制风力机的输

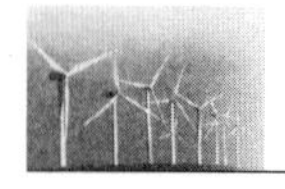

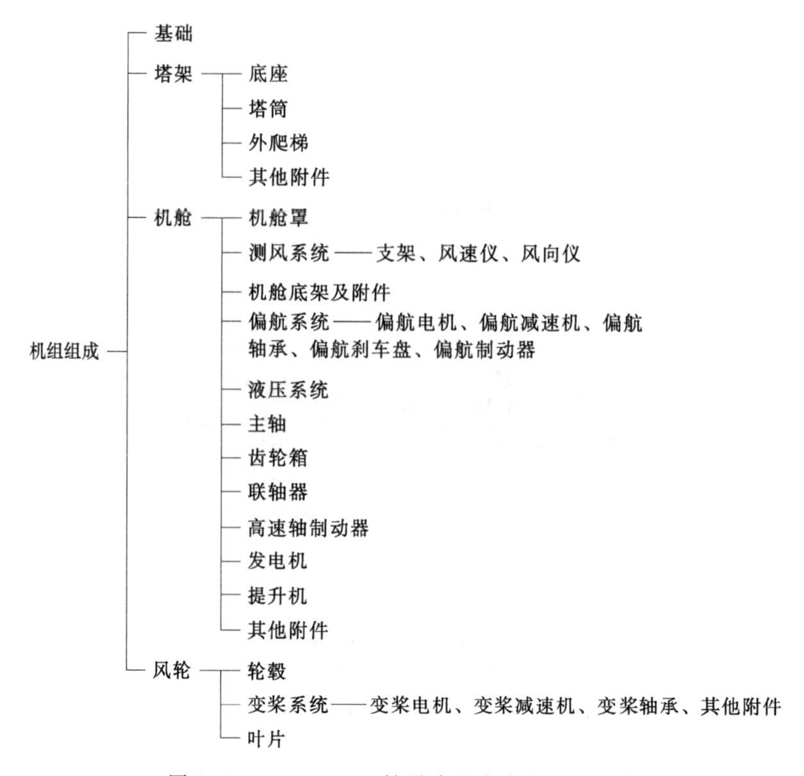

图2-17 1.5MW双馈异步风力发电机组组成

出转矩与功率。

(2) 变桨型：高风速时通过调整桨距角，限制输出转矩与功率。

2. 按风轮转速分类

(1) 定速型：风轮保持一定转速运行，风能转换率较低，与恒速发电机对应。

(2) 变速型：风轮转速可在一定范围内变速运行，变速型风轮又可分为以下两种：

1) 双速型：可在两个设定转速运行，改善风能转换率，与双速发电机对应。

2) 连续变速型：在一段转速范围内连续可调，可捕捉最大风能功率，与变速发电机对应。

3. 按传动机构分类

(1) 齿轮箱升速型：用齿轮箱连接低速风力机和高速发电机（减小发电机体积重量，降低电气系统成本）。

(2) 直驱型：直接连接低速风力机和低速发电机（避免齿轮箱故障）。

4. 按发电机分类

(1) 异步型。

1) 笼型单速异步发电机。

2) 笼型双速变极异步发电机。

3) 绕线式双馈异步发电机。

(2) 同步型。

1) 电励磁同步发电机。

2) 永磁同步发电机。

5. 按并网方式分类

(1) 并网型：并入电网，可省却储能环节。

(2) 离网型：一般需配蓄电池等直流储能环节，可带交、直流负载或与柴油发电机、光伏电池并联运行。

2.2 风力机气动特性

2.2.1 风速

风场的风速资料是风力机设计最基本的资料。风场的实际风速是随时间不断变化的量，因此风速一般用瞬时风速和平均风速来描述。瞬时风速是短时间发生的实际风速，也称有效风速，平均风速是一段较长时间内瞬时风速的平均值。

某地一年内发生同一风速的小时数与全年小时数（8760h）的比称为该风速的风速频率，如图 2-18（a）所示，它是风能资源和风能电站可研报告的基本数据。风速与地形、地势、高度、建筑物等密切相关，设计风电场还要有风速沿高度的变化资料，如图 2-18（b）所示。

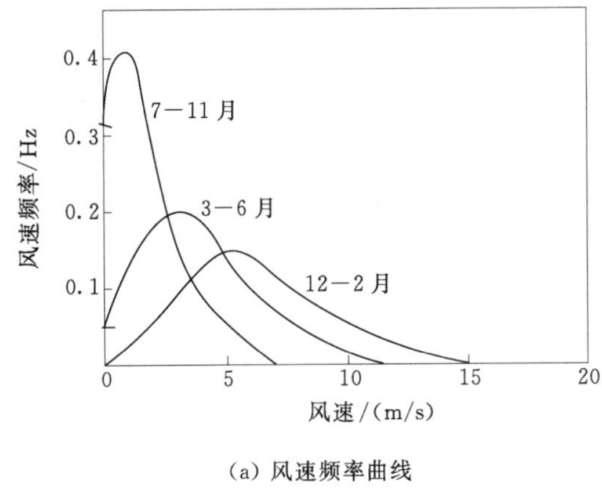

(a) 风速频率曲线

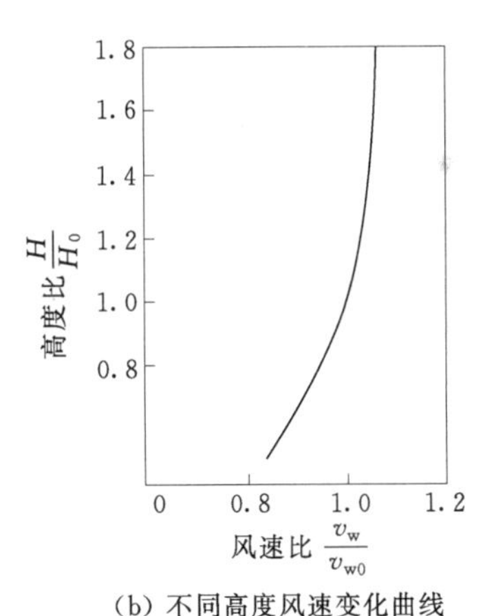

(b) 不同高度风速变化曲线

图 2-18 风速频率图

H_0—已知高度；v_{w0}—已知高度的风速

风的变化是随机的，任意地点的风向、风速和持续的时间都是变的，为定量地评估风能资源，通常用风能玫瑰图来表示。风能玫瑰图如图 2-19 所示。图上射线长度是某一方向上风速频率和平均风速三次方的积，用以评估各方向的风能优势。

2.2.2 风能的计算

由流体力学可知，气流的动能为

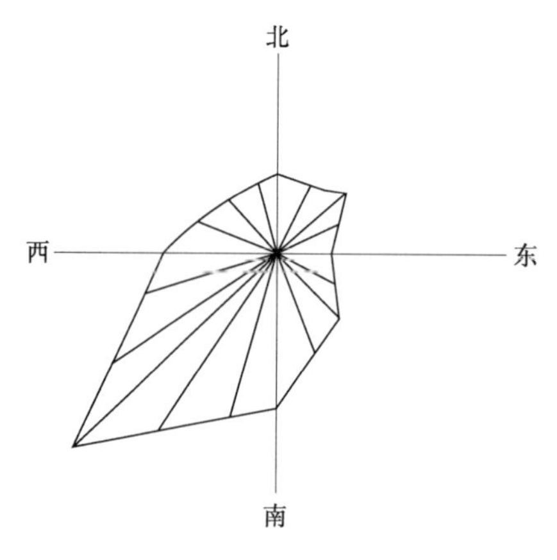

图 2-19 风能玫瑰图

$$E=\frac{1}{2}mv^2 \quad (2-1)$$

式中 m——气体的质量；

v——气体的速度（可视为距风力机一定距离的上游风速）。

设单位时间内气流流过截面面积为 S 的气体体积为 V，则

$$V=Sv \quad (2-2)$$

如果以 ρ 表示空气密度，该体积的空气质量为

$$m=\rho V=\rho Sv \quad (2-3)$$

风能的表达式即气流所具有的动能为

$$E=\frac{1}{2}\rho Sv^3 \quad (2-4)$$

式中 ρ——空气密度，kg/m^3；

V——体积，m^3；

v——风速，m/s；

E——风能，W。

从式（2-4）可以看出，风能的大小与气流密度和通过的面积成正比，与气流速度的立方成正比。其中 ρ 和 v 随地理位置、海拔、地形等因素而变化。

2.2.3 风力发电机气动理论

风轮的作用是将风能转换为机械能。由于流经风轮后的风速不可能为零，因此风所拥有的能量不可能完全被利用，也就是说只有风的一部分能量可以被吸收，成为桨叶的机械能。那么风轮究竟能够吸收多少风能呢？风力发电机的气动理论——贝兹理论讨论了这个问题。

贝兹理论是由德国的贝兹（Betz）于 1926 年提出的。他假定风轮是理想的，没有轮毂，具有无限多的叶片，气流通过风轮时没有阻力，并假定经过整个风轮扫及面是均匀的，通过风轮前后的速度都为轴向方向。

现研究理想风轮在流动的大气中的情况，如图 2-20 所示，并规定：v_1 表示距离风力机一定距离的上游风速；v 表示通过风轮时的实际风速；v_2 表示离风轮远处的下游风速。

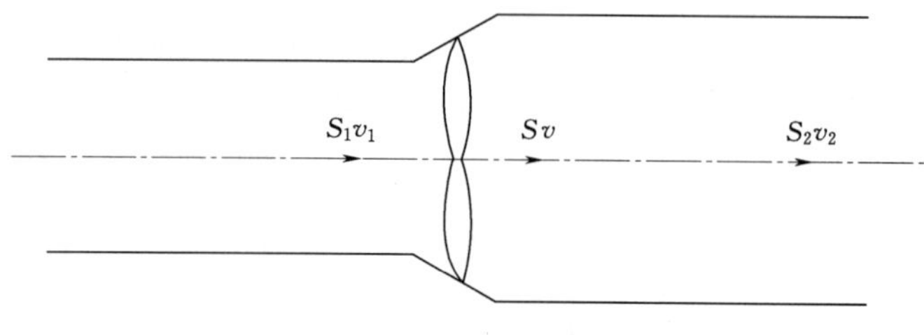

图 2-20 风轮气流图

设通过风轮的气流其上游截面面积为 S_1，通过风轮时的截面面积为 S，下游截面面积为 S_2。由于风轮的机械能量仅由空气的动能降低所致，因而 v_2 必然低于 v_1，这造成通过风轮的气流截面积从上游至下游是增加的，即 S_2 大于 S_1。假定空气是不可压缩的，由连续条件可得

$$S_1 v_1 = S v = S_2 v_2 \tag{2-5}$$

风作用在风轮上的力可由欧拉（Euler）理论写出

$$F = \rho S v (v_1 - v_2) \tag{2-6}$$

故风轮吸收的功率为

$$P = F v = \rho S v^2 (v_1 - v_2) \tag{2-7}$$

此功率是由动能转换而来的。从上游至下游动能的变化为

$$\Delta E = \frac{1}{2} \rho S v (v_1^2 - v_2^2) \tag{2-8}$$

令式（2-7）与式（2-8）相等，得到

$$v = \frac{v_1 + v_2}{2} \tag{2-9}$$

作用在风轮上的力和提供的功率可写为

$$F = \frac{1}{2} \rho S v (v_1^2 - v_2^2) \tag{2-10}$$

$$P = \frac{1}{4} \rho S v (v_1^2 - v_2^2)(v_1 + v_2) \tag{2-11}$$

对于给定的上游速度 v_1，可写出以 v_2 为函数的功率变化关系，将式（2-11）微分得

$$\frac{dP}{dv_2} = \frac{1}{4} \rho S v (v_1^2 - 2 v_1 v_2 - 3 v_2^2) \tag{2-12}$$

式 $\frac{dP}{dv_2} = 0$ 有两个解：①$v_2 = -v_1$，没有物理意义；②$v_2 = v_1/3$，对应于最大功率。把②代入 P 的表达式，得到最大功率为

$$P_{max} = \frac{8}{27} \rho S v_1^3 \tag{2-13}$$

将上式除以气流通过扫掠面面积 S 时风所具有的动能，可推得风力机的理论最大效率（或称理论风能利用系数）为

$$\eta_{max} = \frac{P_{max}}{\frac{1}{2} \rho v_1^3 S} = \frac{(8/27) \rho v_1^3 S}{\frac{1}{2} \rho v_1^3 S} = \frac{16}{27} \approx 0.593 \tag{2-14}$$

式（2-14）即为著名的贝兹理论极限值。贝兹理论说明风力机从自然风中所能获取的能量是有限的，其功率损失部分可以解释为留在尾流中的旋转动能。

能量的转换将导致功率的下降，它随所采用的风力机和发电机的型式而异，因此，风力机的实际风能利用系数 $C_P < 0.593$。风力机实际能得到的有用功率输出是

$$P_s = \frac{1}{2} \rho v_1^3 S C_P \tag{2-15}$$

对于每平方米扫风面积则有

$$P=\frac{1}{2}\rho v_1^3 C_P \tag{2-16}$$

2.2.4 风力机的特性系数

在讨论风力机的能量转换与控制时，以下特性系数具有重要的意义。

1. 桨距角

桨距角（pitch angle）也称节距角或安装角，桨距角指的是叶片顶端翼型弦线与叶轮旋转平面的夹角。对于变桨距风力发电机组，可以通过调节桨距角 β 来改变叶片的攻角 α，通过调节叶片迎风角度进行功率控制。风力发电机组在起动前，一般来说，桨叶处于顺桨状态，桨距角在 90°附近，当 10min 平均风速大于切入风速时，相应的控制指令使叶片逐渐向 0°方向旋转，叶轮开始进入工作状态。

2. 攻角

攻角 α 是影响叶片气动性能的关键参数之一，定义为叶素弦长与入流速度方向的夹角。α 是一个动态角，其值将随叶素的运动速度和风速而变化。气流通过风轮使其产生力矩，同时风轮对气流也有影响。叶素截面作用的气流发生变化，气流速度形成垂直和平行于风轮旋转平面的两个分量。引入切向气流速度诱导因子 a' 和垂直风轮旋转平面的轴向气流诱导因子 a，a' 表示与旋转平面平行的速度分量的变化，则距旋转轴径向距离为 r 处的速度分量的变化可表示为 $a'\Omega r$，a 表示与旋转平面垂直的速度分量的变化，叶片受力图如图 2-21 所示。

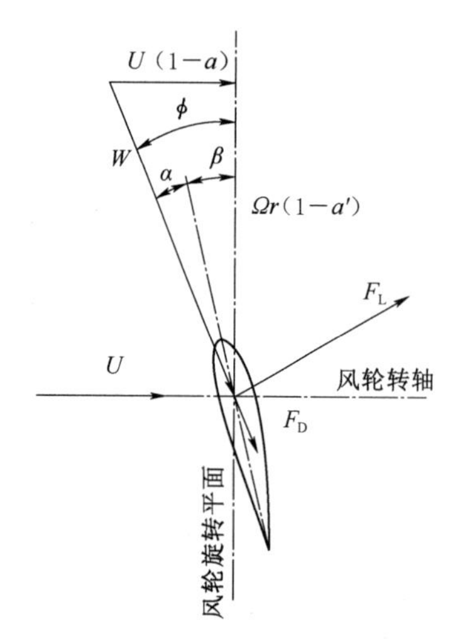

图 2-21 叶片受力图

3. 叶尖速比

为了表示风轮在不同风速中的状态，采用叶尖圆周速度与风速之比来衡量，称为叶尖速比 λ，即

$$\lambda=\frac{2\pi Rn}{v}=\frac{\omega R}{v} \tag{2-17}$$

式中 n——风轮的转速，r/s；

ω——风轮角频率，rad/s；

R——风轮半径，m；

v——上游风速，m/s。

4. 风能利用系数 C_P

在变桨距系统中，风能利用系数 C_P 是关于叶尖速比 λ 和桨距角 β 的非线性函数。风力机从自然风能中吸取能量的大小程度用风能利用率系数 C_P 表示，由式（2-15）知

$$C_P=\frac{P}{\frac{1}{2}\rho v^3 S} \tag{2-18}$$

式中 P——风力机实际获得的轴功率，W；

ρ——空气密度，kg/m^3；

S——风轮的扫风面积，m^2；

v——上游风速，m/s。

由于，通常情况下难以获得 $C_P(\lambda,\beta)$ 的准确值，可表达为

$$C_P(\lambda,\beta)=0.22\times\left(\frac{116}{\lambda_i}-0.4\beta-5\right)e^{-\frac{12.5}{\lambda_i}} \tag{2-19}$$

$$\lambda_i=\frac{1}{\frac{1}{\lambda+0.08\beta}-\frac{0.035}{\beta^3+1}} \tag{2-20}$$

不同的风况、运行环境，风能利用系数的表达式不唯一。

风能利用系数关系曲线如图 2-22 所示。

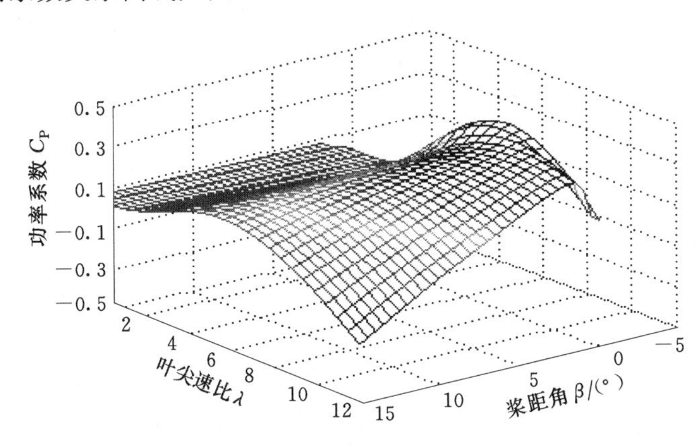

图 2-22 风能利用系数关系曲线图

由风能特性曲线可知：

(1) 保持 λ 一定，只改变桨距角 β 时，可知在桨距角 $\beta=0°$ 附近时，C_P 值最大。随着桨距角 β 逐渐增大，风能利用系数 C_P 会明显减小。

(2) 保持桨距角 β 不变，只改变叶尖速比 λ 值时，可知对某一固定桨距角，风能利用系数的最大值 C_{Pmax} 是唯一的。

2.3 桨叶受力分析

1. 风轮在静止情况下叶片的受力分析

风轮静止时桨叶受力情况如图 2-23 所示。

风力机的风轮由轮毂及均匀分布安装在轮毂上的若干桨叶所组成。在安装这些桨叶时，每支桨叶的翼片必须按同一旋转方向，桨叶围绕自身轴心线转过一个给定

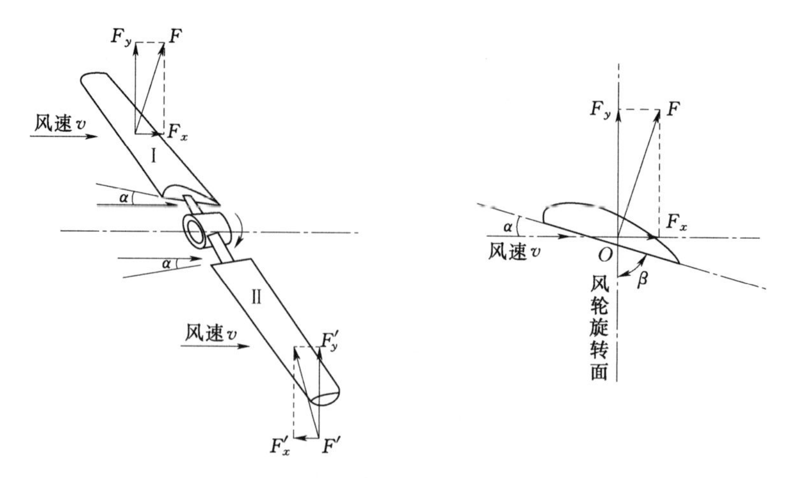

图 2-23 风轮静止时桨叶受力分析

的角度，即：使每个叶片的翼弦与风轮旋转平面（风轮旋转时桨叶所扫过的平面）形成一个夹角 β，称为安装角（也就是桨叶节距角）。设风轮的中心轴位置与风向一致，当气流以速度 V 流经风轮时，在桨叶Ⅰ和桨叶Ⅱ上将产生气动力 F 和 F'。将 F 和 F'分解成沿气流方向的分力 F_x 和对 F'_x（阻力）及垂直气流方向的分力 F_y 和 F'_y（升力），阻力 F'_x 和 F_x 形成对风轮的正面压力，而升力 F_y 和 F'_y 则对风轮中心轴产生转动力矩，从而使风轮转动起来。

2. 风轮在转动情况下桨叶的受力分析

风轮在转动情况下受力情况如图 2-24 所示。若风轮旋转角速度为 ω，则相对于叶片上距转轴中心 r 处的一小段叶片元（叶素）的气流速度 W_r 将是垂直于风轮旋转面的来流速度 v 与该叶片元的旋转线速度 ω_r 的矢量和，如图 2-24 所示，这时以角速度 ω 旋转的桨叶，在与转轴中心相距 r 处的叶片元的攻角 α，已经不是 v 与翼弦的夹角，而是 W_r 与翼弦的夹角了。I 为 W_r 与旋转平而间的夹角，称为倾斜角，$I=\alpha+\beta$。

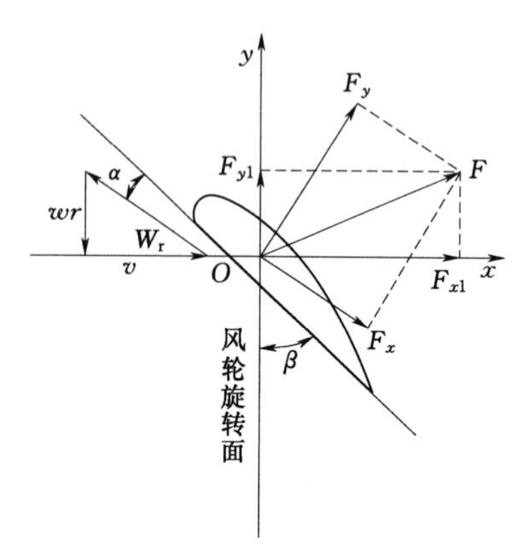

图 2-24 旋转桨叶的气流速度和受力情况

以相对速度 W_r 吹向叶片元的气流，产生气动力 F，F 可以分解为垂直于 W_r 方向的升力 F_y，以及与 W_r 方向一致的阻力 F_x，也可以分解为在风轮旋转面内使桨叶旋转的力 F_{y1} 以及对风轮正面的压力 F_{x1}。

由于风轮旋转时叶片位于不同半径处的线速度是不同的，因而相对于叶片各处的气流速度 v 在大小和方向上也是不同的。如果叶片各处的安装角 β 都一样，则叶片各处的实际攻角 α 将不同。这样除了攻角接近最佳值的一小段叶片升力较大外，其他部分所得到的升力则由于攻角偏离最佳值而变得不理想。因此这样的叶片不具

备良好的气动特性。为了在沿整个叶片长度方向均能获得有利的攻角数值，就必须使叶片每一个截面的安装角随着半径的增大而逐渐减小。在此情况下，才有可能使气流在整个叶片长度均以最有利的攻角吹向每一叶片元。从而具有比较好的气动性能，而且各处受力比较均匀，也增加了叶片的强度。这种具有变化的安装角的叶片称为螺旋桨型叶片，而那种各处安装角均相同的叶片称为平板型叶片。现在一般都采用螺旋桨型叶片。

3. 桨叶受力计算

利用叶素特性，取距离风力机转轴 r 处长度为 $\mathrm{d}r$ 的叶片微元进行分析。

$$\mathrm{d}F_y=\frac{1}{2}\rho l\ \frac{v^2}{\sin(\alpha+\beta)}C_1[I+\varepsilon\cot(\alpha+\beta)]\mathrm{d}r \tag{2-21}$$

$$\mathrm{d}F_x=\frac{1}{2}\rho l v^2 C_\mathrm{d}\cot(\alpha+\beta)[I+\varepsilon\tan(\alpha+\beta)]\mathrm{d}r \tag{2-22}$$

其中 $\varepsilon=C_\mathrm{d}/C_1$，升力系数 C_1 和阻力系数 C_d 的值可按相应的攻角查取所选翼型的气动特性曲线得到。

式中 v——作用在叶片微元上的风速，m/s；

l——翼型的弦长，m。

自然界的风是瞬息万变的，不仅在时间上不断变化，在空间上的分布也是不均匀的。影响风速变化的因素很多，除了气候、地形环境等因素外，高度的影响也是十分显著的。不同高度处的风速关系为

$$\frac{v_\mathrm{H}}{v_0}=\left(\frac{H}{H_0}\right)^n \tag{2-23}$$

式中 v_0——距地面 H_0 观测到的风速；

v_H——高度 H 的风速；

n——一个 0.1～0.4 的系数，具体数值依据地表粗糙度进行选择；

v_0——风速传感器采到的风速，由于风速传感器一般安装在机舱上，离风轮中心的距离与塔架相比可以近似忽略不计；

H_0——机舱中心高度。

桨叶在转动过程中，由于风速的不同，在桨叶上产生的力 F_x 也不同，F_x 使桨叶产生垂直于风轮扫掠面的拍打振荡，同时使传动机构和塔架等产生受激振荡，大大降低风力机的机械寿命，并会产生噪声。特别是对风轮直径已经上百米的大型风力发电机组而言，这一问题更为突出。

2.4 气动功率调节技术

气动功率调节是风力发电机组的关键技术之一。风力发电机组在风速高于额定风速（一般为 12～15m/s）以后，由于机械强度、发电机和变流器容量等物理性能的限制，需降低风轮的能量捕获，使功率输出保持在额定值附近，同时减少叶片承受载荷和整个风力发电机组受到的冲击，保证风力机不受损害。功率调节方式主要

有定桨距失速调节、变桨距调节和主动失速调节三种方式，失速调节风轮气流特性如图2-25所示。气动功率调节原理如图2-26所示。在图2-26中，v_w 为轴向风速；β 为桨距角，桨叶回转平面与桨叶截面弦长之间的夹角；α 为攻角，相对气流速度与弦线间的夹角；F 是作用在桨叶上的力，该力可以分解为 F_d、F_l 两部分，F_l 与速度 v_w 垂直，称为驱动力，使桨叶旋转。F_d 与速度 v_w 平行，称为推力，作用在塔架上。

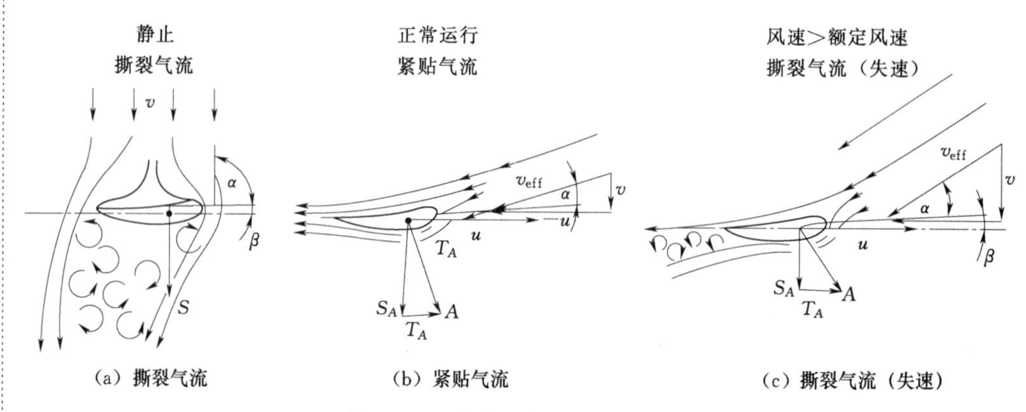

图2-25　失速调节风轮气流特性

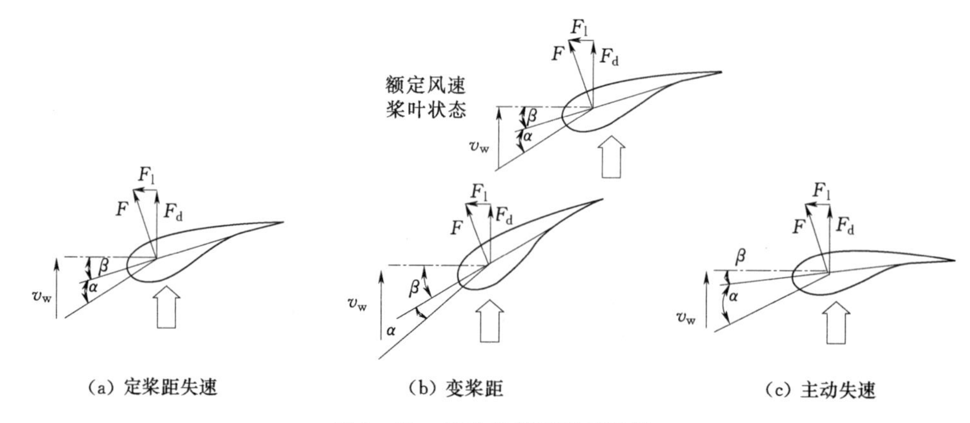

图2-26　气动功率调节原理图

1. 定桨距失速调节

定桨距是指风轮的桨叶与轮毂刚性连接。当气流流经上下翼面形状不同的叶片时，因突面的弯曲而使气流加速，压力较低，凹面较平缓而使气流速度减缓，压力较高，因而产生升力。如图2-26（a）所示，桨距角 β 不变，随着风速增加攻角 α 增大，分离区形成大的涡流，流动失去翼型效应，与未分离时相比，上下翼面压力差减小，致使阻力增加，升力减少，造成叶片失速，从而限制了功率的增加。因此，定桨距失速控制没有功率反馈系统和变桨距执行机构，整机结构简单，部件少，造价低，并具有较高的安全系数。但失速控制方式依赖于叶片独特的翼型结构，叶片本身结构较复杂，成型工艺难度也较大，随着功率增大，叶片加长，所承受的气动推力大，使得叶片的刚度减弱，失速动态特性不易控制，所以很少应用在兆瓦级以

上的大型风力发电机组控制上。

2. 变桨距调节

变桨距风力发电机组能使风轮叶片的安装角随风速变化而变化，如图 2-26（b）所示，高于额定功率时，桨距角向迎风面积减小的方向转动，相当于增大桨距角 β，减小功角 α，控制输出功率。变桨距调节的风力发电机组在阵风时，塔架、叶片、基础受到的冲击较之失速调节型风力发电机组要小，可减少材料使用率，降低整机重量。它的缺点是需要有一套比较复杂的变桨距调节机构，要求风力机的变桨距系统对阵风的响应速度足够快，才能减轻由于风的波动引起的功率脉动。

3. 主动失速调节

主动失速调节方式是前两种功率调节方式的组合。如图 2-26（c）所示，在低风速时，采用变桨距调节，可达到更高的气动效率。风力发电机组达到额定功率后，使桨距角 β 向减小的方向调节，相应的功角 α 增大，叶片失速效应加深，限制风能的捕获。这种调节方式不需要很灵敏的调节速度，执行机构的功率相对较小。典型风轮叶片及风力机叶型叠合图如图 2-27 所示。

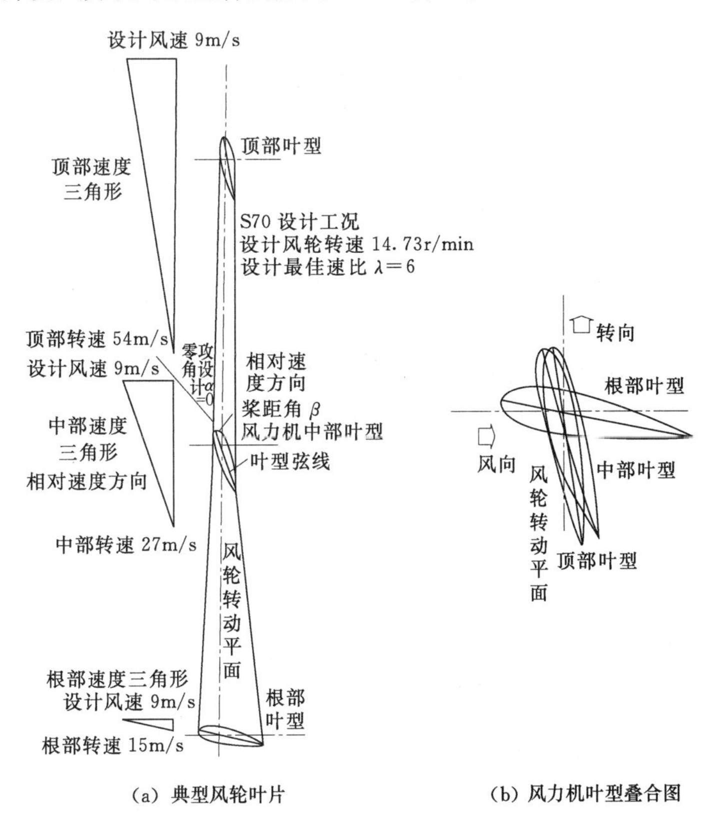

(a) 典型风轮叶片　　(b) 风力机叶型叠合图

图 2-27　典型风轮叶片及风力机叶型叠合图

第3章　风力发电机组控制系统

第3章课件

控制技术是风力发电机组的关键技术之一，与风力发电机组的其他部分关系密切。控制系统控制的精度、功能的完善性将直接影响机组的安全与效率。随着我国风力发电事业近些年来的快速发展，装机容量及单机容量不断增加，风力发电机组控制技术也取得了长足的发展，机组的可靠性及运行效率都得到了改善。为了进一步提高风力发电机组输出电能的质量及机组运行效率，有必要对风力发电机组的控制技术进行深入研究。目前我国已成功开发了部分机型控制系统，其中亟待解决的是大型风力发电机组控制系统的国产化。风力发电系统是一个涵盖多学科的复杂独立系统，涉及很多内容，主要包括：

（1）空气动力学：叶片、风能的动力学特性等。

（2）机械工程：齿轮箱、各种传动设备、液压系统、振动检测等。

（3）电机学：双馈发电机、同步发电机等。

（4）电力电子技术：变流模块，IGBT 模块等。

（5）电力系统自动化：无功补偿、功率检测、输变电等。

（6）运动控制系统：变频控制、交流异步电机的矢量控制等。

（7）微型计算机及 DSP 技术：控制单元的 CPU。

3.1　控制系统的组成及控制要求

3.1.1　控制系统的组成

风力发电机组由多个部分组成，而控制系统贯穿到每个部分，相当于风力发电机组的中枢神经。控制系统的优劣直接关系到风力发电机组的工作状态、发电量及设备安全。目前风力发电亟待研究解决的两个问题是发电效率和发电质量。这两个问题都和风力机组控制系统密切相关。对此国内外学者进行了大量的研究，取得了一定进展。随着现代控制技术和电力电子技术的发展，为风电控制系统的研究提供了技术基础。风力发电机组子系统分布如图 3－1 所示。

从整体上看，风力发电机组可分为风轮、机舱、塔架和基础几个部分。风轮由叶片和轮毂组成。叶片具有空气动力外形，在气流作用下产生力矩驱动风轮转动，通过轮毂将转矩传递到主传动系统。机舱由底盘、导流罩和机舱罩组成，底盘上安装除主控制器以外的主要部件。机舱罩后部的上方装有风速和风向传感器，舱壁上有隔音和通风装置等，底部与塔架连接。塔架支撑机舱，其上安置发电机和主控制器之间的动力电缆、控制和通信电缆，还装有供操作人员上下机舱的扶梯。基础为

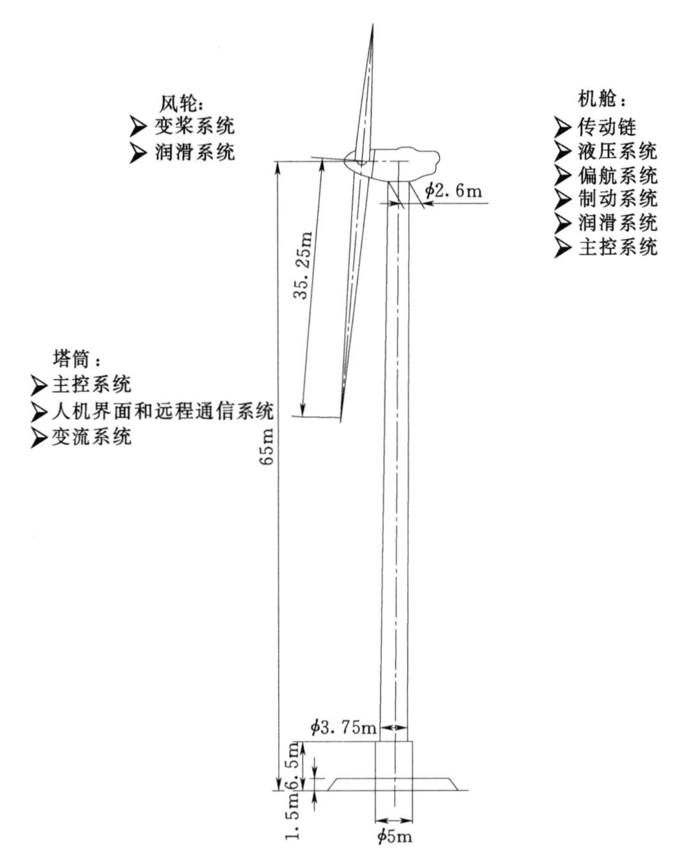

图 3-1 风力发电机组子系统分布图

钢筋混凝土结构，根据当地地质情况设计成不同的形式。其中心预埋与塔架连接的基础部件，保证将风力发电机组牢牢地固定在基础上，基础周围还要设置预防雷击的接地装置。

对于不同类型的风力发电机组，控制单元会有所不同，一般来说，风力发电机组控制系统由传感器、执行机构和包括软/硬件处理器系统组成，其中处理器系统负责处理传感器输入信号，并发出输出信号控制执行机构的动作。

（1）传感器一般包括如下装置：

1）风速仪。

2）风向标。

3）转速传感器。

4）电量采集传感器。

5）桨距角位置传感器。

6）各种限位开关。

7）振动传感器。

8）温度和油位指示器。

9）液压系统压力传感器。

10）操作开关、按钮等。

（2）执行机构。执行机构一般包括液压驱动装置或电动变桨距执行机构、发电机转矩控制器、发电机接触器、刹车装置和偏航电机等。

（3）软/硬件处理器系统。处理器系统通常由计算机或微型控制器和可靠性高的硬件安全链组成，以实现风机运行过程中的各种控制功能，同时当严重故障发生时，能够保障风电机组处于安全的状态。

风力发电控制系统的基本目标分为三个层次：保证风力发电机组安全可靠运行，获取最大能量和提供高质量的电能。控制系统组成主要包括各种传感器、变距系统、主控制器、功率输出单元、无功补偿单元、并网控制单元、安全保护单元、通信接口电路和监控单元。具体控制内容有：信号的数据采集、处理，变桨控制、转速控制、自动最大功率点跟踪控制、功率因数控制、偏航控制、自动解缆、并网和解列控制、停机制动控制、安全保护系统、就地监控和远程监控。当然对于不同类型的风力发电机组控制单元会有所不相同。风力发电机组控制系统结构示意图如图 3－2 所示。

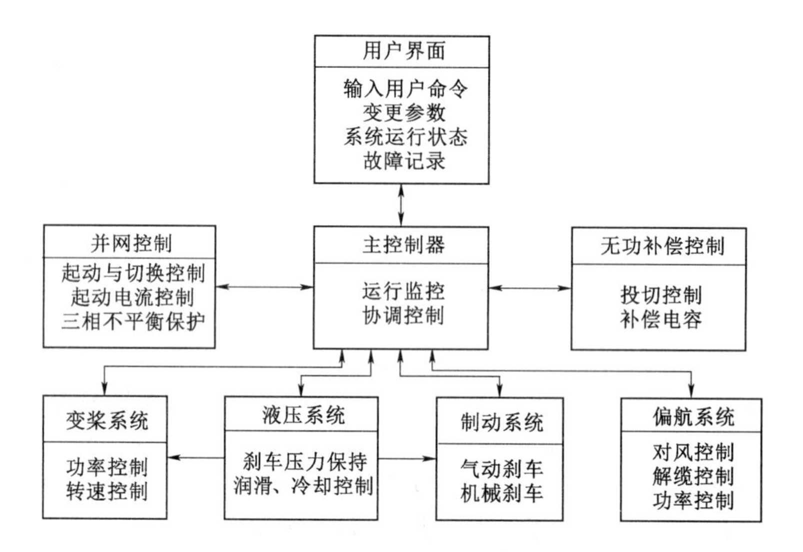

图 3－2　风力发电机组控制系统结构示意图

针对上述结构，目前多数风力发电机组的控制系统采用集散型或称分布式控制系统（distributed control system，DCS）。采用分布式控制的优点是许多控制功能模块可以直接布置在控制对象周围。就地进行采集、控制、处理，避免了各类传感器、信号线与主控制器之间的连接。同时 DCS 现场适应性强，便于控制程序现场调试及在机组运行时可随时修改控制参数。且与其他功能模块保持通信，发出各种控制指令。目前计算机技术突飞猛进，更多新的技术被应用到了 DCS 之中。可编程逻辑控制器（programmable logic control，PLC）是一种针对顺序逻辑控制发展起来的电子设备，目前功能上有较大提高。很多厂家也开始采用 PLC 构成控制系统。风力发电机组控制系统硬件系统如图 3－3 所示，软件系统如图 3－4 所示。

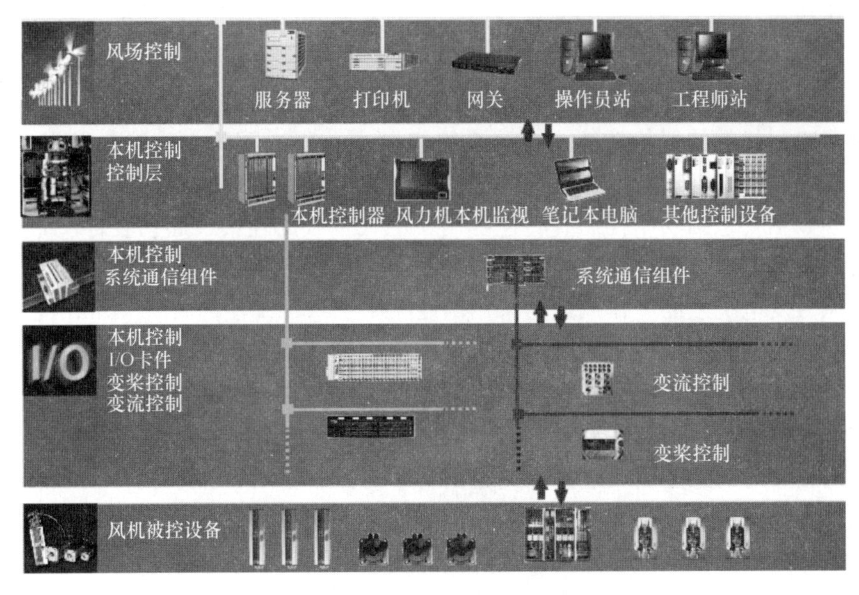

图 3-3 风力发电机组控制系统硬件系统图

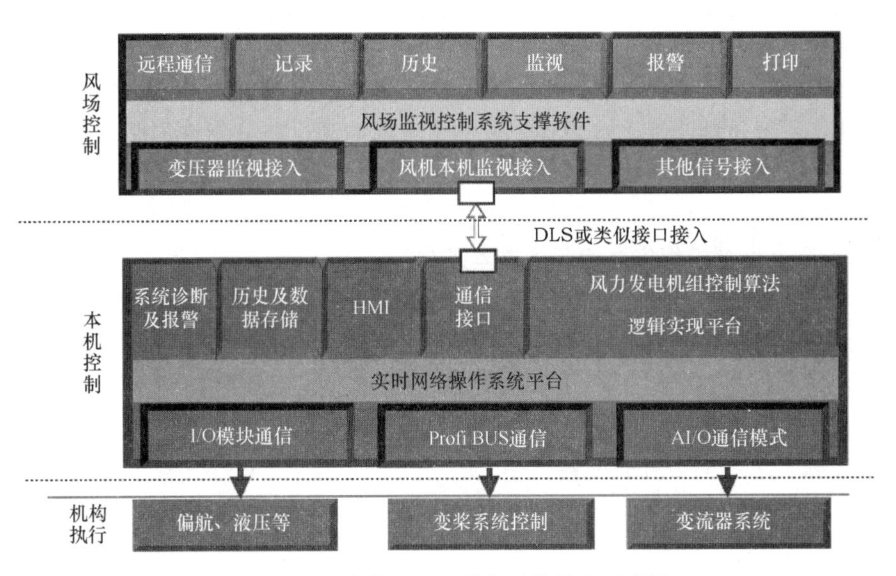

图 3-4 风力发电机组控制系统软件系统图

3.1.2 基本控制要求

控制与安全系统是风力发电机组安全运行的指挥中心，控制系统的安全运行就是保证机组安全运行，通常风力发电机组运行所涉及的内容相当广泛，就运行工况而言，包括起动、停机、功率调节、变速控制和事故处理等方面的内容。

3.1.2.1 风力发电机组的控制目的

早期我国风电场运行的机组主要是定桨距失速型机组，失速型风力发电机组的控制目标是当风速超过额定风速时，为了有效控制风力发电机组输出功率，通过叶

片的失速特性，减小对风能的捕获，使机组的输出功率不超过设计的额定功率。定桨距失速型风力发电机组控制系统控制目标和控制原则以机组安全稳定运行为主，功率控制由叶片的失速特性来完成。风力发电机组的正常运行及安全性取决于先进的控制策略和优越的保护功能。控制系统应以主动或被动的方式控制机组的运行，使系统能够安全稳定运行，各项参数保持在正常工作范围内。控制系统可以控制的功能和参数主要包括功率控制、转速控制、电气负载的连接、起动及停机过程、电网或负载丢失时的停机、纽缆控制、机舱时风、运行时电量和温度参数的控制等。比如，风力发电机组的工作风速是采用温度频率法（BIN 法）计算 10min 平均值确定小风脱网风速和大风切出风速，每个参数极限控制均采用回差法，上行点和下行点不同，视实际运行情况而定。变桨距风力发电机组与定桨距失速型风力发电机组控制方法有所不同，即功率调节方式不同，它采用变桨距方式控制风能的捕获，通过适当调整叶片的桨距角，达到限制输出功率的目的。

风力发电机组的保护环节以失效保护为原则进行设计，当控制系统失效，受机组内部或外部故障影响，导致出现危险情况从而引起机组不能正常运行时，系统安全保护装置动作，保护风力发电机组处于安全状态。在下列情况系统自动执行保护功能：超速、发电机过载和故障、过振动、电网或负载丢失、脱网时的停机失败等。保护环节为多级安全链互锁，在控制过程中具有逻辑“与”的功能，而在达到控制目标方面可实现逻辑“或”的结果。安全链是风力发电机组特有的一套保护装置。此外，系统还设计了防雷装置，对主电路和控制电路分别进行防雷保护。控制线路中每一电源和信号输入端均设有防高压元件，主控柜设有接地并提供简单而有效的疏雷通道。

3.1.2.2　风力发电机组安全运行的基本条件

风力发电机组在起停过程中，机组各部件将受到剧烈的机械应力变化，而对安全运行起决定作用的因素是风速变化引起的转速变化，因此转速控制是机组安全运行的关键。风力发电机组运行是一项复杂的操作，涉及的问题很多，如风速的变化、转速的变化、温度的变化和振动等都会直接威胁风力发电机组安全运行。

1. 控制系统安全运行的必备条件

（1）风力发电机组开关出线侧相序必须与并网电网相序一致，电压标称值相等，三相电压平衡。

（2）风力发电机组安全链系统硬件运行正常。

（3）偏航系统处于正常状态，风速仪和风向标处于正常运行的状态。

（4）制动和控制系统液压装置的油压、油温和油位在规定范围内。

（5）齿轮箱油位和油温在正常范围内。

（6）各项保护装置均在正常位置，并且保护值均与批准设定的值相符。

（7）各控制电源处于接通位置。

（8）监控系统显示正常运行状态。

（9）在寒冷和潮湿地区，停止运行一个月以上的风力发电机组投入运行前应检查绝缘装置，合格后才允许起动。

(10) 经维修的风力发电机组的控制系统在投入启动前，应办理工作票终结手续。

2. 风力发电机组工作参数的安全运行范围

(1) 风速。自然界风的变化是随机的、没有规律的，一般来说，当风速在 3～25m/s 的规定工作范围时，只对风力发电机组的发电有影响，当风速变化率较大且风速超过 25m/s 时，则会对机组的安全产生威胁。

(2) 转速。风力发电机组的风轮转速通常低于 40r/min，发电机的最高转速不超过额定转速的 30%，不同型号的机组参数有所不同。当风力发电机组超速时，对机组的安全性将产生严重威胁。

(3) 功率。在额定风速以下时，不做功率调节控制，只有在额定风速以上应做限制最大功率的控制，通常运行安全最大功率不允许超过设计值的 20%。

(4) 温度。运行中风力发电机组的各部件运转将会引起升温，通常控制器环境温度应为 0～30℃，齿轮箱油温小于 120℃，发电机温度小于 150℃，传动等环节温度小于 70℃。

(5) 电压。发电电压允许的范围在设计值的 10%，当瞬间值超过额定值的 30%时，视为系统故障。

(6) 频率。风力发电机组的发电频率应限制在 50Hz±1Hz，否则视为系统故障。

(7) 压力。机组的许多执行机构由液压执行机构完成，所以各液压站系统的压力必须监控，由压力开关设计额定值来确定，通常低于 100MPa。

3. 系统的接地保护安全要求

(1) 配电设备接地，变压器、开关设备和互感器外壳、配电柜、控制保护盘、金属构架、防雷设施及电缆头等设备必须接地。

(2) 塔筒与地基接地装置，接地体应水平敷设。塔内和地基的角钢基础及支架要用截面 25mm×4mm 的扁钢相连作接地干线，塔筒做一组，地基做一组，两者焊接相连形成接地网。

(3) 接地网形式以闭合环型为好，当接地电阻不满足要求时，克服架外引式接地体。

(4) 接地体的外缘应闭合，外缘各角要做成圆弧形，其半径不宜小于均压带间距的一半，埋设深度应不小于 0.6m，并敷设水平均压带。

(5) 变压器中性点的工作接地和保护地线，要分别与人工接地网连接。

(6) 避雷线宜设单独的接地装置。

(7) 整个接地网的接地电阻应小于 4Ω。

(8) 电缆线路的接地电缆绝缘损坏时，在电缆的外皮、铠甲及接线头盒均可带电，要求必须接地。

(9) 如果电缆在地下敷设，两端都应接地。低压电缆除在潮湿的环境须接地外，其他正常环境不必接地。高压电缆任何情况都应接地。

3.1.2.3 机组自动运行的控制要求

1. 开机并网控制（软切入并网控制）

一般对于定桨距机组，当风速 10min 平均值在系统工作区域内，机组自检一切

正常的情况下，机械闸松开，叶尖复位，风力发电机组慢慢起动，当发电机转速大于20%额定转速小于60%额定转速之间持续5min，转速仍达不到60%额定转速，发电机进入电网软拖动状态，软拖方式视机组型号而定。正常情况下，风力发电机组转速连续增高，不必软拖增速，当转速达到软切入转速时，风力发电机组进入软切入状态；当转速升到发电机同步转速时，旁路主接触器动作，机组并入电网运行。对于有大、小发电机的失速型风力发电机组，按风速范围和功率的大小，确定大、小电机的投入。大电机和小电机的发电工作转速不一致，通常为1500r/min和1000r/min，在小电机脱网，大电机并网的切换过程中，要求严格控制，通常在几秒内完成控制。对于变桨距机组，一般在起动时，首先将叶片桨距角向增大的方向调节，这样做的目的是获得更大的起动力矩，使机组在短时间内快速起动并网，待机组并网完成后，会将叶片桨距角向0°方向调节，以便在低风速区域提高风能的利用效率。

2. 小风和逆功率脱网

小风和逆功率脱网是将风力发电机组停在待风状态，当10min平均风速小于小风脱网风速或发电机输出功率减小到一定值以后，会对电网的稳定性造成一定的隐患，风力发电机组不允许长期并网运行，必须脱网，处于自由状态，风力发电机组靠自身的摩擦阻力缓慢停机，进入待风状态。当风速再次达到起动要求，风力发电机组又可自动旋转起来，达到并网转速，风力发电机组又重新投入并网运行。

3. 普通故障脱网停机

机组运行时发生参数越限、状态异常等普通故障后，风力发电机组进入普通停机程序，机组投入气动刹车，软脱网，待低速轴转速低于一定值后，再抱机械闸，如果是由于内部因素产生的可恢复故障，计算机可自行处理，无须维护人员到现场，即可恢复正常开机。

4. 紧急故障脱网停机

当系统发生紧急故障如风力发电机组发生飞车、超速、振动及负载丢失等故障时，风力发电机组进入紧急停机程序，机组投入气动刹车的同时执行90°偏航控制，机舱旋转偏离主风向，转速达到一定限制后脱网，低速轴转速小于一定值后，抱机械闸。

5. 安全链动作停机

安全链动作停机指电控制系统软保护控制失败时，为安全起见所采取的硬性停机，叶尖气动刹车、机械刹车和脱网同时动作，风力发电机组在短时间内停下来。

6. 大风脱网控制

当风速10min平均值大于25m/s时，风力发电机组可能出现超速和过载，为了保障机组的安全，风力发电机组需脱网停机。风力发电机组先投入气动刹车，同时偏航90°，功率下降后脱网，20s后或者低速轴转速小于一定值时，抱机械闸，机组停机。当风速回到工作风速区后，风力发电机组开始恢复自动对风，待转速上升后，风力发电机组又重新开始自动并网运行。

7. 对风控制

风力发电机组在工作风速区时，应根据机舱的控制灵敏度，确定每次偏航的调

整角度。用两种方法判定机舱与风向的偏离角度，根据偏离的程度和风向传感器的灵敏度，时刻调整机舱偏左和偏右的角度。

8. 功率调节

当风力发电机组在额定风速以上并网运行时，对于失速型风力发电机组由于叶片自身的失速特性，发电机的功率不会超过额定功率的15%。一旦发生过载，机组脱网停机。对于变桨距风力发电机组，通过变桨距调节，可以减小风轮的捕风能力，达到控制输出功率的目的，通常桨距角的调节范围在−2°～86°。

9. 软切入控制

风力发电机组并入电网运行时，对于某些类型的机组，需进行软切入控制；当机组脱网运行时，也必须进行软脱网控制。利用软并网装置可完成软切入/软切出的控制。通常软并网装置主要由大功率晶闸管和有关控制驱动电路组成。控制目的就是通过不断监测机组的三相电流和发电机的运行状态，限制软切入装置通过控制主回路晶闸管的导通角，控制发电机的端电压，达到限制起动电流的目的。在电机转速接近同步转速时，旁路接触器动作，将主回路晶闸管断开，软切入过程结束，软并网成功。通常限制软切入电流为额定电流的1.5倍。

3.1.2.4 控制保护要求

(1) 主电路保护在变压器低压侧三相四线进线处设置低压配电低压断路器，以实现机组电气元件的维护操作安全和短路过载保护，该低压配电低压断路器还配有分动脱扣和辅动触点。发电机三相电缆线入口处也设有配电自动空气断路器，用来实现发电机的过电流、过载及短路保护。

(2) 过电压、过电流保护主电路计算机电源进线端、控制变压器进线端和有关伺服电动机进线端，均设置过电压、过电流保护措施。如整流电源、液压控制电源、稳压电源、控制电源一次侧、调向系统、液压系统、机械闸系统和补偿控制电容都有相应的过电流、过电压保护控制装置。

(3) 控制系统有专门设计的防雷保护装置。在计算机电源及直流电源变压器一次侧，所有信号的输入端均设有相应的瞬时过压和过流保护装置。

(4) 热继电保护运行的所有输出运转机构如发电机、电动机、各传动机构的过热和过载保护控制装置。

(5) 接地保护由于设备因绝缘破坏或其他原因可能引起出现危险电压的金属部分，均应实现保护接地。所有风力发电机组的零部件、传动装置、执行电动机、发电机、变压器、传感器、照明器具及其他电器的金属底座和外壳；电气设备的传动机构；塔架机舱配电装置的金属框架及金属门；配电、控制和保护用的盘（台、箱）的框架；交、直流电力电缆的接线盒和终端盒金属外壳及电缆的金属保护层；电流互感器和电压互感器的二次线圈；避雷器、保护间隙和电容器的底座、非金属护套信号线的屏蔽芯线都要求保护接地。

风力发电机组控制系统工作的安全可靠性已成为风力发电系统能否发挥作用，甚至成为风电场长期安全可靠运行的重大问题。在实际应用过程中，尤其是一般风力发电机组控制与检测系统中，控制系统满足用户提出的功能上的要求是不困难的。往往不是控制系统功能而是它的可靠性直接影响风力发电机组的声誉。有的风力发电机组控制系统功能很强，但由于工作不可靠，经常出故障，而出现故障后对一般用户来说维修又十分困难，于是，这样一套控制系统可能发挥不了它应有的作用，造成损失。因此，对于风力发电机组控制系统的设计和使用者来说，系统的安全可靠性需认真加以考虑，必须引起足够的重视。目的是希望通过控制与安全系统设计，使系统在规定的时间内不出故障或少出故障，并且，在出故障之后能够以最快的速度修复系统使之恢复正常工作。

3.2　定桨距机组

3.2.1　机组特点

并网型风力发电机组从 20 世纪 80 年代中期开始逐步实现商品化、产业化。经过几十年的发展，机组容量已从数十千瓦级增大到兆瓦级，定桨距（失速型）风力发电机组在相当长的时间内占据主导地位。尽管在兆瓦级风力发电机组的设计中已开始采用变桨距技术和变速恒频技术，但由此增加了控制系统与伺服系统的复杂性也对机组的成本和可靠性提出了新的挑战。因此，定桨距风力发电机组结构简单、性能可靠的优点是始终存在的。定桨距风力发电机组的结构特点如下。

1. 风轮结构

定桨距风力发电机组的主要结构特点是：桨叶与轮毂的连接是固定的，即当风速变化时，桨叶的迎风角度不能随之变化。这一特点给定桨距风力发电机组提出了两个必须解决的问题：一是当风速高于风轮的设计点风速即额定风速时，桨叶必须能够自动地将功率限制在额定值附近，这是由于风力机上所有材料的物理性能是有限度的。桨叶的这一特性被称为自动失速性能。二是运行中的风力发电机组在突然失去电网（突甩负载）的情况下，桨叶自身必须具备制动能力，使风力发电机组能够在大风情况下安全停机。早期的定桨距风力发电机组风轮并不具备制动能力、脱网时完全依靠安装在低速轴或高速轴上的机械刹车装置进行制动，这对于数十千瓦级机组来说问题不大，但对于大型风力发电机组，如果只使用机械刹车，就会对整机结构强度产生严重的影响。为了解决上述问题，桨叶制造商首先在 20 世纪 70 年代用玻璃钢复合材料研制成功了失速性能良好的风力机桨叶，解决了定桨距风力发电机组在大风时的功率控制问题。20 世纪 80 年代又将叶尖扰流器成功地应用在风力发电机组上，解决了在突甩负载情况下的安全停机问题，使定桨距（失速型）风力发电机组在近 20 年的风能开发利用中始终占据主导地位，直到最新推的兆瓦级风力发电机组仍然有机型采用该项技术。

2. 桨叶的失速调节原理

当气流流经上下翼面形状不同的叶片时，因突面的弯曲而使气流加速，压力较低，凹面较平缓，使气流速度缓慢，压力较高，因而产生升力。桨叶的失速性能是指它在最大升力系数附近的性能。当桨叶的安装角 β 不变，随着风速增加攻角增

大，升力系数 C_l 线性增大。在接近最大升力系数时，增加变缓，达到最大升力系数后开始减小。而且阻力系数 C_d 初期不断增大。在升力开始减小时，C_d 继续增大，这是由于气流在叶片上的分离随攻角的增大而增大，分离区形成大的涡流，流动失去翼型效应，与未分离时相比，上下翼面压力差减小，致使阻力激增，升力减少，造成叶片失速，从而限制了功率的增加，桨叶升力系数与阻力系数关系如图 3-5 所示。

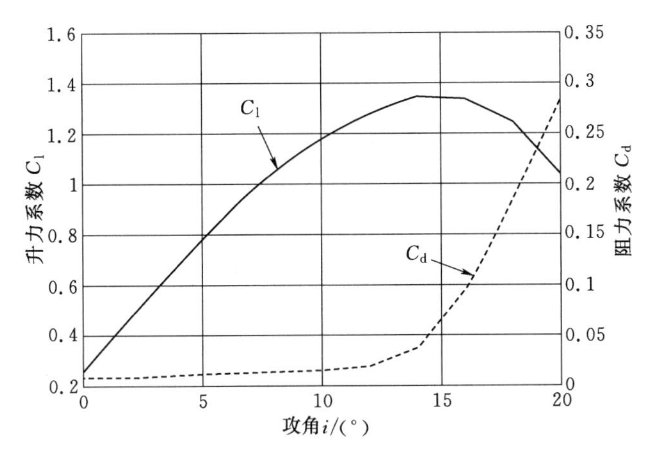

图 3-5 桨叶升力系数与阻力系数关系

失速调节桨叶的攻角沿轴向由根部向叶尖逐渐减少，因而根部叶面先进入失速，随风速增大，失速部分向叶尖处扩展，原先已失速的部分，失速程度加深，未失速的部分逐渐进入失速区。失速部分功率减少，未失速部分仍有功率增加。从而使输入功率保持在额定功率附近。

3. 叶尖扰流器

风力机风轮转动惯量大，如果风轮自身不具备有效的制动能力，在高风速下要求脱网停机是比较困难的。如果风力发电机组不能解决这一问题，会发生灾难性的飞车事故。目前，定桨距风力发电机组采用叶尖扰流器设计。叶尖扰流器的结构如图 3-6 所示。当风力机正常运行时，在液压系统的作用下，叶尖扰流器与桨叶主体部分精密地合为一体，组成完整的桨叶。当风力机需要脱网停机时，液压系统按控制指令将叶尖扰流器释放并旋转 80°～90°，形成阻尼板。由于叶尖部分处于距离轴的最远点，整个叶片作为个长的杠杆，使叶尖扰流器产生的气动阻力高，可以使机组在几乎没有任何磨损的情况下迅速减速，这一过程即为桨叶空气动力刹车。叶尖扰流器是风力发电机组的主要制动器。在风轮旋转时，作用在叶尖扰流器上的离心力和弹簧力会使叶尖扰流器试图脱离桨叶主体转动到制动位置。而液压力的释放，不论是由于控制系统是正常指令，还是液压系统的故障引起，都将导致叶尖扰流器动作，从而使风轮停下

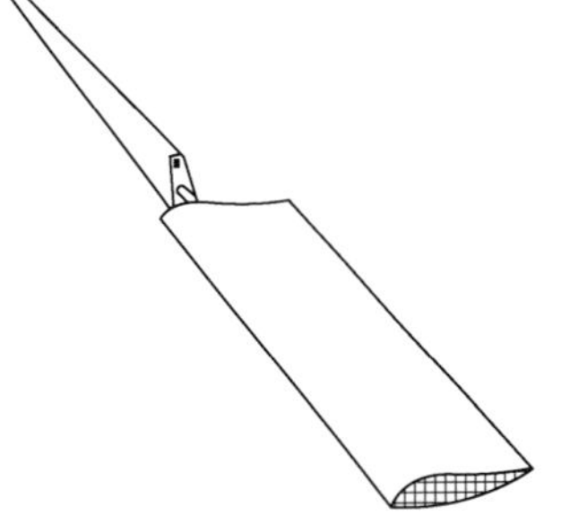

图 3-6 叶尖扰流器结构

来。因此，空气动力刹车是一种失效保护装置，它使整个风力发电机组的制动系统具有很高的可靠性。

4. 空气动力刹车

空气动力刹车系统常用于失速控制型机组安全保护系统，安装在叶片上，与变距系统不同，它主要是限制风轮的转速，并不能使风轮完全停止转动，而是使其转速限定在允许的范围内。这种空气动力刹车系统一般采用失效—安全型设计原则，即在风力发电机组的控制系统和安全系统正常工作时，空气动力刹车系统才可以恢复到机组的正常运行位置，机组可以正常投入运行。一旦风力发电机组的控制系统或安全系统出现故障，则空气动力刹车系统立即起动，使机组安全停机。叶片空气动力刹车主要通过叶片形状的改变使气流受阻碍，如叶片部分旋转大约 90°，主要是叶尖部分旋转，产生阻力，使风轮转速下降。叶片正常运行位置如图 3－7 所示，叶尖刹车位置如图 3－8 所示。使叶片空气动力刹车部分维持在正常位置需要克服叶尖部分的离心力，这一部分动力通常由液压系统提供。

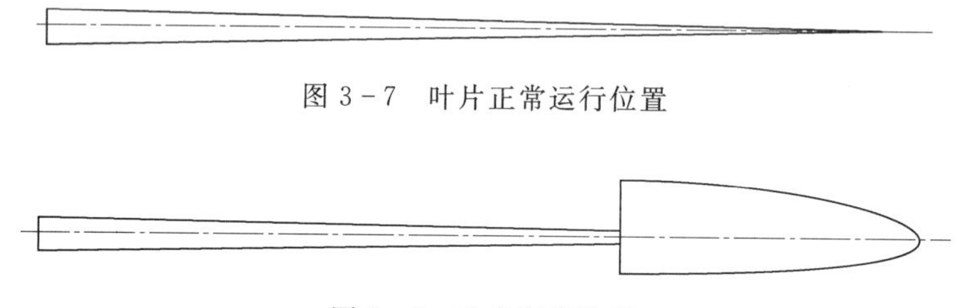

图 3－7　叶片正常运行位置

图 3－8　叶尖刹车位置

叶片空气动力刹车也有的采用降落伞或在叶片的工作面或非工作面加装阻流板达到空气动力刹车的目的。空气动力刹车系统作为第二个安全系统，常通过超速时的离心力起作用。

空气动力刹车可以是主动式或被动式的。主动式空气动力刹车系统在转速下降停机后，空气动力刹车部分借助控制系统能自动复位；而被动式空气动力刹车系统一般需要人工进行复位。早期风力发电机组有采用被动式结构的，大型风力发电机组很少采用。

5. 双速发电机

定桨距风力发电机组存在在低风速运行时的效率问题。在整个运行风速范围内（$3m/s<v<25m/s$）由于气流的速度是在不断变化的，如果机组的转速不能随风速的变化而调整，这会使机组在低风速时的效率降低，同时发电机本身也存在低负荷时的效率问题，尽管目前用于风力发电机组的发电机已能设计得非常理想，在 $P>30\%$额定功率范围内，有高于 90%的效率，但当功率 $P<25\%$额定功率时，效率仍然会急剧下降。为了解决上述问题，定桨距风力发电机组普遍采用双速发电机，分别设计成 4 极和 6 极。一般 6 极发电机的额定功率设计成 4 极发电机的 1/5～1/4。例如 600kW 定桨距风力发电机组一般设计成 6 极 150kW 和 4 极 600kW；750kW 风力发电机组设计成 6 极 200kW 和 4 极 750kW；最新推出的 1000kW 风力发电机组设计成 6 极 200kW 和 4 极 1000kW。这样，当风力发电机组在低风速段进

行时，不仅桨叶具有较高的气动效率，发电机的效率也能保持在较高水平，从而使定桨距风力发电机组与变桨距风力发电机组在进入额定功率前的功率曲线差异不大。采用双速发电机的风力发电机组输出功率曲线如图 3－9 所示。

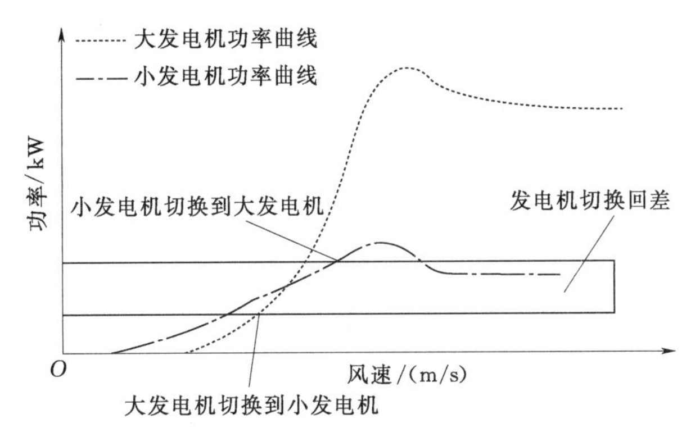

图 3－9 采用双速发电机的风力发电机组输出功率曲线图

6. 功率输出

根据风能转换的原理，风力发电机组的功率输出主要取决于风速，但除此以外，气压、气温和气流扰动等因素也显著地影响其功率输出。因为定桨距机组的功率曲线是在空气的标准状态下测出的，这时空气密度 $\rho=1.225\text{kg/m}^3$。当气压与气温变化时，ρ 会跟着变化，一般当温度变化±10％时，相应的空气密度变化±4％。而桨叶的失速性能只与风速有关，只要达到了叶片气动外形所决定的失速调节风速，不论是否满足输出功率，桨叶的失速性能都要起作用，影响功率输出。因此，当气温升高，空气密度就会降低，相应的功率输出就会减少，反之，功率输出就会增大，海拔高度及温度对功率输出的影响如图 3－10 所示。对于一台 750kW 容量的定桨距风力发电机组，最大的功率输出可能会出现 30～50kW 的偏差。因此在冬季与夏季，应对桨叶的安装角各做一次调整。

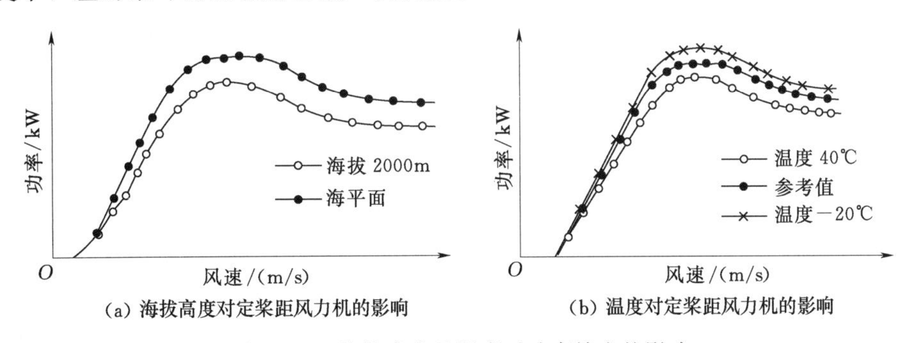

图 3－10 海拔高度及温度对功率输出的影响

为了解决这一问题，近年来定桨距风力发电机组制造商又研制了主动失速型定桨距风力发电机组。主动失速风力发电机组启动时，会将桨叶的节距角调整到适当位置，以便获取更多的风能，当风力发电机组超过额定功率后，桨叶节距主动向失速方向调节，将功率调整在额定值上。由于功率曲线在失速范围的变化率比失速前

要低得多，控制相对容易，输出功率也更加平稳。

7. 节距角与额定转速的设定对功率输出的影响

定桨距风力发电机组的桨叶节距角和转速都是固定不变的，这一限制使得风力发电机组的功率曲线上只有一点具有最大功率系数，这一点对应于某一个叶尖速比。当风速变化时，功率系数也随之改变。而要在变化的风速下保持最大功率系数，必须保持转速与风速之比不变，也就是说，风力发电机组的转速要能够跟随风速的变化。对同样直径的风轮驱动的风力发电机组，其发电机额定转速可以有很大变化，而额定转速较低的发电机在低风速时具有较高的功率系数。额定转速较高的发电机在高风速时具有较高的功率系数，这是采用双速发电机的根据。需说明的是额定转速并不是按在额定风速时具有最大的功率系数设定的。因为风力发电机组与一般发电机组不同，它并不是经常运行在额定风速点上，并且功率与风速的三次方成正比，只要风速超过额定风速，功率就会显著上升，这对于定桨距风力发电机组来说是根本无法控制的。事实上，定桨距风力发电机组早在风速达到额定值以前就已开始失速了，到额定点时的功率系数较小，定桨距风力发电机组的功率曲线与功率系数如图 3 - 11 所示。

改变桨叶节距角的设定，也显著影响额定功率的输出。根据定桨距风力机的特点，应当尽量提高低风速时的功率系数和考虑高风速时的失速性能。为此需要了解桨叶节距角的改变究竟如何影响风力机的功率输出。桨叶节距角对输出功率的影响如图 3 - 12 所示。

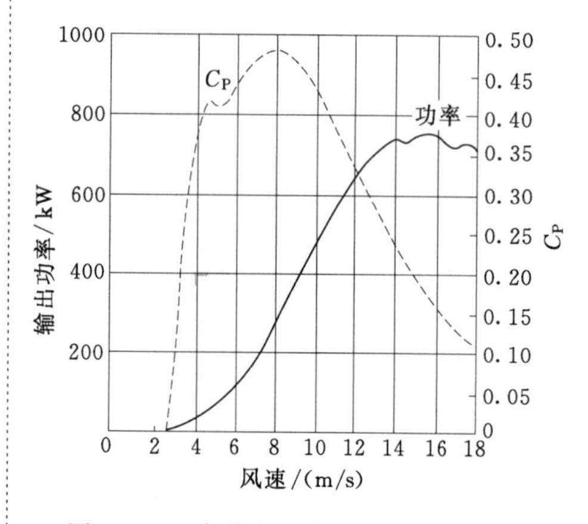

图 3 - 11　定桨距风力发电机组的功率曲线与功率系数

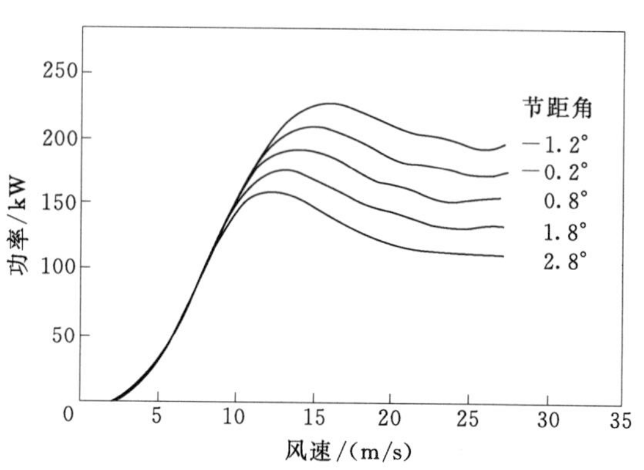

图 3 - 12　桨叶节距角对输出功率的影响

无论从实际测量还是理论计算所得的功率曲线都可以说明，定桨距风力发电机组在额定风速以下运行时，在低风速区，不同的节距角所对应的功率曲线几乎是重合的。但在高风速区，节距角的变化，对其最大输出功率（额定功率点）的影响是十分明显的。事实上，调整桨叶的节距角只是改变了桨叶对气流的失速点。根据实验结果，节距角越小，气流对桨叶的失速点越高，其最大输出功率也越高。这就是定桨距风力机可以在不同的空气密度下调整桨叶安装角的依据。

定桨距风力发电机组的基本运行过程如下。

(1) 待机状态。当风速 $v>3m/s$，但不足以将风力发电机组拖动到切入的转速，或者风力发电机组从小功率（逆功率）状态切出，没有重新并入电网，这时的风力机处于自由转动状态，称为待机状态。待机状态除了发电机没有并入电网，机组实际上已处于工作状态。这时控制系统已做好切入电网的一切准备：机械刹车已松开；叶尖阻尼板已收回；风轮处于迎风状态；液压系统的压力保持在设定值上，风况、电网和机组的所有状态参数均在控制系统检测之中，一旦风速增大，转速升高，发电机即可并入电网。

(2) 风力发电机组的自启动。风力发电机组的自起动是指风轮在自然风速的作用下，不依靠其他外力的协助，将发电机拖动到额定转速。早期的定桨距风力发电机组不具有自起动能力，风轮的起动是在发电机的协助下完成的，这时发电机作电动机运行，通常称为电动机启动（motor start）。直到现在，绝大多数定桨距风力机仍具备 motor start 的功能。由于桨叶气动性能的不断改进，目前绝大多数风力发电机组的风轮具有良好的自起动性能。一般在风速 $v>4m/s$ 的条件下，即可自起动到发电机的额定转速。

(3) 自启动的条件。正常起动前 10min，风力发电机组控制系统对电网、风况和机组的状态进行监测。这些状态必须满足以下条件：

1) 电网：①连续 10min 内电网没有出现过电压、低电压；②电网电压 0.1s 内跌落值均小于设定值；③电网频率在设定范围之内；④没有出现三相不平衡等现象。

2) 风况：连续 10min 风速在风力发电机组运行风速的范围内（$3.0m/s<v<25m/s$）。

3) 机组本身至少应具备的条件为：①发电机温度、增速器油温度应在设定值范围以内；②液压系统所有部位的压力都在设定值；③液压油位和齿轮润滑油位正常；④制动器摩擦片正常；⑤扭缆开关复位；⑥控制系统 DC24V、AC24V、DC5V、DC±15V 电源正常；⑦非正常停机后显示的所有故障均已排除：⑧维护开关在运行位置。

上述条件满足时，按控制程序机组开始执行“风轮对风”与“制动解除”指令。

4) 风轮对风。当风速传感器测得 10min 平均风速 $v>3m/s$ 时，控制器允许风轮对风。

偏航角度通过风向仪测定。当风力机向左或右偏离风向确定时，需延迟 10s 后才执行向左或向右偏航。以避免在风向扰动情况下的频繁起动。释放偏航刹车 1s 后，偏航电动机根据指令执行左右偏航；偏航停止时，偏航刹车投入。

5) 制动解除。当自起动的条件满足时，控制叶尖扰流器的电磁阀打开，压力油进入桨叶液压缸，扰流器被收回与桨叶主体合为一体。控制器收到叶尖扰流器已回收的反馈信号后，压力油的另一路进入机械盘式制动器液压缸，松开盘式制动器。

3.2.2　基本控制策略

3.2.2.1　控制系统的基本功能

并网运行的风力发电机组的控制系统必须具备以下功能：

（1）根据风速信号自动进入起动状态或从电网切出。

（2）根据功率及风速大小自动进行转速和功率控制。

（3）根据风向信号自动对风。

（4）根据功率因素自动投入（或切出）相应的补偿电容。

（5）当发电机脱网时，能确保机组安全停机。

（6）在机组运行过程中，能对电网、风况和机组的运行状况进行监测和记录，对出现的异常情况能够自行判断并采取相应的保护措施，并能够根据记录的数据生成各种图表，以反映风力发电机组的各项性能指标。

（7）对在风电场中运行的风力发电机组还应具备远程通信的功能。

3.2.2.2　运行过程中的主要参数监测

1. 电力参数监测

风力发电机组需要持续监测的电力参数包括电网三相电压、发电机输出的三相电流、电网频率和发电机功率因数等。这些参数无论风力发电机组是处于并网状态还是脱网状态都被监测，用于判断风力发电机组的起动条件、工作状态及故障情况，还用于统计风力发电机组的有功功率、无功功率和总发电量。此外，还根据电力参数，主要是发电机有功功率和功率因数来确定补偿电容的投入与切出。

（1）电压。电压测量主要检测以下故障：

1）电网冲击相电压超过450V，0.2s。

2）过电压相电压超过433V，50s。

3）低电压相电压低于329V，50s。

4）电网电压跌落相电压低于260V，0.1s。

5）相序故障。

对电压故障要求反应较快。在主电路中设有过电压保护，其动作设定值可参考冲击电压整定保护值。发生电压故障时风力发电机组必须退出电网，一般采取正常停机，而后根据情况进行处理。

电压测量值经平均值算法处理后可用于计算机组的功率和发电量的计算。

（2）电流。关于电流的故障有：

1）电流跌落0.1s内一相电流跌落80%。

2）三相不对称三相中有一相电流与其他两相相差过大，相电流相差25%，或在平均电流低于50A时，相电流相差50%。

3）晶闸管故障软起动期间，某相电流大于额定电流或者触发脉冲发出后电流连续0.1s为0。

对电流故障同样要求反应迅速。通常控制系统带有两个电流保护，即电流短路

保护和过电流保护。电流短路保护采用断路器，动作电流按照发电机内部相间短路电流整定，动作时间0～0.05s。过电流保护由软件控制，动作电流按照额定电流的2倍整定，动作时间1～3s。

电流测量值经平均值算法处理后与电压、功率因数合成为有功功率、无功功率及其他电力参数。

电流是风力发电机组并网时需要持续监视的参量，如果切入电流不小于允许极限，则晶闸管导通角不再增大，当电流开始下降后，导通角逐渐打开直至完全开启。并网期间，通过电流测量可检测发电机或晶闸管的短路及三相电流不平衡信号。如果三相电流不平衡超出允许范围，控制系统将发出故障停机指令，风力发电机组退出电网。

(3) 频率。电网频率被持续测量。测量值经平均值算法处理与电网上、下限频率进行比较，超出时风力发电机组退出电网。

电网频率直接影响发电机的同步转速，进而影响发电机的瞬时出力。

(4) 功率因数。功率因数通过分别测量电压相角和电流相角获得，经过移相补偿算法和平均值算法处理后，用于统计发电机有功功率和无功功率。

由于无功功率导致电网的电流增加，线损增大，且占用系统容量，因而送入电网的功率，感性无功分量越少越好，一般要求功率因数保持在0.95以上。为此，风力发电机组使用了电容器补偿无功功率。考虑到风力发电机组的输出功率常在大范围内变化，补偿电容器一般按不同容量分成若干组，根据发电机输出功率的大小来投入与切出。这种方式投入补偿电容时，可能造成过补偿。此时会向电网输入容性无功。

电容补偿并未改变发电机运行状况。补偿后，发电机接触器上电流应大于主接触器电流。

(5) 功率。功率可通过测得的电压、电流、功率因数计算得出，用于统计风力发电机组的发电量。

风力发电机组的功率与风速有固定函数关系，如测得功率与风速不符，可以作为风力发电机组故障判断的依据。当风力发电机组功率过高或过低时，可以作为风力发电机组退出电网的依据。

2. 风力参数监测

(1) 风速。风速通过机舱外的数字式风速仪测得。计算机每秒采集一次来自风速仪的风速数据，每10min计算一次平均值，用于判别起动风速（风速$v>3$m/s时，起动小发电机，$v>8$m/s时起动大发电机）和停机风速（$v>25$m/s）。安装在机舱顶上的风速仪处于风轮的下风向，本身测量并不精确，其数据一般不用生成功率曲线。

(2) 风向。风向标安装在机舱顶部两侧，主要测量风向与机舱中心线的偏差角。一般采用两个风向标，以便互相校验，排除可能产生的误信号。控制器根据风向信号，启动偏航系统。当两个风向标不一致时，偏航系统会自动中断。当风速低于3m/s时，偏航系统不会启动。

3. 机组状态参数检测

(1) 转速。风力发电机组转速的测量点有两个：发电机转速和风轮转速。

转速测量信号用于控制风力发电机组并网和脱网，还可用于起动超速保护系统，当风轮转速超过设定值 $n1$ 或发电机转速超过设定值 $n2$ 时，超速保护动作，风力发电机组停机。

风轮转速和发电机转速可以相互校验。如果不符，则提示风力发电机组故障。

(2) 温度。有8个点的温度被测量，用于反映风力发电机组系统的工作状况。这8个点包括：①增速器油温；②高速轴承温度，③大发电机温度；④小发电机温度；⑤前主轴承温度，⑥后主轴承温度；⑦控制盘温度（主要是晶闸管的温度）；⑧控制器环境温度。

由于温度过高引起风力发电机组退出运行，在温度降至允许值时，仍可自动起动风力发电机组运行。

(3) 机舱振动。为了检测机组的异常振动，在机舱上应安装振动传感器。传感器由一个与微动开关相连的钢球及其支撑组成。异常振动时，钢球从支撑它的圆环上落下，拉动微动开关，引起安全停机。重新启动时，必须重新安装好钢球。

机舱后部还设有桨叶振动探测器（TAC84系统）。过振动时将引起正常停机。

(4) 电缆扭转。由于发电机电缆及所有电气、通信电缆均从机舱直接引入塔筒，直到地面控制柜。如果机舱经常向一个方向偏航，会引起电缆的严重扭转，因此偏航系统还应具备扭缆保护的功能。偏航齿轮上安有一个独立的记数传感器，以记录相对初始方位所转过的齿数。当风力机向一个方向持续偏航达到设定值时，表示电缆已被扭转到危险的程度，控制器将发出停机指令并显示故障。风力发电机组停机并执行顺或逆时针解缆操作。为了提高可靠性，在电缆引入塔筒处（即塔筒顶部），还安装了行程开关，行程开关触点与电缆相连，当电缆扭转到一定程度时可直接拉动行程开关，引起安全停机。

为了便于了解偏航系统的当前状态，控制器可根据偏航记数传感器的报告，以记录相对初始方位所转过的齿数显示机舱当前方位与初始方位的偏转角度及正在偏航的方向。

(5) 机械刹车状况。在机械刹车系统中装有刹车片磨损指示器，如果刹车片磨损到一定程度，控制器将显示故障信号，这时必须更换刹车片后才能起动风力发电机组。

在连续两次动作之间，有一个预置的时间间隔，使刹车装置有足够的冷却时间，以免重复使用使刹车盘过热。根据不同型号的风力发电机组，也可用温度传感器来取代设置延时程序。这时刹车盘的温度必须低于预置的温度才能起动风力发电机组。

(6) 油位。风力发电机的油位包括润滑油位、液压系统油位。

4. 各种反馈信号的检测

控制器在以下指令发出后的设定时间内应收到动作已执行的反馈信号：

1) 回收叶尖扰流器。

2）松开机械刹车。

3）松开偏航制动器。

4）发电机脱网及脱网后的转速降落信号。

否则将出现相应的故障信号，执行安全停机。

5. 增速器油温的控制

增速器箱体内一侧装有 PT100 温度传感器。运行前，保证齿轮油温高于0℃（根据润滑油的要求设定），否则加热至 10℃再运行。正常运行时，润滑油泵始终工作，对齿轮和轴承进行强制喷射润滑。当油温高于 60℃时，油冷却系统起动，油被送入增速器外的热交换器进行自然风冷或强制水冷。油温低于 45℃时，冷却油回路切断，停止冷却。

目前大型风力发电机组增速器均带有强制润滑冷却系统和加热器。但油温加热器与箱外冷却系统并非缺一不可。例如对于我国南方，如广东省的沿海地区，气温很少低于 0℃，可不用考虑加热器，对一些气温不高的地区，也可不用设置箱外冷却系统。

6. 发电机温升控制

通常在发电机的三相绕组及前后轴承里面各装有一个 PT100 温度传感器，发电机在额定状态下的温度为 130～140℃，一般在额定功率状态下运行 5～6h 后达到这一温度。当温度高于 155℃时，风力发电机组将会因温度过高而停机。当温度降落到 100℃以下时，风力发电机组又会重新起动并入电网（如果自起动条件仍然满足）。发电机温度的控制点可根据当地情况进行现场调整。对在安装在湿度和温差较大地点的风力发电机组，发电机内部可安装电加热器。以防止大温差引起发电机绕组表面的冷凝。

一般用于风力发电机组的发电机均采取强制风冷。但新推出的 NM750/48 风力发电机组设置了水冷系统。冷却水管道布置在定子绕组周围，通过水泵与外部散热器进行循环热交换。冷却系统不仅直接带走发电机内部的热量，同时通过热交换器带走齿轮润滑油的热量，发电机齿轮箱循环冷却系统如图 3-13 所示，从而使风力

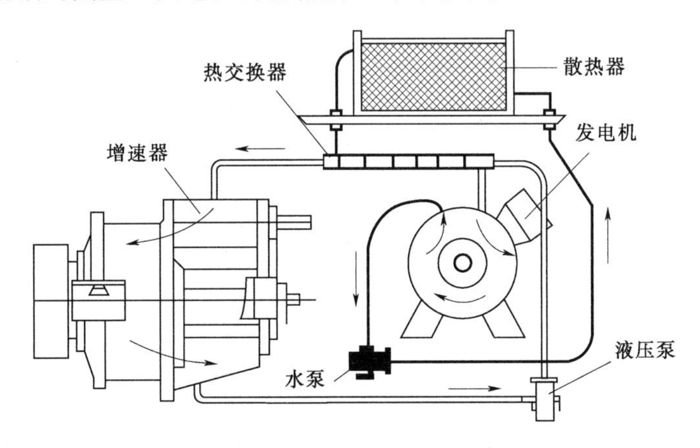

图 3-13 发电机齿轮箱循环冷却系统

发电机组的机舱可以设计成密封型。采用强制水冷，大大提高了发电机的冷却效果，提高了发电机的工作效率。并且由于密封良好，避免了舱内风沙雨水的侵入，给机组创造了有利的工作环境。

7. 功率过高或过低的处理

（1）功率过低。如果发电机功率持续（一般设置 30～60s）出现逆功率，其值小于预置值 P_s，风力发电机组将退出电网，处于待机状态。脱网动作过程如下：断开发电机接触器，断开旁路接触器，不释放叶尖扰流器，不投入机械刹车。重新切入可考虑将切入预置点自动提高 0.5%，但转速下降到预置点以下后升起再并网时，预置值自动恢复到初始状态值。

重新并网动作过程如下：合发电机接触器，软启动后晶闸管完全导通。当输出功率超过 P_s 3s 时，投入旁路接触器，转速切入点变为原定值。功率低于 P_s 时由晶闸管通路向电网供电，这时输出电流不大，晶闸管可连续工作。

这一过程是在风速较低时进行的。发电机出力为负功率时，吸收电网有功，风力发电机组几乎不做功。如果不提高切入设置点，起动后仍然可能是电动机运行状态。

（2）功率过高。一般说来，功率过高现象由两种情况引起：一是由于电网频率波动引起的。电网频率降低时，同步转速下降，而发电机转速短时间不会降低，转差较大。各项损耗及风力转换机械能瞬时不突变，因而功率瞬时会变得很大；二是由于气候变化，空气密度的增加引起的。功率过高如持续一定时间，控制系统应作出反应。可设置为：当发电机出力持续 10min 大于额定功率的 15%后，正常停机；当功率持续 2s 大于额定功率的 50%，安全停机。

8. 风力发电机组退出电网

风力发电机组各部件受其物理性能的限制，当风速超过一定的限度时，必需脱网停机。例如风速过高将导致叶片大部分严重失速，受剪切力矩超出承受限度而导致过早损坏。因而在风速超出允许值时，风力发电机组应退出电网。

由于风速过高引起的风力发电机组退出电网有以下几种情况：

（1）风速高于 25m/s，持续 10min。一般来说，由于受叶片失速性能限制，在风速超出额定值时发电机转速不会因此上升。但当电网频率上升时，发电机同步转速上升，要维持发电机出力基本不变，只有在原有转速的基础上进一步上升，可能超出预置值。这种情况通过转速检测和电网频率监测可以做出迅速反应。如果过转速，释放叶尖扰流器后还应使风力发电机组侧风 90°，以便转速迅速降下来。当然，只要转速没有超出允许限额，只需执行正常停机。

（2）风速高于 33m/s，持续 2s，正常停机。

（3）风速高于 50m/s，持续 1s，安全停机，侧风 90°。

3.2.2.3　风力发电机组的基本控制策略

1. 风力发电机组的工作状态

风力发电机组总是工作在如下状态之一：①运行状态；②暂停状态；③停机状态；④紧急停机状态。

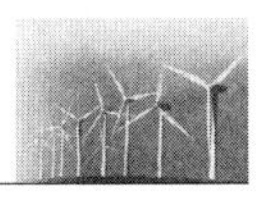

每种工作状态可看作风力发电机组的一个活动层次，运行状态处在最高层次，紧急停机状态处在最低层次。

为了能够清楚地了解机组在各种状态条件下控制系统是如何反应的，必须对每种工作状态作出精确的定义。这样，控制软件就可以根据机组所处的状态，按设定的控制策略对调向系统、液压系统、变桨距系统、制动系统、晶闸管等进行操作，实现状态之间的转换。

以下给出了四种工作状态的主要特征及其简要说明。

（1）运行状态：

1）机械刹车松开。

2）允许机组并网发电。

3）机组自动调向。

4）液压系统保持工作压力。

5）叶尖阻尼板回收或变桨距系统选择最佳工作状态。

（2）暂停状态：

1）机械刹车松开。

2）液压泵保持工作压力。

3）自动调向保持工作状态。

4）叶尖阻尼板回收或变距系统调整桨叶节距角向 90°方向。

5）风力发电机组空转。

这个工作状态在调试风力发电机组时非常有用，因为调试风力机的目的是要求机组的各种功能正常，而不一定要求发电运行。

（3）停机状态：

1）机械刹车松开。

2）液压系统打开电磁阀使叶尖阻尼板弹出，或变距系统失去压力而实现机械旁路。

3）液压系统保持工作压力。

4）调向系统停止工作。

（4）紧急停机状态：

1）机械刹车与气动刹车同时动作。

2）紧急电路（安全链）开启。

3）计算机所有输出信号无效。

4）计算机仍在运行和测量所有输入信号。

当紧停电路动作时，所有接触器断开，计算机输出信号被旁路，使计算机没有可能去激活任何机构。

2. 工作状态之间的转变

定义了风力发电机组的四种工作状态之后，我们进一步说明各种工作状态之间是如何实现转换的。

风力发电机组工作状态之间转换如图 3－14 所示。按图 3－14 所示，提高工作状态层次只能一层一层地上升，而要降低工作状态层次可以是一层或多层。这种工

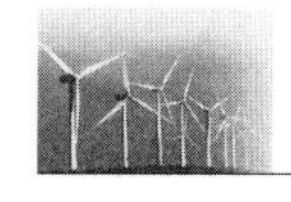

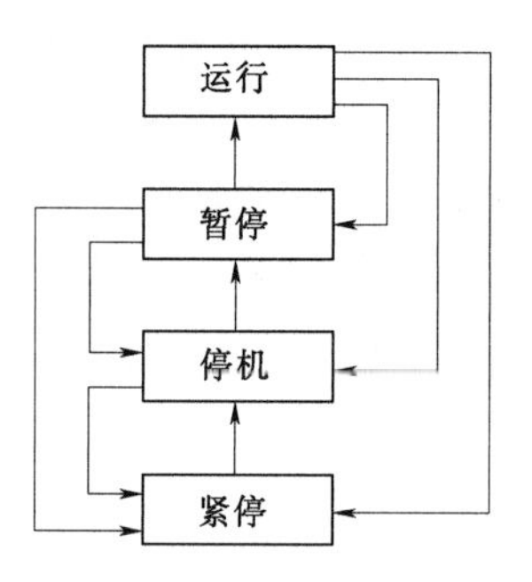

图3-14　风力发电机组工作状态之间转换

作状态之间转变方法是基本的控制策略，它主要出发点是确保机组的安全运行。

如果风力发电机组的工作状态要往更高层次转化，必须一层一层往上升，用这种过程确定系统的每个故障是否被检测。当系统在状态转变过程中检测到故障，则自动进入停机状态。

当系统在运行状态中检测到故障，并且这种故障是致命的，那么工作状态不得不从运行直接到紧急停止，这可以立即实现而不需要通过暂停和停止。

下面我们进一步说明当工作状态转换时，系统是如何动作的。

(1) 工作状态层次上升。

1) 紧停→停机。如果停机状态的条件满足，则：①关闭紧停电路；②建立液压工作压力；③松开机械刹车。

2) 停机→暂停。如果暂停的条件满足，则：①起动偏航系统；②对变桨距风力发电机组，接通变桨距系统压力阀。

3) 暂停→运行。如果运行的条件满足，则：①核对风力发电机组是否处于上风向；②叶尖阻尼板回收或变桨距系统投入工作；③根据所测转速，发电机是否可以切入电网。

(2) 工作状态层次下降。工作状态层次下降包括3种情况。

1) 紧急停机。紧急停机也包含了3种情况，即：停止→紧停，暂停→紧停，运行→紧停。其主要控制指令为：①打开紧停电路；②置所有输出信号于无效；③机械刹车作用；④逻辑电路复位。

2) 停机。停机操作包含了两种情况，即：暂停→停机，运行→停机。

暂停→停机的主要控制指令为：①停止自动调向；②打开气动刹车或变桨距机构回油阀。

运行→停机的主要控制指令为：①变桨距系统停止自动调节；②打开气动刹车或变桨距机构回油阀；③发电机脱网。

3) 暂停。暂停的主要控制指令为：①如果发电机并网，调节功率降到0后通过晶闸管切出发电机；②如果发电机没有并入电网，则降低风轮转速至0。

3. 故障处理

图3-14所示的工作状态转换过程实际上还包含着一个重要的内容：当故障发生时，风力发电机组将自动地从较高的工作状态转换到较低的工作状态。故障处理实际上是针对风力发电机组从某一工作状态转换到较低的状态层次可能产生的问题，因此检测的范围是限定的。

为了便于介绍安全措施和对发生的每个故障类型处理，我们给每个故障定义如下信息：①故障名称；②故障被检测的描述；③当故障存在或没有恢复时工作状态层次；④故障复位情况（能自动或手动复位，在机上或远程控制复位）。

（1）故障检测。控制系统设在顶部和地面的处理器都能够扫描传感器信号以检测故障，故障由故障处理器分类，每次只能有一个故障通过，只有能够引起机组从较高工作状态转入较低工作状态的故障才能通过。

（2）故障记录。故障处理器将故障存储在运行记录表和报警表中。

（3）对故障的反应。对故障的反应应是以下三种情况之一：①降为暂停状态；②降为停机状态；③降为紧急停机状态。

（4）故障处理后的重新启动。在故障已被接受之前，工作状态层不可能任意上升。

故障被接受的方式如下：如果外部条件良好，此外部原因引起的故障状态可能自动复位。一般故障可以通过远程控制复位，如果操作者发现该故障可接受并允许起动风力发电机组，操作者可以复位故障。有些故障是致命的，不允许自动复位或远程控制复位，必须有工作人员到机组工作现场检查，这些故障必须在风力发电机组内的控制面板上得到复位。故障状态被自动复位后10min将自动重新起动。但一天发生次数应有限定，并记录显示在控制面板上。如果控制器出错可通过自检（watchdog）重新起动。

3.3 变 桨 距 机 组

3.3.1 机组特点

变桨距控制是通过叶片和轮毂之间的轴承机构转动叶片来减小迎角，由此来减小翼型的升力，从而控制输出功率。当桨距角位于90°时是叶片的顺桨位置。风力发电机组正常运行时，叶片向小迎角方向变化从而限制功率。一般变距范围为0°～90°。

主动失速调节又称负变距，负变距调节范围一般在－5°左右。在额定功率点以前，叶片的桨距角是固定不变的，与定桨距风轮一样；在额定功率以后（即失速点以后），由于叶片失速导致风轮功率下降，风轮输出功率低于额定功率，为了补偿这部分损失，可以适当调整叶片的桨距角来提高风轮的功率输出。

变桨距叶片变距时气流变化过程和叶片角度变化示意图，如图3-15所示。当达到最佳运行时，如果已达到额定功率，就不再变桨了。如果风力发电机组大部分运行时间在零至额定功率之间，则桨距处于非最佳状态，会产生很大的能量损失，而且确定最佳迎角由测量风速来决定，而测量风速往往不准确，反而产生副作用。阵风时，风轮叶片变桨执行机构动作滞后会产生能量损失。功率调节的优劣，与叶片变桨速率有关。叶片变桨速率快，可以产生较小的风轮回转质量惯性力矩。

3.3.1.1 变桨距风力发电机组的特点

1. 输出功率特性

变桨距风力发电机组与定桨距风力发电机组相比，具有在额定功率点以上输出功率平稳的特点。变桨距风力发电机组功率曲线如图3-16所示，定桨距风力发电机组功率如图3-17所示。变桨距风力发电机组的功率调节不完全依靠叶片的气动性能。当功率在额定功率以下时，控制器调节叶片节距角在0°附近，可认为等效于

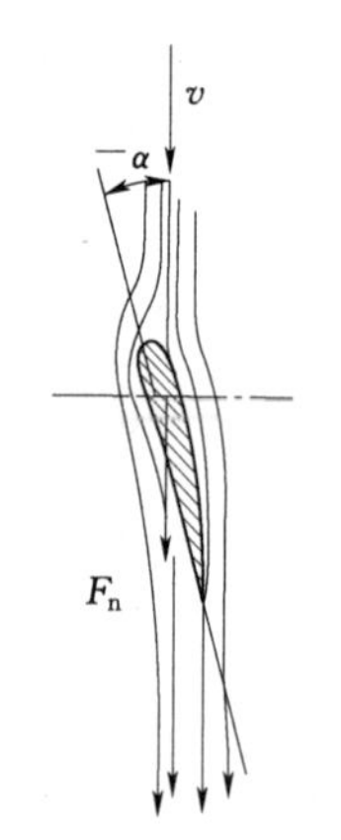

(a)顺桨时叶片静止气流图

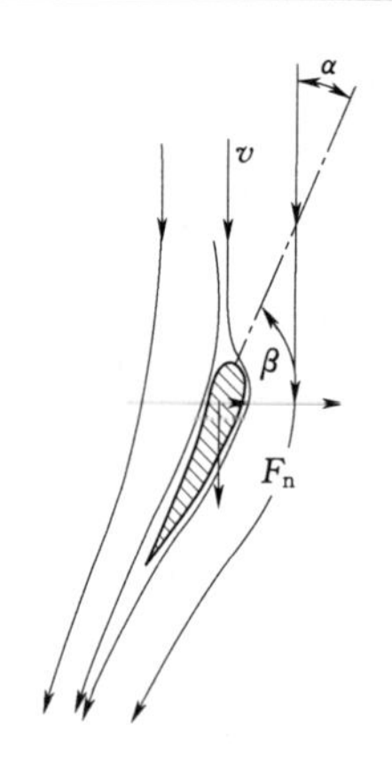

(b)当风速逐渐增大时，改变攻角，使叶片具有良好的启动性能

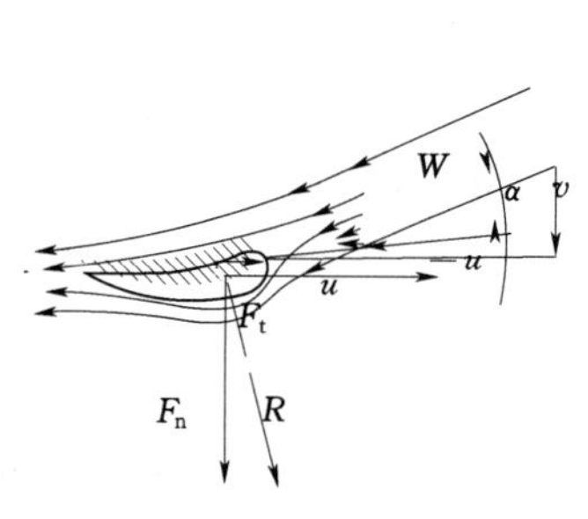

(c)低风速时，保持最佳攻角，实现最大风能追踪

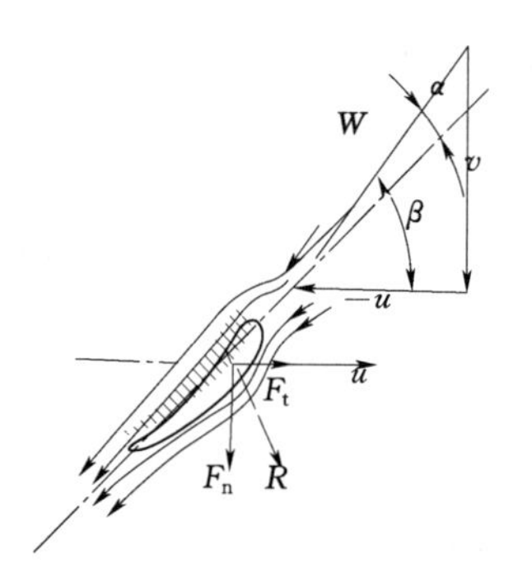

(d)当风速超过额定风速时，减小攻角，控制输出功率在额定值附近

图 3－15　变桨距叶片变距时气流变化过程和角度变化示意图

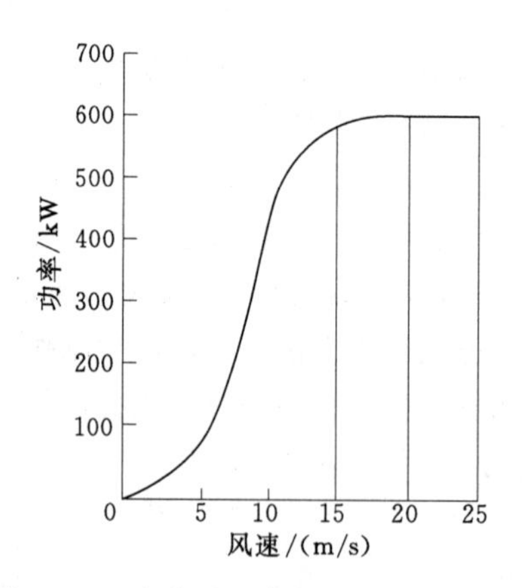

图 3－16　变桨距风力发电机组功率曲线

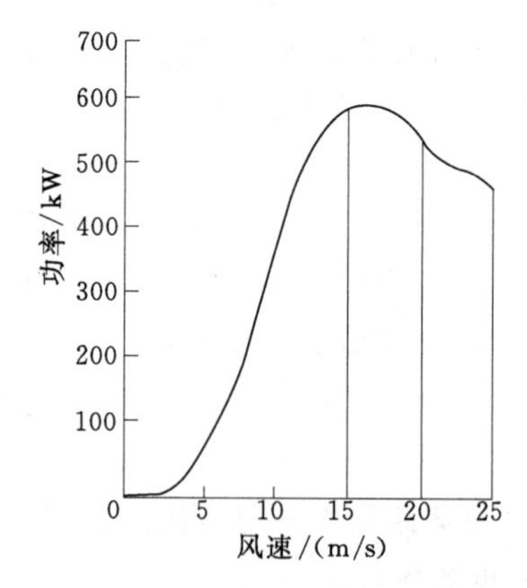

图 3－17　定桨距风力发电机组功率曲线

定桨距风力发电机组，发电机的功率根据叶片的气动性能随风速的变化而变化，当功率超过额定功率时，变桨距机构开始工作，调整桨叶节距角，将发电机的输出功率限制在额定值附近。但是，随着并网型风力发电机组容量的增大，大型风力发电

机组的单个叶片已重达数吨，操纵如此巨大的惯性体，并且要求响应速度要能跟得上风速的变化是相当困难的。事实上，如果没有其他措施的话，变桨距风力发电机组的功率调节对高频风速变化仍然是无能为力的。因此，近年来设计的变桨距风力发电机组，除了对桨叶进行节距控制以外，还通过控制发电机转子电流来控制发电机转差率，使得发电机转速在一定范围内能够快速响应风速的变化，以吸收瞬变的风能，使输出的功率曲线更加平稳。

2. 在额定点具有较高的风能利用系数

变桨距风力发电机组与定桨距风力发电机组相比，在相同的额定功率点，额定风速比定桨距风力发电机组要低。对于定桨距风力发电机组，一般在低风速段的风能利用系数较高。当风速接近额定点，风能利用系数开始大幅下降。因为这时随着风速的升高，功率上升已趋缓，而过了额定点后，桨叶已开始失速，风速升高，功率反而有所下降。对于变桨距风力发电机组，由于桨叶节距可以控制，无须担心风速超过额定点后的功率控制问题，可以使得额定功率点仍然具有较高的功率系数。

3. 确保高风速段的额定功率

由于变桨距风力发电机组的桨叶节距角是根据发电机输出功率的反馈信号来控制的，它不受气流密度变化的影响。无论是由于温度变化还是海拔引起空气密度变化，变桨距系统都能通过调整叶片角度，使之获得额定功率输出。这对于功率输出完全依靠桨叶气动性能的定桨距风力发电机组来说，具有明显的优越性。

4. 起动性能与制动性能

变桨距风力发电机组在低风速时，桨叶节距可以转动到合适的角度，使风轮具有最大的起动力矩，从而使变桨距风力发电机组比定桨距风力发电机组更容易起动。在变桨距风力发电机组上，一般不再设计电动机起动的程序。

当风力发电机组需要脱离电网时，变桨距系统可以先转动叶片使之减小功率，在发电机与电网断开之前，功率减小至0，这意味着当发电机与电网脱开时，没有转矩作用于风力发电机组，避免了在定桨距风力发电机组上每次脱网时所要经历的突甩负载的过程。

3.3.1.2 变桨距风力发电机组的运行状态

变桨距风力发电机组根据变距系统所起的作用可分为三种运行状态，即起动状态（转速控制）、欠功率状态（不控制）和额定功率状态（功率控制）。

1. 起动状态

变距风轮的桨叶在静止时，桨距角为90°，不同节距角时的桨叶截面如图3-18所示。这时气流对桨叶不产生转矩，整个桨叶实际上是一块阻尼板。当风速达到起动风速时，桨叶向0°方向转动，直到气流对桨叶产生一定的攻角，风轮开始起动，在发电机并入电网以前，变桨距系统的节距给定值由发电机转速信号控制。转速控制器给出速度参考值，变桨距系统根据给定的速度参考值，调整节距角，进行转速控制，为了确保并网平稳，对电网产生尽可能小的冲击，变桨距系统可以在一定时间内，保持发电机的转速在同步转速附近，寻找最佳时机并网。虽然在主电路中也

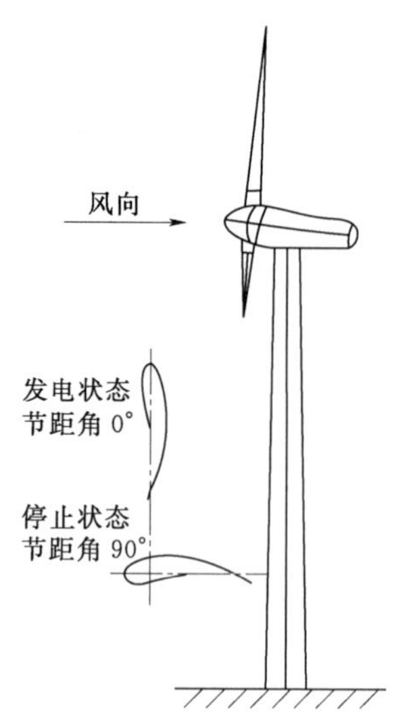

图 3-18 不同节距角时的桨叶截面

采用了软并网技术，但由于并网过程的时间短（仅持续几个周波），冲击小，可以选用容量较小的晶闸管。

为了简化控制过程，早期的变桨距风力发电机组在转速达到发电机同步转速前对桨叶节距并不加以控制。在这种情况下，桨叶节距只是按所设定的变距速度将节距角向0°方向打开。直到发电机转速上升到同步速附近，变桨距系统才开始投入工作。转速控制的给定值是恒定的，即同步转速，转速反馈信号与给定值进行比较，当机组转速超过同步转速时，桨叶节距就向迎风面积减小的方向转动，反之则向迎风面积增大的方向转动。当机组转速在同步转速附近保持一定时间后发电机即并入电网。

2. 欠功率状态

欠功率状态是指发电机并入电网后，由于风速低于额定风速，发电机在额定功率以下的低功率状态运行。与转速控制相同的道理，在早期的变桨距风力发电机组中，对欠功率状态不加控制。这时的变桨距风力发电机组与定桨距风力发电机组相同，其功率输出完全取决于桨叶的气动性能。后来，出现了新型变桨距风力发电机组，为了改善低风速时桨叶的气动性能，采用优化滑差（optitip）技术，即根据风速的大小，调整发电机转差率，使其尽量运行在最佳叶尖速比上，以优化机组功率输出。当然，能够作为控制信号的只是风速变化稳定的低频分量，对于高频分量并不响应。这种优化只是弥补了变桨距风力发电机组在低风速时的不足之处，与定桨距风力发电机组相比，并没有明显的优势。

3. 额定功率状态

当风速达到或超过额定风速后，风力发电机组进入额定功率状态。在传统的变桨距控制方式中，这时将转速控制切换到功率控制，变桨距系统开始根据发电机的功率信号进行控制。控制信号的给定值是恒定的，即额定功率。功率反馈信号与给定值进行比较，当功率超过额定功率时，桨叶节距就向迎风面积减小的方向转动，反之则向迎风面积增大的方向转动。传统的变桨距风力发电机组控制系统原理如图3-19所示。

由于变桨系统的响应速度受到限制，对快速变化的风速，通过改变节距来控制输出功率的效果并不理想。因此，为了优化功率曲线，有些变桨距风力发电机组在进行功率控制的过程中，其功率反馈信号不再作为直接控制桨叶节距的变量。变桨距系统由风速低频分量和发电机转速控制，风速的高频分量产生的机械能波动通过迅速改变发电机的转速来进行平衡，即通过转子电流控制器对发电机转差率进行控制。当风速高于额定风速时，允许发电机转速升高，将瞬变的风能以风轮动能的形式储存起来；转速降低时，再将动能释放出来，使功率曲线达到理想的状态。变桨距控制型风轮的优缺点如下。

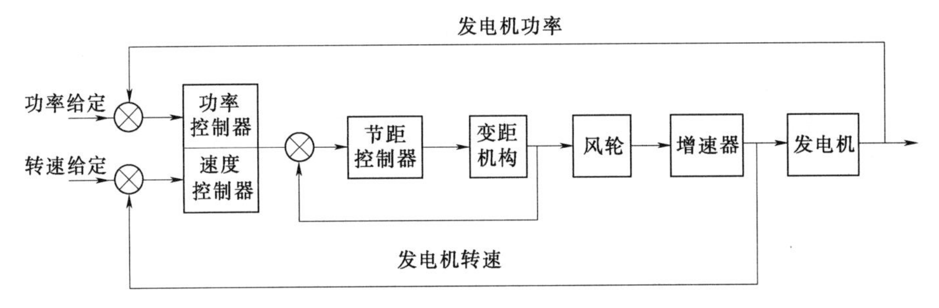

图 3-19　传统的变桨距风力发电机组的控制系统原理

优点：①起动性能更好；②刹车机构简单，叶片顺桨后风轮转速可以逐渐下降；③额定点以前的功率输出饱满；④额定点以后的输出功率平滑；⑤风轮叶根承受的静、动载荷小。

缺点：①由于有叶片变桨机构、轮毂较复杂，可靠性设计要求高，维护费用高；②功率调节系统复杂，费用高。

3.3.2　基本控制策略

3.3.2.1　变桨距控制系统

新型变桨距控制系统分布图如图 3-20 所示。

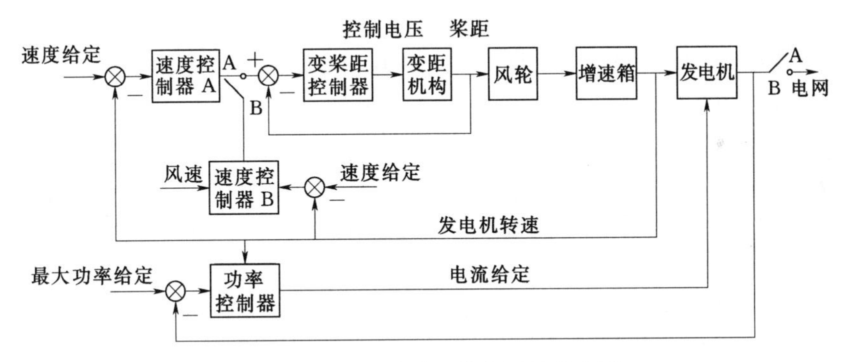

图 3-20　新型变桨距控制系统分布图

在发电机并入电网前，发电机转速由速度控制器 A 根据发电机转速反馈信号与给定信号直接控制。发电机并入电网后，速度控制器 B 与功率控制器起作用。功率控制器的任务主要是根据发电机转速给出相应的功率曲线，调整发电机转差率，并确定速度控制器 B 的速度给定值。

节距的给定参考值由控制器根据风力发电机组的运行状态给出。如图 3-20 所示，当风力发电机组并入电网前，由速度控制器 A 给出；当风力发电机组并入电网后由速度控制器 B 给出。

1. 变桨控制

变桨控制系统是一个随动系统，变桨控制系统如图 3-21 所示。

它具有以下特点：

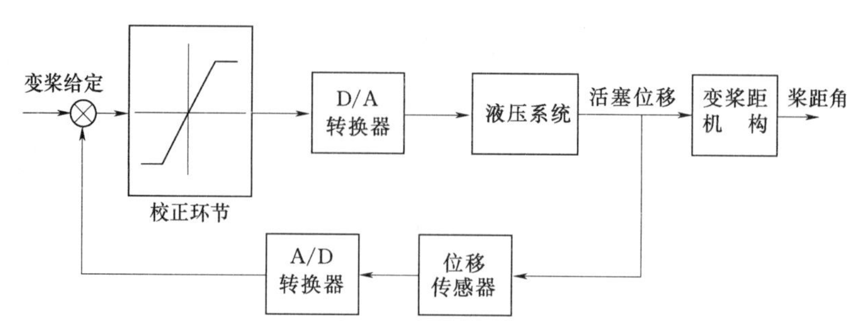

图3-21　变桨控制系统图

(1) 变桨执行系统是一个随动系统，即桨距角位置跟随变桨指令变化。

(2) 校正环节是一个非线性控制器，具有死区补偿和变桨限制功能。死区用来补偿液压及变桨机构的不灵敏区，变桨限制防止超调。

(3) 液压系统由液压比例伺服阀、液压回路、液压缸活塞等组成（电动变桨除外）。

(4) 位置传感器给出实际变桨角度。

2. 速度控制器A（发电机脱网）

速度控制器A在风力发电机组进入待机状态或从待机状态重新启动时投入工作，速度控制器A如图3-22所示。在这些过程中通过对桨距角的控制，转速以一定的变化率上升，控制器也用于在同步转速（50Hz时1500r/min）时的控制。当发电机转速在同步转速±10r/min内持续1s发电机将切入电网。

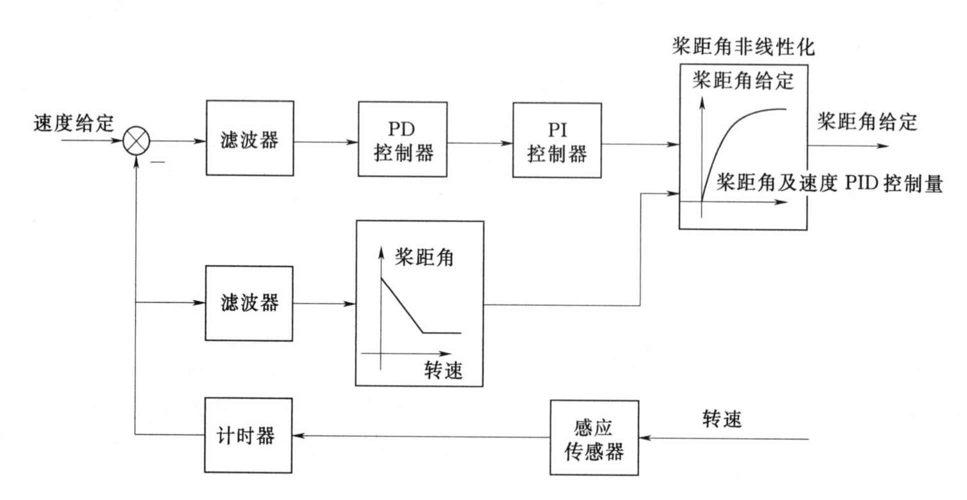

图3-22　速度控制器A

控制器包含着常规的比例微分（PD）和比例积分（PI）控制器，桨距角的非线性化环节主要作用是通过非线性化处理，增益随节距角的增加而减小，以此补偿由于转子空气动力学产生的非线性，因为当功率不变时，转矩对桨距角的比是随节距角的增加而增加的。

当风力发电机组从待机状态进入运行状态，变桨距系统先将桨叶节距角快速地

转到 45°（不同型号机组会有所不同），风轮在空转状态进入同步转速。当转速从 0 增加到 500r/min 时，节距角给定值从 45°减小到 5°。这一过程不仅使转子具有高起动力矩，而且在风速快速增大时能够快速起动。发电机转速通过主轴上的感应传感器测量，每个周期信号被送到微处理器做进一步处理，以产生新的控制信号。

3. 速度控制器 B（发电机并网）

风力发电机组切入电网以后，速度控制系统器 B 起作用。如图 3－23 所示，速度控制系统器 B 受发电机转速和风速的双重控制。在达到额定值前，速度给定值随功率给定值按比例增加。额定转速给定值是 1560r/min，相应的发电机转差率是 4%。如果风速和功率输出一直低于额定值，发电机转差率降低到 2%，节距控制将根据风速调整到最佳状态，以优化叶尖速比。

如果风速高于额定值，发电机转速通过改变桨距角来跟踪相应的速度给定值，功率输出将稳定地保持在额定值。速度控制器 B 如图 3－23 所示。从图 3－23 中可以看到，在风速信号输入端设有低通滤波器，节距控制对瞬变风速并不响应，与速度控制器 A 的结构相比，速度控制器 B 增加了速度非线性化环节。这一特性增加了小转差率时的增益，以便控制节距角趋近于 0°。

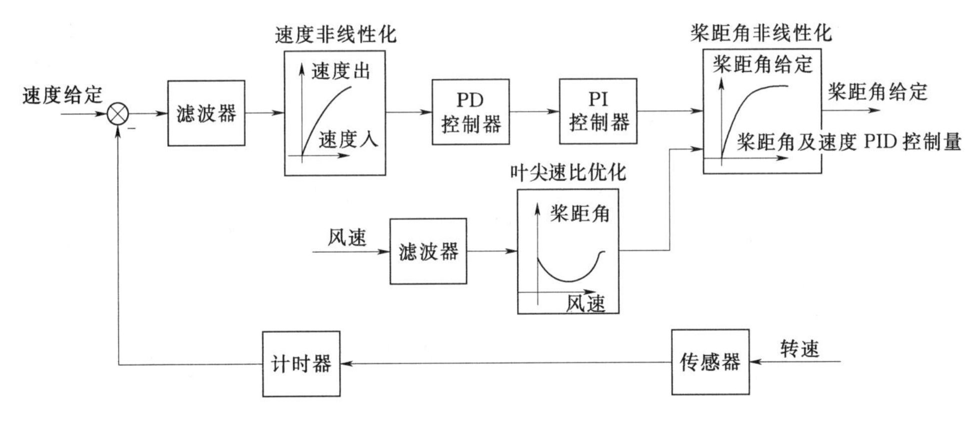

图 3－23　速度控制系统 B

3.3.2.2　功率控制

转差可调异步风力发电机组控制

为了有效控制高速变化的风速引起的功率波动。变桨距风力发电机组采用了转子电流控制（rotor current control，RCC）技术，即发电机转子电流控制技术。通过对发电机转子电流的控制来改变发电机转差率，从而改变风轮转速，吸收由于瞬变风速引起的功率波动。

1. 功率控制系统

功率控制系统如图 3－24 所示，它由两个控制环组成。外环通过测量转速产生功率参考曲线。发电机的功率给定曲线如图 3－25 所示，参考功率以额定功率百分比的形式给出，在点画线限制的范围内，功率给定曲线是可变的。内环是一个功率伺服环，它通过转子电流控制器对发电机转差率进行控制，使发电机功率跟踪功率给定值。如果功率低于额定功率值，控制环将通过改变转差率，进而改变桨叶节距角，使风轮获得最大功率。如果功率参考值是恒定的，电流参考值也是恒定的。

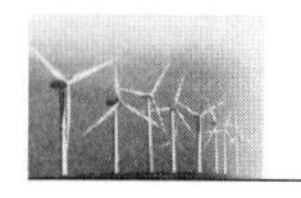

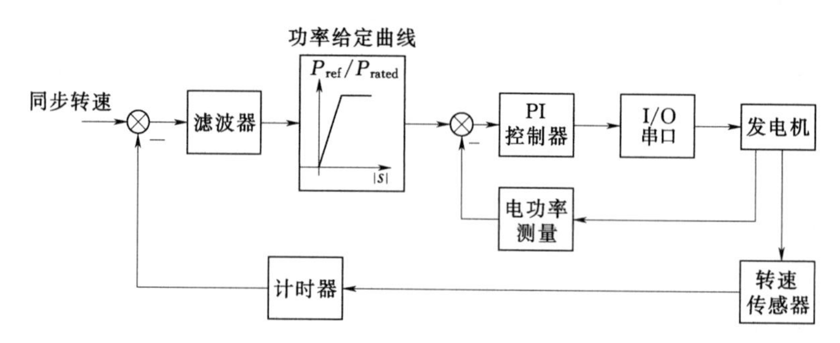

图 3-24　功率控制系统

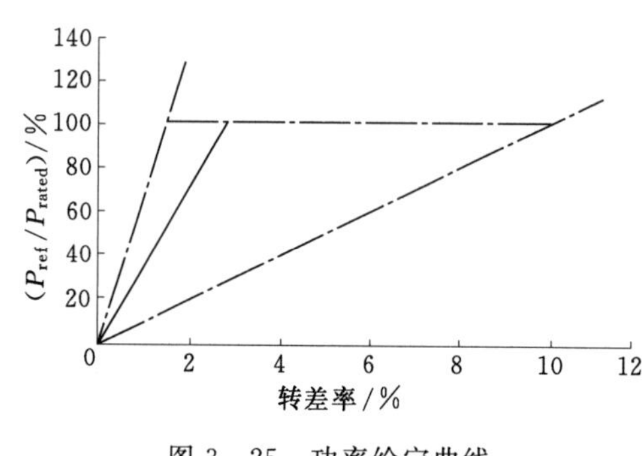

图 3-25　功率给定曲线

2. 转子电流控制器原理

转子电流控制系统如图 3-26 所示，转子电流控制器由 PI 控制器和等效变阻器构成。它根据给定的电流值，通过改变转子电路的电阻来改变发电机的转差率。在额定功率时，发电机的转差率能够从 1%～10%（1515～1650r/min）变化，相应的转子平均电阻从 0%～100%变化。当功率变化即转子电流变化时，PI 控制器迅速调整转子电阻，使转子电流跟踪给定值，如果从主控制器传出的电流给定值是恒定的，它将保持转子电流恒定，从而使功率输出保持不变。与此同时，发电机转差率却在作相应的调整以平衡输入功率的变化。

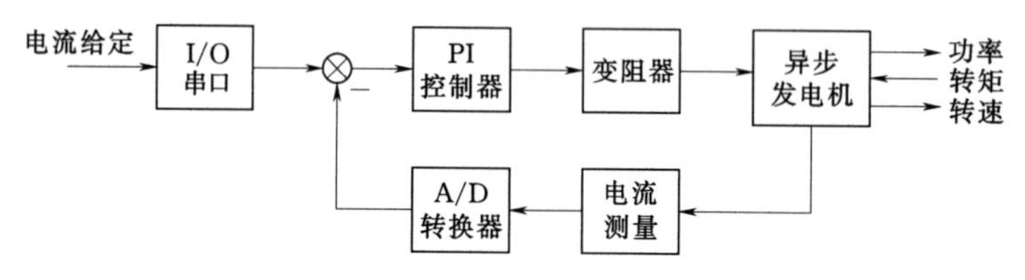

图 3-26　转子电流控制系统

为了进一步说明转子电流控制器的原理，我们从电磁转矩的关系式来说明转子电阻与发电机转差率的关系。从电机学可知，发电机的电磁转矩为

$$T_e=\frac{m_1 p U_1^2 \frac{R_2'}{s}}{\omega_1\left[\left(R_1+\frac{R_2'}{s}\right)^2+(X_1+X_2')^2\right]} \tag{3-1}$$

式中　p——电机极对数；

m_1——电机定子相数；

ω_1——定子角频率，即电网角频率；

U_1——定子额定相电压；

s——转差率；

R_1——定子绕组的电阻；

X_1——定子绕组的漏抗；

R_2'——折算到定子侧的转子每相电阻；

X_2'——折算到定子侧的转子每相漏抗。

由式（3-1）可知，只要 R_2'/s 不变，电磁转矩 T_e 就可保持不变、从而发电机功率就可保持不变。因此，当风速变大，风轮及发电机的转速上升、即发电机转差率 s 增大，我们只要改变发电机的转子电阻 R_2'，使 R_2'/s 保持不变，就能保持发电机输出功率不变。发电机运行特性曲线的变化如图 3-27 所示，当发电机的转子电阻改变时．其特性曲线由 1 变为 2，运行点也由 a 点变到 b 点。而电磁转矩 T_e 保持不变，发电机转差率则从 s_1 上升到 s_2。

3. 转子电流控制器的结构

转子电流控制技术适用于绕线转子异步发电机，用于控制发电机的转子电流。使异步发电机成为可变转差率发电机。采用转子电流控制器的异步发电机结构如图 3-28 所示。

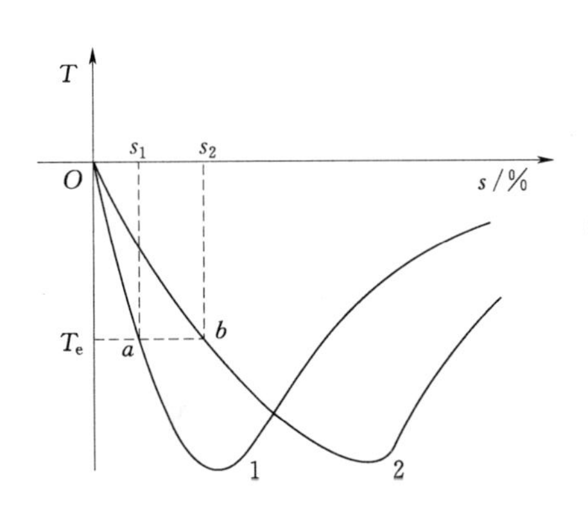

图 3-27　发电机运行特性曲线的变化

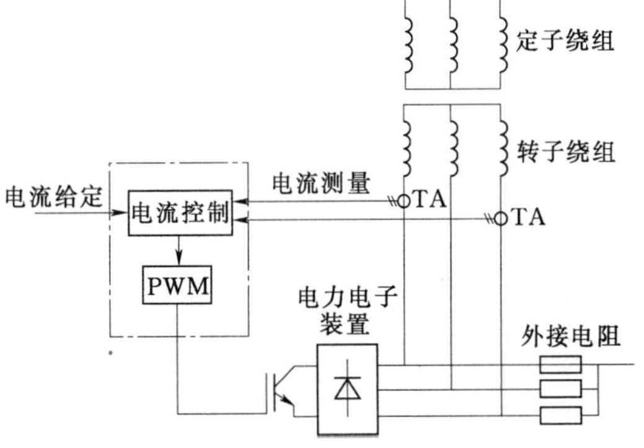

图 3-28　采用转子电流控制器的异步发电机结构示意图

转子电流控制器安装在发电机的轴上，与转子上的三相绕组连接，构成电气回路。将普通三相异步发电机的转子引出，外接转子电阻，使发电机的转差率增大至 10%，通过一组电力电子元器件来调整转子回路的电阻，从而调节发电机的转差率。转子电流控制器电气原理如图 3-29 所示。

RCC 依靠外部控制器给出的电流基准值和两个电流互感器的测量值，计算出转子回路的电阻值，通过绝缘栅极双极型晶体管（IGBT）的导通和关断来进行调整。IGBT 的导通与关断受宽度可调的脉冲信号（PWM）控制。

IGBT 是双极型晶体管和场效应晶体管（MOSFET）的复合体，所需驱动功率相对较小，饱和压降低，在关断时不需要负栅极电压来减少关断时间，开关速度较高。饱和压降低，减少了功率损耗，提高了发电机的效率。采用脉宽调制电路，提高了整个电路的功率因数，同时只用一级可控的功率单元，减少了元件数，电路结

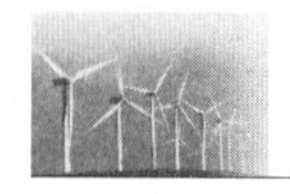

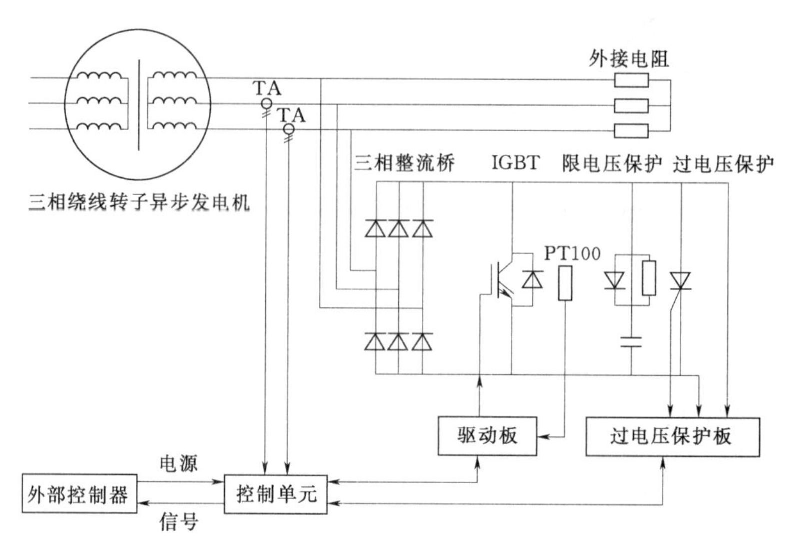

图3-29 转子电流控制器电气原理图

构简单，由于通过对输出脉冲宽度的控制就可控制IGBT的开关，系统的响应速度加快。

转子电流控制器可在维持额定转子电流（即发电机额定功率）的情况下，在0到最大值之间调节转子电阻，使发电机的转差率大约在0.6%（转子自身电阻）至10%（IGBT关断，转子电阻为自身电阻与外接电阻之和）之间连续变化。

为了保护RCC单元中的主元件IGBT设有阻容回路和过压保护，阻容回路用来限制IGBT每次关断时产生的过电压峰值，过电压保护采用晶闸管，当电网发生短路或短时中断时，晶闸管全导通，使IGBT处于两端短路状态，转子总电阻接近于转子自身的电阻。

4. 采用转子电流控制器的功率调节

如图3-21所示，并网后，控制系统切换至状态B，由于发电机内安装了RCC控制器，发电机转差率可在一定范围内调整，发电机转速可变。因此，在状态B中增加了转速控制环节，当风速低于额定风速，转速控制器B根据转速给定值（高出同步转速3%～4%）和风速，给出一个节距角，此时发电机输出功率小于最大功率给定值。功率控制环节根据功率反馈值，给出转子电流最大值，转子电流控制环节将发电机转差率调至最小，发电机转速高出同步转速1%，与转速给定值存在一定的差值，反馈回速度控制环节B。速度控制环节B根据该差值调整桨叶节距参考值，变桨距机构将桨叶节距角保持在0°附近，优化叶尖速比。当风速高于额定风速，发电机输出功率上升到额定功率，当风轮吸收的风能高于发电机输出功率，发电机转速上升，速度控制环节B的输出值变化，反馈信号与参考值比较后又给出新的节距参考值，使得叶片攻角发生改变，减少风轮能量吸入，将发电机输出功率保持在额定值上。功率控制环节根据功率反馈值和速度反馈值，改变转子电流给定值，转子电流控制器根据给定值，调节发电机转差率，使发电机转速发生变化，保证发电机输出功率的稳定。

如果风速瞬时上升，由于变桨距机构的动作滞后，发电机转速上升后，叶片攻角尚未变化，此时，风速下降，发电机输出功率下降，功率控制系统使 RCC 控制单元减小发电机转差率，发电机转速下降。在发电机转速上升或下降的过程中，转子的电流保持不变，发电机输出的功率也保持不变。如果风速持续增加，发电机转速持续上升，转速控制器 B 将通过变桨机构调整桨距角，改变叶片攻角，使发电机在额定功率状态下运行。风速下降时，原理与风速上升时相同，但动作方向相反。由于转子电流控制器的动作时间在毫秒级以下，变桨距机构的动作时间以秒计，因此在短暂的风速变化时，依靠转子电流作制器的控制作用就可保持发电机功率的稳定输出，减少对电网的不良影响；同时也可降低变桨距机构的动作频率，延长变桨距机构的使用寿命。

5. 转子电流控制器在实际应用中的效果

自然界风速处于不断的变化中，短时间内风速上升或下降总是经常发生，因此变桨距机构也在不断地动作，在转子电流控制器的作用下，变桨距风力发电机组在额定风速以上运行时桨距角、转速与功率曲线如图 3-30 所示。

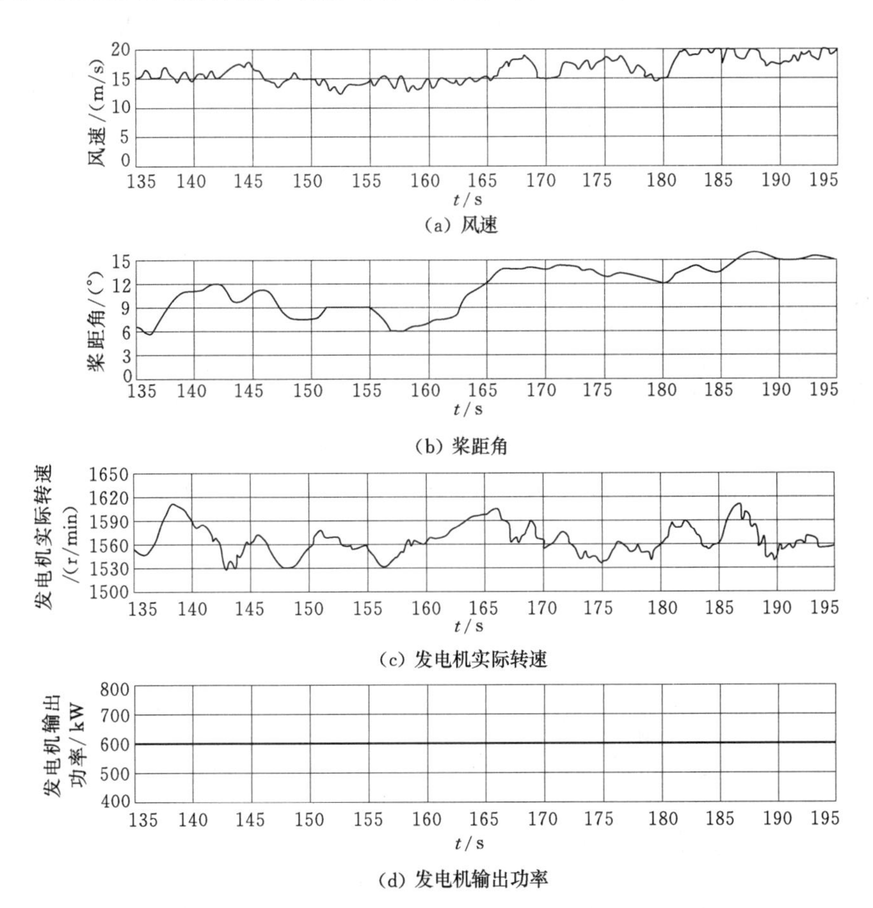

图 3-30 变桨距风力发电机组在额定风速以上运行时桨距角、转速与功率曲线

从图上可以看出，RCC 控制单元有效地减少了变桨距机构的动作频率及动作幅

度，使发电机的输出功率保持平衡，实现了变桨距风力发电机组在额定风速以上的额定功率输出，有效地减少了风力发电机因风速的变化而造成的对电网的不良影响。

3.4　变　速　机　组

3.4.1　机组特点

3.4.1.1　变速变距机组控制系统构成

控制系统是风电机组安全运行的指挥中心，控制系统的安全运行就是机组安全运行的保证。各类机型中，变速变距型风力发电机组控制技术较复杂，其控制系统主要由三部分组成：主控制器、桨距调节器、功率控制器（转矩控制器）。变速变桨距风力发电机组控制系统构成如图 3－31 所示。

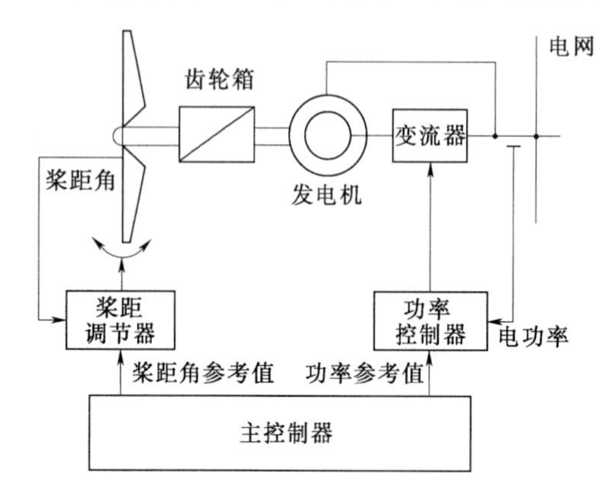

图 3－31　变速变桨距风力发电机组控制系统

（1）主控制器主要完成机组运行逻辑控制，如偏航、对风、解缆等，并在桨距调节器和功率控制器之间进行协调控制。

（2）桨距调节器主要完成叶片桨距调节，控制叶片桨距角，在额定风速以下，保持最大风能捕获效率，在额定风速以上，限制机组功率输出。

（3）功率控制器主要完成变速恒频控制，保证并网电能质量，与电网同压、同频、同相输出，在额定风速以下，在最大升力桨距角位置，调节发电机、叶轮转速，保持最佳叶尖速比运行，实现最大风能追踪控制。在额定风速以上，配合变桨距机构，最大恒功率输出。小范围内的抑制功率波动，由功率控制器驱动变流器完成，大范围内的超功率由变桨距控制完成。典型的模态线性化变速变距机组模型如图 3－32 所示。

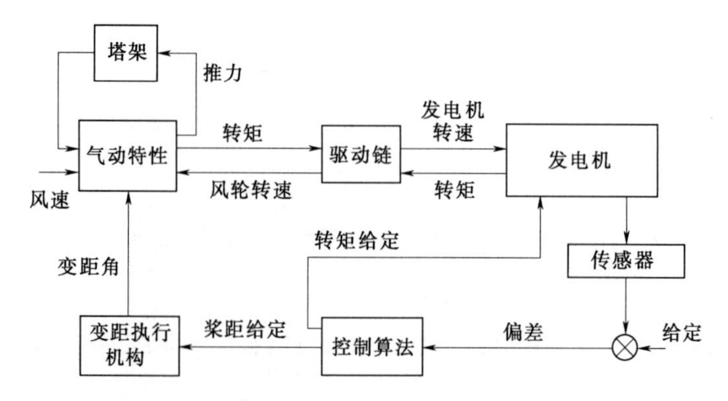

图 3－32　典型的模态线性化变速变距机组模型

变速风力发电机组与恒速风力发电机组相比，具有以下特点：低风速时变速机组能够根据风速变化，调节机组的转速，在运行中保持最佳叶尖速比以获得最大风能；高风速时利用风轮转速的变化，储存或释放部分能量，提高传动系统的柔性，使功率输出更加平稳，变速风力发电机组功率曲线如图 3-33 所示。

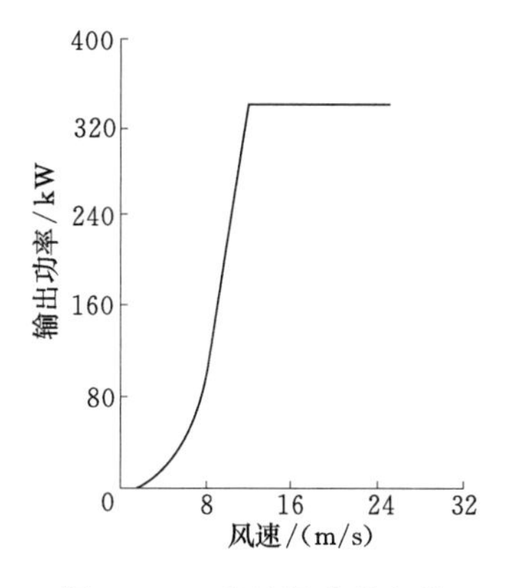

图 3-33 变速风力发电机组功率曲线

变速风力发电机组的控制主要通过两个阶段来实现。在额定风速以下时，主要是调节机组转速，使转速的变化跟随风速的变化，以获得最佳叶尖速比，从而实现最大风能追踪控制。在高于额定风速时，主要通过变桨控制调节桨叶节距进而限制风力机获取的风能，使风力发电机组保持在额定功率。可以将风力发电机组作为一个连续的随机非线性多变量系统来考虑。采用带输出反馈的线性二次最优控制技术，根据已知系统的有效模型，设计出满足变速风力发电机组运行要求的控制器。

由于风力机可获取的能量随风速的三次方成正比，因此在输入风速大幅度地、快速变化时，要求控制增益也随之改变，通常用工业标准 PID 型控制系统作为风力发电机组的控制器。在变速风力发电机组的研究中，也有采用自适应控制技术的方案，比较成功的是带非线性卡尔曼滤波器的状态空间模型参考自适应控制器的应用。由于自适应控制算法需要在每一步比简单 PI 控制器多得多的计算工作量，因此用户需要增加额外的设备及开发费用，其实用性仍在进一步探讨中。近年来，由于模糊逻辑控制技术在工业控制领域的巨大成功，基于模糊逻辑控制的智能控制技术也引入变速风力发电机组控制系统的研究并取得了成效。

3.4.1.2 变速风力发电机组的基本特性

1. 风力发电机的特性

风力发电机的特性通常由一簇功率系数 C_P 的无因次性能曲线来表示，功率系数是风力发电机叶尖速比 λ 的函数，风力发电机性能曲线如图 3-34 所示。

当桨距角不变时，$C_P(\lambda)$ 曲线是桨叶节距角的函数。从图上可以看到 $C_P(\lambda)$ 曲线对桨叶节距角的变化规律。当桨叶节距角逐渐增大时 $C_P(\lambda)$ 曲线将显著地缩小如果保持节距角不变，我们用一条曲线就能描述出它作为 λ 的函数的性能和表示从风能中获取的最大功率。图 3-35 是一条典型的 $C_P(\lambda)$ 曲线。

叶尖速比可以表示为

$$\lambda=\frac{R\omega_r}{v}=\frac{v_T}{v} \tag{3-2}$$

式中 ω_r——风力机风轮角速度，rad/s；

R——叶片半径，m；

v——主导风速，m/s；

v_T——叶尖线速度，m/s。

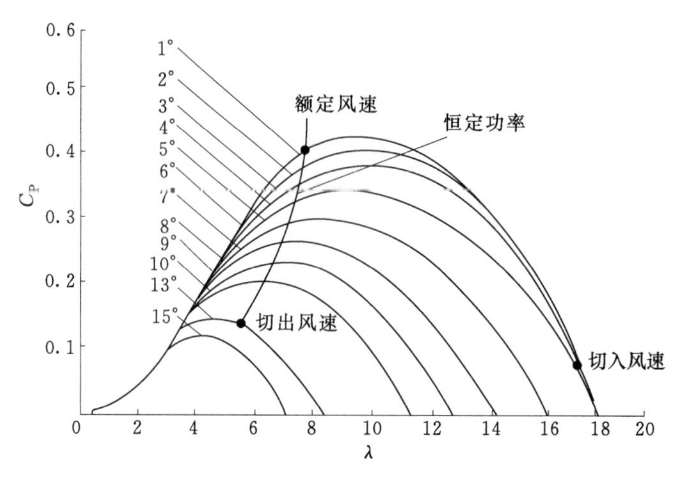

图 3－34　风力机性能曲线

对于恒速风力发电机组，发电机转速的变化只比同步转速高百分之几，但风速的变化范围可以很宽。按式（3－2），叶尖速比可以在很宽范围内变化。因此它只有很小的机会运行在 C_{Pmax}点。由第 2 章内容可知，在风速给定的情况下，风轮获得的功率将取决于功率系数。如果在低风速区（切入风速与额定风速之间），机组都能够通过调整转速始终运行在 C_{Pmax}点，那么这必将提高机组的风能捕获效率。根据图3－35，在任何风速下，只要使得风轮的叶尖速比 $\lambda=\lambda_{opt}$，就可维持风力机在 C_{Pmax}曲线下运行。因此，风速变化时，只要调节风轮转速，使叶尖速度与风速之比保持不变，就可获得最佳的功率系数，变转速控制如图 3－36 所示，这就是变速风力发电机组进行转速控制的基本目标。

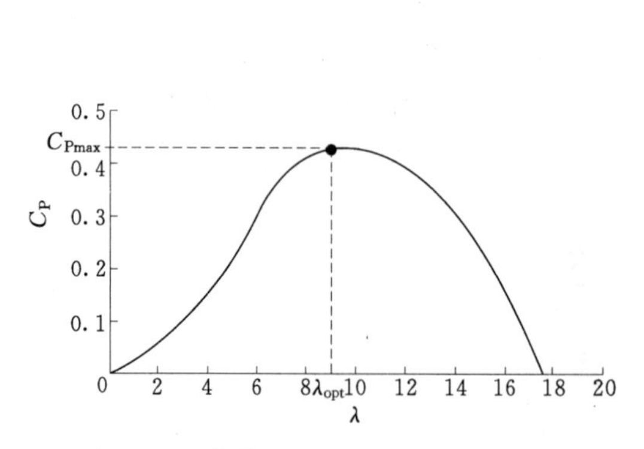

图 3－35　定桨距风力发电机的性能曲线

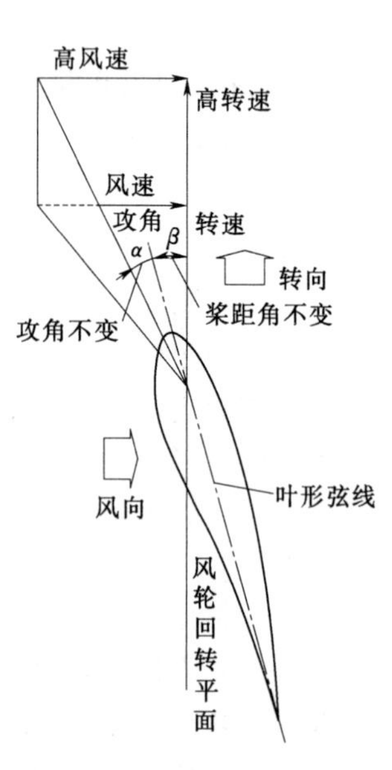

图 3－36　变转速控制

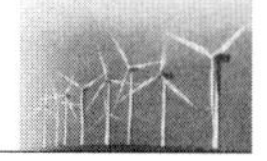

根据图 3－33，获得最佳功率系数的条件是

$$\lambda=\lambda_{opt}=9$$

这时，$C_P=C_{Pmax}=0.43$，从而风能中获取的机械功率为

$$P_m=kC_{Pmax}v^3 \tag{3-3}$$

式中　k——常系数，$k=\frac{1}{2}\rho S$。

设 v_{TS}为同步转速下的叶尖线速度，即

$$v_{TS}=2\pi Rn_S \tag{3-4}$$

式中　n_S——在发电机同步转速下的风轮转速。

对于任何其他转速 n_r，有

$$\frac{v_T}{v_{TS}}=\frac{n_r}{n_s}=1-s \tag{3-5}$$

根据式（3－1）、式（3－3）～式（3－5），我们可以建立给定风速 v 与最佳转差率 s（最佳转差率是指在该转差率下，发电机转速使得风力机运行在最佳的功率系数 C_{Pmax}）的关系式

$$v=\frac{1-s}{\lambda_{opt}}=\frac{1-s}{9} \tag{3-6}$$

这样，对于给定风速的相应转差率可由式（3－6）计算。但是由于精确地测量风速并不容易，很难建立转速与风速之间直接的对应关系。实际上，并不是根据风速变化来调整转速的。鉴于上述原因，可以修改功率表达式，以消除对风速的依赖关系、按已知的 C_{Pmax}和 λ_{opt}计算 P_{opt}。如用转速代替风速，则可以导出功率是转速的函数，立方关系仍然成立，即最佳功率 P_{opt}与转速的立方成正比

$$P_{opt}=\frac{1}{2}\rho SC_{Pmax}[(R/\lambda_{opt})\omega_r]^3 \tag{3-7}$$

从理论上讲，输出功率是无限的，它是风速立方的函数。但实际上，由于机械强度和其他物理性能的限制，输出功率是有限度的，越过这个限度，风力发电机组的某些部分便不能正常工作。因此变速风力发电机组受到两个基本限制：

（1）功率限制，所有电路及电力电子器件受功率限制；

（2）转速限制，所有旋转部件的机械强度受转速限制。

2. 风力发电机的转矩——速度特性

不同风速下的转矩—速度特性曲线如图 3－37 所示。由转矩、转速和功率的限制线划出的区域为风力发电机组安全运行区域，即图中由 $oabcd$ 所围的区域。在这个区间中有若干种可能的控制方式。恒速运行风力发电机组的工作点为直线 XY。从图上可以看

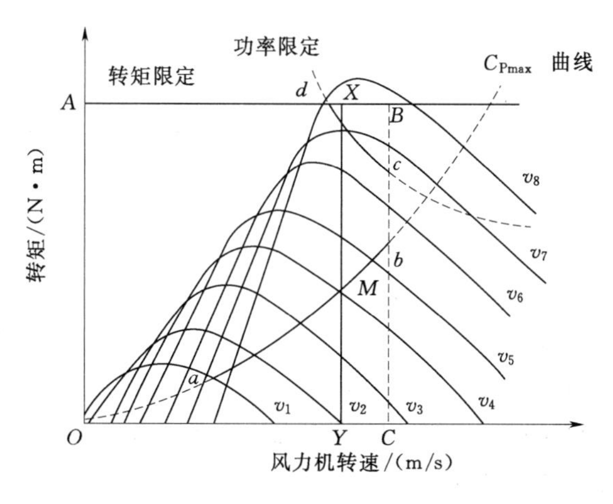

图 3－37　不同风速下的转矩—速度特性曲线

到：恒速风力机只有一个工作点运行在 C_{Pmax} 曲线上。变速运行的风力机的工作点是由若干条曲线组成，其中在额定风速以下的 ab 段运行在 C_{Pmax} 曲线上。a 点与 b 点的转速即为变速运行的转速范围。由于 b 点已达到转速极限，此后直到最大功率点，转速将保持不变，即 bc 段为转速恒定区，运行方式与定桨距风力机相同。在 c 点，功率已达到限制点，当风速继续增加，风力机将沿着 cd 线运行以保持最大功率，但必须通过某种控制来降低 C_P 值，限制气动转矩。如果不采用变桨控制方法，那就只有降低风力发电机组的转速，使桨叶失速程度逐渐加深以限制气动转矩。从图上可以看出，在额定风速以下运行时，变速风力发电机组并没有始终运行在 C_{Pmax} 线上，而是由两个运行段组成。除了风力发机组的旋转部件受到机械强度的限制原因以外，在保持最大 C_P 值时，风轮功率的增加与风速的三次方成正比，需要对风轮转速或桨叶节距做大幅调整才能稳定功率输出，这将给控制系统的设计带来困难。

3.4.1.3　变速风力发电机组控制方式

变速风力发电机组的基本结构如图 3－38 所示。为了达到变速控制的要求，变速风力发电机组通常包含变速发电机、变流器和变桨距机构。变速风力发电机组的实现方式有多种，这在前面已经介绍。低于额定风速时，通过变流器来控制双馈异步发电机的电磁转矩，实现对机组的转速控制；在高于额定风速时，考虑传动系统对变化负荷的承受能力，一般采用变桨控制的方式减小风能的利用率。这时，机组有两个控制环同时工作，即内部的发电机转速（电磁转矩）控制环和外部变桨控制环。

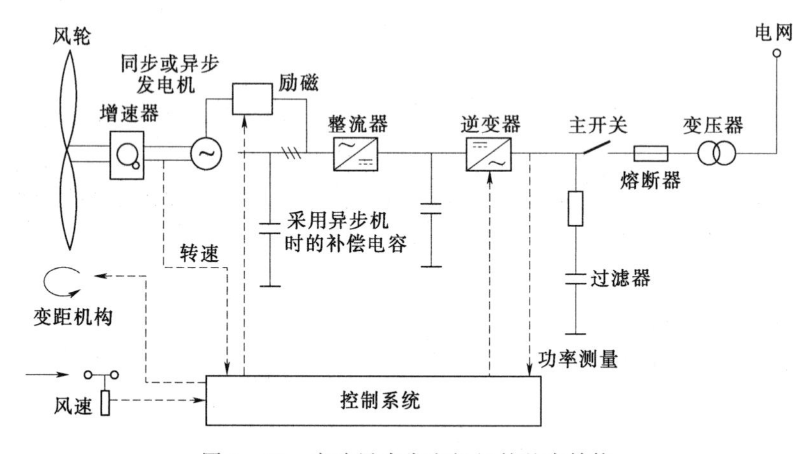

图 3－38　变速风力发电机组的基本结构

1. 双馈异步发电机

双馈异步发电机由绕线转子感应发电机和在转子电路上带有整流器和直流侧连接的逆变器组成。发电机向电网输出的功率由两部分组成，即直接从定子输出的功率和通过逆变器从转子输出的功率。风力发电机组的转速可以随着风速的变化而变化。通过对发电机的控制使风力机运行在最佳叶尖速比，从而提高风能的利用效率。

2. 永磁同步发电机

同步发电机的转速和电网频率之间是刚性耦合，如果原动力是风，那么变化的风速将给发电机输入变化的能量，这给风力发电机组带来高负荷和冲击力。如果在发电机和电网之间连接变流器，转速和电网频率之间的耦合问题将得以解决。变流器的使用，使风力发电机组可以在不同的转速下运行，并且使发电机内部的转矩可控，从而减轻传动系统应力。通过对变流器电流的控制，可以控制发电机转矩，而控制电磁转矩就可以控制风力机的转速，使机组达到最佳运行状态。

带变流系统的同步发电机结构如图 3－39 所示，所使用的是凸极转子和笼型阻尼绕组同步发电机。变流器由一个三相二极管整流器、一个平波电抗器和一个三相晶闸管逆变器组成。

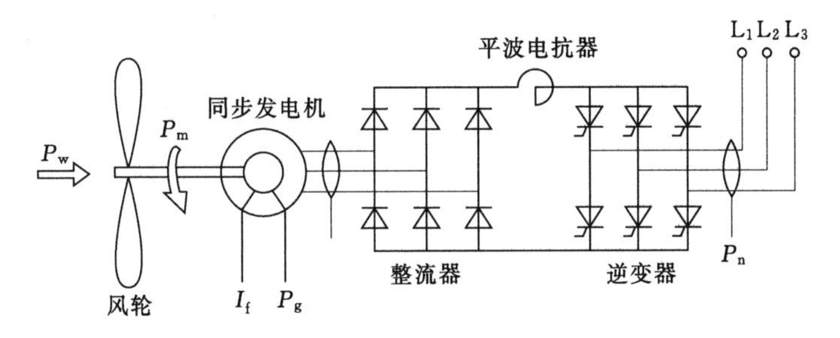

图 3－39 带变流系统的同步发电机结构

同步发电机和变流系统在风力发电机组中的应用已有很多，系统在不同转速下运行情况良好。通过控制电磁转矩和实现同步发电机的变速运行，并且可以减缓对传动系统冲击。如果考虑变流器连接在定子上，同步发电机在某些方面比感应发电机更适用些。感应发电机会产生滞后的功率因数且需要进行无功补偿，而同步发电机可以控制励磁来调节它的功率因数，使功率因数达到 1。所以在相同的条件下，理论上，同步发电机的调速范围比异步发电机更宽。异步发电机要靠加大转差率才能提高转矩，而同步发电机只要加大功角就能增大转矩。因此，同步发电机比异步发电机对转矩扰动具有更强的承受能力，能作出更快的响应。

间接速度控制

直接速度控制

3.4.2 基本控制策略

3.4.2.1 变速风力发电机组的运行区域

变速机型与恒速机型相比，优越性在于低风速时它能够根据风速变化，在运行中保持最佳叶尖速比以获得最大风能利用系数，高风速时利用风轮转速变化，储存或释放部分能量，提高传动系统的柔性，使功率输出更加平稳。与变桨距风力发电机组类似，变速风力发电机组的运行根据不同的风况可分三个不同阶段。

第一阶段是起动阶段，发电机转速从静止上升到切入转速。对于目前大多数风力发电机组来说，只要当作用在风轮上的风速达到启动风速便可实现风力发电机组的启动（发电机被用作电动机来起动风轮并加速到切入速度的情况例外）。在切入速度以下，发电机并没有工作，机组在风力作用下，风轮开始做机械转动，因而并不涉及发电机变速的控制，我们对该阶段不做讨论。

第二阶段是风力发电机组并入电网后运行在额定风速以下的区域，风力发电机组开始获得能量并转换成电能。这个阶段决定了变速风力发电机组的运行方式。从理论上说，根据风速的变化，风轮可在限定的任何转速下运行，以便最大限度地获取能量，但由于受到运行转速的限制，可该阶段分成两个运行区域，即变速运行区域（C_P 恒定区）和恒速运行区域。为了使风轮能在 C_P 恒定区运行，可以设计一种变速发电机，其转速能够被控制以跟踪风速的变化。

第三阶段是恒功率控制区，在更高的风速下，风力发电机组的机械和电气极限要求转子转速和输出功率维持在限定值以下，这个限制就确定了变速风力发电机组的第三运行阶段，该阶段称为功率恒定区，对于定速风力发电机组，风速增大，能量转换效率反而降低，而从风力中可获得的能量与风速的三次方成正比，这样对变速风力发电机组来说，有很大的余地可以提高能量的获取。例如，利用第三阶段的大风速波动特点，将风力发电机组转速控制在高速状态，并适时地将动能转换成电能。

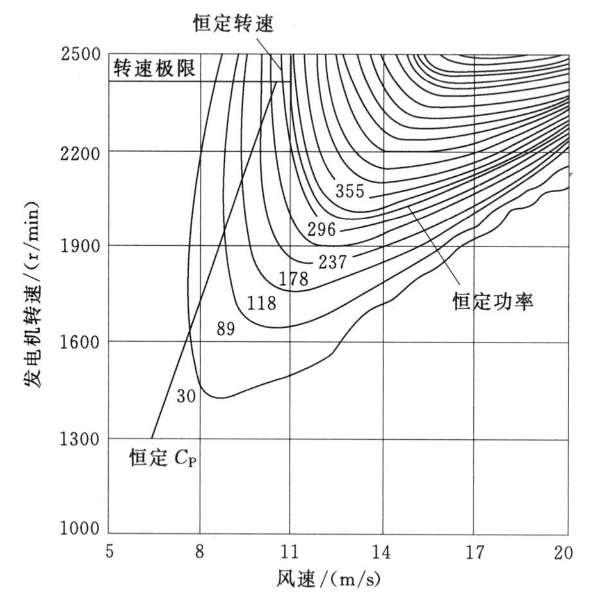

图 3－40　典型风力发电机组输出功率的等值线图

典型风力发电机组输出功率的等值线图如图 3－40 所示。图中显示了变速风力发电机组的控制方法。在低风速段，按恒定 C_P（或恒定叶尖速比）控制风力发电机组，直到转速达到极限，按恒定转速控制机组，直到功率达到额定功率，按照恒定功率控制机组。从图中可以看出风轮转速随风速的变化情况。在 C_P 恒定区，转速随风速呈线性变化，斜率与 λ_{opt} 成正比。转速达到额定值后，便保持不变。如果风速继续增大，转速随风速增大而减小，达到机组额定功率。

3.4.2.2　理想情况下机组控制策略

根据变速风力发电机组在不同区域的运行，变速机组基本控制策略：低于额定风速时，跟踪 C_{Pmax} 曲线，以获取最大风能，提高机组效率；高于额定风速时，跟踪恒功率曲线，并保持输出稳定。

为了便于理解，我们先假定变速风力发电机组的桨叶节距角是恒定的。当风速达到起动风速后，风轮转速由零增大到发电机可以切入电网的转速，C_P 值不断上升，风力发电机组开始做发电运行。通过对发电机转速进行控制，风力发电机组逐渐进入 C_P 恒定区（$C_P = C_{Pmax}$），这时机组在最佳状态下运行。随着风速增大，转速亦增大，最终达到一个允许的最大值，这时，只要功率低于允许的最大功率，转

速便保持恒定。在转速恒定区，随着风速增大，C_P 值减少，但功率仍然增大。达到功率极限后，机组进入功率恒定区，这时随风速的增大，需降低机组转速，使叶尖速比减少的速度比在转速恒定区更快，从而使风力发电机组在更小的 C_P 值下作恒功率运行。变速风力发电机组在三个工作区域运行时 C_P 值的变化情况如图 3-41 所示。

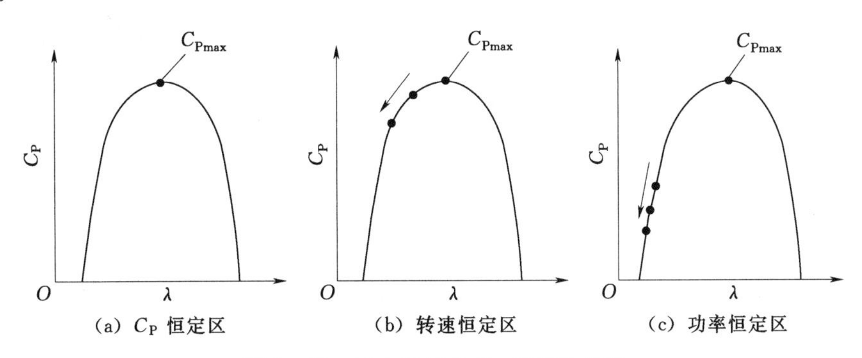

图 3-41 三个区域的 C_P 值变化情况

1. C_P 恒定区

在 C_P 恒定区，风力发电机组受到给定的功率—转速曲线控制。P_{opt}的给定参考值随转速变化，由转速反馈算出。P_{opt}以计算值为依据，连续控制发电机输出功率，使其跟踪 P_{opt}曲线变化。

功率—转速特性曲线的形状由 C_{Pmax}和 λ_{opt}决定。出厂转速变化时不同风速下风力发电机组功率与目标功率的关系如图 3-42 所示。

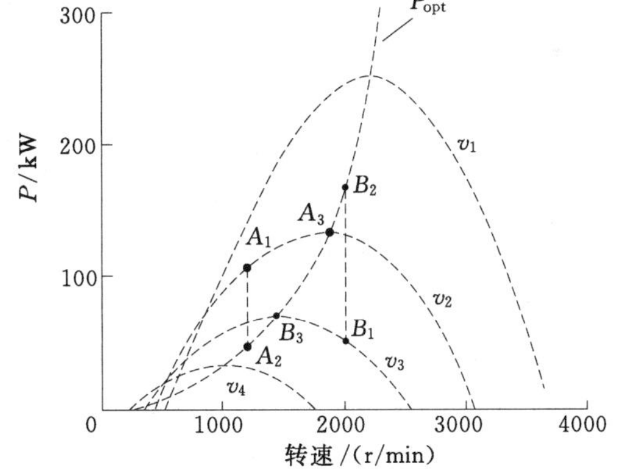

图 3-42 不同风速下风力发电机组功率与目标功率的关系

如图 3-42 所示，假定风速是 v_2，点 A_2是转速为 1200r/min 时发电机的工作点，点 A_1是风力发电机的工作点，它们都不是最佳运行点。由于风力发电机的机械功率（A_2点），过剩功率使转速增大（产生加速功率），后者等于 A_1和 A_2两点功率之差。随着转速增大，目标功率遵循 P_{opt}曲线持续增大。同样，风力发电机的工作点也沿 v_2 曲线变化。工作点 A_1和 A_2最终将在 A_3点交汇，风力发电机和发电机在 A_3点功率达到平衡。

当风速是 v_3，发电机转速大约是 2000r/min。发电机的工作点是 B_2，风力发电机的工作点是 B_1，由于发电机负荷大于风力发电机产生的机械功率，故风轮转速减小。随着风轮转速的减小，发电机功率不断修正，沿 P_{opt}曲线变化。风力机械输出功率沿 v_3 曲线变化。随着风轮转速降低，风轮功率与发电机功率之差减小，最

终二者将在 B_3 点交汇。

2．转速恒定区

如果保持 C_{Pmax}（或 λ_{opt}）恒定，即使没有达到额定功率，发电机最终将达到其转速极限。此后风力机进入转速恒定区。在这个区域，随着风速增大，发电机转速保持恒定，功率在达到极值之前一直增大。控制系统按转速控制方式工作。风力发电机在较小的 λ 区（C_{Pmax} 的左面）工作。发电机在转速恒定区的控制方案如图 3-43 所示。

其中 n 为转速当前值，Δn 为设定的转速增量，n_r 为转速限制值。

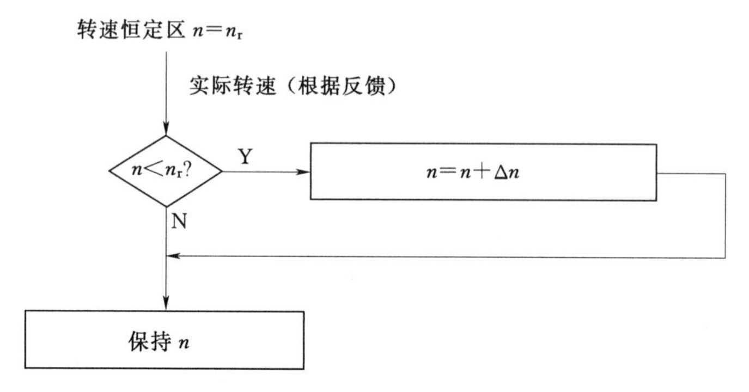

图 3-43　发电机在转速恒定区的控制方案

3．功率恒定区

随着功率增大，发电机和变流器将最终达到其功率极限。在功率恒定区，降低发电机的转速，保持额定功率运行。随着风速继续增大，发电机转速进一步降低，使 C_P 值迅速下降，从而保持输出功率不变。

增大发电机负荷可以降低转速。但是风力发电机惯性较大，要降低发电机转速，将会有更多动能转化为电能。其中 n 为转速当前值，Δn 为设定的转速增量。以恒定速度降低转速，从而限制动能到电能的能量转换，恒定功率的实现如图 3-44 所示。在控制过程中要考虑发电机和变流器两者的功率极限，避免在转速降低过程中释放过多功率。

由于系统惯性较大，必须增大发电机的功率极限，使其大于风力发电机的功率

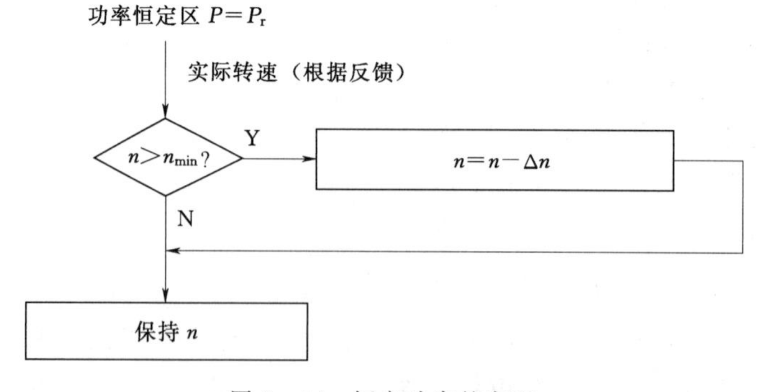

图 3-44　恒定功率的实现

极限，以便有足够空间承接风轮转速降低所释放的能量。这样，一旦发电机的输出功率高于设定点，可以直接控制风轮，降低其转速。因此，当转速慢慢降低，功率重新低于功率极限以前，功率会有一个变化范围。

高于额定风速时，变速风力发电机组的变速能力主要用来提高传动系统的柔性。为了获得良好的动态特性和稳定性，在高于额定风速的条件下采用变桨控制得到了更为理想的效果。在变速风力发电机组的开发过程中，对采用单一的转速控制和加入变桨距控制两种方法均做了大量的实验研究。结果表明：在高于额定风速的条件下，加入变桨距调节的风力发电机组，显著提高了传动系统的柔性及输出的稳定性。因为在高于额定风速时，我们追求的是稳定的功率输出。采用变桨距调节，可以限制转速变化的幅度。当桨叶节距角向增大方向变化时，C_P 值得到了迅速有效的调整，从而控制了由转速引起的发电机反力矩及输出电压的变化。采用转速控制与变桨控制双重调节，虽然增加了额外的变桨距机构和相应的控制系统的复杂性，但由于改善了控制系统的动态特性，仍然被普遍认为是变速风力发电机组理想的控制方案。

机—场—群
协调优化控制

一般来说，在低于额定风速的条件下，变速风力发电机组的基本控制目标是跟踪 C_{Pmax} 曲线。改变叶片桨距角会迅速降低功率系数 C_P 值，这与控制目标是相违背的，因此在低于额定风速的条件下加入变桨距调节是不合适的。但在某些特殊情况下，即使在低风速工作区，机组的控制目标不再是最大风能追踪控制。风电场输出功率控制模式如图 3-45 所示，风电场有功控制系统应具备必需的调整模式，包括但不仅限于：限值模式、调整模式、斜率控制模式、差值模式和调频模式。

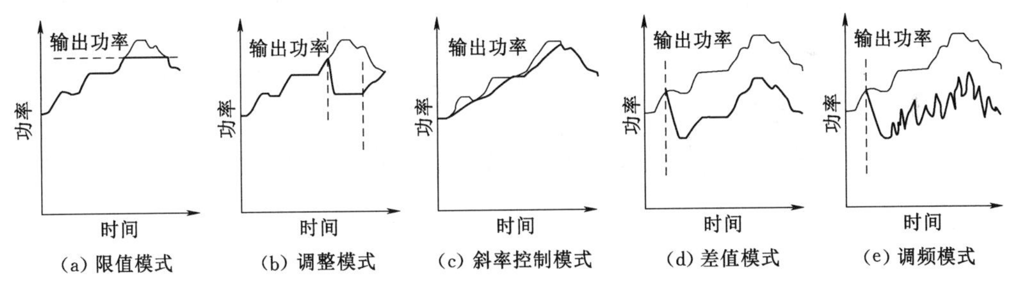

(a) 限值模式　(b) 调整模式　(c) 斜率控制模式　(d) 差值模式　(e) 调频模式

图 3-45 风电场输出功率控制模式

——最大可发电功率 ——实际发电功率

(1) 限值模式：此模式投入时，风电场有功功率控制系统应将全场输出功率控制在预先设定的或调度机构下发的限值之下，限值可以分时间段给出。

(2) 调整模式：此模式投入时风电场有功控制系统应立即将全场输出功率按给定的斜率调整至给定值（若给定值大于最大可发功率，则调整至最大可发功率），当命令解除时，有功控制系统按给定的斜率恢复至最大可发功率。

(3) 斜率控制模式：此模式投入时，风电场有功控制系统应将功率上升（或下降）斜率控制在给定值之内，风速变化引起的风电场切入、切出及故障等非可控情况除外。

(4) 差值模式：此模式投入时，风电场有功控制系统应以低于预测最大可发功

率 P 的输出功率运行，差值 ΔP 为预先设定值或调度机构下发值。

（5）调频模式：此模式投入时，风电场在差值模式的基础上，根据系统频率或调度机构下发的调频指令调整全场输出功率。

模式的投入：风电场有功控制系统的模式选择，即可现场设置，亦可调度机构远端投入，各种模式即可单独投入，亦可组合投入。模式投入、退出以调度机构下发的自动控制信号及调度指令为准，调度规程规定的可不待调令执行的除外。

3.4.3　最大风能追踪

风能具有随机性和不确定性，风能的获取不仅与风力发电机组的机械特性有关，还与采用的控制策略相关。一般来说，在低风速（切入风速与额定风速之间）范围内，为了提高风能的利用效率，变速机组通过调整机组的转速使叶尖速比始终保持在最佳值，从而最大限度地利用风能，实现最大风能追踪控制。由风力机相关知识可知，风能利用系数 C_P 是叶尖速比（tip speed rate，TSR）λ 及桨距角 β 的非线性函数 $C_P(\lambda,\beta)$，式（3-8）给出了 C_P 的一种表现形式。需要说明的是，风能利用系数的表达式不唯一，不同的研究对象或工况，风能利用系数表达式有所不同。

$$\begin{cases} C_P(\lambda,\beta)=0.5176\left(\dfrac{116}{\lambda_i}-0.4\beta-5\right)e^{-\frac{21}{\lambda_i}}+0.0068\lambda \\ \dfrac{1}{\lambda_i}=\dfrac{1}{\lambda+0.08\beta}-\dfrac{1}{\beta^3+0.035} \end{cases} \tag{3-8}$$

不同风速下风力机的输出功率与转速关系曲线（$\beta=0°$）如图3-46所示，其中 P_{opt} 线是不同风速下风力发电机组最大输出功率的连接线，即最佳功率曲线，且 $v_3>v_2>v_1$。可以看出为实现最大风能追踪，必须在风速变化时实时调整电机转速，使风力机的输出功率最大。

当桨距角 β 保持不变时，风能利用系数 C_P 与叶尖速比 λ 的关系如图3-47所示：

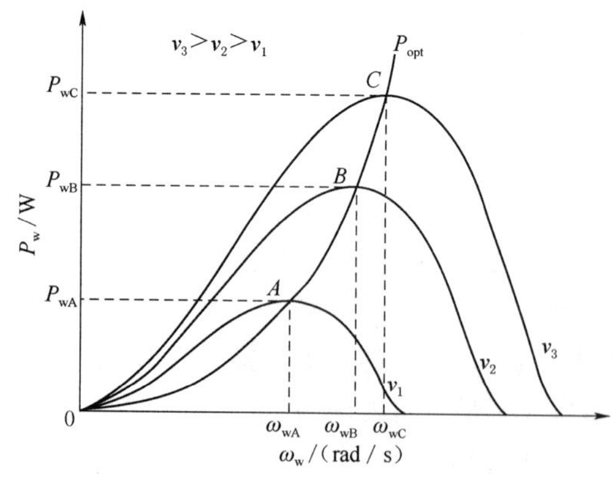

图3-46　输出功率与转速关系曲线

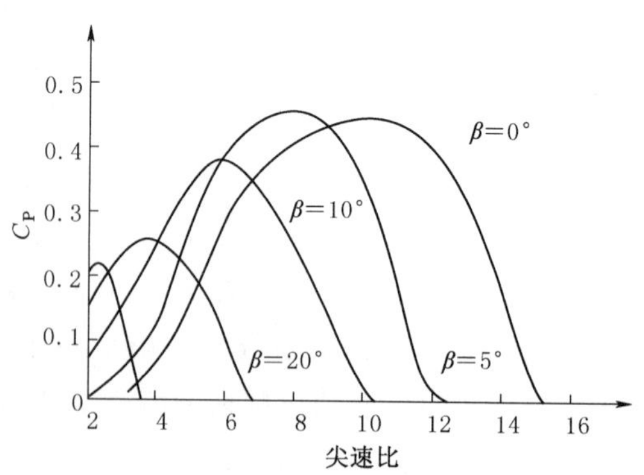

图3-47　风能利用系数 C_P 与叶尖速比 λ 的关系

由图可知，当桨距角 β 固定不变时，叶尖速比 λ 与风能利用系数 C_P 的对应关系，随着桨距角的增大，最大风能利用系数 C_{Pmax} 逐渐减小，C_{Pmax} 所对应的叶尖速比称之为最佳叶尖速比 λ_{opt}。

目前，最大风能追踪控制主要有最佳叶尖速比法、功率信号反馈法、爬山搜索法和三点比较法。随着控制理论及控制技术的不断发展，在最大风能追踪控制中引入了许多新的方法，如自适应控制、鲁棒控制、神经网络法、模糊控制法、间接控制策略和滑模控制等。

1. 最佳叶尖速比控制

最佳叶尖速比法是通过调节风力发电机转速，使风力发电机在允许工作风速范围内始终保持在最佳叶尖速比的运行状态。通过最佳叶尖速比法实现最大功率追踪的原理如图 3－48 所示。

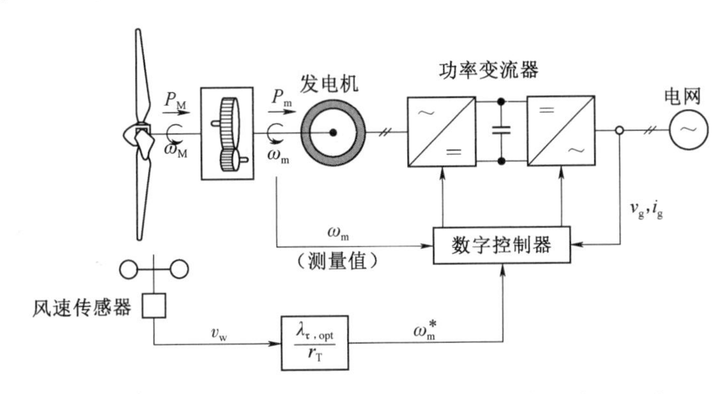

图 3－48　通过最佳叶尖速比法实现最大功率追踪原理图

由图 3－48 可知，根据测量到的风速 v_w 及系统给定的最佳叶尖速比参考值 $\lambda_{\tau,opt}$，可以得到转速的参考值 ω_m^*，再根据机组高速轴的转速测量值 ω_m，将转速偏差和电网电压 v_g 和 i_g 作为控制器的输入量，从而通过变流器实现对机组转速的有效控制。控制器的输出为发电机转速控制量，根据该控制量对发电机的转速进行调节，使风力发电机组叶尖速比逐渐逼近最佳叶尖速比，直至偏差为零，从而获得最大风能。最佳叶尖速比法是实现最大风能追踪最直接的方法，而且计算也十分简单，但是需要测量实时风速，我们知道很难通过风速仪测量到精确的风速值，测量的误差也将会降低最大风能捕获效率。此外，风机在经过一段时间的运行后，其内部器件会发生变化，再加上外界环境干扰等因素，将会导致风力发电机的相关参数发生改变，以至于系统给定的最佳叶尖速比偏离实际情况下的最佳叶尖速比，从而影响最大风能追踪控制效果。因此，在实际运行中，用此方法很难实现精确的最大风能的捕获。

2. 功率信号反馈控制

功率信号反馈法是根据机组已知的最优功率曲线，测量发电机转速值，并通过最优功率曲线找出测得转速所对应的最优输出功率，将风力机实际输出功率的反馈值与最优输出功率值进行比较，其偏差值作为控制器的输入量。控制器的输出则为

发电机转子电流的控制量（这里以双馈异步发电机为例），通过调节转子电流来间接实现对发电机转速的调节，使实际机组输出功率与所对应的最优功率能够保持一致，风力发电机组将沿着最优风能曲线运行，从而实现最大风能捕获。功率信号反馈法原理如图 3－49 所示。

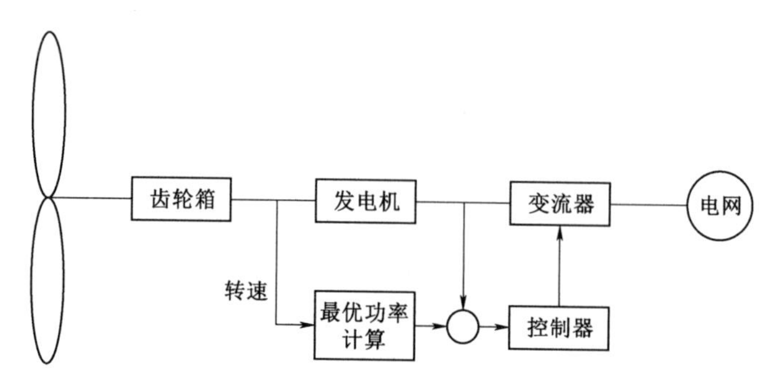

图 3－49　功率信号反馈法原理图

这种方法不需要测量风速，但是需要预先知道最佳功率曲线。功率信号反馈法受到运行工况及环境等变化影响，导致系统给定的最佳功率曲线偏离实际情况下的最佳功率曲线，降低了最大功率点跟踪的准确性。

3. 三点比较法

三点比较法是在某一特定的风速下，利用机组输出功率与转速的关系特性，任意选取三个不同的机械角速度，将它们所对应的输出功率进行比较，选取其中的最大值，任取两个不同的机械角速度及上一时刻所保留的机械角速度，重复上述过程，直到找到此风速下所对应的最大输出功率，从而实现最大风能的追踪。例如，取三个机械角速度，其工作过程中可能出现的情况示意图如图 3－50 所示。三点法原理简单，能够快速地找到最大功率点所对应的最佳转速。

4. 爬山搜索法

爬山搜索法，就是在某一特定风速下，根据发电机输出功率和转速的变化情况，通过不断施加很小的转速扰动，对最大功率点进行搜索。根据功率与转速的变化关系，找到下一时刻的转速参的考值，同时调节发电机的转速，保持向功率增大的方向搜索，找到该风速下的最大功率点，其方法的原理如图 3－51 所示。

爬山搜索法不需要对风速进行准确测量，具有良好的鲁棒性，对机组内部及外界环境变化不敏感，通过测量每个时刻发电机输出的功率和转速，可实现最大风能捕获。爬山搜索法示意图如图3－52，对应不同的风速均具备唯一最大输出功率，随着风速的增大，最大功率相对的最佳转速也开始提高，该方法可以被应用在已知输出功率 P 和转速 ω 的变化量 $\Delta\omega$ 的情况。在测量过程中，若此刻机组输出功率较上一刻的输出功率是增加的，则保持原来的方向继续对转速进行扰动；否则，向相反方向对转速进行扰动。

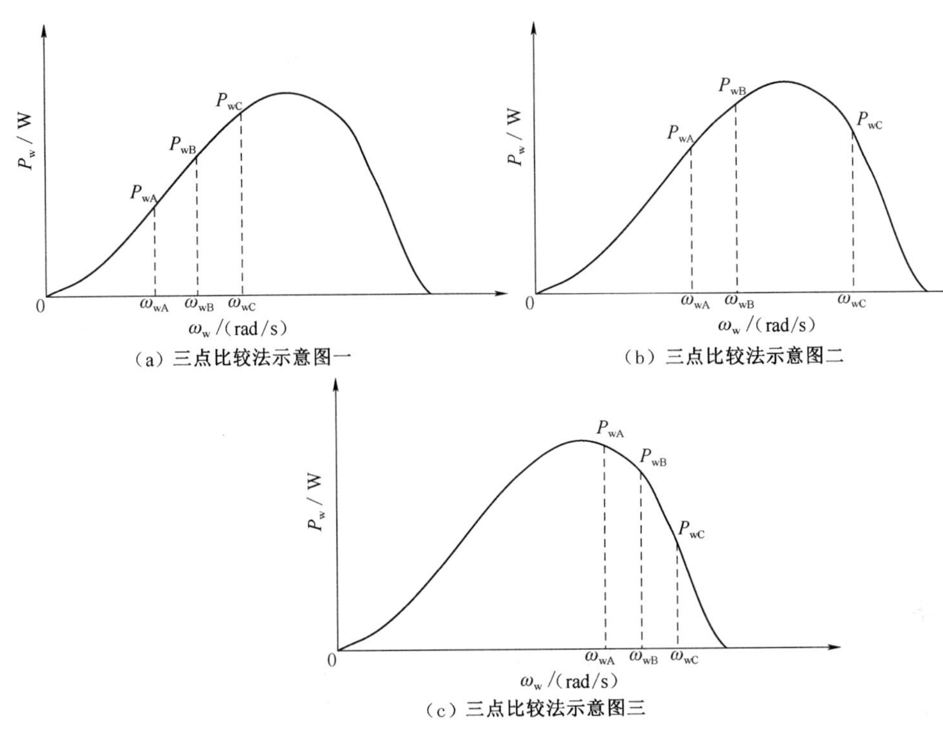

(a) 三点比较法示意图一

(b) 三点比较法示意图二

(c) 三点比较法示意图三

图 3-50 三点比较法示意图

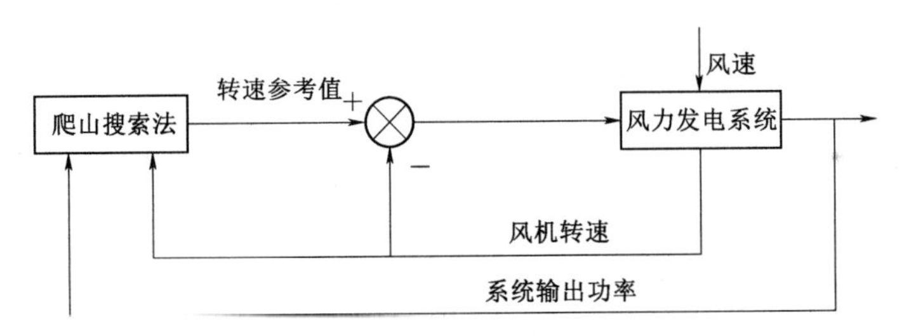

图 3-51 爬山搜索法原理图

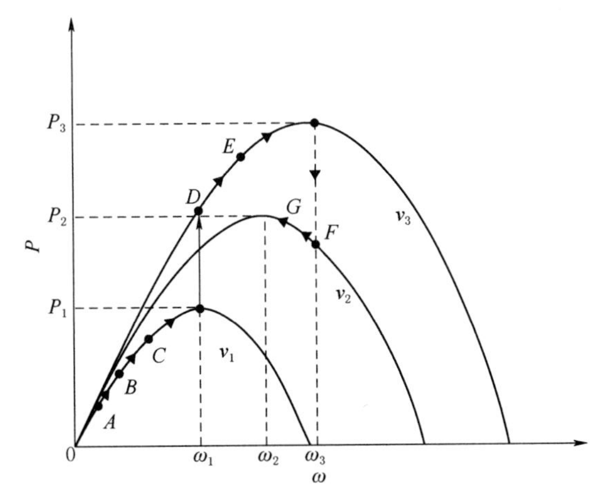

图 3-52 爬山搜索法示意图

3.5　变速恒频风力发电技术

变速恒频技术的提出是相对于传统的恒速恒频技术而言的。对于一个交流发电系统，如果直接由原动机（包括风轮机，水轮机，柴油或者汽油发动机等）带动交流发电机发电，发出来的是变频交流电，这是由于驱动发电机的原动机转速是变化的缘故。为获得恒频的交流电，有两种途径：一种是采用恒转速传动装置，将原动机的旋转由变速转化为恒速来拖动发电机，这就是恒速恒频发电系统所采用的办法，但是恒转速传动装置是精密仪器，生产制造和使用维护困难，能量转换效率低，电能质量难以进一步提高；另一种是让发电机与原动机同轴连接，取消恒转速传动装置，发电机的转速随着原动机的变化而变化，采用电力电子变流器提高输出电能的质量，这就是近年来兴起的变速恒频风力发电技术。因为扩大了原动机的转速范围，舍弃了恒转速传动装置，因此系统的体积和重量大大降低，能量变换效率得到了提高，通过先进的控制技术，输出的电能质量也会得到改善。

变速恒频技术由于其独特的技术优势，允许与发电机直接连接的原动机在一定范围内的转速变化，便于原动机工作在最佳工作点，因而可以明显地提高发电系统的效率和发电系统的稳定性。而且可以减小发电系统的体积和重量，增加控制的灵活性，因而其在船用轴带发电、机载电源、风力发电、潮汐发电、余热发电、水力发电、小功率移动电源等场合取得了很大的技术优势，具有广阔的应用前景。

恒速运行的风力发电机组转速不变，而风速经常变化，因此叶尖比速不可能经常保持在最佳值，风能利用系数值往往与最大值相差很大，使机组常常运行于低效状态。而变速恒频风力发电技术则很好地解决了这一问题，风力机的转速正比于风速并保持一个恒定的最佳叶尖速比，从而使风力发电机的风能利用系数保持最大值，风力发电机组输出最大的功率，最大限度地利用风能，提高了风力发电机的运行效率。自 20 世纪 90 年代开始，国外新建的大型风力发电系统大多采用变速恒频方式，特别是兆瓦级以上大容量风电系统。

目前变速恒频风力发电方案主要有以下几种。

（1）双绕组双速异步发电机系统。这种电机有两个定子绕组，嵌在相同的定子铁芯槽内，在某一时间内仅有一个绕组在工作，转子仍然是通常的笼型或绕线型，电机的两种转速分别决定于两个绕组的极对数。双速机组比单一转速机组有较高年发电量，缺点是它属于不连续变速，系统不能获得变速运行的所有好处。这种发电机总有一个绕组未被利用，价格也较高，而且两个绕组的何时切换是该系统控制的难点。

（2）高滑差异步发电机系统。因为普通异步电机转差变化范围较小（5%左右），所以其转子转速变化的范围也较小，借鉴在电动机转子上串接电阻可以调速的知识，采用现代电力电子技术控制转子电阻，从而达到调速的目的。风力发电机最大转差率可达 10%。

（3）采用电磁转差离合器的同步发电机变速恒频系统。采用电磁转差离合器的

同步发电机变速恒频系统原理图如图 3-53 所示，采用速度负反馈通过电磁转差离合器可使同步电机的转速 n_2 保持不变，因而发电机可输出恒频的交流电。该系统的优点是控制线路简单，发电输出电压波形好。缺点是效率低，相当一部分风能消耗在转差离合器磁极的发热上。

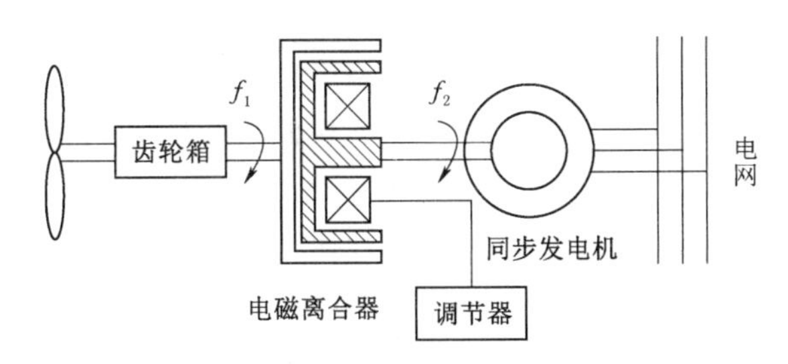

图 3-53　采用电磁转差离合器的同步发电机变速恒频系统原理图

（4）采用异步发电机—变流器变速恒频系统。异步发电机—变流器风力发电系统其结构如图 3-54 所示。因为风速的不断变化，带动风轮机以及发电机的转速也随之变化，所以发电机发出电的频率也是变化的。通过定子绕组与电网之间的变流器把频率变化的电能转换为与电网频率相同的恒频电能，然后送入电网。这种方案尽管实现了变速恒频，具有了变速运行的优点，但是由于变流器在定子侧，变流器的容量显著增加，尤其是对大容量风力发电系统更是如此。采用异步发电机的另一个缺点是需要从电网吸收滞后的无功励磁功率，从而降低电网功率因数，因此要附加额外的无功补偿装置，同时电压和功率因数控制也比较困难。

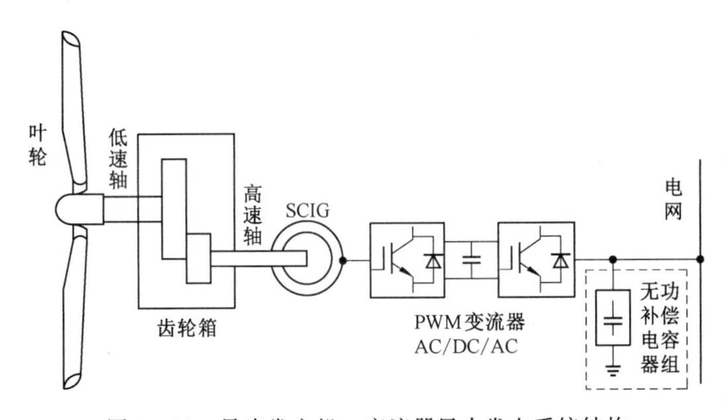

图 3-54　异步发电机—变流器风力发电系统结构

（5）直驱永磁同步风力发电系统。直驱永磁同步风力发电系统是由风力直接驱动的发电系统，其结构如图 3-55 所示。直驱型风力发电机组没有齿轮箱，低速风轮直接与发电机相连接，对发电机要求较高。同时，为了提高发电效率，发电机的极数比较大，通常在 100 极左右，发电机的结构复杂，体积比同容量的双馈异步风力发电机更大。永磁材料及稀土的使用增加了一些不确定因素。这种类型的机组始于 20 多年前，由于电气技术和成本等原因，发展较慢。近几年随着技术的发展，其优势才逐渐凸现。

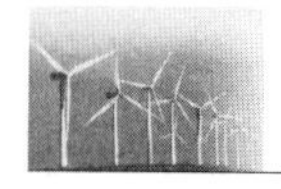

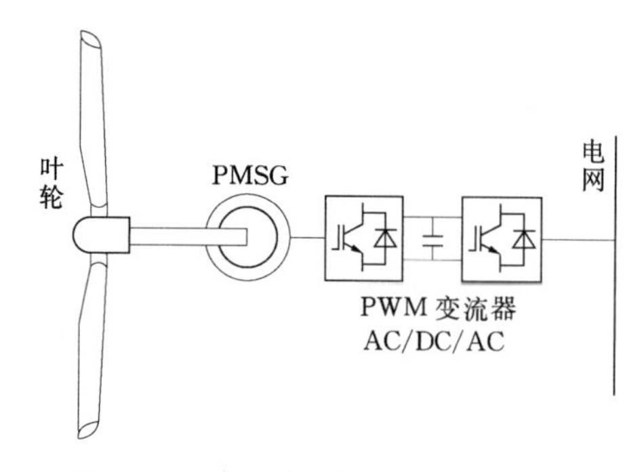

图 3 - 55　直驱永磁同步风力发电系统

(6) 交流励磁双馈发电机变速恒频系统。双馈异步风力发电系统原理如图3 - 56所示，变速恒频双馈风力发电机组是当前国际风力发电的主流技术。它的发电机采用双馈感应发电机，其定子接入电网，转子绕组由频率、幅值、相位可调的电源供给三相低频励磁电流。这个低频励磁电流相对于转子形成一个低速旋转磁场。该磁场转速与转子的机械转速相加等于定子磁场的同步转速，这便使发电机定子绕组感应出了同步转速的工频电压。当风速变化时，调解转子励磁电压相量，使转子机械转速随风速的变化而变化，在发生变化的同时，转子旋转磁场的转速也发生相应的变化来补偿发电机转速的变化，以达到变速恒频稳定运行的目的。

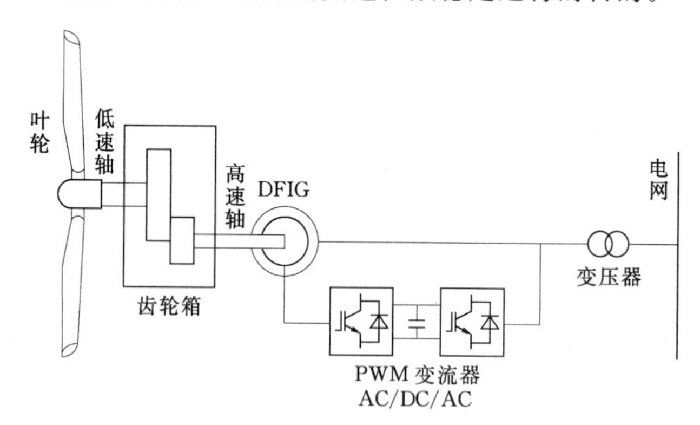

图 3 - 56　双馈异步风力发电系统原理

当转子电压幅值和相位改变时，由转子电流产生的转子磁场，在电机气隙空间的位置产生一个位移，从而改变了电机的功率角。因此，调节发电机转子励磁电压不仅可以调节风力发电机组定子侧无功功率，也可以调节定子侧有功功率。对电网而言，它即可输出无功功率起到就地无功补偿的作用，又可以吸收过剩无功功率起到调节电压的作用。而且，变流器安装于转子侧，其容量仅为发电机额定容量的一小部分（20%～30%），这也大大节省了成本。变速恒频双馈发电机组的众多优点，使得该种机型成为当前的主流机型和研究焦点。但它的难点在于双馈感应发电机能量关系复杂，控制变量较多，传统的控制手段难以达到运行要求。

长期以来，较常采用的发电机是同步发电机，其次是异步发电机。同步发电机采用直流励磁，而异步发电机没有专门的励磁绕组，其磁场由定子励磁电流建立。近来，随着电力电子技术和微机控制技术的发展，双馈型异步发电机（doubly - fed induction generator，DFIG）得到了广泛的重视。DFIG 在结构上类似绕线式异步电机，具有定、转子两套绕组。在控制中，DFIG 转子一般由接到电网上的变流器进行交流励磁。由于实际上发电机的定、转子都参与了励磁，“双馈”的含义因此而得。DFIG 兼有异步发电机和同步发电机的特性，如果从发电

机转速是否与同步转速一致来定义，DFIG应当被称为异步发电机，但DFIG在性能上又不像异步发电机，相反具有很多同步发电机的特点。例如，异步发电机是通过定子由电网提供励磁，本身无励磁绕组，而DFIG与同步发电机一样，具有独立的励磁绕组，异步发电机无法改变功率因数，DFIG与同步发电机一样可调节功率因数。所以DFIG可称为交流励磁同步发电机，或称为同步感应发电机，又可称为异步化发电机。实际上，它是具有同步发电机特性的交流励磁异步发电机，相对于同步发电机，DFIG具有很多的优越性。双馈式风力发电机组总体结构如图3-57所示。

图3-57 双馈式风力发电机组总体结构

同步发电机励磁电流的可调量只有幅值，因此一般只能调节无功功率。而DFIG采用交流励磁，可调量有三个。一是励磁电流幅值，二是励磁电流频率，三是励磁电流相位。因为DFIG励磁电流的可调量比同步发电机多了两个，控制上更加灵活，改变转子励磁电流频率，DFIG可以实现变速恒频运行，改变转子励磁电流的相位，使转子电流产生的转子磁场在气隙空间上有一个位移，改变了发电机电势相量与电网电压相量的相对位置，调节了发电机的功率角，所以交流励磁不仅可调节无功功率，也可调节有功功率。当发电机吸收无功功率时，往往由于功率角变大使运行稳定度降低。通过调节交流励磁的相位，可减小发电机的功率角，使机组的运行稳定性提高，可以吸收更多无功功率，改善由于晚间负荷下降、电网电压过高的不利局面。利用矢量变换控制技术，改变DFIG转子励磁电流的相位和幅值，可以实现DFIG输出有功功率和无功功率的解耦控制。因此，在功率调节上DFIG较同步发电机有更多的优越性。双馈式发电机外形如图3-58所示。

图3-58 双馈式发电机外形图

由于DFIG具有同步发电机所不具备的变速恒频运行的能力，使它在以下几方面的应用中有明显的优势：

1）在原动机变速运行场合中，实现高效、优质发电。在很多发电场合中，原动机转速是时刻变化的，如潮汐电站中，水头是变化的，使水轮机转速也变化。风力发电中，随风速的变化风力机转速也会变化。船舶与航空发电机的转速跟着推进器的速度而变化。诸多的发电方式中，由于受电网频率和同步发电机特性的限制，发电机转速不能改变，迫使原动机在不同水头、不同风力等情况下维持同一个转速，使得机组运行效率降低，原动机磨损增大，发电质量下降或被迫降低出力，甚至停机。DFIG可通过调节转子励磁电流的幅值、频率与相位，在原动机速度变化时也可保证发出恒定频率的电能，从而提高了机组的运行效率，降低了机组的磨损，延长了机组的使用寿命。

2）能参与电力系统的无功功率调节，提高系统稳定性。现代电力系统的发展趋势是单机容量越来越大，送电距离日益增长，输电线电压等级逐渐提高。此外，电网负荷变化率也随社会需求越来越大，经常出现输电线传输有功功率高于其自然功率的工况。这时线路出现过剩无功功率，引起持续工频过电压，这会危及系统的安全运行和增加损耗。目前解决的办法是在线路上加装静止电抗器、调相机或静止无功补偿器，这些措施提高了运行的技术和经济成本。

因为DFIG可以调节励磁电流的相位，达到改变功率角使发电机稳定运行的目的，所以可通过交流励磁使发电机吸收更多无功功率，参与电网的无功功率调节，解决电网电压升高的难题，从而提高电网运行效率、电能质量与稳定性。

3）可实现发电机安全、便捷地并网。采用同步发电机或异步发电机时，并网控制较为复杂，往往需要精确的转速控制和整步、准同步操作。DFIG并网时，通过对转子实施交流励磁，精确地调节发电机定子输出电压，使其满足并网要求，实现安全而快速的“柔性”并网操作。

变速机组运行区域及控制目标

根据不同风况，交流励磁变速恒频风力发电机组的运行可以划分为三个区域。变速恒频机组运行区域如图3－59所示，三个运行区域的控制策略和控制任务各不相同，风力机控制子系统和发电机控制子系统的控制重点和协调关系也不同。

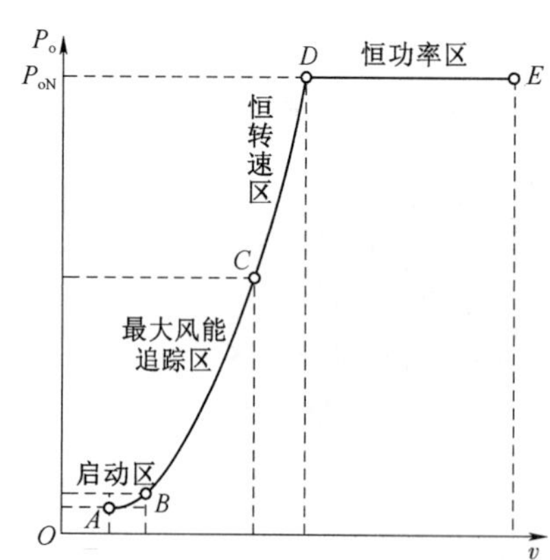

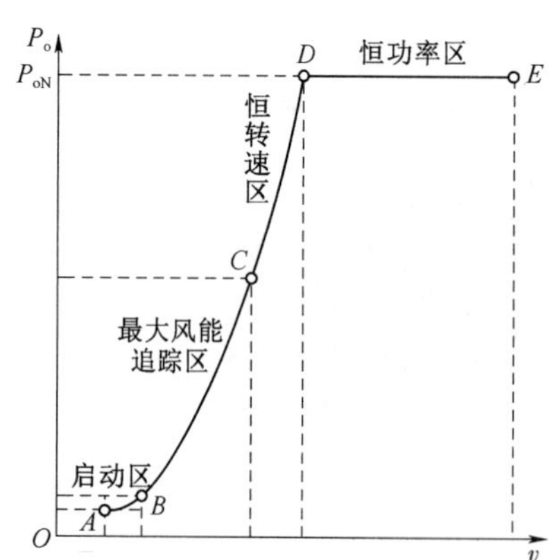

图3－59　变速恒频机组运行区域

第一个运行区域是启动阶段，此时风速从零上升到切入风速。在切入风速以下时，发电机与电网相脱离，风力发电机不能发电运行，直到当风速大于或等于切入风速时发电机方可并入电网。这个区域的主要任务就是实现发电机的并网控制，在进行并网控制时，风力发电机控制子系统的任务是通过变桨距系统改变桨叶节距来调节机组的转速，使其保持恒定或在一个允许的范围内变化。发电机控制子系统的任务则是调节发电机定子电压，使其满足并网条件，并在适当的时候进行并网操作。关于交流励磁变速恒频风力发电系统的并网技术，将在后续章节中详细介绍。

第二个运行区域是风力发电机并入电网并运行在额定风速以下的区域。此时风力发电机获得能量并转换成电能输送到电网。根据机组转速，这一阶段又可分为两个区域：变速运行区（BC）和恒速运行区。当机组转速小于最大允许转速时，风力发电机组运行在变速运行区。为了最大限度地获取能量，在这个区域里实行最大风能追踪控制，机组转速随风速变化相应地进行调节，确保风力机的风能利用系数 C_P 始终保持为最大值 C_{Pmax}，故该区域又称为 C_P 恒定区。在 C_P 恒定区追踪最大风能时，风力机控制子系统只执行定桨距控制，发电机控制子系统通过控制发电机的输出功率来控制机组的转速，实现变速恒频运行。实际上为了优化最大风能追踪效果，可以综合采用风力发电机机变桨距控制和发电机功率控制，即由风力发电机控制子系统变桨距实现“粗调”，由发电机控制子系统功率控制实现“细调”。但这种方案要求风力发电机控制子系统和发电机控制子系统具有良好的通信和协调能力，增加了系统的复杂性。当机组转速超过最大允许转速时进入恒转速区。在这个区域内，为了保护机组不受损坏，不再进行最大风能追踪，而是将机组转速限制到最大允许转速上。恒转速区的转速控制任务一般是由风力发电机控制子系统通过变桨距控制来实现。

变速机组控制方案一

变速机组控制方案二

变速机组控制方案三

第三个运行区域为功率恒定区。随着风速和功率不断增大，发电机和变流器将达到功率极限，因此必须控制机组的功率小于其功率极限。当风速增加时，机组转速降低，C_P 值迅速降低，从而保持功率不变。在功率恒定区内实行功率控制一般也是由风力机控制子系统通过变桨距控制实现的。

从上面的讨论可以看出，随着风速的变化，风力发电机组运行在不同的区域，各有不同的控制任务、不同的控制方法。交流励磁变速恒频风力发电机组的运行区域如图 3-60 所示。图 3-60 清晰地表示了这些关系。图中 OA 为起动阶段，对发电机进行并网控制，发电机无功率输出。AB 段为 C_P 恒定区，机组随着风速作变速运行以追踪最大风能。BC 段为转速恒定区，随着风速增大，转速保持恒定，功率将增大。CD 段为功率恒定区，随着风速增大，控制转速迅速下降以保持恒定的功率输出。风力发电机组不同运行区域的 C_P 值比较见表 3-1。

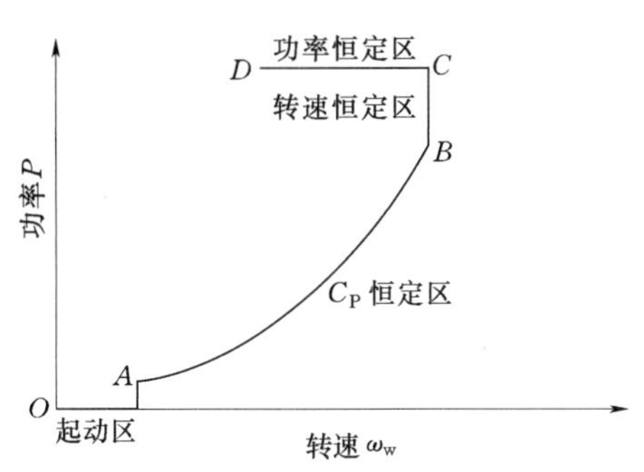

图 3-60 交流励磁变速恒频风力发电机组的运行区域

表 3－1　　风力发电机组不同运行区域的 C_P 值比较

运行区域	控制任务	控制主体	C_P 值
启动区	发电机并网	发电机控制子系统	
C_P 恒定区	追踪最大风能	发电机控制子系统	最大
转速恒定区	限制转速	风力机控制子系统	较小
功率恒定区	限制功率	风力机控制子系统	很小

巴赫曼控制器

倍福控制器

根据交流励磁变速恒频风力发电机组的运行区域，可将运行控制策略确定为：低于额定风速时，实行最大风能追踪控制或转速控制，以获得最大的能量或控制机组转速；高于额定风速时，实行功率控制，保持输出稳定。

3.6　机组主控系统

风力发电机组控制系统主要由两部分组成，即风机运行主控制器（风机控制系统）和变速恒频控制器。运行主控制器（风机控制系统）主要完成机组运行逻辑控制，如偏航、对风、解绕等，变桨距调节控制，另外还包括变桨距调节控制和变速恒频控制之间的协调控制。变速恒频控制的功能是保证上网电能质量，与电网同压、同频、同相输出，在额定风速之下，在最大升力桨距角位置，调节发电机、叶轮转速，保持最佳叶尖速比运行，达到最大风能捕获效率，在额定风速以上，配合变桨距机构，保持最大恒定功率输出。1.5MW 风力发电机组的主控系统如图 3－61 所示。

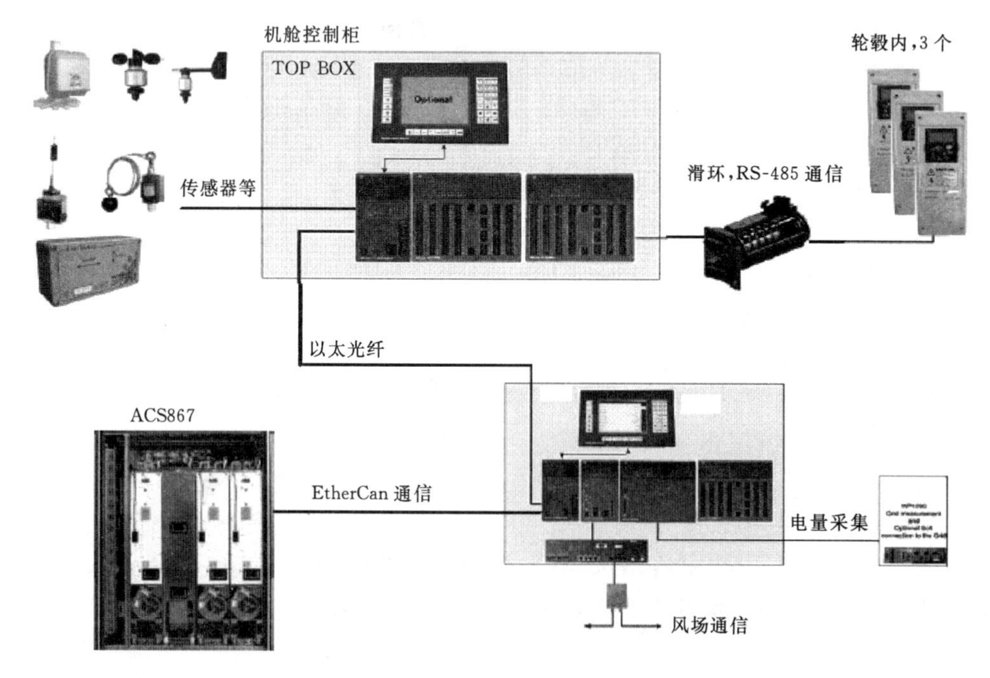

图 3－61　1.5MW 风力发电机组主控系统

对于1.5MW变速恒频风力发电机组控制系统分成3部分：塔底柜、塔上柜、变距系统。控制系统分布如图3-62所示。

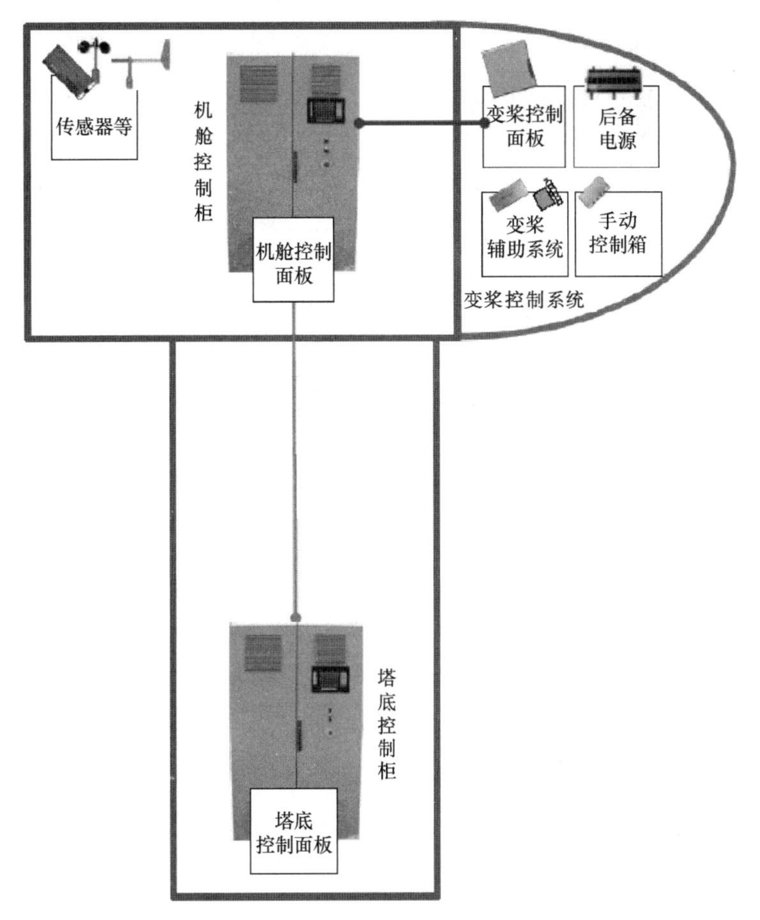

图3-62 控制系统分布图

塔底柜

机舱控制柜

风力发电机组的主控制器是控制系统的核心，它一方面与各个功能块相联系，接收信息，并通过分析计算发出指令；另一方面与远程控制单元通信，沟通信息及传递指令。主控制器一般分置于机舱控制柜和塔基控制柜中。主控制器可以选用多种PLC控制器。典型的双馈异步风力发电机组控制系统的总体结构图如图3-63所示，控制系统由分别位于机舱和塔基的两部分组成。

机舱控制系统：采集机舱内的各个传感器、限位开关的信号；采集并处理叶轮转速、发电机转速、风速、温度、振动等信号，控制对风偏航和液压站的工作。

机舱检测的信号有：

（1）环境温度（模拟量信号）。

（2）机舱温度（模拟量信号）。

（3）发电机温度（模拟量信号）。

（4）发电机转速（数字量和模拟量信号）。

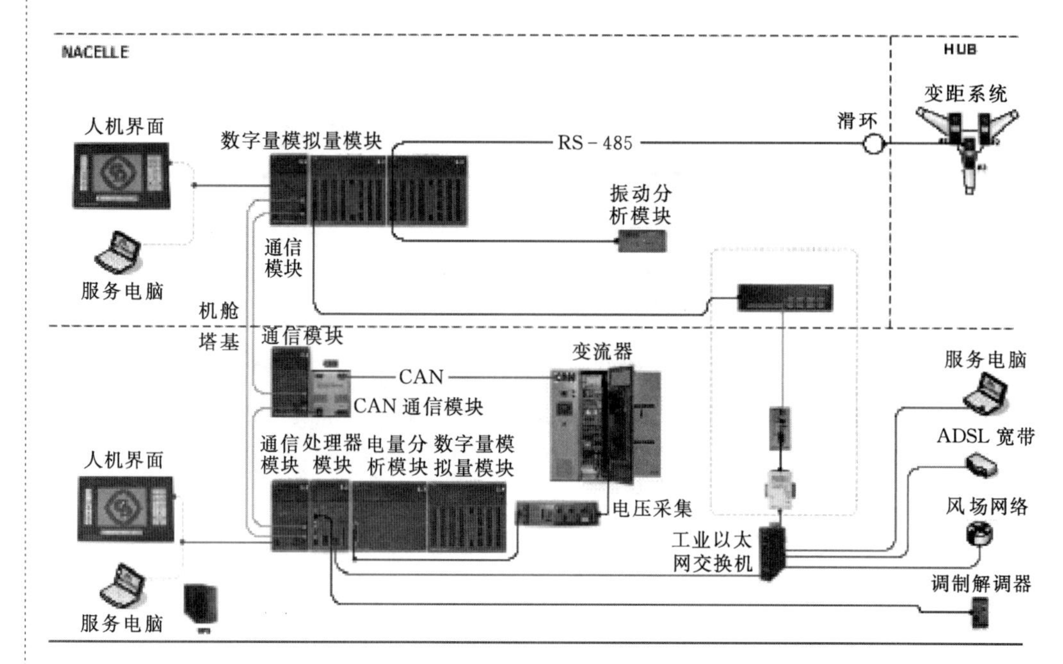

图3-63　典型的双馈异步风力发电机组控制系统总体结构图

（5）风向和风速（模拟量信号）。

（6）机舱位置（模拟量信号）。

（7）机舱振动（模拟量信号）。

（8）叶轮锁定信号（数字量信号）。

（9）发电机断路器的反馈信号（数字量信号）。

（10）纽缆信号（数字量信号）。

（11）振动开关信号（数字量信号）等。

塔底主控制系统是机组可靠运行的核心，主要完成数据采集及输入、输出信号处理；逻辑功能判定；对外围执行机构发出控制指令；与机舱柜通信，接收机舱信号，并根据实时情况进行判断发出偏航或液压站的工作信号；与三个独立的变桨柜通信，接收三个变桨柜的信号，并对变桨系统发送实时控制信号控制变桨动作；对变流系统进行实时的检测，根据不同的风况对变流系统输出扭矩要求，使风机的发电功率保持最佳；与中央监控系统通信、传递信息。控制范围包括机组自动启动，变流器并网，主要零部件除湿加热，机舱自动跟踪风向，液压系统开停，散热器开停，机舱扭缆和自动解缆，电容补偿和电容滤波投切以及低于切入风速时自动停机。小范围内的抑制功率波动由变速恒频控制完成，大范围内的超功率由变桨距控制完成。尤其在阵风、台风和风暴等恶劣环境下，变距控制系统的性能对减轻机组的机械和气动负载显得更为重要。控制系统实际的物理分布及通信连接如图3-64所示。

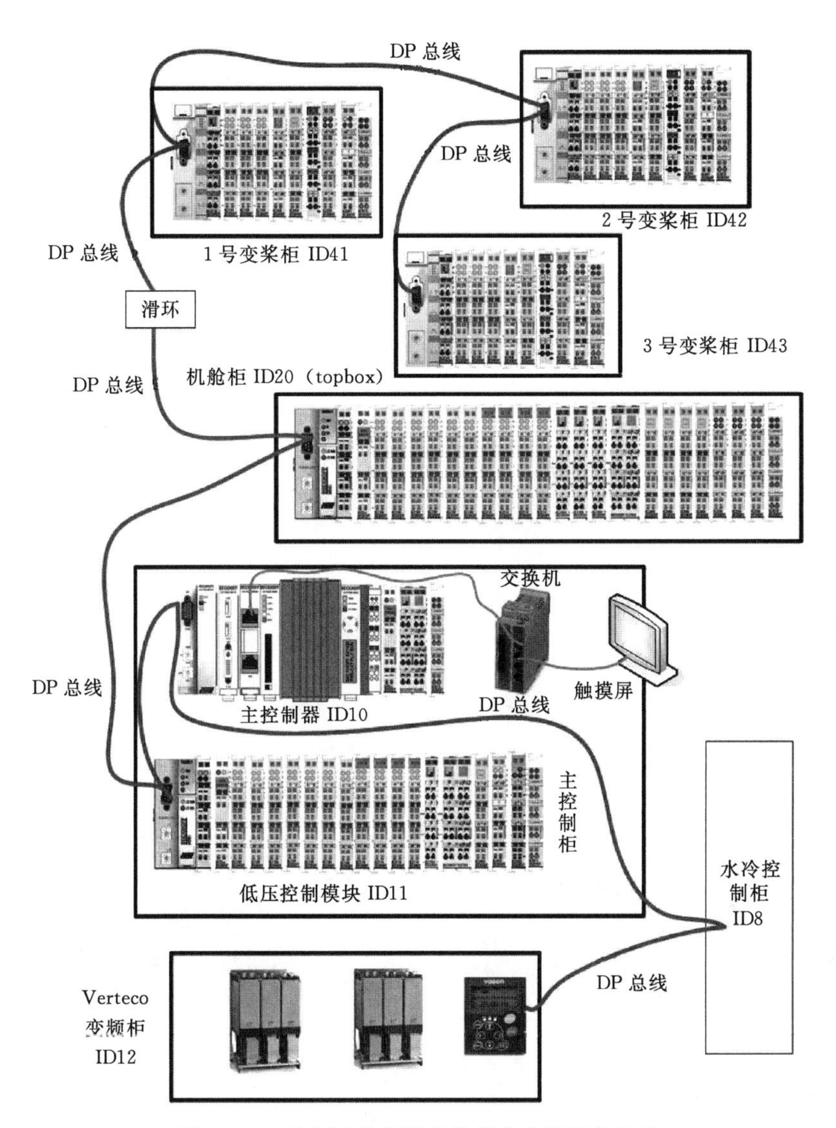

图 3-64　控制系统实际的物理分布及通信连接

第 4 章课件

变桨系统

第 4 章　变　桨　系　统

变桨系统作为大型风力发电机组控制系统的核心部分之一，对机组安全、稳定、高效的运行具有重要的作用。稳定的变桨控制已成为当前大型风力发电机组控制技术研究的热点和难点之一。变桨控制是指大型风力发电机安装在轮毂上的叶片借助控制技术和动力系统改变桨距角的大小从而改变气流对桨叶的攻角，进而控制风轮捕获的气动转矩和气动功率。与定桨距机组相比，变桨距控制技术使桨叶和整机的受力状况大为改善。变桨控制系统是一个闭环反馈控制系统，一般根据风速与输出功率作为控制量给出变桨指令。

4.1　变 桨 系 统 原 理

变桨距就是调节桨距角，是指安装在轮毂上的叶片通过控制可以改变其桨距角的大小，从而改变风力机的气动特性。当风速变化时，变桨系统改变风机桨叶的角度，从而控制发电功率等。当需要停机时，变桨系统使桨叶停止在 90°顺桨位置，从而保证风机停止时的安全。变桨系统结构如图 4－1 所示。

变桨结构图

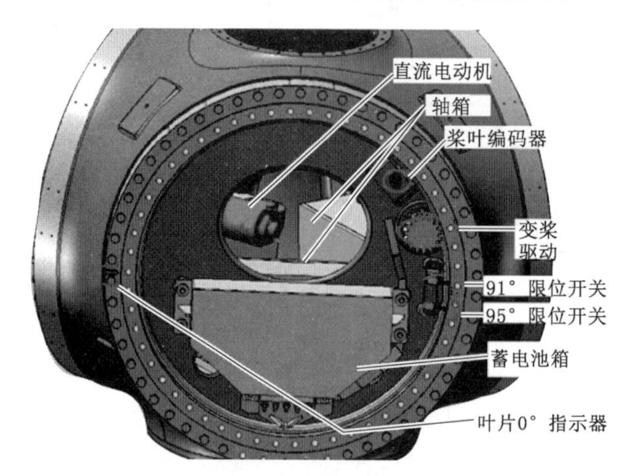

图 4－1　变桨系统结构图

变速变桨距风力发电机组的控制主要通过两个阶段来实现。第一阶段，在额定风速以下时，保持最优桨距角不变，采用最大功率跟踪法（maximum power point tracking，MPPT），通过变流器调节发电机电磁转矩使风轮转速跟随风速变化，使风能利用系数保持最大，机组一直运行在最大功率点。第二阶段，在额定风速以上时，通过变桨距系统改变桨距角来限制风轮捕获的能量，使风力发电机组保持在额定功率发电。对于定桨距风力发电机组，在此风速高于额定的风速范围内，由于其桨距角不能改变，只能通过叶片的失速特性来降低风能的吸收，因此在风速高于额定时不能维持额定功率输出，输出功率反而会下降。变桨控制柜如图 4－2 所示。

变桨控制柜执行轮毂内的轴控箱和位于机舱内的机舱控制柜之间的连接工作。

变桨主控柜内部结构

滑环结构

变桨控制柜与机舱控制柜的连接通过滑环实现。通过这个滑环，机舱控制柜向变桨控制柜提供电能和控制信号。桨距角位置控制器位于变桨控制柜中用于控制叶片的位置。另外，三个电池箱内的电池系统的充电过程由安装在变桨控制柜中的中央充电单元控制。变桨系统内有三个轴控箱。每个叶片分配一个轴控箱。通过变频器控制相应的电机速度。每个轴控箱分配一个电池箱，在供电故障或重置紧急顺桨控制信号（emergency feather command，EFC）的情况下，每个叶片都各自转动到顺桨位置。

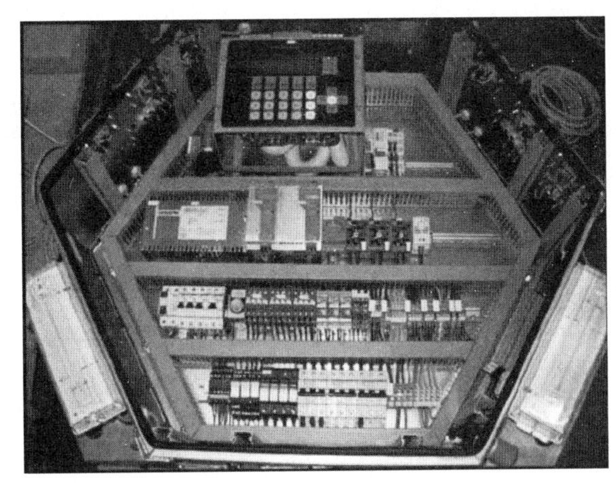

图 4－2　变桨控制柜

变桨距风力发电机组的运行过程可以划分为以下四个阶段：

（1）风速小于切入风速 v_{cut-in}。

（2）风速在切入风速 v_{cut-in} 和额定风速 v_{rated} 之间。

（3）风速在额定风速 v_{rated} 和切出风速 $v_{cut-out}$ 之间。

（4）风速大于切出风速 $v_{cut-out}$。

在风速小于切入风速时，机组不产生电能，桨距角保持在 90°。在风速高于切入风速后，桨距角调整到 0°，机组开始并网发电，并通过控制变流器调节发电机电磁转矩使风轮转速跟随风速变化，使风能利用系数保持最大，捕获最大风能。在风速超过额定值后，变桨机构开始动作，增大桨距角，减小风能利用系数，减少风轮的风能捕获，使发电机的输出功率稳定在额定值。在风速大于切除风速时，风力发电机组抱闸停机，桨距角调整到 90°以保护机组不被大风损坏。风力发电机组运行过程中各阶段参数变化情况如图 4－3 所示。

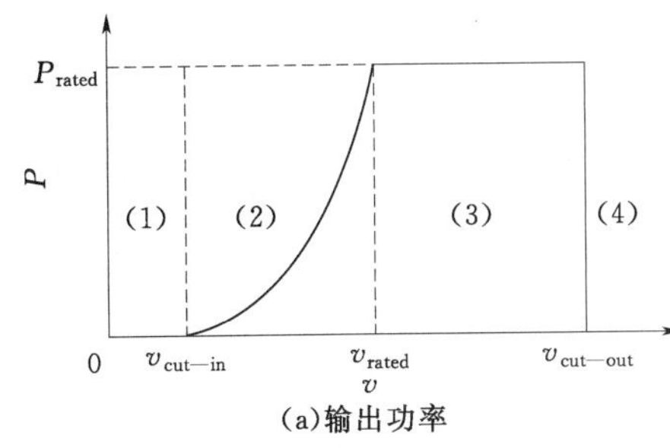

(a)输出功率

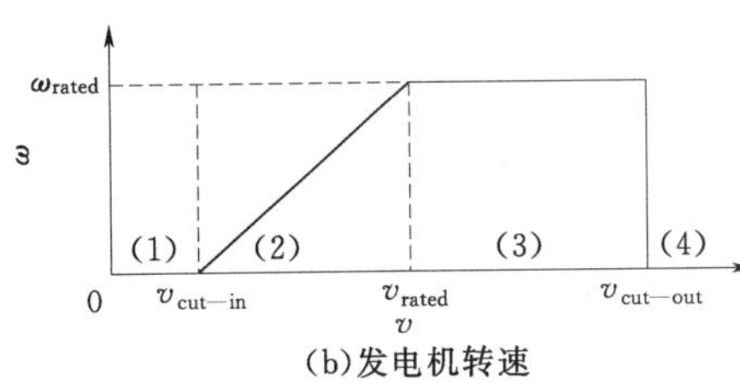

(b)发电机转速

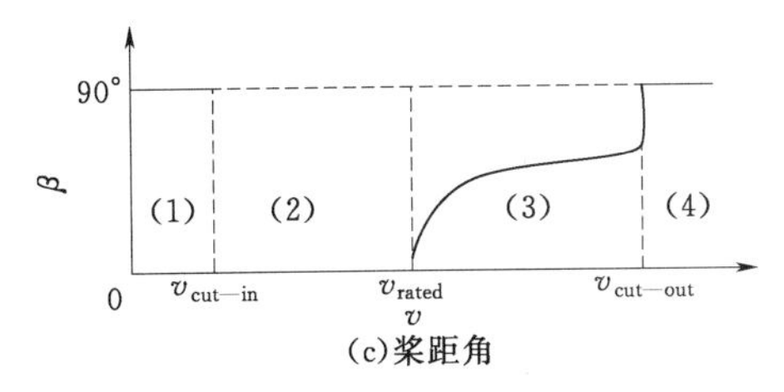

(c)桨距角

图 4－3　风力发电机组运行过程中各阶段参数变化情况

目前投入使用的风力发电机组变桨距系统的执行机构主要有两种方案。一种是电动变桨距，桨叶由电机驱动。一种是液压变桨距，桨叶由液压缸驱动。电液伺服方案与电气伺服方案的比较见表4-1。

表4-1　电液伺服方案与电气伺服方案的比较

方　案	优　　点	缺　　点
电液伺服方案	对大惯性负载的控制性能好（频响快、扭矩大）便于集中布置，结构紧凑	传动系统相对复杂，存在非线性。泄露、卡涩有时发生
电气伺服方案	结构简单、可靠、可充分利用有限空间，实现分散布置，并对单一桨叶进行控制	动态特性相对较差，特别是对于大功率风机

某型号风力发电机组起动时变桨距控制流程如图4-4所示，该流程图不仅反映了风力发电机组的运行规律，同时也是控制软件编程的依据。各种风力发电机组变桨距控制流程图也不同。这里给出额定转速1000r/min的异步发电机并网之前和并网运行时变桨距控制流程图。当风速高于起动风速时，桨叶调整到15°。此时，若风机的转速大于800r/min或者转速大于700r/min持续1min，则桨距角调整至3°位置。转速大于1000r/min时，发出并网指令。若桨距角达到3°后持续2min未并网，则桨距角调整至15°位置。

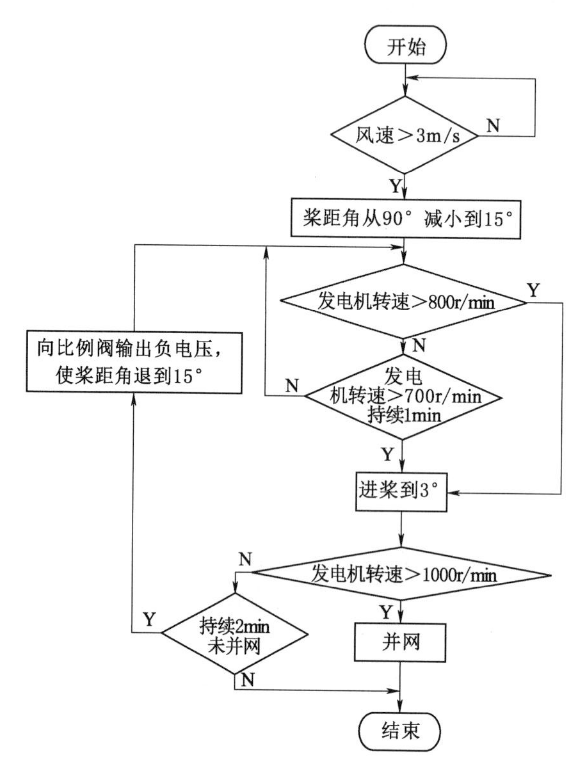

图4-4　风力发电机组起动时变桨距控制流程图

风力发电机组运行时变桨距控制流程图如图4-5所示。发电机并网后，当风速小于额定风速时，桨距角一般保持在0°附近不变。当风速高于额定风速时，为了控制输出功率，调整桨距角，使功率维持在额定功率附近。采用的变桨控制策略为

$$\Delta\beta = K_p(P - P_{ref}) \tag{4-1}$$

式中　$\Delta\beta$——桨距角变化量；

K_p——比例系数；

P——实测功率；

P_{ref}——额定功率。

为了防止频繁变桨动作，当功率偏差的绝对值小于10kW时，桨距角不变。不同工况下变桨动作过程如图4-6所示。

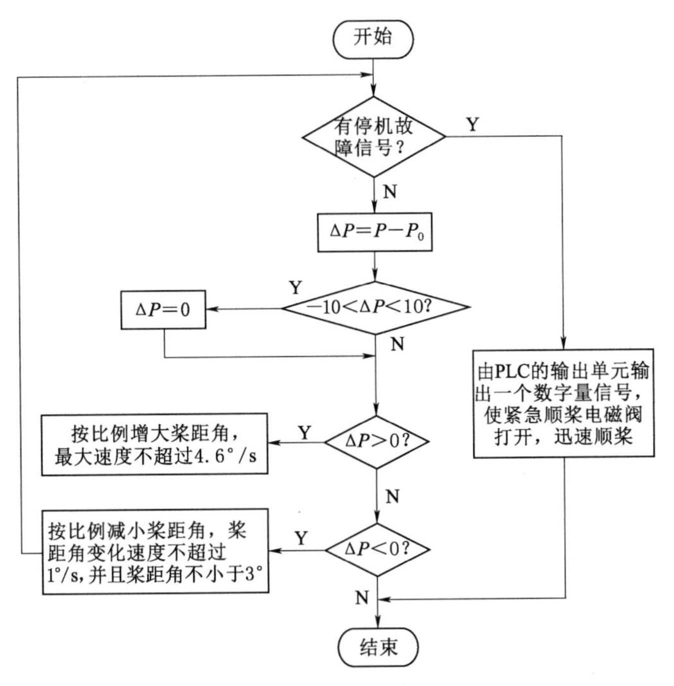

图 4－5　风力发电机组运行时变桨距控制流程图

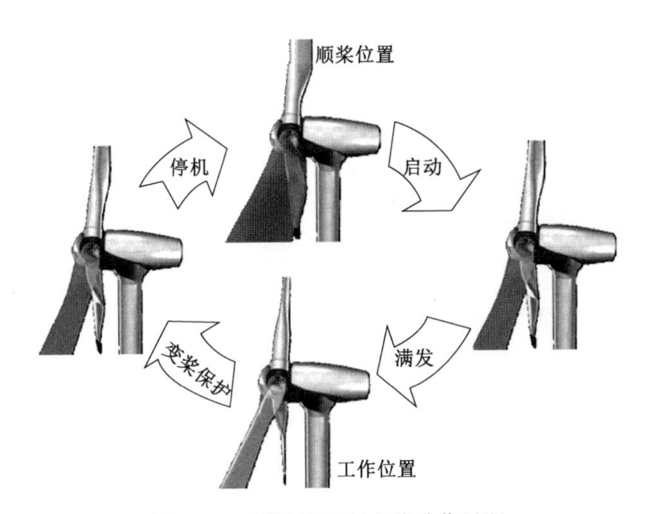

图 4－6　不同工况下变桨动作过程

4.2 电 动 变 桨

变桨电机执行机构结构简单、扭矩大、不存在漏油问题，并且能对桨叶进行单独控制，这对于容量越来越大的机组来说是十分重要的，所以越来越受到重视，且开始得到广泛应用。变桨控制系统基本架构如图 4－7 所示。

全球风电机组几个大的供应商均采用了电动变桨距结构作为变桨距系统的组

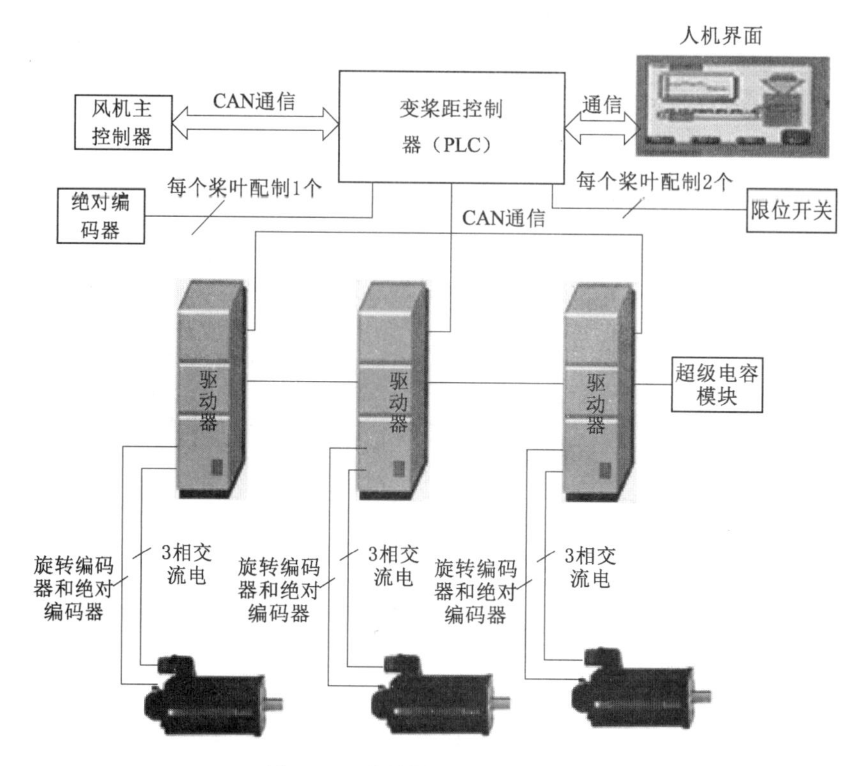

图4-7　变桨控制系统基本架构

图4-8　电动变桨距结构图

成。电动变桨距结构如图4-8所示。

统一变桨距是指风力机所有叶片的桨距角均同时改变相同的角度。统一变桨距是最先发展起来的变桨距控制方法，目前应用也最为成熟。变桨距机构就是在额定风速附近（以上），依据风速的变化随时调节桨距角，控制吸收的机械能，一方面保证获取最大的能量（与额定功率对应），另一方面减少风力对机组的冲击。在并网过程中，变桨距控制还可实现快速无冲击并网。变桨距控制系统与变速恒频技术相配合，提高了整个风力发电系统的发电效率和电能质量。变桨系统内部结构如图4-9所示。

电动变桨距系统是三个叶片分别装有独立的电动变桨系统，内部结构如图4-9所示。电动变桨系统主要包括回转支撑，减速机装置和伺服电动机及其驱动器等。减速机装置固定在轮毂内，由于桨距角的变化速度较慢，一般不超过每秒15°，而一般的伺服电机额定转速都为每分钟几千转，因此需要一个减速机构。

伺服电机联接行星减速箱，通过主动齿轮与桨叶轮毂内齿圈相连，带动桨叶进

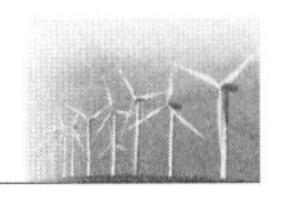

行转动，实现对桨距角的直接控制。叶片安装在回转支撑的内环上，回转支撑的外环则固定在轮毂上。当电驱动变桨距系统上电后，伺服电动机带动减速机装置的输出轴小齿轮旋转，而小齿轮又与回转支撑的内环相啮合，从而带动回转支撑的内环与叶片一起旋转，实现了变桨距的目的，通过 RS－485 通信控制驱动器驱动伺服电动机可实现同步变桨和准确定位。

电动变桨距系统的布局图如 4－10 所示，每个桨叶配有一个轴控制柜、一个电池柜、一个叶片编码器、两个限位开关、一个电机编码器和一个永磁同步电动机。变桨主控制柜安装在主轴与轮毂的连接处。

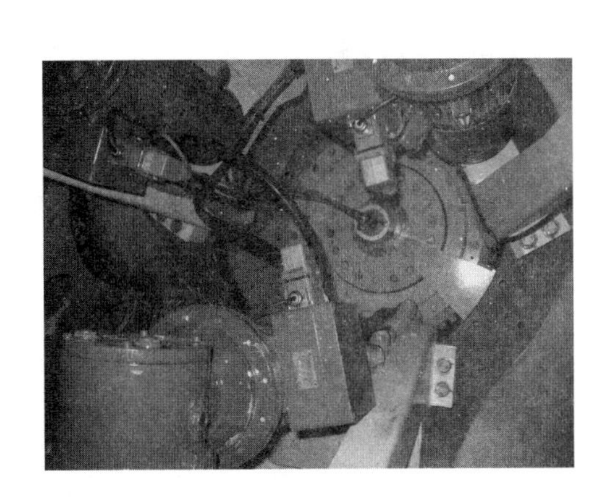

图 4－9 变桨系统内部结构图

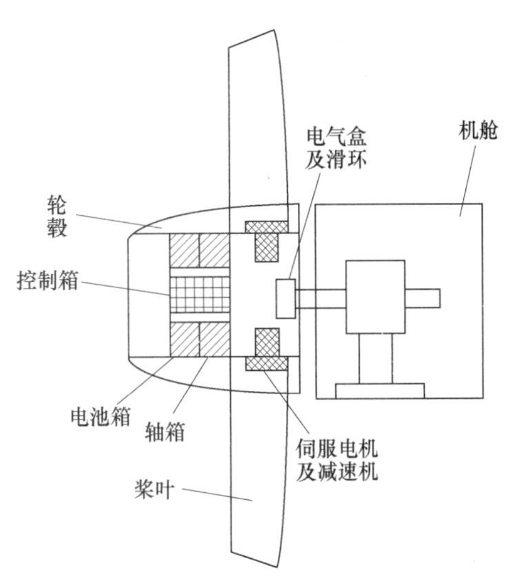

图 4－10 电动变桨距系统的布局图

电动变桨距伺服系统的构成框图如图 4－11 所示，轮毂里装有一个主控制柜、三个轴控制柜、三个电池柜、三个叶片编码器等（90 和 91 分别代表 90 度限位开关和 91 度限位开关）。轮毂与主轴的连接处设置了接线端子，变桨距的所有电源和控制通信总线都是通过滑环与机舱控制柜相连。主控制柜内装有同步运动控制器实现三个叶片的同步变桨控制，轴控制柜是实现对电机的精确控制，电池是提供备用电源，通信采用的 RS－485 总线结构具有较强的抗干扰能力。

变桨距系统必须要满足能够快速响应主控制器的命令，迅速将桨距角调整到指定位置，同时还要满足三个叶片的桨距角一致，以及要满足安全可靠的运行要求。

电动变桨距系统采用三个桨叶分别带有独立的电动变桨距伺服系统，包括回转支撑，减速机装置和伺服电动机及其驱动器等。减速机装置固定在轮毂内，回转支撑的内环用来安装叶片，回转支撑的外环固定在轮毂上。当电动变桨距系统工作时，永磁电动机带动减速机装置的输出轴小齿轮旋转，而小齿轮又与回转支撑的内环相啮合，从而带动回转支撑的内环与叶片一起旋转，实现变桨距的目的。电动变桨距伺服系统机械传动示意图如图 4－12 所示。

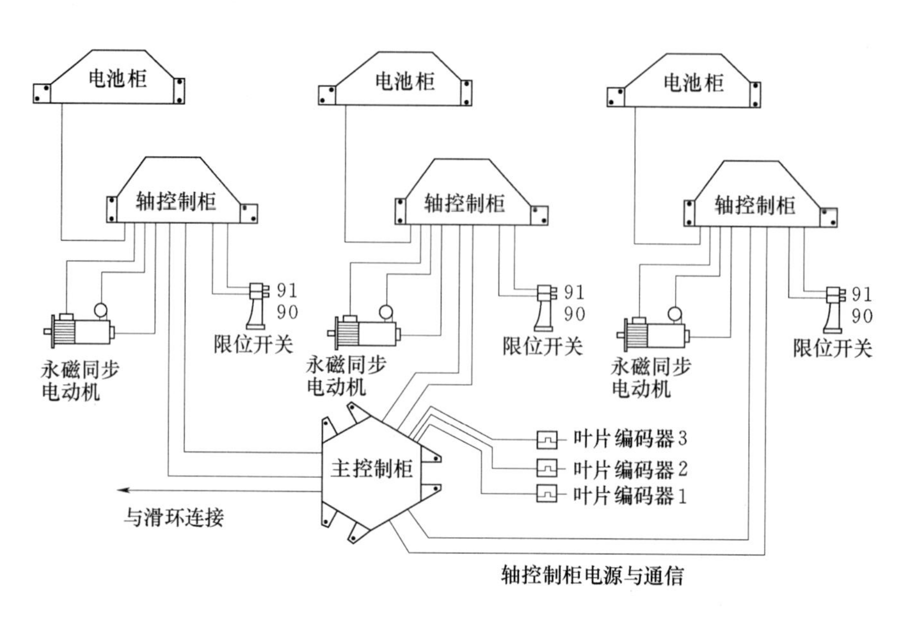

图 4-11　电动变桨距伺服系统的构成框图

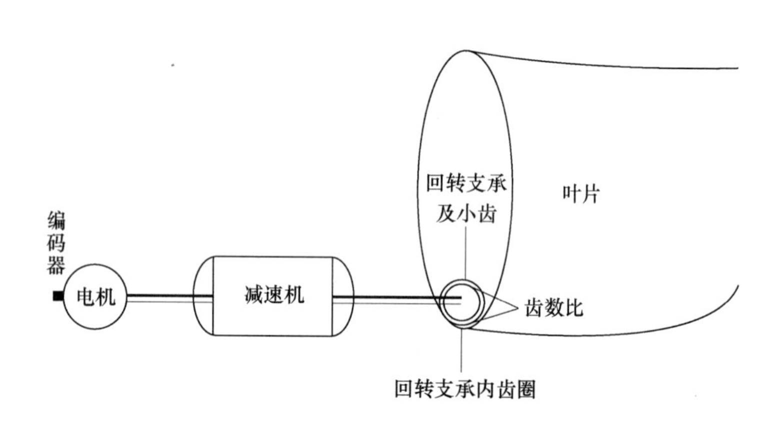

图 4-12　电动变桨距伺服系统机械传动示意图

伺服驱动器主要包括功率驱动单元和伺服控制单元，驱动单元采用三相全桥不可控整流，三相正弦 PWM 逆变器变频的 AC-DC-AC 结构。为避免上电时出现大的瞬时电流以及电机制动时产生很高的崩升电压，设有能耗泄放电路。逆变部分采集驱动电路，保护电路和功率开关于一体的智能功率模块 IPM，开关频率可达 20kHz。

伺服控制单元是整个交流伺服系统的核心，实现系统的位置控制，速度控制，转矩控制。为进一步提高系统的动态和静态性能，可采用位置和速度闭环控制。三相交流电流的跟随控制能有效地提高逆变器的电流响应速度，并且能限制暂态电流，从而有利于 IPM 安全可靠地工作。1.5MW 风力发电机组变桨系统原理如图 4-13 所示。

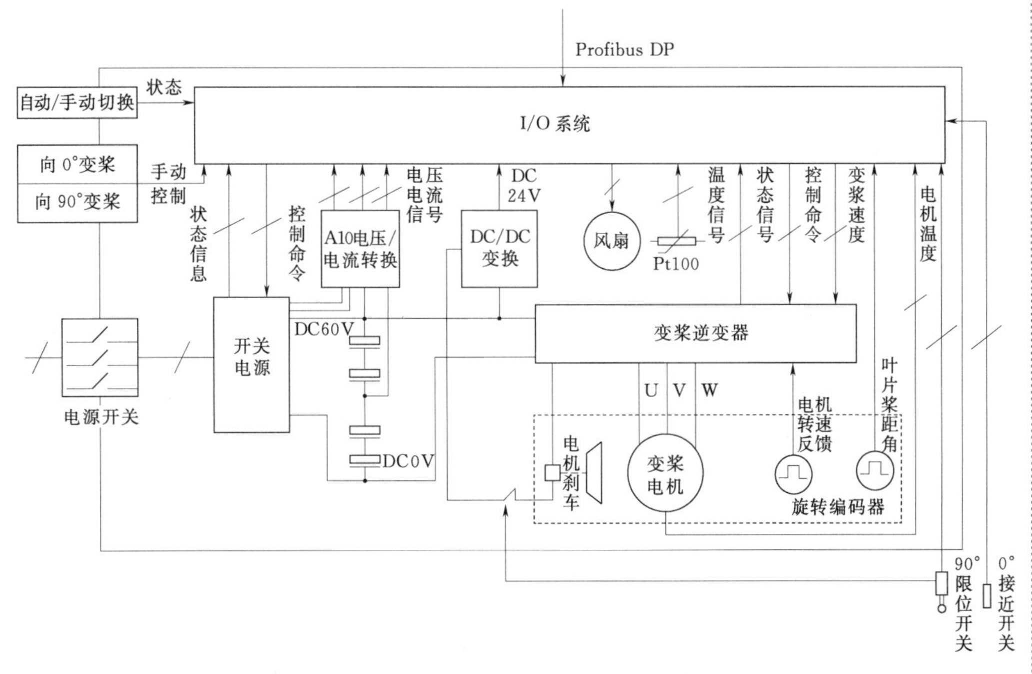

图 4-13　1.5MW 风力发电机组变桨系统原理图

4.3 液 压 变 桨

液压变桨距执行机构是利用液压缸作为原动机，通过偏心块推动桨叶旋转，具有响应速度快、扭矩大、稳定可靠等特点。液压变桨距机构如图 4-14 所示。由于液压系统出力大，变桨距机构可以做得很紧凑。液压变桨距系统工作原理如图 4-15 所示。

图 4-14　液压变桨距机构图

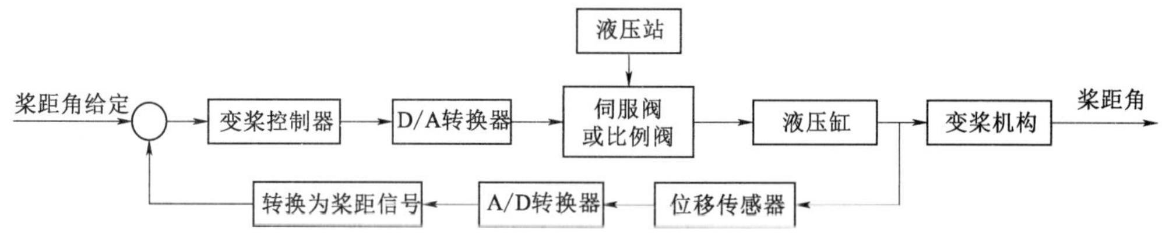

图 4-15 液压变桨距系统工作原理图

液压变桨距机构有两种方案：一种是通过安装在轮毂内的三个液压缸分别驱动三个叶片（独立变桨）；另一种是液压站和液压缸放在机舱内，通过一套曲柄连杆机构同步推动三个桨叶旋转（统一变桨）。液压驱动变桨距系统主要由推动杆、支撑杆、导套、防转装置、同步盘、短转轴、连杆、长转轴、偏心盘和桨叶法兰等部件组成。液压驱动变桨距结构如图 4-16 所示。各部分作用如下：

推动杆：传递动力，把机舱内液压缸的推力传递到同步盘上。

支撑杆：是推动杆轮毂端径向支撑部件。

导套：与支撑杆形成轴向运动副，限制支撑杆的径向运动。

防转装置：防止同步盘在轴向分力作用下转动，使其与轮毂同步转动。

同步盘：把推动杆的轴向力进行分解，形成推动三片桨叶转动的动力。

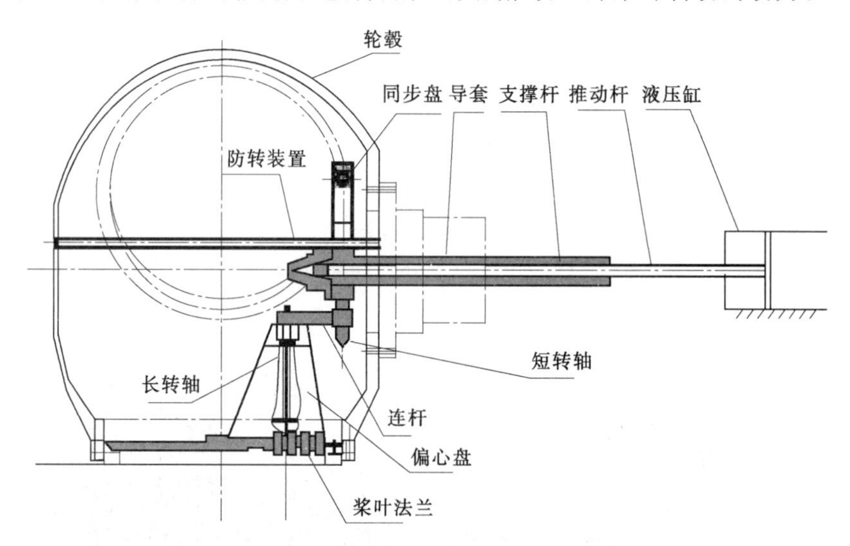

图 4-16 液压驱动变桨距结构图

其中同步盘、短转轴、连杆、长转轴、偏心盘组成了曲柄滑块机构，将推动杆的直线运动转变成偏心盘的圆周运动。

该机构的工作过程如下：控制系统根据当前风速，以一定的算法给出桨叶的桨距角信号，液压系统根据控制指令驱动液压缸，液压缸带动推动杆、同步盘运动，同步盘通过短转轴、连杆、长转轴推动偏心盘转动，偏心盘带动桨叶进行变桨距。

液压驱动变桨距系统具有结构简单、操作方便，在额定风速下，提高风能利用率，获得优质的电能输出，保证机组安全可靠运行。

1. 统一液压变桨

统一液压变桨是液压站和液压缸布置在机舱内，通过一套曲柄滑块机构由同步盘推动个叶片旋转。这种结构电气布线易于实现，降低了风轮重量和轮毂制造难度，维护相对容易，但要求传动机构的强度、刚度较高。统一液压变桨距执行机构示意图如图 4－17 所示。

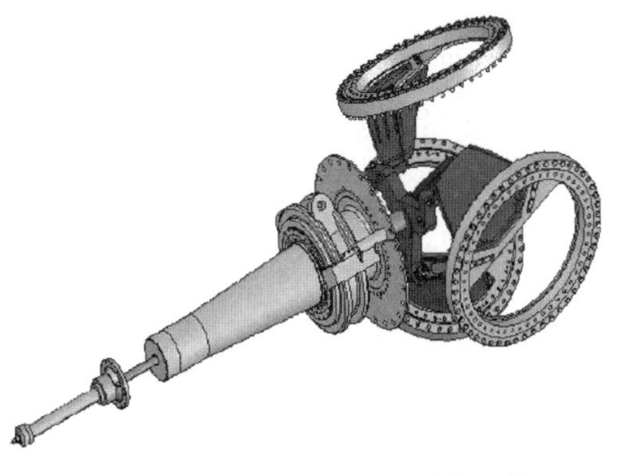

图 4－17 统一液压变桨距执行机构

液压变桨距

2. 独立液压变桨

独立液压变桨是通过安装在轮毂内的三个液压缸、三套曲柄滑块机构分别驱动三个叶片。这种方案变桨距力矩很大，但液压系统复杂，而且三个液压缸的控制也较难，同样存在电气布线困难、增加风轮重量和轮毂制造的难度、维护不便等问题。

一些国外风力发电机组有的采用独立液压变桨执行机构的方式，独立液压变桨距执行机构如图 4－18 所示。桨叶由油缸驱动，油缸安装于轮毂内，液压油通过液压滑环进入轮毂。图 4－18 中，该机构的工作过程如下：主控系统根据检测到的功率，以一定的算法给出桨距角参考信号，通过滑环送给轮毂控制器，轮毂控制器根据主控指令驱动伺服比例阀使油缸活塞杆达到指定位置，偏心块将液压缸活塞杆的直线运动转变成使桨叶旋转的圆周运动，从而实现对桨距角的控制。由于风力发电机组的每个桨叶都由一套独立的液压伺服系统驱动，一个桨叶出现故障时，另外两个桨叶仍能正常工作，提高了系统的安全性。这种执行机构尤其适用于大型风力发电机组，独立液压变桨距执行机构实物图如图 4－19 所示。

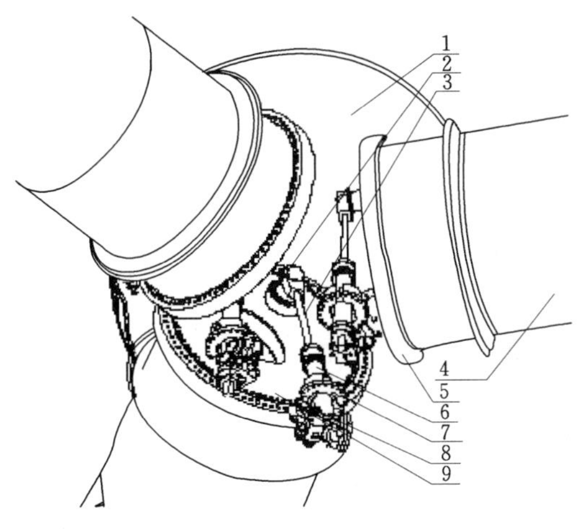

图 4－18 独立液压变桨距执行机构

1—轮毂壳；2—偏心块；3—活塞杆；4—桨叶；5—回转支撑；6—油缸；7—油缸座；8—阀块；9—内压板

图 4－19 独立液压变桨距执行机构实物图

4.4 独立变桨技术

随着机组单机容量的逐渐增大，塔架高度和叶轮直径不断扩大，2MW 风力发电机组在额定风速的情况下，桨叶在扫掠过程的最低端和最高端由于风剪切效应，吸收功率相差较大。这使得普通叶轮整体变距控制的优点无法在大型机组上得到体现。而独立桨叶变距控制不但有普通叶轮整体变距控制的优点，而且可以很好解决垂直高度上风速变化对风机的影响这一问题。

电动变桨距系统还可以实现三个叶片独立控制。因为在风轮旋转过程中处于高处的叶片受到空气动力和处于低处的叶片受到空气动力是不一样的，就是说风速随着高度有所变化，一般来说，这样就要求三个叶片具有不同的桨距角进行独立控制。当停机时，可以先将桨距角调整到 90°的位置以提供足够的刹车制动能力，提高了机组的可靠性和安全性，可以有效避免风轮超速造成的灾难性后果。影响风速的主要因素有以下几个方面：

（1）垂直高度。由于风与地表面摩擦的结果，因此风速是随着垂直高度的增加而增强，只有离地面 300m 以上的高空才不受其影响。

（2）地形地貌。风速受地形地貌的影响。比如山口的风速比平地大得多。

（3）地理位置。海面上的风比海岸上的风大，而沿海的风要比内陆大得多。

（4）障碍物。风流经障碍物时，会在其后面产生不规则的涡流，致使流速降低，这种涡流随着远离障碍物而逐渐消失。当距离大于障碍物高度 10 倍以上时，涡流可完全消失。

当风电场选址完成并安装好风力发电机组后，这些主要因素实际就都已确定。因此在安装机组之前，要对这四个因素综合考虑，期望机组实际位置的风速稳定而高速。这四个因素中，独立桨叶变桨距控制方法可以很好解决垂直高度对风力发电机的影响。由于风与地表面摩擦的结果，因此风速是随着垂直高度的增加而增强，只有离地面 300m 以上的高空才能不受其影响。据计算，即使地表摩擦系数按 0.14（长满短草的未耕土地）计算，一台 1MW 的变桨距风力机桨叶如果采用统一变距控制方法，桨叶在额定风速条件下的不同位置输出力矩之差可达 20%。如果地表摩擦系数按 0.10（平坦坚硬的地面，湖面或海面）计算，即风力发电机组安装在近海风电场，一台 5MW 的变桨距风力机桨叶如果采用统一变距控制方法，桨叶在额定风速条件下的不同位置输出力矩之差也较大。这种输出力矩脉动是统一变距控制方法无法解决的问题。因此，在大型和超大型风力发电机组中，采用独立桨叶变桨距控制方法可以减轻输出力矩脉动，减少传动系统的故障率，提高机组运行寿命，提高系统运行可靠性和稳定性。

变桨系统使用一对一的电动变桨距，实现了每支叶片 0°～90°的变桨距控制。每个桨叶都有独立的变频控制器、电池柜。变桨系统电源及通信都由机舱柜通过接在低速轴端的滑环提供。电动变桨距系统结构简单、控制精度高，响应快。独立变桨距电机执行机构原理图如图 4-20 所示。

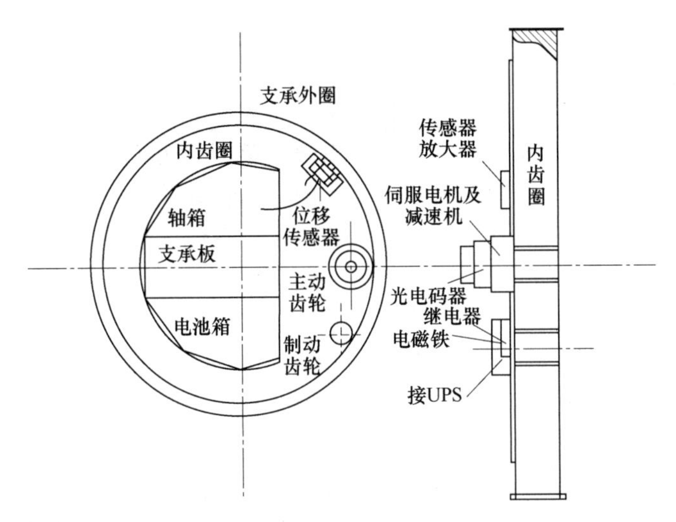

图 4-20 独立变桨距电机执行机构原理图

图 4-20 是以一个叶片的变桨距系统为例，其他两个叶片与此完全相同。每个桨叶采用一个带位置反馈的伺服电动机进行单独调节，光电编码器，安装在伺服电动机输出轴上，采集电动机的转动角度。伺服电机连接于减速机装置输出的主动齿轮与回转支撑的内环齿圈相啮合，带动叶片进行变桨距，实现对叶片的节距角的直接控制。在轮毂内齿圈的边上又安了一个非接触式位移传感器，直接检测内齿圈转动的角度，即直接反应桨距角的变化，当内齿圈转过一个角度，非接触式位移传感器输出一个脉冲信号。

变桨距控制是根据安装在发电机后方输出轴上的光电编码器所测的位移值进行控制，非接触传感器作为冗余控制的参考值，它直接反映的是桨叶节距角的变化，当发电机输出轴、联轴器或光电编码器出现故障时，即光电编码器与非接触式位移传感器所测数字不一致时，控制系统可以判断系统是否出现故障。如果系统出现故障，控制电源断电时，电机由蓄电池供电，60s 内将叶片调整到顺桨位置。虽然独立变桨距控制与统一变桨距控制结构方式不一样，但是控制目标都是相同，即稳定发电机的功率输出。因此独立变桨距控制同样也分两个阶段当风速低于额定风速时，桨叶节距角保持最优捕获风能的位置一般在 0°左右，控制发电机转子转速，使风能利用系数保持最大值，使发电机尽可能地输出最大功率。当风速高于额定风速，调节桨叶节距角，使发电机输出稳定在额定功率附近。在整个变桨距过程中，独立变桨控制方式对应着三个控制量，即分别对每个桨叶进行单独控制，和一个输出量（发电机的输出功率）。

如何实现三个桨叶合理的控制，相互协调，从而达到稳定发电机输出功率，是独立变桨距控制的研究重点。目前，独立变桨距风力发电机组采用类似电液比例控制方法，对三个桨叶进行统一控制，通过简单算法，控制发电机的输出功率。此方案虽然最终能达到控制目标，但是失去了三个桨叶能单独控制的优点，电液比例变桨距统一控制方式由于风速在空间分布并不是均匀的，每个桨叶受力也不同，而且风轮是在不断运转，桨叶受力处于持续波动过程，因此桨叶的拍打震动是不可避免的。从前面章节可知桨叶受力除了受风速大小制约外，还随桨距角的变化而变化。在统一变桨距控制中，桨距角由功率控制确定，无法兼顾到桨叶受力拍打震动，而三个桨叶独立控制，每个桨叶的桨距角可以根据桨叶受力不同单独变化，从而有可能实现减小桨叶拍打震动，同时稳定发电机的输出功率。

目前，有学者提出联合变桨控制技术，它是一种统一变桨和独立变桨联合控制方法，即发电机转速偏差较大时，采用统一变桨控制方式，转速偏差较小时，采用独立变桨控制方式，驱动电气伺服变桨机构带动桨叶完成变桨动作。统一变桨控制时风力发电机组主控发出的变桨命令即为每个桨叶的变桨给定命令；独立变桨控制时则对机组主控发出的变桨命令进行模型转换得到对应的平均风速，并结合每个桨叶各自的空间位置，通过摆振载荷和挥舞载荷模型计算和控制，得到每个桨叶各自的变桨命令。统一变桨控制器和独立变桨控制器都是以风机主控发出的变桨命令作为控制器的输入值，既保证了与整机有很好的兼容性和通用性，又综合了统一变桨控制响应快和独立变桨控制精度高的优点，达到输出稳定的最优功率，减小和平衡桨叶载荷，降低主轴振动，提高风力机动力稳定性和使用寿命的目的。

4.5　智能变桨技术

由于风能的随机性及不确定性，传统的控制方法在研究变桨控制方面有一定的局限性，风力发电机组的运行工况也会随着风速、风向而频繁变化。随着单机容量的逐渐增大，大型风力机叶片重达数吨，要操纵如此巨大的惯性体，并且保证较快的响应速度，十分困难。风能的随机性和风力发电机组自身的复杂结构决定了风力发电机组具有大扰动、多变量、非线性、强耦合的特点，常规的控制策略往往难以得到满意的控制效果，如何对其进行有效控制及优化一直是变桨距控制技术领域的研究热点。

控制系统的控制性能与控制方法、结构或参数的优化密切相关，由于传统控制方法在风力发电机组变桨距控制中存在一定的不足，这就需要采用更为先进的控制方法和快速稳定的优化算法来提高其控制品质来确保风力发电机组安全、高效运行。深入研究风力发电的变桨距控制技术，对于风力发电机组的优化运行、风力发电核心控制系统的开发和创新都具有重要意义。随着现代控制理论及相关学科的发展，更多新方法和智能控制理论用于变桨控制过程中，为风力发电注入新鲜血液。

智能控制是具有智能信息处理、智能信息反馈和智能控制决策的控制方式，是控制理论发展的高级阶段，主要用来解决那些用传统方法难以解决的复杂系统的控制问题。智能控制研究对象的主要特点是具有不确定性的数学模型、高度的非线性和复杂的任务要求。智能控制的思想出现于20世纪60年代。当时，学习控制的研究十分活跃，并获得较好的应用。

智能控制与传统控制的主要区别在于传统的控制方法必须依赖于被控制对象的模型，而智能控制可以解决非模型化系统的控制问题。与传统控制相比，智能控制

具有以下基本特点：

（1）智能控制的核心是高层控制。能对复杂系统（如非线性、快时变、复杂多变量、环境扰动等）进行有效的全局控制。实现广义问题求解．并具有较强的容错能力。

（2）智能控制系统是将能以知识表示的非数学广义模型和以数学表示的混合控制过程，采用开闭环控制和定性决策及定量控制结合的多模态控制方式。

（3）智能控制的基本目的是从系统的功能和整体优化的角度来分析和综合系统，以实现预定的目标。智能控制系统具有变结构特点，能总体自寻优，具有自适应、自组织、自学习和自协调能力。

（4）智能控制系统具有足够的关于人的控制策略、被控对象及环境的有关知识以及运用这些知识的能力。

（5）智能控制系统有补偿及自修复能力和判断决策能力。

风力发电机组变桨距控制的难点在于对象的强非线性、强扰动性以及工况的复杂性等特点。为改善控制效果，一方面可以从改善控制对象的建模方法入手，采用具有优秀自学习能力的模型辨识方法，以提高控制器输出的有效性；另一方面可以从增强控制器的鲁棒性出发，降低外部扰动对系统的影响作用。

滑模变结构控制：滑模变结构具有极强鲁棒性，对摄动变化的参数并不敏感，控制器结构简单易实现，可快速切换系统控制状态等特点。滑模变结构控制可以有效克服在额定风速以上时系统参数不确定对风电机组变桨控制所造成的影响，针对滑模切换抖振在变桨距控制出现的问题，有学者提出了一种智能滑模变结构控制策略，采用线性反馈，结合神经网络理论，对机组进行变桨距控制，改善了机组性能。

自适应控制：自适应控制本身是一种优化控制，它能根据外界动态扰动快速修正系统模型参数以适应新的环境。在整个系统动态变化过程中，自适应可以辨识对象状态，从获取的信息当中校正、完善系统模型，从而更加精确地描述系统状态。自适应变桨距控制器。以功率误差为输入，通过泰勒级数展开恒功率下一个平衡点，可有效进行桨距角调节。

模糊控制：模糊控制是将先验知识转化为控制规则，针对非线性系统不需要建立精确的数学模型，特别适用于系统复杂难以精确建模的被控对象，且对模型参数不确定改变情况表现出较强的鲁棒性。模糊变桨距控制器相比传统 PID 控制器，模糊控制表现出其特有的优势，提高风能利用效率。虽然模糊控制是风力发电系统控制问题得以解决的有力手段，但是专家经验不足致使模糊规则难以确定，进而导致风力发电机组稳态精度偏低，缺乏一定的自适应能力，因此，并不能大范围对风力发电机组进行控制。

神经网络控制：神经网络具有自学习和自适应的能力，能逼近任意非线性函数的非线性映射。利用神经网络对风电系统进行变桨控制，对随机风速表现出一定的适应性。基于神经网络的变桨距控制器，提高系统控制性能的同时伴有较大剧烈震动，提高能源利用效率，使用寿命长，为风电产业开启技术创新的新局面。

最优控制：最优控制采用动态规划和极值原理在约束范围内对给定的性能指标进行最优求解。针对变桨距控制中叶片桨距角的调节，运用最优控制进行优化，使风力发电机组输出了稳定的额定功率智能控制，以具有高度非线性和不确定性的系统为研究对象，主要用来解决传统控制方法难以解决的复杂系统的控制问题。近年来针对风电系统的特点，各种先进的智能控制策略相继被提出并应用于变桨距控制系统中，不同程度上解决了风力发电系统控制中的非线性、强扰动等问题。

第5章 偏 航 系 统

第5章课件

偏航装配位置

偏航系统是风力发电机组特有的伺服系统，其主要功能是使风轮跟踪变化稳定的风向；当风力发电机组由于偏航作用舱内引出的电缆发生缠绕时，自动解除缠绕；风轮保护；调节机组输出功率。

5.1 偏 航 系 统 简 介

偏航系统，又称对风装置，是风力发电机机舱的一部分。偏航系统是水平轴式风力发电机组必不可少的组成部分之一。偏航系统安装位置如图5-1所示。

图5-1 偏航系统安装位置

5.1.1 偏航系统的作用

偏航系统的作用如下：

(1) 自动对风。正常运行时偏航控制系统自动对风，即当机舱偏离风向一定角度时，控制系统发出向左或向右调向的指令，机舱开始对风，当达到允许的误差范围内时，自动对风停止。

(2) 自动解缆。当机舱向同一方向累计偏转2.3圈（根据设定值，不同机组会有所不同）后，若此时风速小于风力发电机组启动风速且无功率输出，则停机，控制系统使机舱反方向旋转2.3圈解绕；若此时机组有功率输出，则暂不自动解绕；若机舱继续向同一方向偏转累计达3圈时，则控制停机，解绕；若因故障自动解缆未成功，在扭缆达4圈时，扭缆机械开关将动作，此时报告扭缆故障，自动停机，等待人工解缆操作。

（3）风轮保护。当有特大强风发生时，停机并释放叶尖阻尼板，或桨距角调整到顺桨位置，偏航90°背风，以保护风轮免受损坏。

5.1.2　偏航系统的分类

风力发电机组的偏航系统一般分为主动偏航和被动偏航。主动偏航指的是采用电力或液压拖动来完成对风动作的偏航方式，常见的有齿轮驱动和滑动两种形式。对于并网型风力发电机组来说，通常都采用主动偏航的齿轮驱动形式。被动偏航指的是依靠风力通过相关机构完成机组风轮对风动作的偏航方式，常见的有尾舵调向、侧风轮调向、风向跟踪装置调向三种。

（1）尾舵调向。尾舵调向主要用于小型风力发电装置，尾舵调向原理如图5-2所示。它的优点是能自然地对准风向，不需要特殊控制。尾舵面积A'与风轮扫略面积A之间应符合

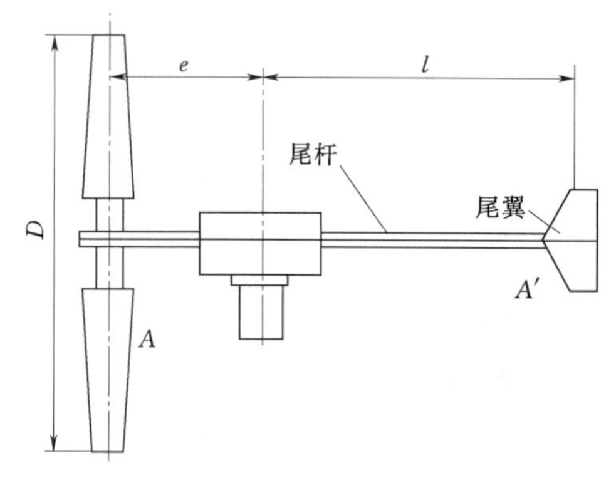

图5-2　尾舵调向原理

$$A'=0.16A\frac{e}{l} \tag{5-1}$$

式中　e——转向轴与风轮旋转平面间的距离；

l——尾舵中心到转向轴的距离。

尾舵调向装置结构笨重，因此很少用于中型以上的风力机。

（2）侧风轮调向。在机舱的侧面安装一个小风轮，其旋转轴与风轮主轴垂直。如果主风轮没有对准风向，则侧风轮会被风吹动，产生偏向力，通过蜗轮蜗杆机构使主风轮转到对准风向为止。

（3）风向跟踪装置调向。对大型风力发电机组，一般采用电动机驱动的风向跟踪装置来调向。整个偏航系统由电动机及减速机构、偏航调节装置和扭缆保护装置等部分组成。偏航调节系统也包括风向标和偏航系统调节软件。风向标对应每一个风向都有一个相应的脉冲输出信号，通过偏航系统软件确定其偏航方向和偏航角度，然后将偏航信号放大传送给电动机，通过减速机构转动风力机平台，直到对准风向为止。如机舱在同一方向偏航超过3圈时，则扭缆保护装置动作，执行解缆。当回到中心位置时解缆停止。

5.2　偏航系统组成

偏航系统一般由偏航轴承、偏航驱动装置、偏航制动器、偏航计数器、纽缆保护装置、偏航液压回路等几个部分组成。风力发电机组的偏航系统一般有外齿驱动

形式和内齿驱动形式两种，偏航系统结构简图如图 5－3 所示。偏航驱动装置可以采用电动机驱动或液压马达驱动，制动器可以是常开式或常闭式。常开式制动器一般是指有液压力或电磁力拖动时，制动器处于锁紧状态的制动器。常闭式制动器一般是指有液压力或电磁力拖动时，制动器处于松开状态的制动器。采用常开式制动器时，偏航系统必须具有偏航定位锁紧装置或防逆传动装置。

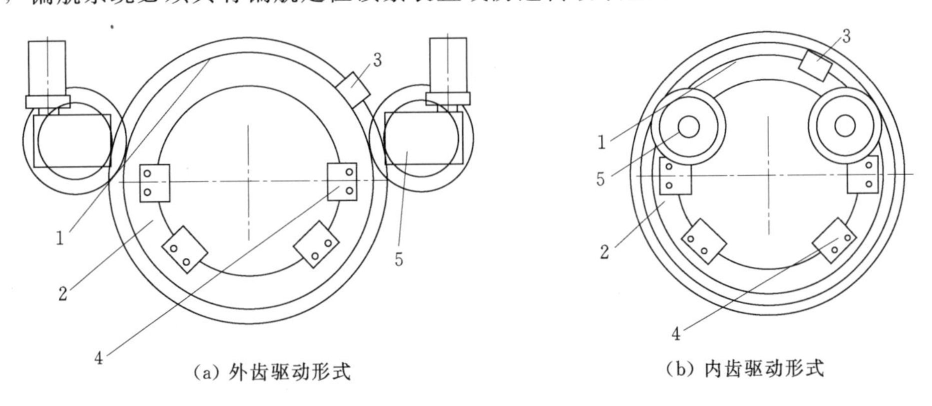

图 5－3 偏航系统结构简图

1—偏航齿圈；2—制动盘；3—偏航计数器；4—偏航液压装置、偏航制动器；5—偏航驱动装置

1. 偏航轴承

偏航轴承的轴承内外圈分别与机组的机舱和塔体用螺栓连接。轮齿可采用内齿或外齿形式。外齿形式是轮齿位于偏航轴承的外圈上，加工相对来说比较简单；内齿形式是轮齿位于偏航轴承的内圈上，啮合受力效果较好，结构紧凑。采用内齿形式或外齿形式应根据机组的结构和总体布置进行选择。偏航齿圈的结构简图如图 5－4 所示。

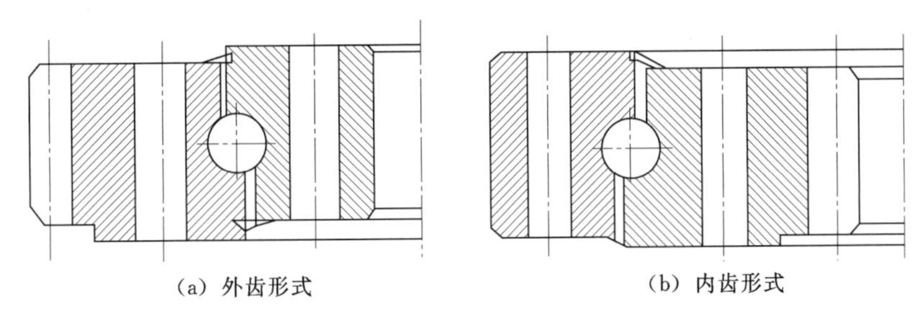

图 5－4 偏航齿圈结构简图

(1) 偏航齿圈的轮齿强度计算方法参照《圆柱齿轮和圆椎齿轮承载能力的计算》(DIN 3990)（1970 年 12 月）和《渐开线圆柱齿轮承载能力计算方法》(GB/T 3480—1997) 及《渐开线圆柱齿轮胶合承载能力计算方法》(GB/T 6413—1986) 进行计算。在齿轮的设计上，轮齿齿根和齿表面的强度分析，应使用以下系数。

静强度分析：对齿表面接触强度，安全系数 $S_H>1.0$；对轮齿齿根断裂强度，安全系数 $S_F>1.2$；

疲劳强度分析：对齿表面接触强度，安全系数 $S_H>0.6$；对轮齿齿根断裂强

度，安全系数 $S_F>1.0$；一般情况下，对于偏航齿轮，其疲劳强度计算用的使用系数 $K_A=1.3$。

（2）偏航轴承部分的计算方法参照《轴承疲劳寿命预测值计算》（DIN 281）或《回转支承》（JB/T 2300—1999）来进行计算，偏航轴承的润滑应使用制造商推荐的润滑剂和润滑油，轴承必须进行密封。轴承的强度分析应考虑两个主要方面，第一是在静态计算时，轴承的极端载荷应大于静态载荷的1.1倍；轴承的寿命应按风力发电机组的实际运行载荷计算。此外，制造偏航齿圈的材料还应在－3℃条件下进行V形切口冲击能量试验，要求三次试验平均值不小于27J。

2. 驱动装置

驱动装置一般由驱动电动机或驱动马达、减速器、传动齿轮和轮齿间隙调整机构等组成。驱动装置的减速器一般可采用行星减速器或蜗轮蜗杆与行星减速器串联。传动齿轮一般采用渐开线圆柱齿轮。驱动装置的结构如图5－5所示，分为驱动电动机偏置安装和驱动电动机直接安装两种方式。

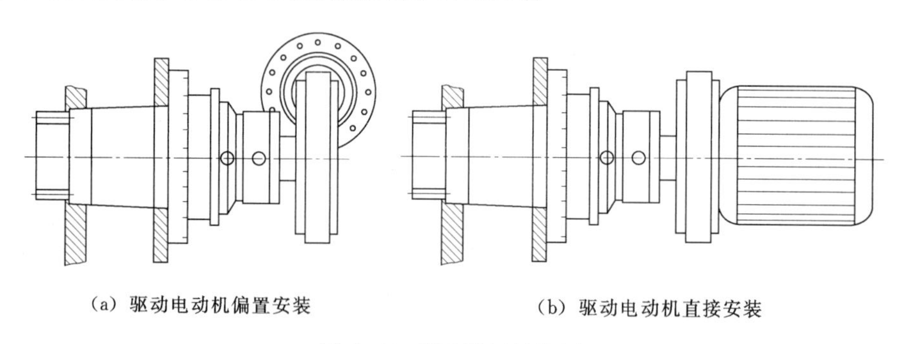

(a) 驱动电动机偏置安装　　(b) 驱动电动机直接安装

图5－5　驱动装置结构图

3. 偏航制动器

偏航制动器一般采用液压拖动的钳盘式制动器，其结构简图如图5－6所示。偏航制动器是偏航系统中的重要部件，制动器应在额定负载下，制动力矩稳定，其值应不小于设计值。在机组偏航过程中，制动器提供的阻尼力矩应保持平稳，与设计值的偏差应小于5%，制动过程不得有异常噪声。制动器在额定负载下闭合时，制动衬垫和制动盘的贴合面积应不小于设计面积的50%，制动衬垫周边与制动钳体的配合间隙任一处应不大于0.5mm。制动器应设有自动补偿机构，以便在制动衬块磨损时进行自动补偿，保证制动力矩和偏航阻尼力矩的稳定。在偏航系统中，制动器可以采用常闭式和常开式两种结构形式，常闭式制动器在有动力的条件下处于松开状态，常开式制动器则处于锁紧状态。两种形式相比较并考虑失效保护，一般采用常闭式制动器。偏航制动器外形如图5－7所示。

制动盘通常位于塔架或塔架与机舱的适配器上，一般为环状。制动盘的材质应具有足够的强度和韧性，如果采用焊接连接，材质还应具有比较好的可焊性。此外，在机组寿命期内制动盘不应出现疲劳损坏。制动盘的连接、固定必须可靠牢固，表面粗糙度应达到 $R_a3.2$。

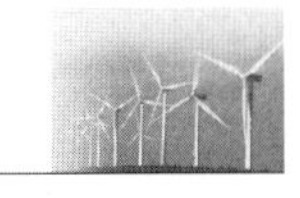

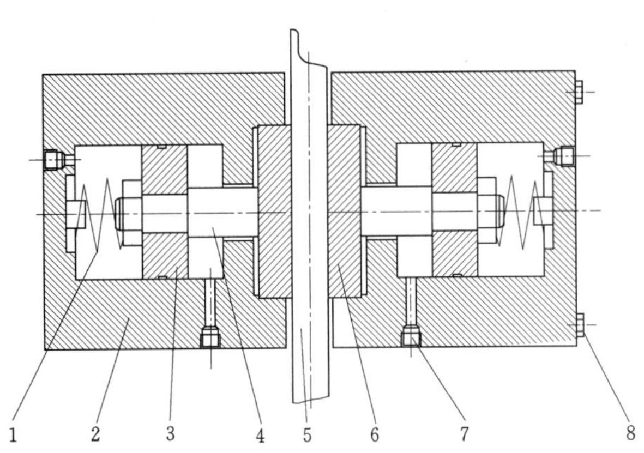

图 5-6 偏航制动器结构简图

1—弹簧；2—制动钳体；3—活塞；4—活塞杆；5—制动盘；6—制动衬块；7—接头；8—螺栓

图 5-7 偏航制动器外形图

制动钳由制动钳体和制动衬块组成。制动钳体一般采用高强度螺栓连接用经过计算的足够的力矩固定于机舱的机架上。制动衬块应由专用的摩擦材料制成，一般推荐用铜基或铁基粉末冶金材料制成，铜基粉末冶金材料多用于湿式制动器，而铁基粉末冶金材料多用于干式制动器。一般每台风机的偏航制动器都备有两个可以更换的制动衬块。

4. 偏航计数器

偏航计数器是记录偏航系统旋转圈数的装置，当偏航系统旋转的圈数达到设计所规定的初级解缆和终极解缆圈数时，计数器向控制系统发出信号使机组自动进行解缆。计数器一般是一个带控制开关的蜗轮蜗杆装置或是与其相类似的程序。

5. 纽缆保护装置

纽缆保护装置是偏航系统必须具有的装置，它是出于失效保护的目的而安装在偏航系统中的。它的作用是在偏航系统的偏航动作失效后，电缆的扭绞达到威胁机组安全运行的程度时触发该装置，使机组进行紧急停机。一般情况下，这个装置是独立于控制系统的，一旦这个装置被触发，机组执行紧急停机操作。纽缆保护装置一般由控制开关和触点机构组成，控制开关一般安装于机组的塔架内壁的支架上，触点机构一般安装于机组悬垂部分的电缆上。当机组悬垂部分的电缆扭绞到一定程度后，触点机构被提升或被松开而触发控制开关。偏航系统结构如图 5-8 所示。

大型风力发电机组的偏航系统一般采取如图 5-8 所示的结构，风力发电机组的机舱安装在旋转支撑上，而旋转支撑的内齿环与风力发电机组塔架用螺栓紧固相连，外齿环与机舱固定。偏航驱动电机安装结构如图 5-9 所示。

调向是通过与调向内齿环相啮合的调向减速器驱动的。在机舱底板上装有盘式刹车装置，以塔架顶部法兰为刹车盘。偏航电机如图 5-10 所示，偏航齿轮如图 5-11 所示，偏航制动器的布置如图 5-12 所示。

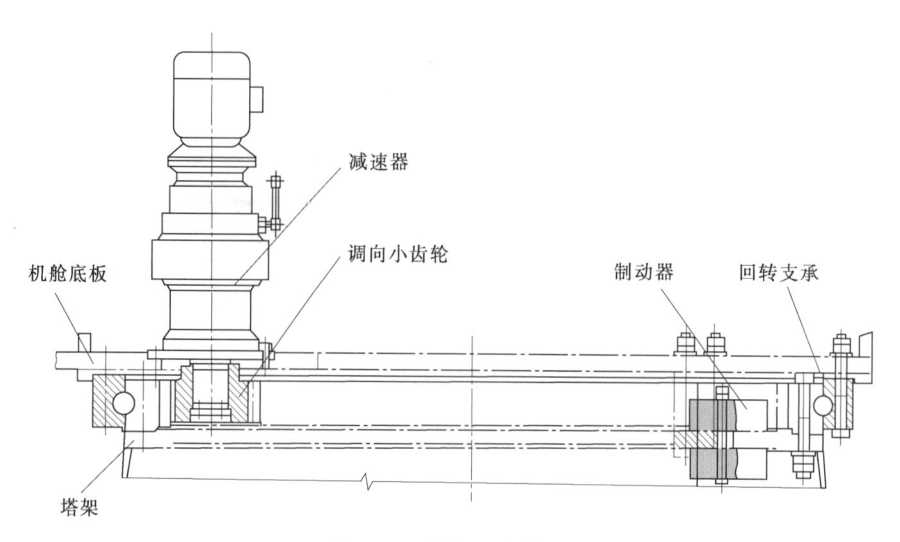

图 5-8 偏航系统结构

偏航刹车

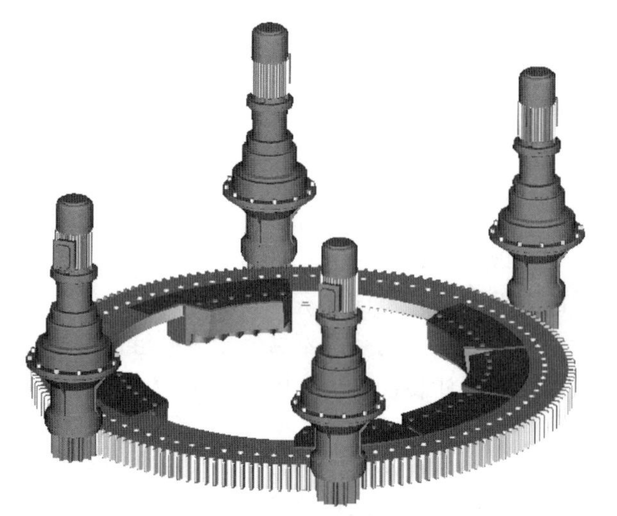

图 5-9 偏航驱动电机安装结构图

图 5-10 偏航电机

图 5-11 偏航齿轮

图 5-12 偏航制动器布置图

5.3 偏航系统工作原理

偏航系统是随动系统，当风向与风轮轴线偏离一个角度时，控制系统经过一段时间的确认后，会控制偏航电动机，将风轮调整到与风向一致的方位。偏航控制系统构成如图 5-13 所示。

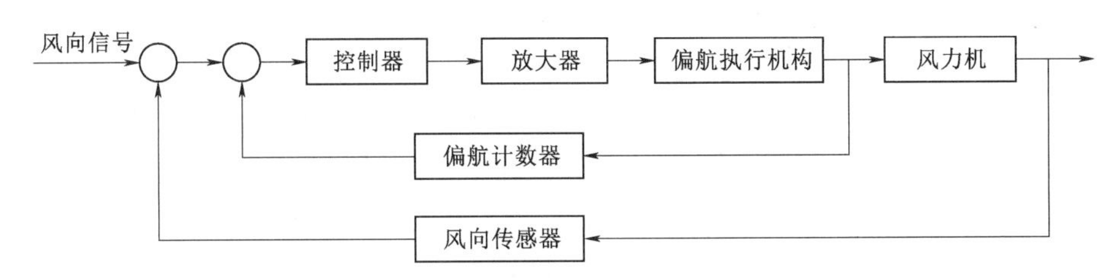

图 5-13 偏航控制系统构成

接近开关（偏航）

就偏航控制本身而言，对响应速度和控制精度并没有要求，但在对风过程中风力发电机组是作为一个整体转动的，具有很大的转动惯量，从稳定性考虑，需要设置足够的阻尼。

风力发电机组无论处于运行状态还是待机状态（风速>3.5m/s），均能主动对风。当机舱在待机状态已调向 720°（根据设定），或在运行状态已调向 1080°时，由机舱引入塔架的发电机电缆将处于缠绕状态，这时控制器会报告故障，风力发电机组将停机，并自动进行解缆处理（偏航系统按缠绕的反方向调向 720°或 1080°），解缆结束后，故障信号消除，控制器自动复位。

机舱位置传感器

在风轮前部或机舱一侧装有风向标，当风力发电机组的航向（风轮主轴的方向）偏离风向标的指向时，计算机开始计时。偏航时间达到一定值时，即认为风向已改变，计算机发出向左或向右调向的指令，直到偏差消除。

有多种方式可以监视电缆缠绕情况，除了在控制软件上编入调向计数程序外，一般在电缆处直接安装传感器。最简单的传感器是一个行程开关，将其触点与电缆束连接，当电缆束随机舱转动到一定程度即拉动开关。以某一机型风力发电机组所安装的电缆缠绕传感器为例，风力发电机组共有四个传感器，用于监视电缆缠绕情况，电缆缠绕传感器的信号如图 5-14 所示。

S102：顺时针方向偏航。触点常开（0 表示被禁止）。被起动时（1 表示起动），表示电缆被沿顺时针方向缠绕 1.8 到 4.0 圈。

S103：逆时针方向偏航。触点常开（0 表示被禁止）。被起动时（1 表示起动），表示电缆被沿逆时针方向缠绕 1.8 到 4.0 圈。

S104：偏航停止。触点常开（1 表示被起动）。被禁止时（0 表示被禁止），表示电缆被沿顺时针或者逆时针方向缠绕大约 3.8 圈。

S105：偏航脉冲。电缆每转过 153°，这一信号会改变，控制器使用它检查偏航系统。

如果电缆被沿顺时针方向或者逆时针方向缠绕 3.8 圈（根据设定值选取），控

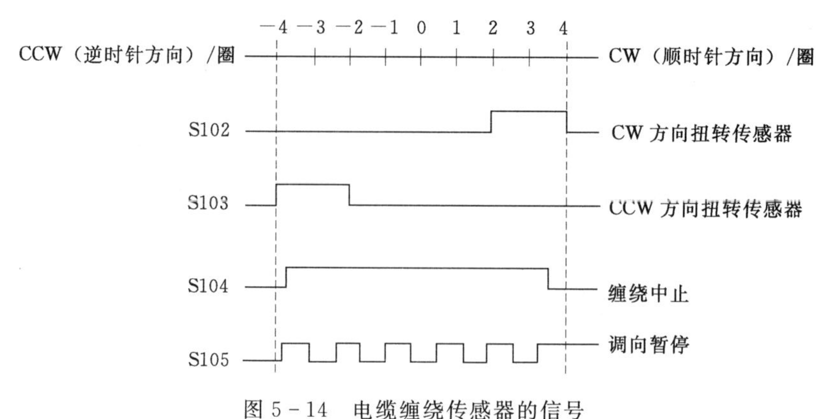

图5-14 电缆缠绕传感器的信号

制器将风力发电机组的工作状态调整到暂停状态，且电缆被自动展开。如果风力发电机组不再产生能量且电缆被缠绕1.8～3.8圈，控制器改变机器的状态到暂停状态且电缆被自动展开。如果电缆缠绕位于顺时针方向1.8圈到逆时针方向1.8圈之间。风力发电机组进行自由调向，自动解缆系统不工作。

自动解除电缆缠绕可以通过人工调向来检验是否正常。当调向停止触点S104由常闭进入断开状态时，风力发电机组开始自动解除电缆缠绕，此时风力发电机组应不处于维修状态、因为自动调向功能在维修状态时无法执行。

风向传感器原理图如图5-15所示。风向标和风速仪安装在风力发电机组的玻璃钢机舱罩上的固定支架上，可随风力发电机组同步旋转。两个光敏传感器安装在风向标里，OPT1为0°角传感器，OPT2为90°角传感器。

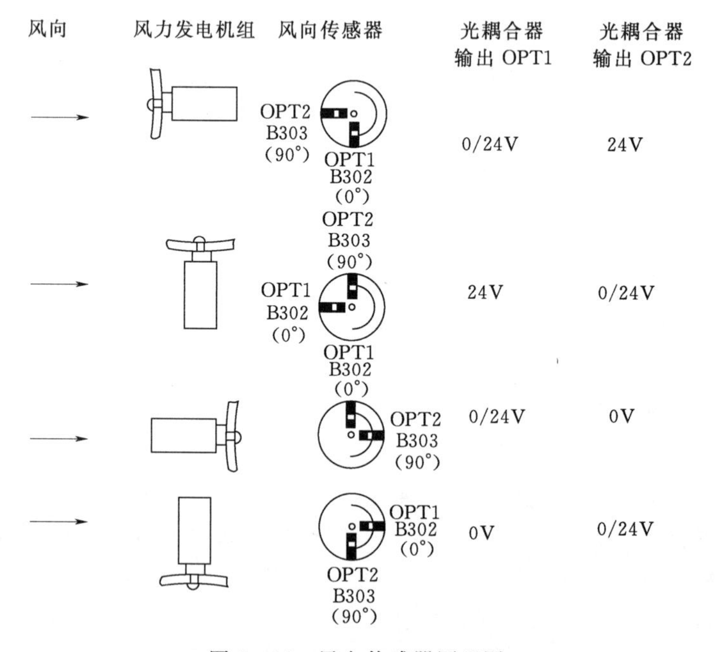

图5-15 风向传感器原理图

其工作原理：一个半圆形筒罩由风向标驱动，当传感器没有被半圆形筒罩挡住时，传感器输出信号是高电位，反之，传感器输出信号为低电位，见图 5－15。当传感器遮挡百分比为 0 时，风力发电机组将沿逆时针调向至风力发电机组处于上风向。当传感器遮挡百分比为 100％时，风力发电机组将沿顺时针调向至风力发电机组处于上风向。风向标在风中自由摆动，当风力发电机组处于上风向时，0°角传感器处于高电位与低电位的时间比例各为 50％，结果是传感器遮挡百分比为 50％，此时 90°角传感器始终处在高电位状态，遮挡百分比为 0。

来自 0°角传感器的信号通过一个时间常数为 100s 的低通滤波器滤波，如果经滤波后的遮挡百分比大于 50％V 或＜－50％V，那么风力发电机组就开始根据遮挡百分比情况按顺时针或逆时针方向调向。当风力机开始调向后，计算机中的遮挡百分比开始更新计算并设定新的百分比值。

其中 V 是一个设定的限制值，用来限制调向次数，以免在遮挡 50％附近频繁调向。调向时，如果遮挡百分比小于－50％V 或大于 50％V，风力发电机组将继续调向。如果遮挡百分比＜－50％V，那么风力发电机组逆时针调向。如果遮挡百分比＞50％V，那么风力发电机组顺时针调向。

对于风速风向计-旋转编码盘，风向标可随风自由转动，其方向与风向一致。风速风向计-旋转编码盘如图 5－16 所示，旋转编码盘安装在风向标的转动轴上，风向标转动就带动旋转编码盘轴转动，当编码盘处于不同位置时，就会输出不同的二进制信号，代表不同的风向。

绝对式传感器在原理上又可分为：①光栅式；②感应式；③电容式；④磁敏式等。

光栅式传感器是目前应用作为广泛的一种，具有抗干扰能力强、无须掉电记忆、直接输出数字量等优点。其工作原理是在圆形编码盘上沿径向有若干同心码道，每条道上由透光和不透光的扇形区相间组成，编码盘上的码道数就是它的二进制数码的位数，在码盘的一侧是光源，另一侧对应每一码道有一光敏元件。当编码盘处于不同位置时，各光敏元件根据受光照与否转换出相应的电平信号，形成唯一的二进制数。

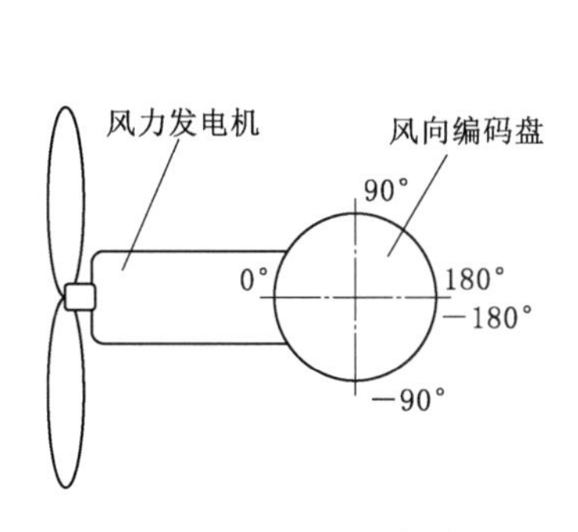

图 5－16　风速风向计-旋转编码盘

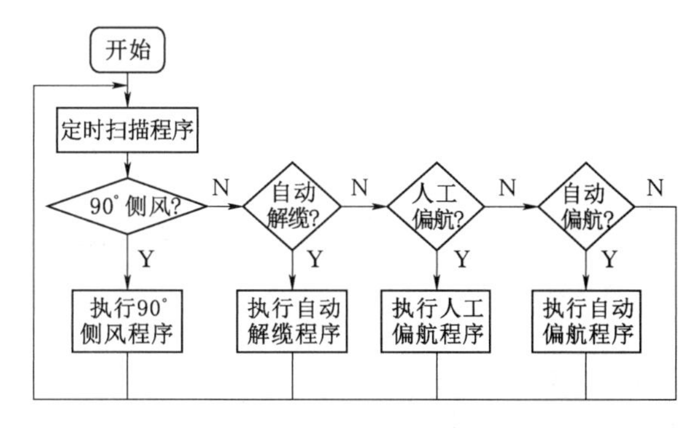

图 5－17　偏航动作优先级

偏航系统主程序需要设置各偏航动作的优先级，偏航动作优先级如图 5 - 17 所示。

5.4 偏航系统技术要求

1. 环境条件

在进行偏航系统的设计时，必须考虑的环境条件如下：

（1）温度。

（2）湿度。

（3）阳光辐射。

（4）雨、冰雹、雪和冰。

（5）化学活性物质。

（6）机械活动微粒。

（7）盐雾。

（8）近海环境需要考虑附加特殊条件。

应根据典型值或可变条件的限制，确定设计用的气候条件。选择设计值时，应考虑几种气候条件同时出现的可能性。在与年轮周期相对应的正常限制范围内，气候条件的变化应不影响所设计的风力发电机组偏航系统的正常运行。

2. 电缆

为保证机组悬垂部分电缆不至于产生过度的扭绞而使电缆断裂失效，必须使电缆有足够的悬垂量，在设计上要采用冗余设计。电缆悬垂量的多少是根据电缆所允许的扭转角度确定的。

3. 阻尼

为避免风力发电机组在偏航过程中产生过大的振动而造成整机的共振，偏航系统在机组偏航时必须具有合适的阻尼力矩。阻尼力矩的大小要根据机舱和风轮质量总和的惯性力矩来确定，其基本的确定原则为确保风力发电机组在偏航时应动作平稳顺畅不产生振动。只有在阻尼力矩的作用下，机组的风轮才能够定位准确，充分利用风能进行发电。

4. 解缆及扭缆保护

解缆和扭缆保护是风力发电机组的偏航系统所必须具有的主要功能。偏航系统的偏航动作会导致机舱和塔架之间的连接电缆发生扭绞，因此在偏航系统中应设置与方向有关的计数装置或类似的程序对电缆的扭绞程度进行检测。一般对于主动偏航系统来说，检测装置或类似的程序应在电缆达到规定的扭绞角度之前发解缆信号。对于被动偏航系统检测装置或类似的程序应在电缆达到危险的扭绞角度之前禁止机舱继续同向旋转，并进行人工解缆。偏航系统的解缆一般分为初级解缆和终级解缆。初级解缆是在一定的条件下进行的，一般与偏航圈数和风速相关。扭缆保护装置是风力发电机组偏航系统必须具有的装置，这个装置的控制逻辑应具有最高级别的权限，一旦这个装置被触发，则风力发电机组必须进行紧急停机。

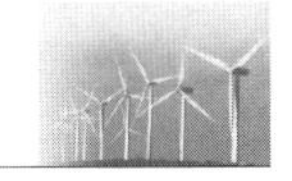

5. 偏航转速

对于并网型风力发电机组的运行状态来说，风轮轴和叶片轴在机组正常运行时不可避免地产生陀螺力矩，这个力矩过大将对风力发电机组的寿命和安全造成影响。为减少这个力矩对风力发电机组的影响，偏航系统的偏航转速应根据风力发电机组功率的大小通过偏航系统力学分析来确定。根据实际生产和目前国内已安装的机型的实际状况，偏航系统的偏航转速推荐值见表 5-1。

表 5-1　　偏航转速推荐值

风力发电机组功率/kW	100～200	250～350	500～700	800～1000	1200～1500
偏航转速/(r/min)	≤0.3	≤0.18	≤0.1	≤0.092	≤0.085

6. 偏航液压系统

并网型风力发电机组的偏航系统一般都设有液压装置，液压装置的作用是拖动偏航制动器松开或锁紧。一般液压管路应采用无缝钢管制成，柔性管路连接部分应采用合适的高压软管。连接管路连接组件应通过试验保证偏航系统所要求的密封和承受工作中出现的动载荷。液压元器件的设计、选型和布置应符合液压装置的有关具体规定和要求。液压管路应能够保持清洁并具有良好的抗氧化性能。液压系统在额定的工作压力下不应出现渗漏现象。

7. 偏航制动器

采用齿轮驱动的偏航系统时，为避免振荡的风向变化引起偏航轮齿产生交变载荷，应采用偏航制动器（或称偏航阻尼器）来吸收微小自由偏转振荡，防止偏航齿轮的交变应力引起轮齿过早损伤。对于由风向冲击叶片或风轮产生偏航力矩的装置，应经试验证实其有效性。

8. 偏航计数器

偏航系统中都设有偏航计数器，偏航计数器的作用是用来记录偏航系统所运转的圈数，当偏航系统的偏航圈数达到计数器的设定条件时，则触发自动解缆动作，机组进行自动解缆并复位。计数器的设定条件是根据机组悬垂部分电缆的允许扭转角度来确定的，其原则是要小于电缆所允许扭转的角度。

9. 润滑

偏航系统必须设置润滑装置，以保证驱动齿轮和偏航齿圈的润滑。目前国内的机组的偏航系统一般都采用润滑脂和润滑油相结合的润滑方式，定期更换润滑油和润滑脂。

10. 密封

偏航系统必须采取密封措施，以保证系统内的清洁和相邻部件之间的运动不会产生有害的影响。

11. 表面防腐处理

偏航系统各组成部件的表面处理必须适应风力发电机组的工作环境。风力发电机组比较典型的工作环境除风况之外，其他环境（气候）条件如热、光、腐蚀、机械、电或其他物理作用应加以考虑。

第6章　液压与制动系统

第6章课件

液压系统是以有压液体为介质，实现动力传输和运动控制的机械单元。液压系统具有功率密度大、传动平稳、容易实现无级调速、易于更换元器件、过载保护可靠等特点，在大型风力发电机组中得到广泛应用。

6.1　液　压　元　件

液压系统由各种液压元件组成。液压元件可以分为动力元件、控制元件、执行元件和辅助元件。液压系统常用元件包括液压泵、液压阀、液压缸和辅助元件。

6.1.1　液压泵

1. 液压泵工作原理及分类

液压泵是能量转换装置，用来向液压系统输送压力油，推动执行元件做功。按照结构的不同，液压泵可分为齿轮泵、叶片泵、柱塞泵和螺杆泵等。按照额定压力的不同，可分为低压泵、中压泵、中高压泵、高压泵和超高压泵。按液压泵输出流量能否调节，又分为定量泵和变量泵。齿轮泵结构如图6-1所示。定量泵和变量泵图形符号如图6-2所示。

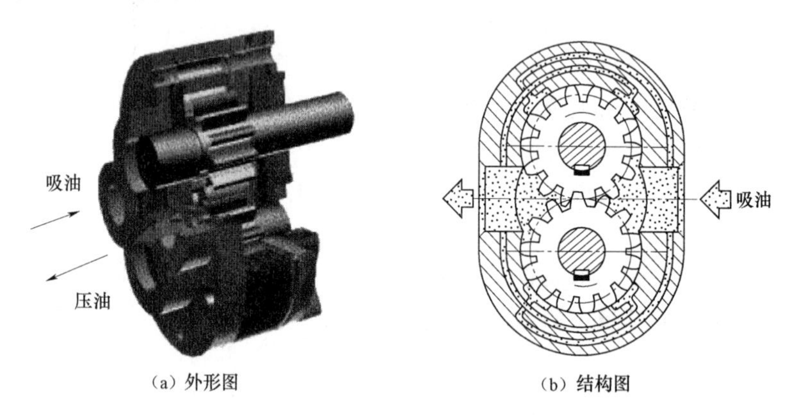

(a) 外形图　　(b) 结构图

图6-1　齿轮泵结构图

2. 液压泵的性能参数

额定压力、理论排量、功率和效率是液压泵的主要性能参数。

6.1.2　液压阀

液压阀按功能分为方向控制阀、压力控制阀和流量控制阀。

1. 方向控制阀

方向控制阀（简称“方向阀”）用来控制液压系统的油流方向，接通或断开油路，从而控制执行机构的启动、停止或改变运动方向。方向控制阀有单向阀和换向阀两大类。

单向阀：普通单向阀又称逆止阀。单向阀如图 6－3 所示。它控制油液只能沿一个方向流动，不能反向流动。它由阀体，阀芯和弹簧等零件构成。

液控单向阀：带有控制口的单向阀称为液控单向阀，当控制口通压力油时，油液也可以反向流动。液控单向阀如图 6－4 所示。

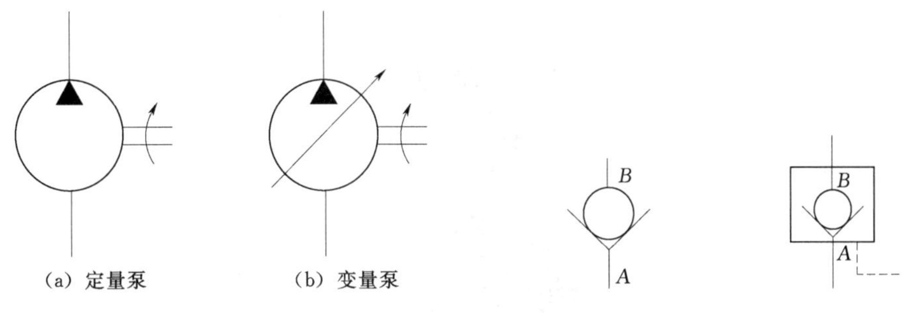

图 6－2　液压泵图形符号　　图 6－3　单向阀　　图 6－4　液控单向阀

换向阀：换向阀的作用是利用阀芯相对于阀体的运动来控制液流方向、接通或断开油路，从而改变执行机构的运动方向、启动或停止。换向阀的种类很多，按操作阀芯运动的方式可分为手动、机动、电磁动、液动、电液动等。换向阀的稳定工作位置称为“位”，对外接口称为“通”。换向阀结构如图 6－5 所示。

位和通	结构原理图	图形符号
二位二通	A B　左位 右位	B A
二位三通	A P B　左位 右位	A B P
二位四通	B P A T　左位 右位	A B P T
二位五通	T_1 A P B T_2　左位 右位	A B T_1 P T_2
三位四通	A P B T　左位 中位 右位	A B T P
三位五通	T_1 A P B T_2　左位 中位 右位	A B T_1 P T_2

图 6－5　换向阀结构图

2. 压力控制阀

在液压系统中用来控制油液压力，或利用压力作为信号来控制执行元件和电气元件动作的阀称为压力控制阀，简称为压力阀。按压力控制阀在液压系统中的功用不同，可分为溢流阀、减压阀、顺序阀、压力继电器等。

(1) 溢流阀：溢流阀在液压系统中的主要功用有：①安全阀；②定压阀；③背压阀。

常用溢流阀有直动型和先导型两种，直动型溢流阀如图 6－6 所示。

直动型溢流阀和先导型溢流阀外形如图 6－7 所示。

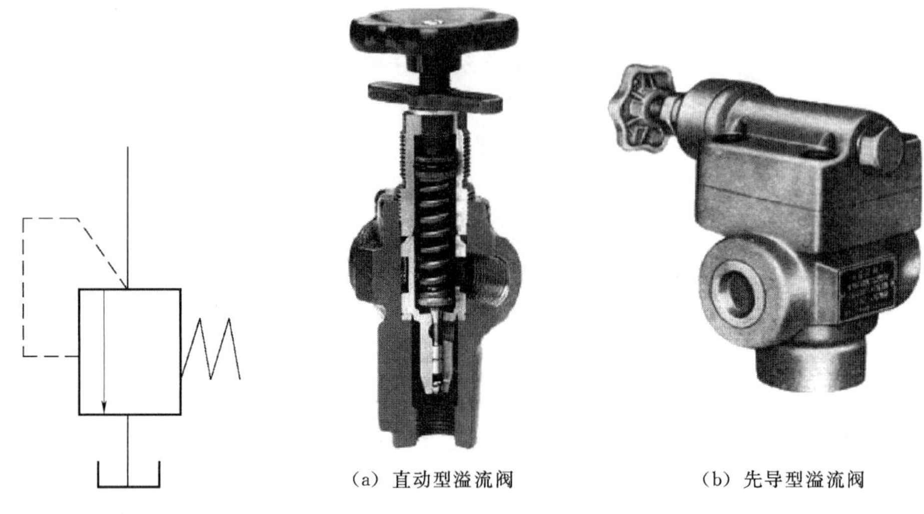

(a) 直动型溢流阀　　(b) 先导型溢流阀

图 6－6　直动型溢流阀　　图 6－7　直动型溢流阀和先导型溢流阀外形

(2) 电磁溢流阀。溢流阀与电磁换向阀集成称为电磁溢流阀，电磁溢流阀可以在执行机构不工作时使泵卸载。电磁溢流阀如图 6－8 所示。

(3) 减压阀。减压阀用于降低系统中某一回路的压力。它可以使出口压力基本稳定，并且可调。减压阀如图 6－9 所示。

(4) 压力继电器。压力继电器是利用液体压力来启闭电器触点的液电信号转换元件，用于当系统压力达到压力继电器设定压力时，发出电信号。压力继电器如图 6－10 所示。

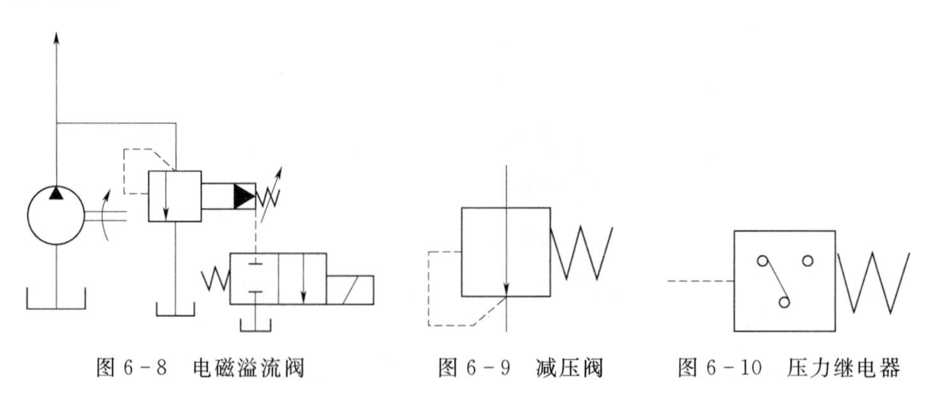

图 6－8　电磁溢流阀　　图 6－9　减压阀　　图 6－10　压力继电器

3. 流量控制阀

在液压系统中用来控制液体流量的阀类统称为流量控制阀，简称为流量阀。它是靠改变控制口的大小来调节通过阀的液体流量，以改变执行元件的运动速度。普通流量控制阀包括节流阀、调速阀和分流集流阀等。

节流阀。节流阀主要零件有阀芯、阀体和螺母。阀体上开有进油口和出油口。阀芯一端开有三角尖槽，另一端加工有螺纹，旋转阀芯即可轴向移动改变阀口过流面积。节流阀符号如图 6 - 11 所示。节流阀、调速阀外形如图 6 - 12 所示。

图 6 - 11 节流阀符号

图 6 - 12 节流阀和调速阀外形

4. 电液伺服阀

电液伺服阀是一种根据输入电信号连续成比例地控制系统流量和压力的液压控制阀，可实现对执行元件的位移、速度、加速度及力的控制。电液伺服阀如图 6 - 13 所示。

5. 电液比例阀

电液比例阀是用比例电磁铁代替普通电磁换向阀电磁铁的液压控制阀。它也可以根据输入电信号连续成比例地控制系统流量和压力。电液比例阀如图 6 - 14 所示。

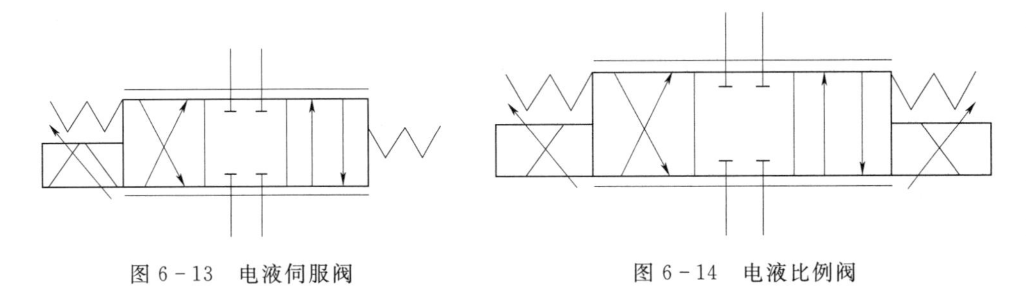

图 6 - 13 电液伺服阀

图 6 - 14 电液比例阀

6.1.3 液压缸

液压缸是将输入的液压能转变为机械能的能量转换装置，是液压系统的执行元件，可以很方便地获得直线往复运动。液压缸模型如图 6 - 15 所示。

6.1.4 辅助元件

液压系统中的辅助元件包括油管、管接头、蓄能器、过滤器、油箱、密封件、冷却器、加热器、压力表和压力表开关等。

1. 蓄能器

蓄能器可作为辅助能源和应急能源使用，还可吸收压力脉动和减少液压冲击。蓄能器外形如图 6-16 所示。

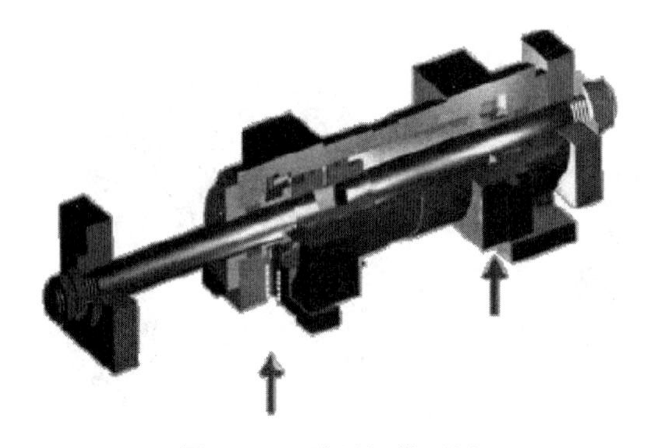

图 6-15 液压缸模型图

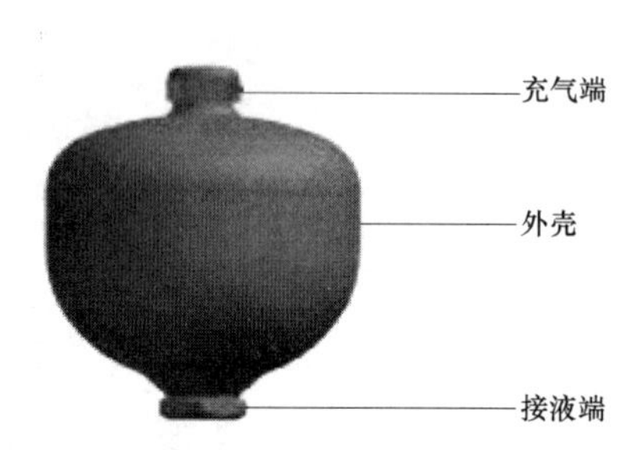

图 6-16 蓄能器外形图

在液压系统中，蓄能器用来储存和释放液体的压力能。当系统的压力高于蓄能器内液体的压力时，系统中的液体充进蓄能器中，直到蓄能器内外压力相等。反之当蓄能器内液体压力高于系统的压力时，蓄能器内的液体流到系统中去，直到蓄能器内外压力平衡。蓄能器图形符号如图6-17所示。

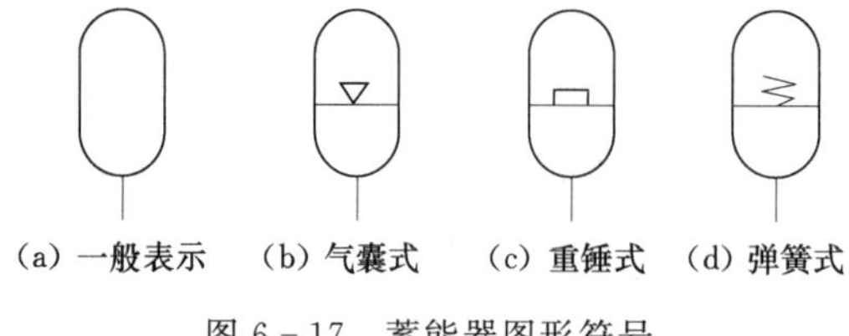

图 6-17 蓄能器图形符号

2. 过滤器

液压油中含有杂质是造成液压系统故障的重要原因。因此，保持液压油的清洁是液压系统能正常工作的必要条件。过滤器可净化油液中的杂质，控制油液的污染。过滤器分为表面型、深度型和磁性三类。

(1) 表面型过滤器有网式过滤器、线隙式过滤器。

(2) 深度型过滤器有纸芯式过滤器、烧结式过滤器。

(3) 磁性过滤器可将油液中对磁性敏感的金属颗粒吸附在上面，常与其他形式滤芯一起制成复合式过滤器。

过滤器图形符号如图 6-18 所示。

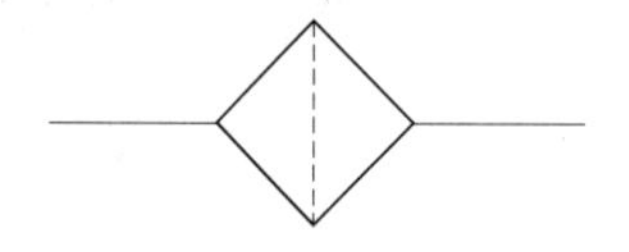

图 6-18 过滤器图形符号

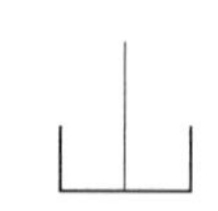

图 6-19 油箱图形符号

3. 油箱

油箱的主要作用是储存必要数量的油液，使油液温度控制在适当范围内，可逸出油中空气，沉淀杂质。油箱图形符号如图 6－19 所示。

油箱可分为总体式和分离式两种结构。总体式结构利用设备机体空腔作油箱，散热性不好，维修不方便。分离式结构布置灵活，维修保养方便。通常用 2.5～5mm 钢板焊接而成。

4. 热交换器

冷却器要有足够的散热面积，散热效率高，压力损失小。根据冷却介质不同有风冷式、水冷式和冷媒式三种。多管加热器图形符号如图 6－20 所示。多管加热器示意图如图 6－21 所示。

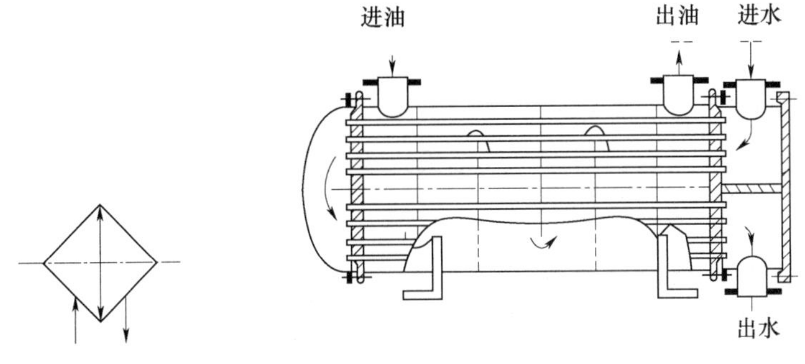

图 6－20　多管加热器图形符号

图 6－21　多管加热器示意图

加热器有用热水或蒸气加热和用电加热两种方式。电加热器图形符号如图 6－22 所示，示意图如图 6－23 所示。

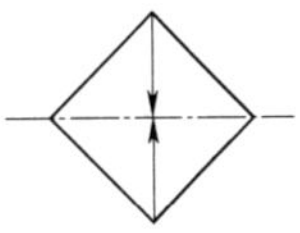

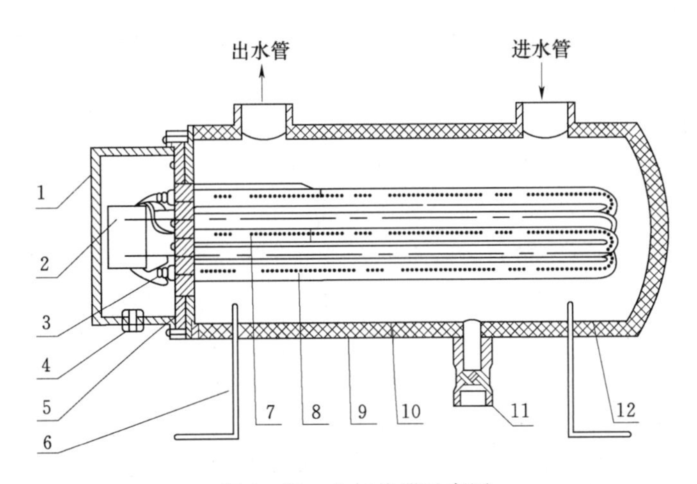

图 6－22　电加热器图形符号

图 6－23　电加热器示意图

1—密封盖；2—温控器、过热保护器；3—接线板；4—引线圈；5—法兰盘；6—加热器底座；7—温控管；8—U 型电加热管；9—外壳；10—保温层；11—排水阀；12—内胆

5. 密封装置

密封装置用来防止系统油液的内外泄漏，以及外界灰尘和异物的侵入，保证系统建立必要压力。常用的密封形式有间隙密封、O形密封圈、唇形密封（Y形、Yx形、V形）和组合密封装置（组合密封垫圈、橡塑组合密封装置）等。

液压系统（1）

液压系统（2）

液压系统（3）

6.2　液　压　系　统

液压系统在风力发电机组中的应用主要有以下几个方面（不同类型的机组略有不同）：

（1）变桨距控制（更具机组型号而定）。

（2）偏航驱动与制动。

（3）定桨距空气动力制动。

（4）机械制动、风轮锁定。

（5）开关机舱、驱动起重机。

（6）齿轮箱油液冷却和过滤，发电机、变压器冷却。

（7）变流器油液温度控制。

6.2.1　定桨距机组液压系统

定桨距风力发电机组的液压系统实际上是制动系统的驱动机构，主要用来执行机组的开关机指令。通常它由两个压力保持回路组成：一路通过蓄能器供给叶尖扰流器，另一路通过蓄能器供给机械刹车机构。这两个回路的工作任务是使机组运行时制动机构始终保持压力。当需要停机时，两回路中的常开电磁阀先后失电，叶尖扰流器一路压力油被泄回油箱，气动刹车动作。稍后，机械刹车一路压力油进入刹车液压缸，驱动刹车夹钳，使风轮停止转动。在两个回路中各装有两个压力传感器，以指示系统压力，控制液压泵站补油和确定刹车机构的状态。

定桨距风力发电机组的液压系统如图6-24所示。由于偏航机构也引入了液压回路，它由三个压力保持回路组成。图6-24左侧是气动刹车压力保持回路，压力油经液压泵2、精滤油器4进入系统。溢流阀6用来限制系统最高压力。开机时电磁阀12-1接通，压力油经单向阀7-2进入蓄能器8-2，并通过单向阀7-3和旋转接头进入气动刹车液压缸。压力开关9-2由蓄能器的压力控制，当蓄能器压力达到设定值时，开关动作，电磁阀12-1关闭。运行时，回路压力主要由蓄能器保持，通过液压缸上的钢索拉住叶尖扰流器，使之与桨叶主体紧密结合。

电磁阀12-2为停机阀，用来释放气动刹车液压缸的液压油，使叶尖扰流器在离心力作用下滑出。突开阀15，用于超速保护，当风轮飞车时，扰流器作用在钢索上的离心力增大，通过活塞的作用，使回路内压力升高。当压力达到一定值时，突开阀开启，压力油泄回油箱。突开阀不受控制系统的指令控制，是独立的安全保护装置。

图 6-24 中间是两个独立的高速轴制动器回路，通过电磁阀 13-1、13-2 分别控制制动器中压力油的进出，从而控制制动器动作。工作压力由蓄能器 8-1 保持。压力开关 9-1 根据蓄能器的压力控制液压泵电动机的停/起。压力开关 9-3、9-4 用来指示制动器的工作状态。

图 6-24 右侧为偏航系统回路，偏航系统有两个工作压力，分别提供偏航时的阻尼和偏航结束时的制动力。工作压力仍由蓄能器 8-1 保持。由于机舱有很大的惯性，调向过程必须确保系统的稳定性，此时偏航制动器用作阻尼器。工作时，4YA 得电，电磁阀 16 左侧接通，回路压力由溢流阀保持，以提供调向系统足够的阻尼，调向结束时，4YA 失电，电磁阀右侧接通，制动压力由蓄能器直接提供。

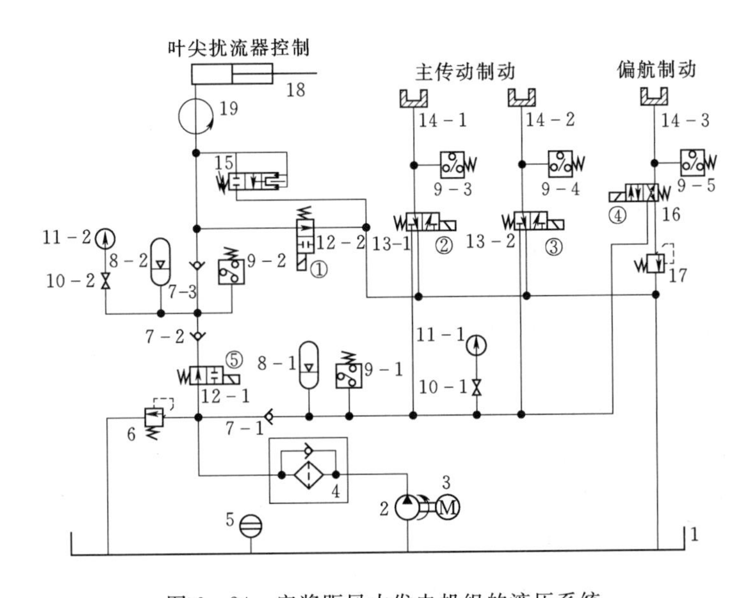

图 6-24 定桨距风力发电机组的液压系统

1—油箱；2—液压泵；3—电动机；4—精滤油器；5—油位指示器；6—溢流阀；7-1～7-3—单向阀；8—蓄能器；9—压力开关；10—节流阀；11—压力表；12—电磁阀（1）；13—电池阀（2）；14—刹车夹钳；15—突开阀；16—电磁阀（3）

由于系统的内泄漏、油温的变化及电磁阀的动作，液压系统的工作压力实际上始终处于变化的状态之中。气动刹车与机械刹车回路的工作压力如图 6-25 所示。

图中虚线之间为设定的工作范围。当压力由于温升或压力开关失灵超出该范围一定值时，会导致突开阀误动作，因此必须对系统压力进行限制，系统最高压力由溢流阀调节。而当压力同样由于压力开关失灵或液压泵站故障低于工作压力下限时，系统设置了低压警告线，以免在紧急状态下，机械刹车中的压力不足以制动风力机。

6.2.2 变桨距机组液压系统

有些变桨系统中采用了比例控制技术。为了便于理解，先对比例控制技术做简

液压变桨控制

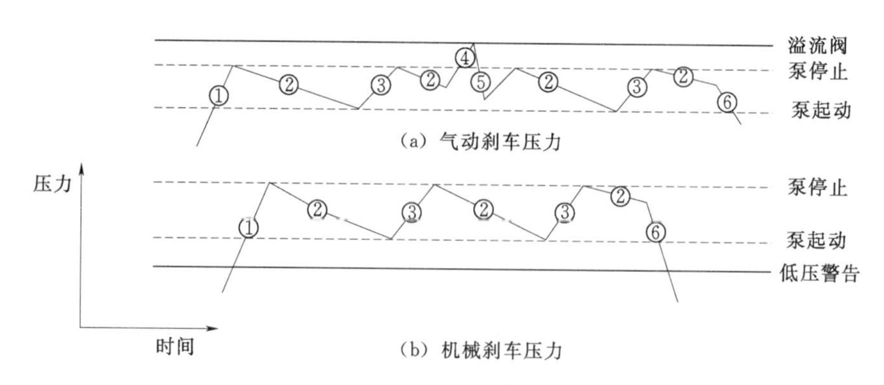

图 6-25 气动刹车与机械刹车压力图

①—开机时液压泵起动；②—内泄漏引起的压力降；③—液压泵重新起动；④—温升引起的压力升高；⑤—电磁阀动作引起的压力降；⑥—停机时电磁阀打开。

要介绍。

6.2.2.1 比例控制技术

比例控制技术是在开关控制技术和伺服控制技术间的过渡技术。它控制原理简单、控制精度高、抗污染能力强、价格适中，受到人们的普遍重视，因此得到飞速发展。比例阀是在普通液压阀基础上，用比例电磁铁取代阀的调节机构及普通电磁铁构成的。采用比例放大器控制比例电磁铁就可实现对比例阀进行远距离连续控制，从而实现对液压系统压力、流量、方向的无级调节。

比例控制技术基本工作原理：根据输入电信号电压值的大小，通过放大器，将该输入电压信号（一般为－9～9V）转换成相应的电流信号，如 1mV 电压对应 1mA 电流，位置反馈示意图如图 6-26 所示。这个电流信号作为输入量被送入比例电磁铁，从而产生和输入信号成比例的输出量—力或位移，该力或位移又作为输入量加给比例阀，后者产生一个与前者成比例的流量或压力。通过这样的转换，一个输入电压信号的变化，不但能控制执行元件和机械设备上工作部件的运动方向，而且可对其作用力和运动速度进行无级调节。此外，还能对相应的时间过程，例如在一段时间内流量的变化，加速度的变化或减速度的变化等进行连续调节。

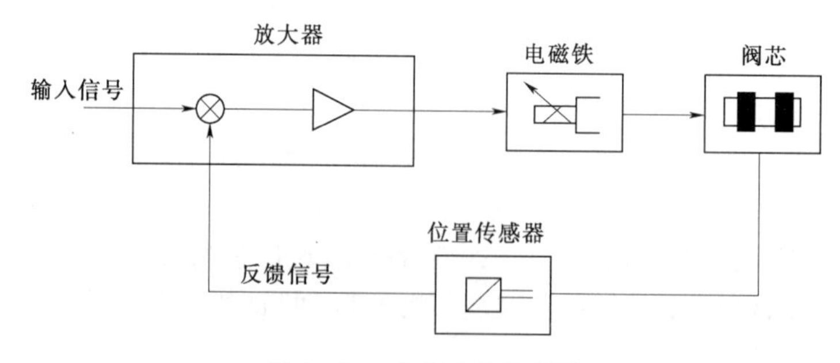

图 6-26 位置反馈示意图

当需要更高的阀性能时，可在阀或电磁铁上接装一个位置传感器以提供一个与阀芯位置成比例的电信号。此位置信号阀的控制器提供一个反馈控制，使阀芯可以

由一个闭环配置来定位。如图6-26所示，一个输入信号供至放大器，该放大器本身又产生相应的输出信号去驱动电磁铁，电磁铁推动阀芯，直到来自位置传感器的反馈信号与输入信号相等为止。因而此技术能使阀芯在阀体中准确地定位，而由摩擦力、液动力或液压力所引起的任何干扰都可被自动地纠正。

1. 位置传感器

通常用于阀芯位置反馈的传感器为非接触式LVDT（线性可变差动变压器）。阀芯位置传感器工作原理如图6-27所示。LVDT由绕在与电磁铁推杆相连的铁芯上的一个一次线圈和两个二次线圈组成。一次线圈由高频交流电源供电，它在铁芯中产生变化磁场，该磁场通过变压器作用在两个二次线圈中感应出电压。如果两个二次线圈对置连接，则当铁芯居中时，每个线圈中产生的感应电压将抵消而产生的净输出为零。随着铁芯离开中心移动，一个二次线圈中的感应电压提高而另一个中降低。于是产生一个净输出电压，其大小与运动量成比例而相位移指示运动方向。该输出可供至一个相敏整流器（解调器），该整流器将产生一个与运动成比例且极性取决于运动方向的直流信号。

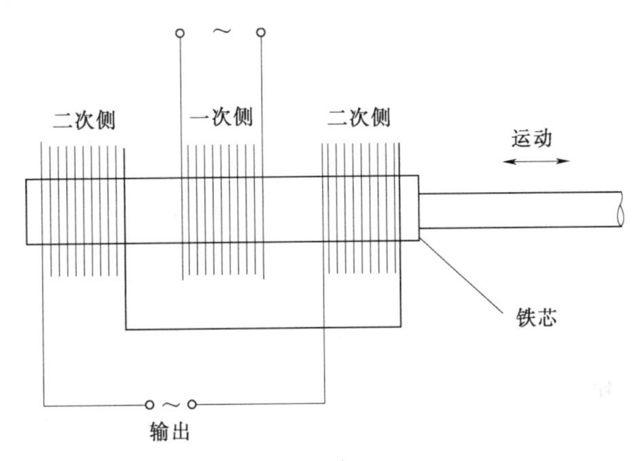

图6-27 阀芯位置传感器工作原理

2. 控制放大器

控制放大器的原理如图6-28所示。输入信号可以是可变电流或电压。根据输入信号的极性，阀芯两端的电磁铁将有一个通电，使阀芯向某一侧移动。放大器为两个运动方向设置了单独的增益调整，可用于微调阀的特性或设定最大流量，还设置了一个斜坡发生器，进行适当的接线，可启动或禁止该发生器，并且设置了斜坡时间调整，针对每个输出极设置了死区补偿调整，这使得可用电子方法消除阀芯遮

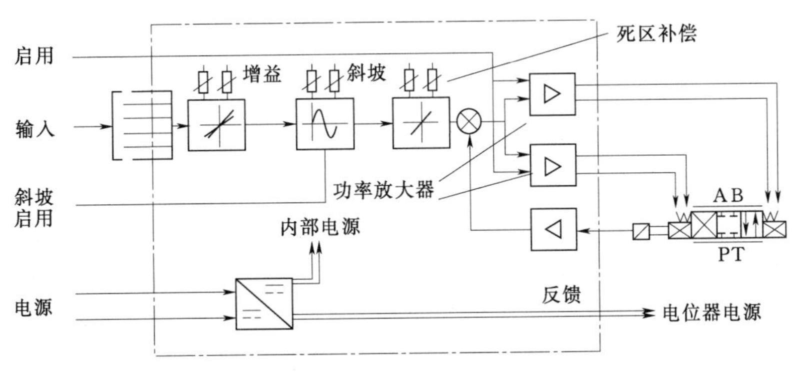

图6-28 控制放大器原理图

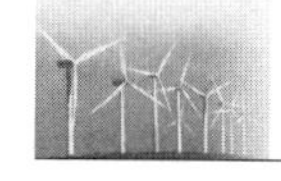

盖的影响。使用位置传感器的比例阀意味着阀芯是位置控制的，即阀芯在阀体中的位置仅取决于输入信号，而与流量、压力或摩擦力无关。位置传感器提供一个LVDT反馈信号。此反馈信号与输入信号相加所得到的误差信号驱动放大器的输出级。在放大器面板上设有输入信号和LVDT反馈信号的监测点。

当比例控制系统设有反馈信号时可实现控制精度较好的闭环控制。闭环控制比例系统框图如图6-29所示。

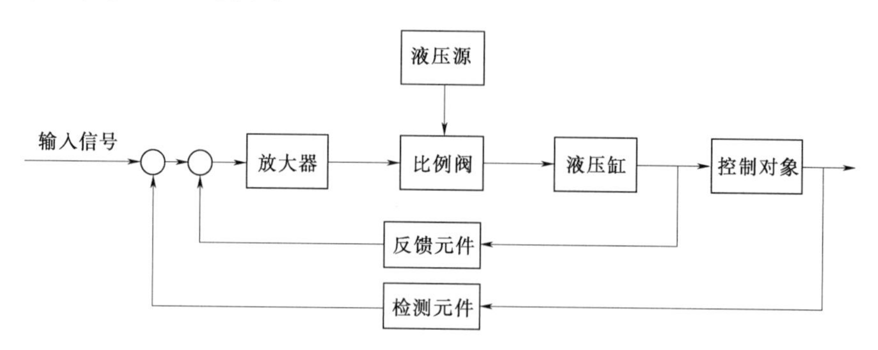

图6-29 闭环控制比例系统框图

6.2.2.2 液压系统

变桨距风力发电机组的液压系统与定桨距风力发电机组的液压系统很相似，也由两个压力保持回路组成。一路由蓄能器通过电液比例阀供给桨叶变距液压缸，另一路由蓄能器供给高速轴上的机械刹车机构。变桨距风力发电机组液压系统图如图6-30所示。

6.2.2.3 液压泵站

液压泵站的动力源是液压泵5，为变桨距回路和制动器回路所共有。液压泵安装在油箱油面以下并通过联轴器6，由油箱上部的电动机驱动。泵的流量变化根据负荷而定。

液压泵由压力传感器12的信号控制。当泵停止时，系统由蓄能器16保持压力。系统的工作压力设定范围为130～145bar（$1bar=10^5Pa$）。当压力降至130bar以下时，泵起动；在145bar时，泵停止。在运行、暂停和停止状态，泵根据压力传感器的信号自动工作，在紧急停机状态，泵被迅速断路而关闭。

压力油从泵通过高压滤油器10和单向阀11-1传送到蓄能器16。滤清器上装有旁通阀和污染指示器，它在旁通阀打开前起作用。阀11-1在泵停止时阻止回流。紧跟在滤清器外面，先后有两个压力表连接器（M1和M2），它们用于测量泵的压力或滤清器两端的压力降。测量时将各测量点的连接器通过软管与连接器M8上的压力表14接通。

溢流阀13-1是防止泵在系统压力超过145bar时继续泵油进入系统的安全阀。在蓄能器16因外部加热情况下，溢流阀13-1会限制气压及油压升高。在检验蓄能器预充压力或系统维修时节流阀18-1用于释放来自蓄能器16-1的压力油。油箱上装有油位开关2，以防油溢出或泵在无油情况下运转。

油箱内的油温由装在油池内的PT100传感器测得，出线盒装在油箱上部。油温

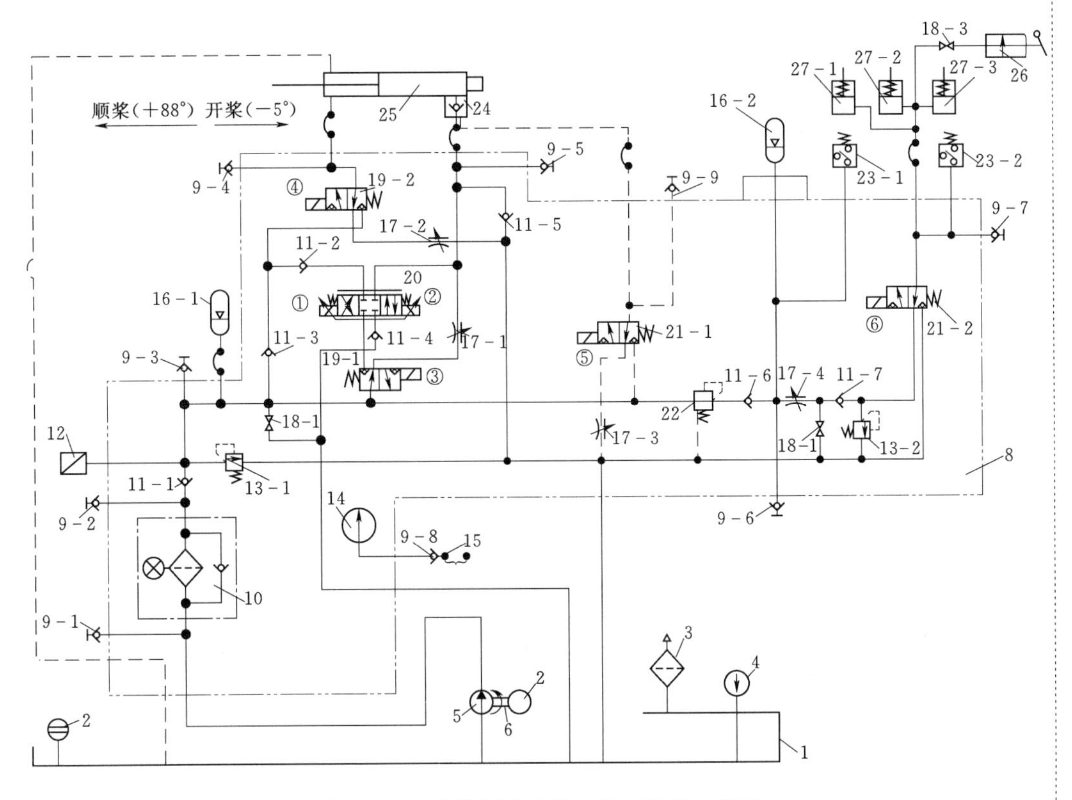

图 6-30 变桨距风力发电机组液压系统图

1—油箱；2—油位开关；3—空气滤清器；4—温度传感器；5—液压泵；6—联轴器；7—电动机；8—主模块；9—压力测试口；10—滤油器；11—单向阀；12—压力传感器；13—溢流阀；14—压力表；15—压力表接口；16—蓄能器；17—节流阀；18—可调节流阀；19—电磁阀；20—比例阀；21—电磁阀；22—减压阀；23—压力开关；24—先导止回阀；25—液压缸

过高会导致报警，以免在高温下泵的磨损，延长密封的使用寿命。

6.2.2.4 变桨控制

变桨控制系统的节距控制是通过比例阀来实现的。节距控制示意图如图 6-31 所示，控制器根据功率或转速信号给出一个−10～10V 的控制电压，通过比例阀控制器转换成一定范围的电流信号，控制比例阀输出流量的方向和大小。点画线内是带控制放大器的比例阀，设有内部 LVDT 反馈。变桨距液压缸按比例阀输出的方向和流量操纵桨叶节距角在−5°～88°之间运动。为了提高整个变桨距系统的动态性能，在变距液压缸上也设有线性可变差动变压器（linear variable differential transformer，LVDT）位置传感器，变桨距速率、位置反馈信号与控制电压的关系如图6-32 所示。

图 6-30 中，在比例阀至油箱的回路上装有 1bar 单向阀 11-4，该单向阀确保比例阀 T 口上总是保持 1bar 压力，避免比例阀阻尼室内的阻尼“消失”导致该阀不稳定而产生振动。比例阀上的红色 LED（发光二极管）指示 LVDT 故障，LVDT 输出信号是比例阀上滑阀位置的测量值，控制电压和 LVDT 信号相互间的关系，如图 6-31 所示。变桨距速率由控制器计算给出，以 0°为参考中心点。控制电压和变

桨距速率的关系如图 6－32 所示。

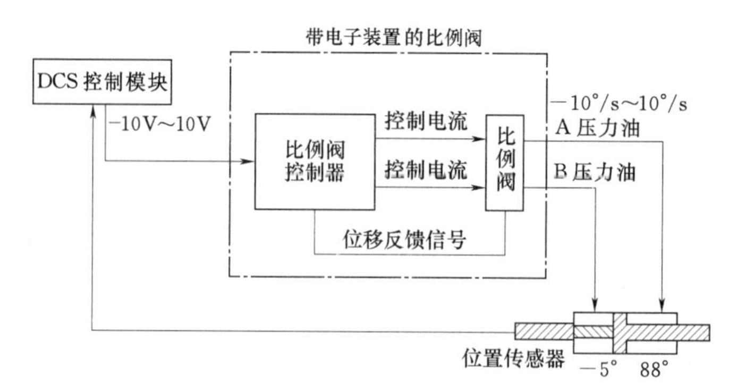

图 6－31　节距控制示意图

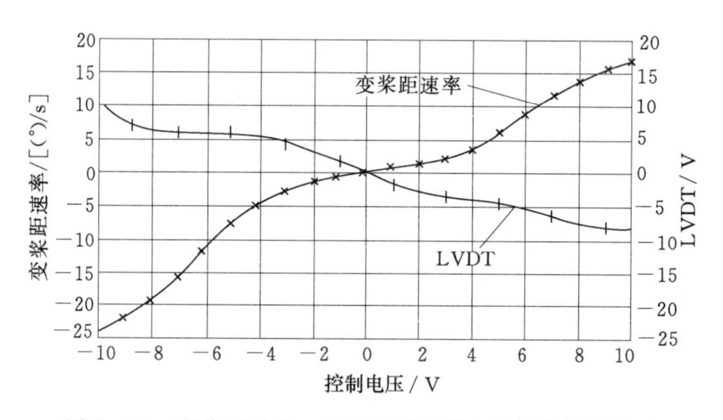

图 6－32　变桨距速率、位置反馈信号与控制电压的关系

1. 液压系统在运转/暂停时的工作情况

如图 6－30 中，电磁阀 19—1 和 19—2（紧急顺桨阀）通电，使比例阀上的 P 口得到来自泵和蓄能器 16—1 的压力。节距液压缸的左端（前端）与比例阀的 A 口相连。

电磁阀 21—1 通电，从而使先导管路（虚线）增加压力。先导止回阀 24 装在变桨距液从缸后端靠先导压力打开以允许活塞双向自由流动。

把比例阀 20 通电到“直接”（P—A，B—T）时．压力油即通过单向阀 11—2 和电磁阀 19—2 传送 P—A 至缸筒的前端。活塞向右移动，相应的桨叶节距向－5°方向调节，油从液压缸右端（后端）通过先导止回阀 24 和比例阀（B 口至 T 口）回流到油箱。

把比例阀通电到“跨接”（P—B、A—T）时，压力油通过止回阀传送 P—B 进入液压缸后端，活塞向左移动，相应的桨叶节距向 88°方向调节，油从液压缸左端（前端）通过电磁阀 19—2 和单向阀 11－3 回流到压力管路。由于右端活塞面积大于左端活塞面积，使活塞右端压力高于左端的压力，从而能使活塞向前移动。

液压系统停机状态

2. 液压系统在停机/紧急停机时的工作情况

停机指令发出后，电磁阀 19－1 和 19－2 断电，油从蓄能器 16－1 通过阀 19－1

和节流阀 17-1 及阀 24 传送到液压缸后端。缸筒的前端通过阀 19-2 和节流阀 17-2 排放到油箱，桨叶变距到 88°机械端点而不受来自比例阀的影响，电磁阀 21-1 断电时，先导管路压力油排放到油箱，先导止回阀 24 不再保持存双向打开位置，但仍然保持止回阀的作用，只允许压力油流进缸筒。从而使来自风的变距力不能从液压缸左端方向移动活塞，避免向－5°的方向调节桨叶节距。

在停机状态，液压泵继续自动停/起运转。顺桨由部分来自蓄能器 16-1、部分直接来自泵 5 的压力油来完成。在紧急停机位时，泵很快断开，顺桨只由来自蓄能器 16-1 的压力油来完成。为了防止在紧急停机时，蓄能器内油量不足以完成一个变距行程时，紧急顺桨将由来自风的自变距力完成。液压缸右端将由两部分液压油来填补：一部分来自液压缸左端通过电磁阀 19-2、节流阀 17-2、单向阀 11-5 和 24 的重复循环油；另一部分油来自油箱通过吸油管路及单向阀 11-5 和 24。紧急顺桨的速度由两个节流阀 17-1 和 17-2 控制并限制到约 9°/s。

6.2.2.5 制动机构

制动机构由液压泵站通过减压阀 22 供给压力源。

蓄能器 16-2 确保能在即使没有来自蓄能器 16-1 或泵的压力情况下也能工作。在检验蓄能器 16-2 的预充压力或在维修制动系统时节流阀 18-2 用于释放来自蓄能器 16-2 的压力油。压力开关 23-1 是常闭的，当蓄能器 16-2 上的压力降至低于 15bar 时打开报警。压力开关 23-2 用于检查制动压力上升，包括在制动器动作时。溢流阀 13-2 防止制动系统在减压阀 22 误动作或在蓄能器 16-2 受外部加热时，压力过高（23bar）。过高的压力即过高的制动转矩，会造成对传动系统的严重损坏。

液压系统在制动器一侧装有球阀，以便螺杆活塞泵在液压系统不能加压时用于制动风力机。打开球阀、旋上活塞泵，制动卡钳将被加压，单向阀 11-7 阻止回流油向蓄能器 16-2 方向流动。要防止在电磁阀 21-2 通电时加压，这时制动系统的压力油经电磁阀排回油箱，加不上来自螺杆活塞泵的压力。在任何使用一次螺杆泵以后，球阀必须关闭。

1. 运行/暂停/停机

开机指令发出后，电磁阀 21-2 通电后，制动卡钳排油到油箱，刹车因此而被释放。暂停期间保持运行时的状态。

停机指令发出后，电磁阀 21-2 失电，来自蓄能器 16-2 的和减压阀 22 压力油可通过电磁阀 21-2 的 3 口进入制动器液压缸，实现停机时的制动。

2. 紧急停机

电磁阀 21-2 失电，蓄能器 16-2 将压力油通过电磁阀 21-2 进入制动卡钳液压缸。制动液压缸的速度由节流阀 17-4 控制。

6.2.2.6 液压系统的试验

1. 液压装置试验

（1）试验内容在正常运行和刹车状态，分别观察液压系统的压力保持能力和液压系统各元件的动作情况，记录系统自动补充压力的时间间隔。

（2）试验要求在执行气动与机械刹车指令时动作正确。在连续观察的6h中自动补充压力油2次，每次补油时间约2s。在保持压力状态24h后，无外泄漏现象。

（3）试验方法。

1）打开油压表，进行开机、停机操作，观察液压是否及时补充、回放，卡钳补油，变桨距和收回叶尖的压力是否保持在设定值。

2）运行24h后，检查液压系统的泄漏现象。

3）用电压表测试电磁阀的工作电压。

4）分别操作风力发电机组的开机，松刹、停机动作，观察叶尖、卡钳是否相应动作。

5）观察在液压补油，回油时是否有异常噪声。

2. 飞车试验

飞车试验的目的是设定或检验液压系统中的突开阀。一般按如下程序进行试验：

（1）将所有过转速保护的设置值均改为正常设定值的2倍，以免这些保护首先动作。

（2）将发电机并网转速调至5000r/min。

（3）调整好突开阀后，起动风力发电机组。当风力发电机组转速达到额定转速的125%时，突开阀将打开并释放气动刹车油缸中的压力油，从而导致空气动力刹车动作，使风轮转速迅速降低。

（4）读出最大风轮转速值和风速值。

（5）试验结果正常时，将转速设置改为正常设定值。

3. 变距系统试验

变距系统试验主要是测试如图6-32所示的变桨距速率、位置反馈信号与控制电压的关系。

6.2.3 变速机组液压系统

变速机组液压系统因型号不同而不同，这里以某1.5MW风力发电机组液压系统为例，1.5MW风力发电机组液压站外形如图6-33所示。

1. 液压系统结构

液压系统工作原理如图6-34所示。

本系统由电机2，齿轮泵4，溢流阀9，换向阀14、20、23、24，减压阀16，背压阀21，蓄能器13、19以及检测元件等构成。工作时，由电机2带动泵4顺时针方向旋转，由溢流阀9调定工作压力，经换向阀14输出到主轴制动器进行主轴制动；压力经换向阀20输出到偏航制动器进行偏航制动，压力经换向阀24、背压阀21输出到偏航进行偏航阻尼制动。由压力表12和压力开关11检测系统工作压力，液位继电器7检测油箱液位。油站电机处于间隙工作状态，电机不工作时，系统压力由蓄能器13保持。序号25为手动泵，序号18为主轴处输出压力检测开关，序号17、22为输出压力检测口。

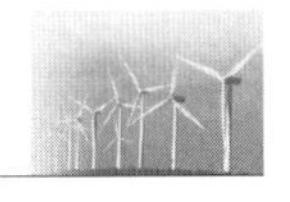

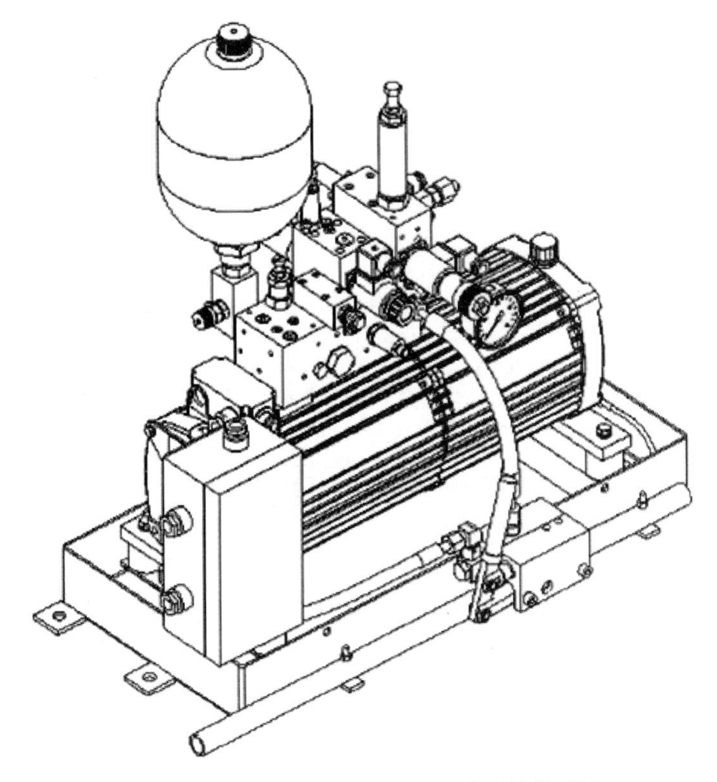

图 6-33 1.5MW 风力发电机组液压站外形图

液压泵站

2. 液压系统工作原理

（1）正常运行状态。主轴处于高速旋转状态，主轴制动器松闸，油站主轴油路无压力油输出，换向阀 14 失电。

偏航处于停止状态，偏航自动器制动，油站偏航油路输出压力油，此时，换向阀 20、23、24 同时处于失电状态。

（2）主轴系统控制。换向阀 14 得电，主轴油路输出压力（100bar），主轴制动器制动。换向阀 14 失电，主轴油路无压力输出，主轴松闸，压力开关 18 闭合，输出信号。

注意：只有在主轴低速运转时，才可启动换向阀 14 对主轴制动。

（3）偏航系统控制。换向阀 20、23、24 同时失电，偏航油路输出压力（160bar），偏航完全制动；换向阀 20、24 得电，23 失电，偏航油路输出低压压力（15bar），偏航阻尼制动；换向阀 20、23、24 同时得电，偏航卸压，无压力油输出。

3. 液压系统的常见故障

（1）出现异常振动和噪声。原因可能是：液压泵超载或吸油受阻；管路松动；液压阀出现自激振荡液面低；油液黏度高；过滤器堵塞；油液中混有空气等。

（2）输出压力不足。原因可能是：液压泵失效；吸油口漏气；油路有较大的泄漏；液压阀调节不当；液压缸内泄等。

（3）油温过高。原因可能是：系统内泄漏过大；系统的冷却能力不足；在保

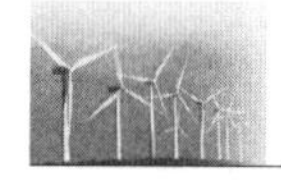

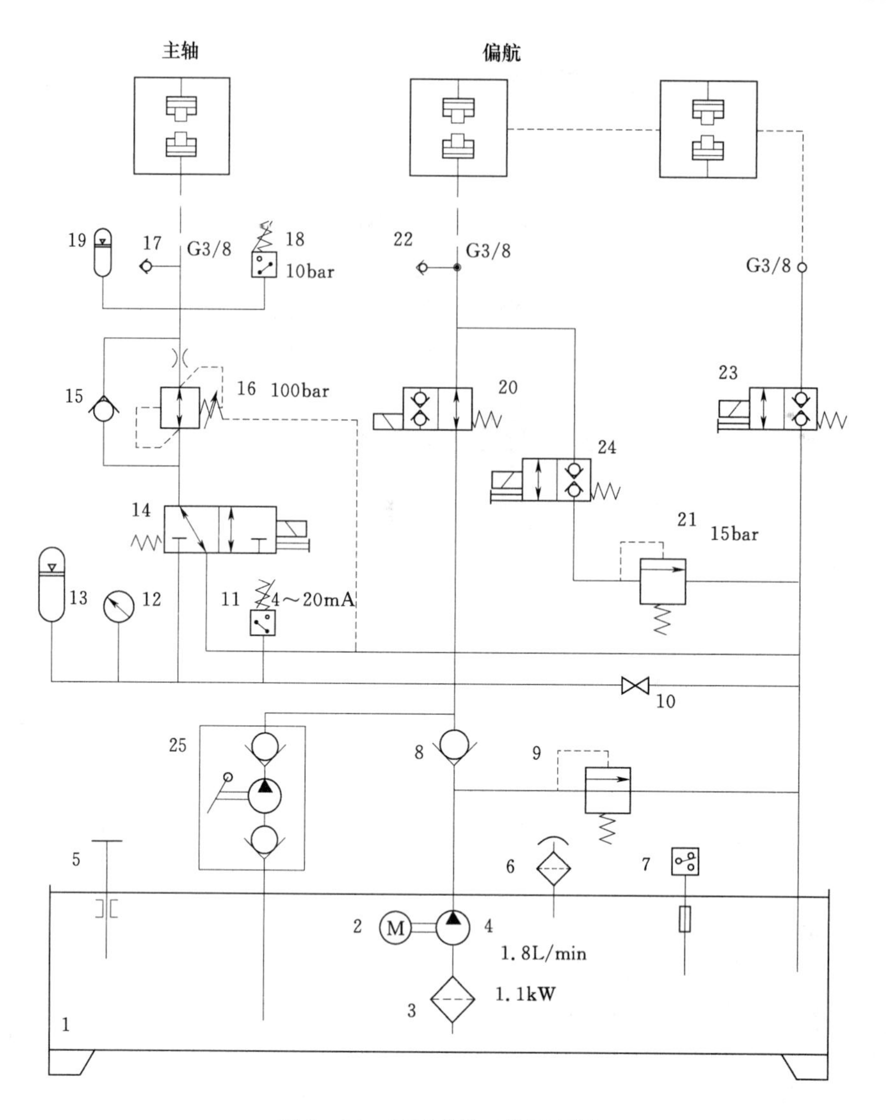

图 6－34　液压系统工作原理图

1—油箱；2—电机；3—吸油过滤器；4—齿轮泵；5—传感器；6—空滤器；7—液位继电器；
8、15—单向阀；9—溢流阀；10—截止阀；11—压力开关；12—压力表；13、19—隔膜式蓄能器；
14、20、23、24—换向阀；16—减压阀；17、22—测压接头；18—压力开关；
21—背压阀；25—手动泵

压期间液压泵未泄荷；系统的油液不足；周围环境温度过高；系统散热条件不好等。

（4）液压泵的起停太频繁。原因可能是：系统内泄漏过大；在蓄能系统中，蓄能器和泵的参数不匹配；蓄能器充气压力过低。

主轴刹车（电动）工作原理如图6－35所示，主轴刹车释放工作原理如图6－36所示，偏航刹车（静止状态）工作原理如图6－37所示，偏航减压（偏航状态）工作原理如图6－38所示，偏航解缆（解缆状态）工作原理如图6－39所示。

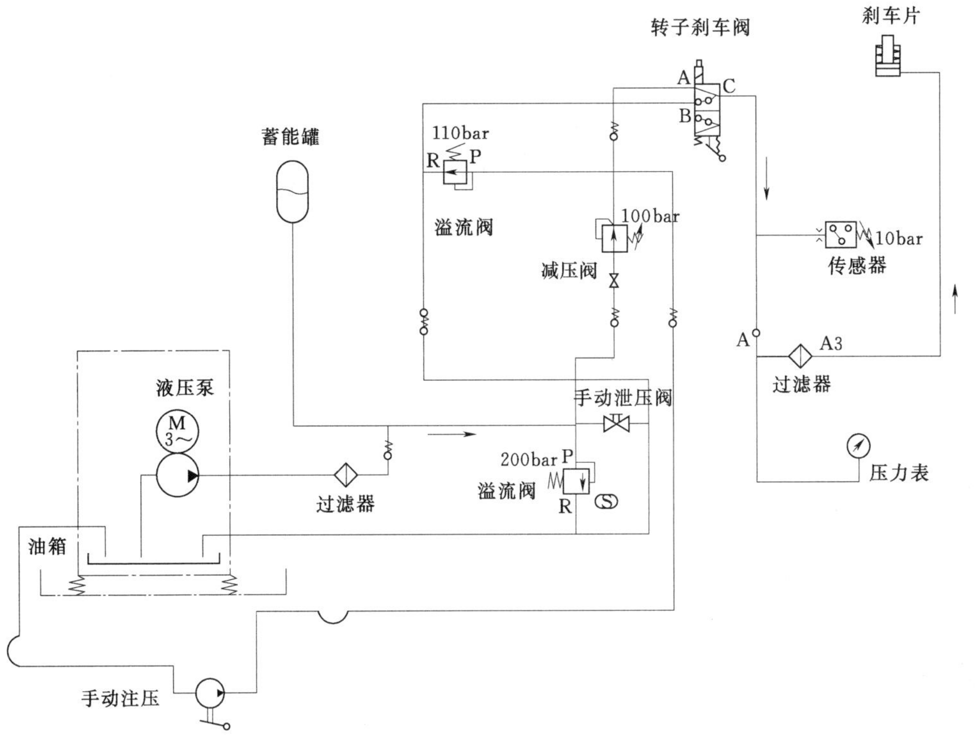

图 6-35 主轴刹车（电动）工作原理

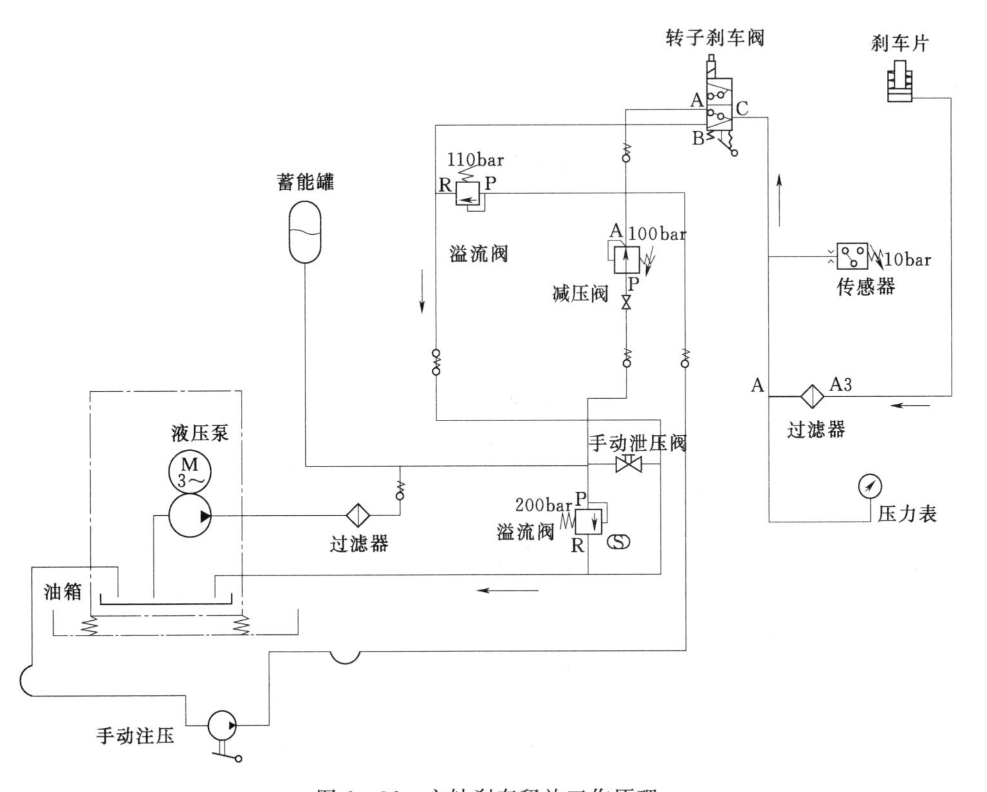

图 6-36 主轴刹车释放工作原理

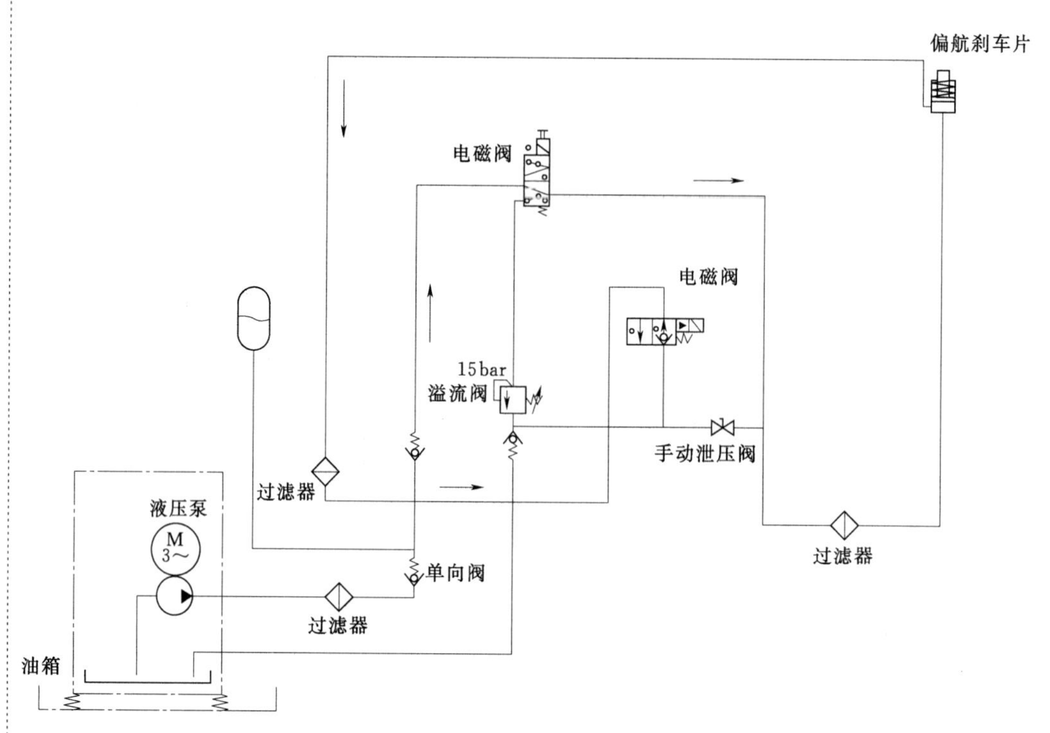

图6-37 偏航刹车（静止状态）工作原理

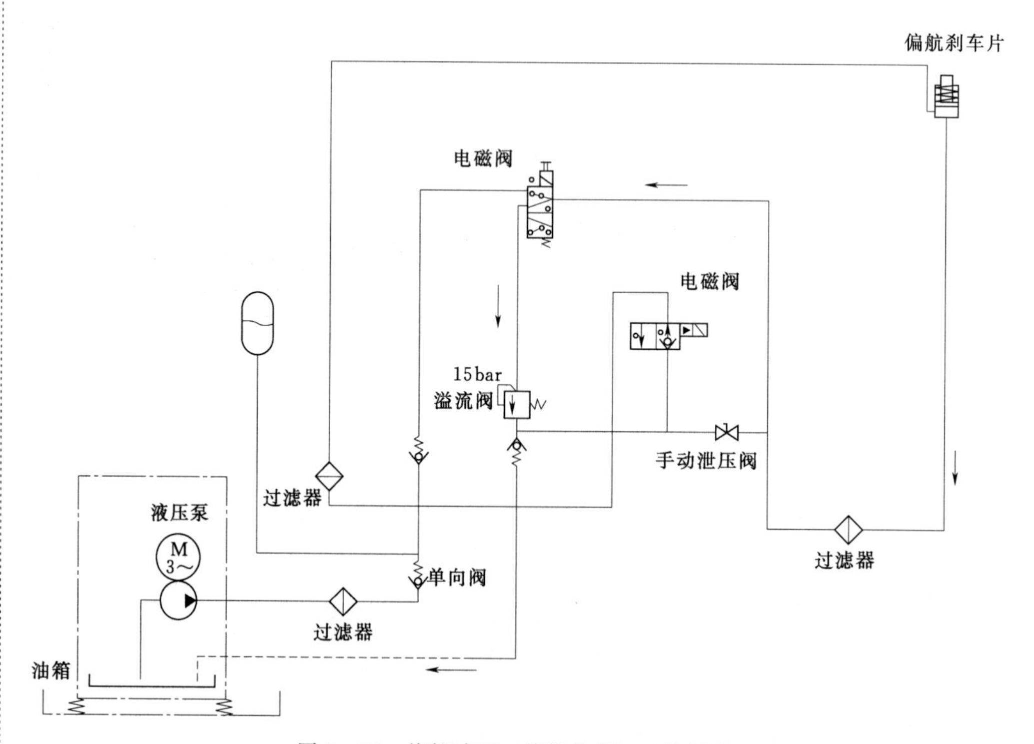

图6-38 偏航减压（偏航状态）工作原理

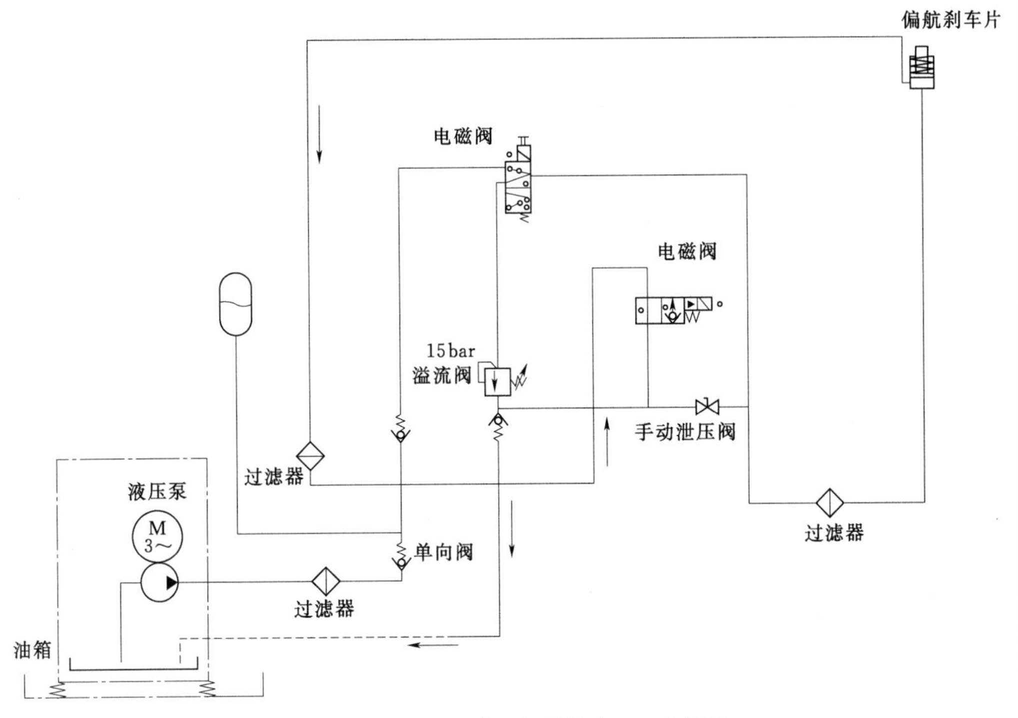

图 6－39　偏航解缆（解缆状态）工作原理

6.3　制动与安全保护系统

大型风力发电机组制动装置一般由两类组成：一类是机械制动，另一类是空气动力制动。在机组的制动过程中，两种制动形式是相互配合的。制动系统工作原理如图 6－40 所示。

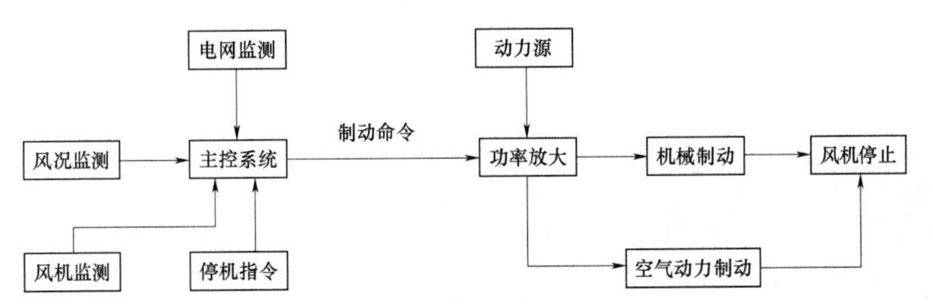

图 6－40　制动系统的工作原理

6.3.1　制动器

1. 制动器结构

按照工作状态分常闭式和常开式。常闭式制动器靠弹簧的作用经常处于紧闸状态，而机构运行时，则用液压力使制动器松闸。常闭式制动器结构如图 6－41 所示。

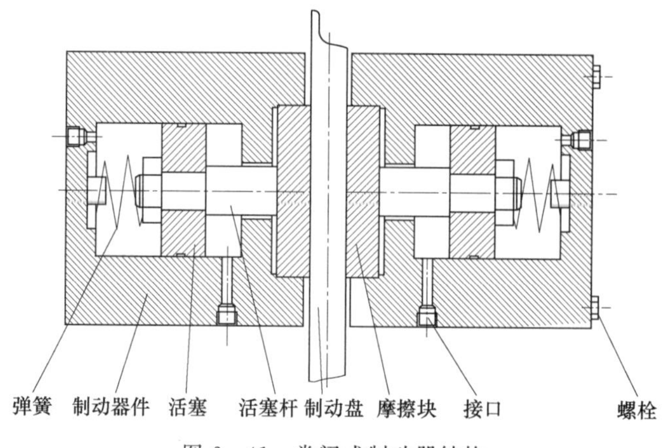

图 6-41　常闭式制动器结构

常开式制动器经常处于松闸状态，只有施加外力时才能使其紧闸。

利用常闭式制动器的制动机构称为被动制动机构，否则，称为主动制动机构。被动制动机构安全性比较好，主动制动机构可以得到较大的制动力矩。制动器定位装置如图 6-42 所示，制动器安装示意图如图 6-43 所示。

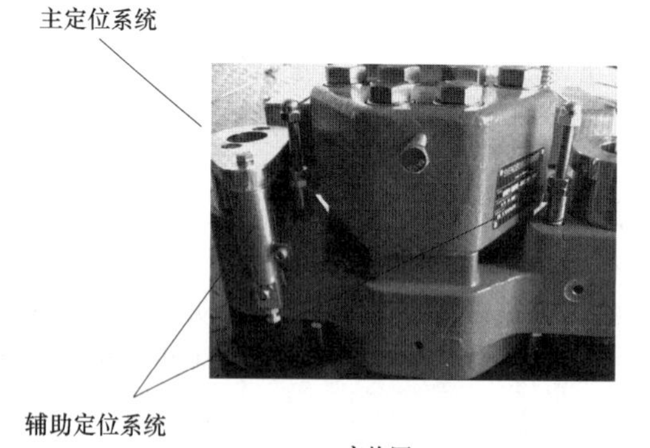

(a) 实物图

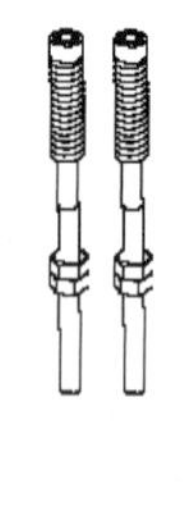
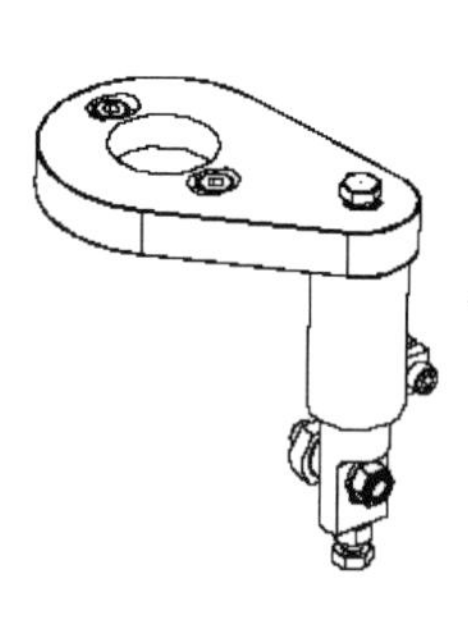
(b) 结构图

图 6-42　制动器的定位装置

2. 制动器的工作原理

制动器将作用于制动钳上的夹紧力转换成制动力矩施加在制动盘上，使制动盘停止转动或在停机状态下防止松动（停机制动）。制动器工作原理如图 6-44 所示，制动时，主制动钳内的活塞（和制动衬垫 1）向制动盘移动，制动衬垫 2 和被制动钳这时会上升并移向制动盘，从而在制动盘的两侧施加制动力。

图 6-43　制动器安装示意图

制动器具有衬垫磨损自动调节

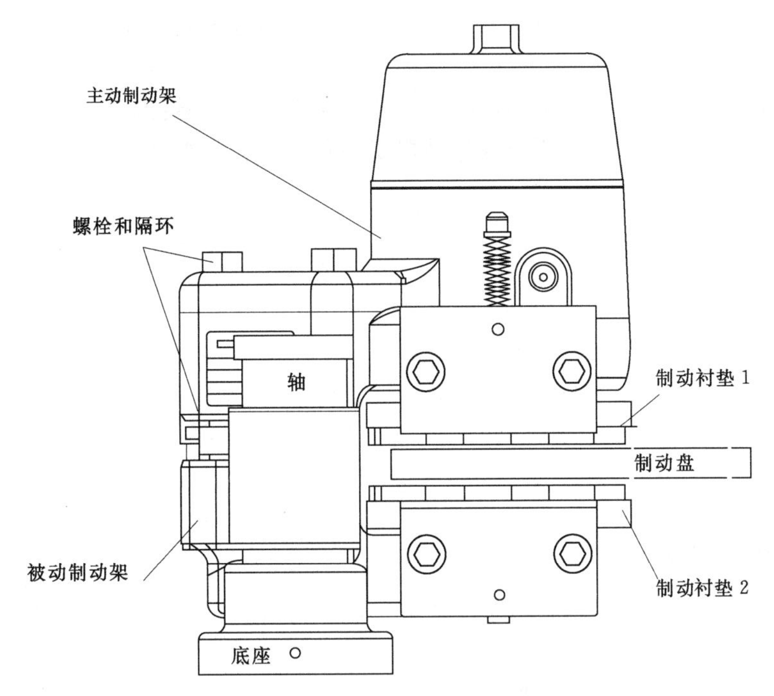

图 6-44 制动器工作原理

功能。因此在制动衬垫整个使用寿命内，制动盘和制动衬垫的间距不变，夹紧力恒定。制动器常见故障、原因及排除方法见表 6-1。

表 6-1　　　　制动器常见故障、原因及排除方法

故　障	原　因	排除方法
制动钳不能抬起	阀未处于工作位置	从机械上和电气上检查电磁阀是否损坏
	油压不足	检查油量是否充足
制动钳抬起过慢	系统中有空气	给系统排气
	压力过低	检测系统压力，调整安全阀预设压力
闸瓦磨损过快	制动钳抬起位置不正确	检查油压、检查压力继电器的初设压力
制动过慢	系统中有空气	给系统排气
	制动盘与闸瓦之间的间隙过大	重新调整间隙
	压力油黏度过大	检查压力油的类型及温度
制动时间或距离过长；制动力矩不足	载荷过大或速度太高	检查载荷、转速
	制动盘或制动衬垫被油脂等污染	清洗制动盘，更换制动衬垫
	弹簧位置不正确或损坏	更换整个弹簧包
泄漏	密封圈损坏	更换新的密封圈
衬垫磨损不平均	制动器安装未对正	重新安装制动器，必须符合公差要求

在风力发电机组中，常用的机械制动器为盘式液压制动器。盘式制动器沿制动盘轴向施力。制动轴不受弯矩，径向尺寸小，散热性能好，制动性能稳定。盘式制

风力发电机组刹车系统

动器有钳盘式、全盘式及锥盘式三种。最常用的是钳盘式制动器，这种制动器制动衬块与制动盘接触面很小，在盘中所占的中心角一般仅30°～50°，故又称为点盘式制动器。为了不使制动轴受到径向力和弯矩，钳盘式制动器应成对布置。制动转矩较大时可采用多对制动器。钳盘式制动器安装布置示意图如图6-45所示。

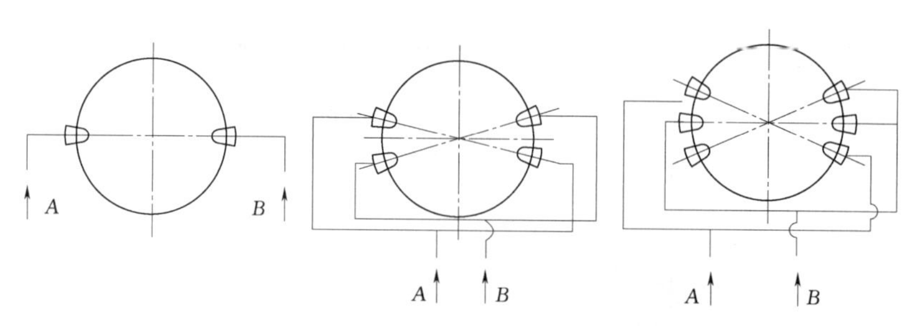

图6-45　钳盘式制动器安装布置示意图

6.3.2　机组制动系统

风电机组制动系统分为机械制动及空气动力制动。

1. 机械制动

制动器（直驱式）

制动器（双馈式）

机械制动的工作原理是利用非旋转元件与旋转元件之间的相互摩擦来阻止转动或转动的趋势。机械制动装置一般由液压系统液压泵、执行机构（制动钳）、辅助部分（管路、联轴器保护配件装置等）组成。盘式制动器如图6-46所示。

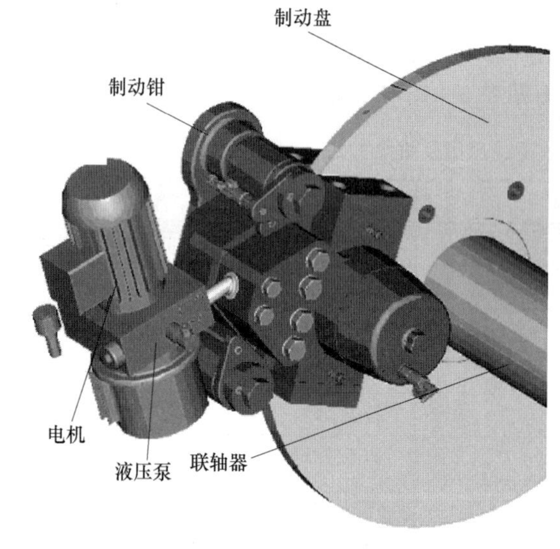

图6-46　盘式制动器

制动器可以安装在齿轮箱高速轴上，也可以安装在齿轮箱低速轴上。制动器安装在低速轴上如图6-47所示，制动器安装在高速轴上如图6-48所示。刹车系统位于齿轮箱高速端与低速端的性能比较见表6-2。

失速型风力机常用机械制动，出于可靠性考虑，制动器常装在低速轴上。变桨距风力机使用机械制动时，制动器常装在高速轴上。

表6-2　刹车系统位于齿轮箱高速端与低速端的性能比较

安装位置	低速轴上	高速轴上
优点	高可靠刹车直接作用在风轮上可靠性高	刹车力矩小
	刹车力矩不会变成齿轮箱载荷	结构布置容易
缺点	刹车力矩很大	刹车力矩对齿轮箱有载荷冲击
	结构布置困难	安全性差

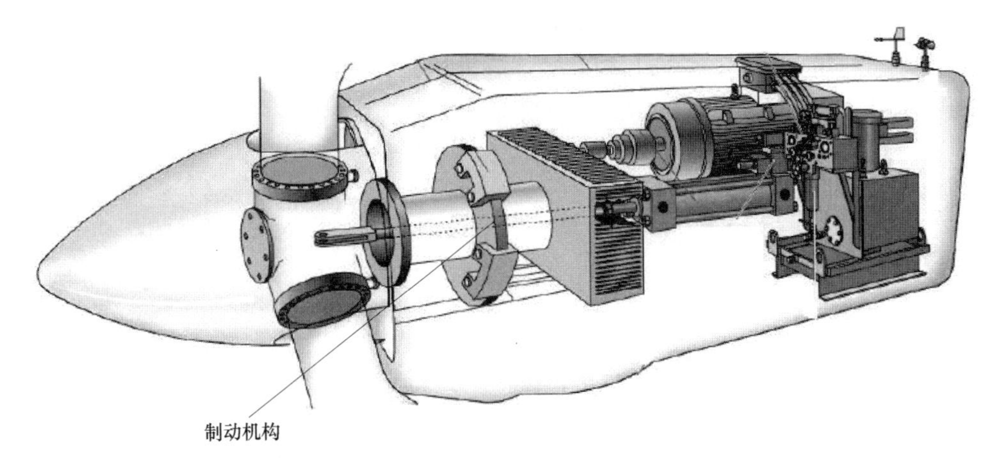

图 6-47 制动器安装在低速轴上

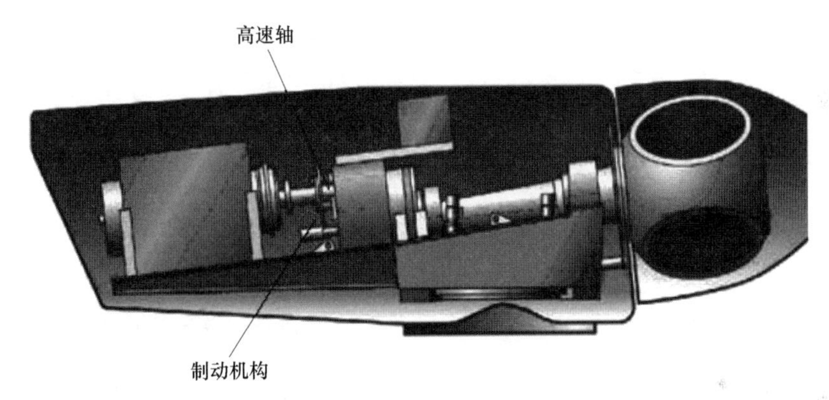

图 6-48 制动器安装在高速轴上

由于安全的需要，风力发电机设有风轮锁定装置，风轮锁定装置如图 6-49 所示。锁定装置由锁紧手柄、机械销轴等组成。当需要锁定风轮时，先使风力发电机组停止运行，确定叶片处于顺桨位置。然后顺时针摇动锁紧手柄，直至机械销轴完全插于定位盘。如果需要可以转动转子锁定圆盘，使定位圆盘上的孔与机械销轴相对。操作方法：松开高速轴制动器，用手盘动高速轴制动盘，直到机械销轴传入定位盘为止。

2. 空气动力制动

对于大型风力发电机组，机械制动已不能完全满足制动需求。必须同时采用空气动力制动。空气动力制动并不能使风轮完全静止下来，只是使其转速限定在允许的范围内。正常制动时，先由空气动力制动使转速降下来，然后进行机械制动。

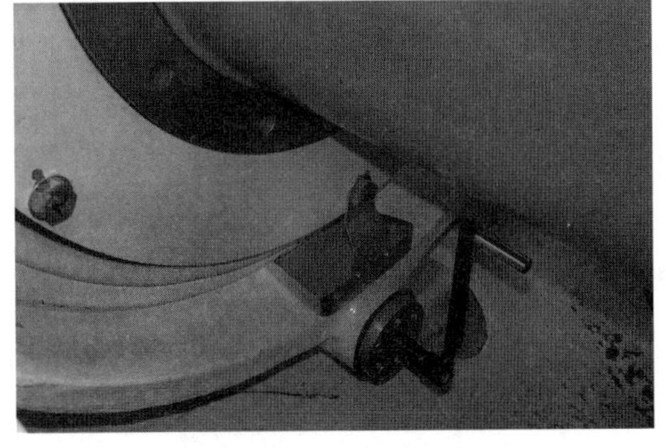

图 6-49 风轮锁定装置

对于定桨距风机，空气动力制

动装置安装在叶片上。带有叶尖扰流器的叶片如图6－50所示。它通过叶片形状的改变使风轮的阻力加大。如叶片的叶尖部分旋转80°～90°以产生阻力。叶尖的旋转部分称为叶尖扰流器。

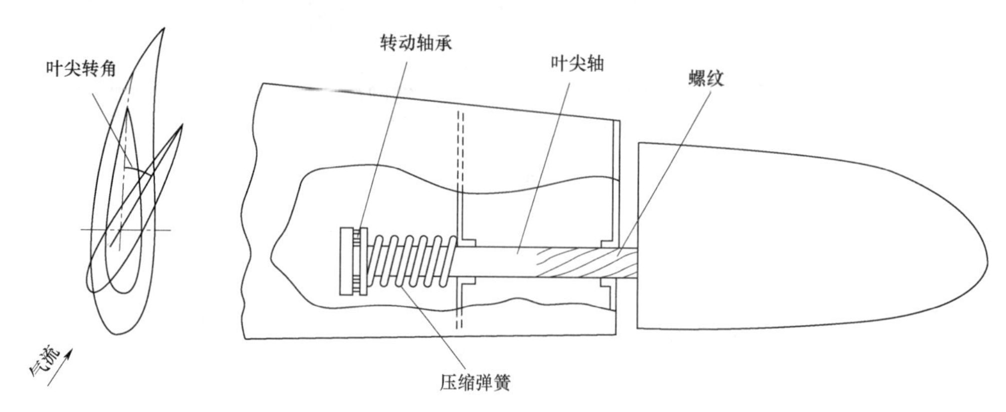

图6－50 带有叶尖扰流器的叶片

当风力机需要制动时，液压系统按控制指令释放扰流器，该叶尖部分在其离心力作用下旋转，形成阻尼板。液压系统故障引起油路失去压力，也将导致扰流器展开而使风轮停止运行。对于普通变桨距（正变距）风力发电机组，可以方便地应用变桨距系统进行制动。在制动时由液压或者伺服电机驱动叶片执行顺桨动作。主动失速型（负变距）风机则用加深失速的方法制动。

6.3.3 安全保护系统

控制系统是风力发电机组核心部件，是风力发电机组安全运行根本保证，所以为了提高风力发电机组运行安全性，必须认真考虑控制系统的安全性和可靠性问题。风电机组运行安全保护主要有以下方面：

（1）大风安全保护：一般风速达到25m/s（10min）即为停机风速，机组必须按照安全程序停机，停机后，风力发电机组必须90°对风控制。

（2）参数越限保护：各种采集、监控的量根据情况设定有上、下限值，当数据达到限定值时，控制系统根据设定好的程序进行自动处理。

（3）过压过流保护：当装置元件遭到瞬间高压冲击和电流过流时所进行的保护。通常采用隔离、限压、高压瞬态吸收元件、过流保护器等。

（4）震动保护：机组应设有三级震动频率保护，震动球开关、震动频率上限1、震动频率极限2，当开关动作时，控制系统将分级进行处理。

（5）开机关机保护：设计机组开机正常顺序控制，确保机组安全。在小风、大风、故障时控制机组按顺序停机。

（6）电网掉电保护：风力发电机组离开电网的支持是无法工作的，一旦有突发故障而停电时，控制器的计算机由于失电会立即终止运行，并失去对风机的控制，控制叶尖气动刹车和机械刹车的电磁阀就会立即打开，液压系统会失去压力，制动系统动作，执行紧急停机。紧急停机意味着在极短的时间内，风机的制动系统将风

机叶轮转数由运行时的额定转速变为零。大型的机组在极短的时间内完成制动过程，将会对机组的制动系统、齿轮箱、主轴和叶片以及塔架产生强烈的冲击。紧急停机的设置是为了在出现紧急情况时保护风电机组安全的。因此，电网故障无须紧急停机。突然停电往往出现在天气恶劣、风力较强时，紧急停机将会对风机的寿命造成一定影响。另外风机主控制计算机突然失电就无法将风机停机前的各项状态参数及时存储下来，这样就不利于迅速对风机发生的故障作出判断和处理。针对上述情况，可以在控制系统电源中加设在线 UPS 后备电源，这样当电网突然停电时，UPS 自动投入，为风电机控制系统提供电力，使风电控制系统按正常程序完成停机过程。

（7）紧急停机安全链保护：系统的安全链是独立于计算机系统的硬件保护措施，即使控制系统发生异常，也不会影响安全链的正常动作。安全链是将可能对风力发电机造成致命伤害的超常故障串联成一个回路，当安全链动作后将引起紧急停机，执行机构失电，机组瞬间脱网，控制系统在 3s 左右将机组平稳停止，从而最大限度地保证机组的安全。发生下列故障时将触发安全链：叶轮过速、机组部件损坏、机组振动、扭缆、电源失电、紧急停机按钮动作。

（8）微机控制器抗干扰保护：风电场控制系统的主要干扰源有：①工业干扰：如高压交流电场、静电场、电弧、可控硅等；②自然界干扰：雷电冲击、各种静电放电、磁爆等；③高频干扰：微波通信、无线电信号、雷达等。这些干扰通过直接辐射或由某些电气回路传导进入的方式进入到控制系统，干扰控制系统工作的稳定性。从干扰的种类来看，可分为交变脉冲干扰和单脉冲干扰两种，它们均以电或磁的形式干扰控制系统。

参考国家（国际）关于电磁兼容（EMC）的有关标准，风电场控制设备也应满足相关要求。如：《工业过程测量和控制装置的电磁兼容性总论》GB/T 13926.1—1992（IEC 801-1）；《工业过程测量和控制装置的电磁兼容性静电放电要求》GB/T 13926.2—1992（IEC 801-1）；《工业过程测量和控制装置的电磁兼容性辐射电磁场要求》GB/T 13926.3—1992（IEC 801-1）；《工业过程测量和控制装置的电磁兼容性电快速瞬变脉冲群要求》GB/T 13926.4—1992（IEC 801-1）。并应通过相关行业标准《电磁兼容试验和测量技术》GB/T 17626（IEC 61000）进行的检测，以保证设备的可靠性。

（9）接地保护。接地保护是非常重要的环节。良好的接地将确保控制系统免受不必要的损害。在整个控制系统中通常采用工作接地、保护接地、防雷接地、防静电接地、屏蔽接地几种接地方式来达到安全保护的目的。接地的主要作用一方面是为保证电器设备安全运行，另一方面是防止设备绝缘被破坏时可能带电而危及人身安全。同时能使保护装置迅速切断故障回路，防止故障扩大。

要使风力发电机组可靠运行，需要在风力发电机组控制系统的保护功能设计上加以重视。在设计控制系统的时候，往往更注重系统的最优化设计和提高可利用率，然而进行这些设计的前提条件却是风力发电机组控制系统的安全保护，只有在确保机组安全运行的前提下，才可以讨论机组的最优化设计、提高可利用率等。因此，控制系统具备完善的保护功能，是风电机组安全运行的首要保证。

6.3.4 防雷系统

雷电是自然界中一种常见的放电现象。关于雷电的产生有多种解释理论，通常我们认为由于大气中热空气上升，与高空冷空气产生摩擦，从而形成了带有正负电荷的小水滴。当正负电荷累积达到一定的电荷值时，会在带有不同极性的云团之间以及云团对地之间形成强大的电场，从而产生云团对云团和云团对地的放电过程，这就是通常所说的闪电和响雷。

具体来说，冰晶的摩擦、雨滴的破碎、水滴的冻结、云体的碰撞等均可使云粒子起电。一般云的顶部带正电，底部带负电，两种极性不同的电荷会使云的内部或云与地之间形成强电场，瞬间剧烈放电爆发出强大的电火花，也就是我们看到的闪电。在闪电通道中，电流极强，温度可骤升至20000℃，气压突增，空气剧烈膨胀，人们便会听到爆炸似的声波振荡，这就是雷声。

而对我们生活产生影响的，主要是近地的云团对地的放电。经统计，近地云团大多是负电荷，其场强最大可达20kV/m。自然界每年都有几百万次闪电。雷电灾害是“联合国国际减灾十年”公布的最严重的十种自然灾害之一。最新统计资料表明，雷电造成的损失已经上升到自然灾害的第三位。全球每年因雷击造成人员伤亡、财产损失不计其数。据不完全统计，我国每年因雷击以及雷击负效应造成的人员伤亡达3000～4000人，财产损失在50亿～100亿元人民币。

1. 雷击造成的危害

(1) 直击雷。带电的云层对大地上的某一点发生猛烈的放电现象，称为直击雷。它的破坏力巨大，若不能迅速将其泻放入大地，将导致放电通道内的物体、建筑物、设施、人畜遭受严重的破坏或损害——火灾、建筑物损坏、电子电气系统摧毁，甚至危及人畜的生命安全。

(2) 雷电波侵入。雷电不直接放电在建筑和设备本身，而是对布放在建筑物外部的线缆放电。

线缆上的雷电波或过电压几乎以光速沿着电缆线路扩散，侵入并危及室内电子设备和自动化控制等各个系统。因此，往往在听到雷声之前，电子设备、控制系统等可能已经损坏。

(3) 感应过电压。雷击在设备设施或线路的附近发生，或闪电不直接对地放电，只在云层与云层之间发生放电现象。闪电释放电荷，并在电源和数据传输线路及金属管道金属支架上感应生成过电压。

雷击放电于具有避雷设施的建筑物时，雷电波沿着建筑物顶部接闪器（避雷带、避雷线、避雷网或避雷针）、引下线泄放到大地的过程中，会在引下线周围形成强大的瞬变磁场，轻则造成电子设备受到干扰，数据丢失，产生误动作或暂时瘫痪。严重时可引起元器件击穿及电路板烧毁，使整个系统陷于瘫痪。

(4) 系统内部操作过电压。因断路器的操作、电力重负荷以及感性负荷的投入和切除、系统短路故障等系统内部状态的变化而使系统参数发生改变，引起的电力系统内部电磁能量转化，从而产生内部过电压，即操作过电压。操作过电压的幅值虽小，但发生的概率却远远大于雷电感应过电压。实验证明，无论是感应过电压还是内部操作过电压，均为暂态过电压（或称瞬时过电压），最终以电气浪涌的方式危及电子设备，包括破坏印刷电路印制线、元件和绝缘过早老化寿命缩短、破坏数据库或使软件误操作，使一些控制元件失控。

（5）地电位反击。如果雷电直接击中具有避雷装置的建筑物或设施，接地网的地电位会在数微秒之内被抬高数万或数十万伏。高度破坏性的雷电流将从各种装置的接地部分，流向供电系统或各种网络信号系统，或者击穿大地绝缘而流向另一设施的供电系统或各种网络信号系统，从而反击破坏或损害电子设备。同时，在未实行等电位连接的导线回路中，可能诱发高电位而产生火花放电的危险。

2. *防雷保护的原理及方法*

（1）传统的防雷方法。传统的防雷方法主要就是直击雷的防护，参见《建筑物防雷设计规范》(GB 50057—1994)，其技术措施可分接闪器、引下线、接地体和法拉第笼。其中接闪器包括避雷针、避雷带、避雷网等金属接闪器。根据建筑物的地理位置、现有结构、重要程度等，决定是否采用避雷针、避雷带、避雷网或其联合接闪方式。

（2）现代防雷保护的原理及方法。德国防雷专家希曼斯基在《过电压保护理论与实践》一书中，给出了现代计算机网络的防雷框图，如图 6-51 所示。

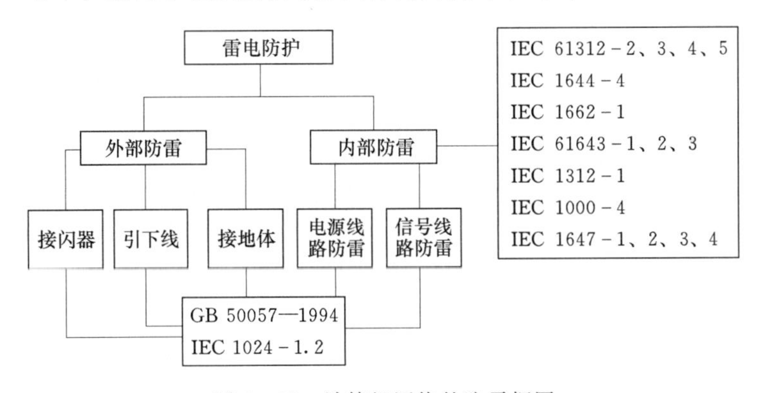

图 6-51 计算机网络的防雷框图

1）外部防雷。外部防雷的作用是将绝大部分雷电流直接引入地下泄散。

外部防雷主要指建筑物的防雷，一般是防止建筑物或设施（含室外独立电子设备）免遭直击雷危害，其技术措施可分接闪器（避雷针、避雷带、避雷网等金属接闪器）、引下线、接地体等。

2）内部防雷。内部防雷——快速泄放沿着电源或信号线路侵入的雷电波或各种危险过电压这两道防线，互相配合，各尽其职，缺一不可。

内部防雷系统主要是对建筑物内易受过电压破坏的电子设备（或室外独立电子设备）加装过压保护装置，在设备受到过电压侵袭时，防雷保护装置能快速动作泄放能量，从而保护设备免受损坏。内部防雷又可分为电源线路防雷和信号线路防雷。

3）电源线路防雷。电源防雷系统主要是防止雷电波通过电源线路对计算机及相关设备造成危害。为避免高电压经过避雷器对地泄放后的残压过大或因更大的雷电流在击毁避雷器后继续毁坏后续设备，以及防止线缆遭受二次感应，应采取分级保护、逐级泄流的原则。一是在电源的总进线处安装放电电流较大的首级电源避雷器，二是在重要设备电源的进线处加装次级或末级电源避雷器。

4）信号线路防雷。由于雷电波在线路上能感应出较高的瞬时冲击能量，因此要求信号设备能够承受较高能量的瞬时冲击，而目前大部分信号设备由于电子元器件的高度集成化而致耐过压、耐过流水平下降，信号设备在雷电波冲击下遭受过电压而损坏的现象越来越多。

风力发电机组都是安装在野外广阔的平原地区或半山地丘陵地带或沿海地区。风力发电设备高达几十米甚至上百米，导致其极易被雷击并直接成为雷电的接闪物。由于风机内部结构非常紧凑，无论叶片、机舱还是塔架受到雷击，机舱内的电控系统等设备都有可能受到机舱的高电位反击。在电源和控制回路沿塔架引下的途径中，也可能受到高电位反击。实际上，对于处于旷野之中高耸物体，无论怎么样防护，都不可能完全避免雷击。因此，对于风力发电机组的防雷来说，应该把重点放在遭受雷击时如何迅速将雷电流引入大地，尽可能地减少由雷电导入设备的电流，最大限度地保障设备和人员的安全，使损失降低到最小的程度。风力发电机组雷电安全保护系统如图6-52所示。

当雷电击中电网中的设备后，大电流将经接地点泄入地网，使接地点电位大大升高，若控制设备接地点靠近雷击大电流的入地点，则电位将随之升高，会在回路中形成共模干扰，引起过电压，严重时会造成相关设备绝缘击穿。

根据国外风场的统计数据表明，风电场因雷击而损坏的主要风电机部件是控制系统和通信系统。雷击事故中的40%～50%涉及风电机控制系统的损坏，15%～25%涉及通信系统，15%～20%涉及风机叶片，5%涉及发电机。我国一些风场统计雷击损坏的部件主要也是控制系统和监控系统的通信部件。这说明以电缆传输的4～20mA电流环通信方式和RS485串行通信方式由于通信线长，分布广，部件多，最易受到雷击，而控制部件大部分是弱电器件，耐过压能力低，易造成部件损坏。防雷是一个系统工程，不能仅仅从控制系统来考虑，需要在风电场整体设计上考虑，采取多层防护措施。

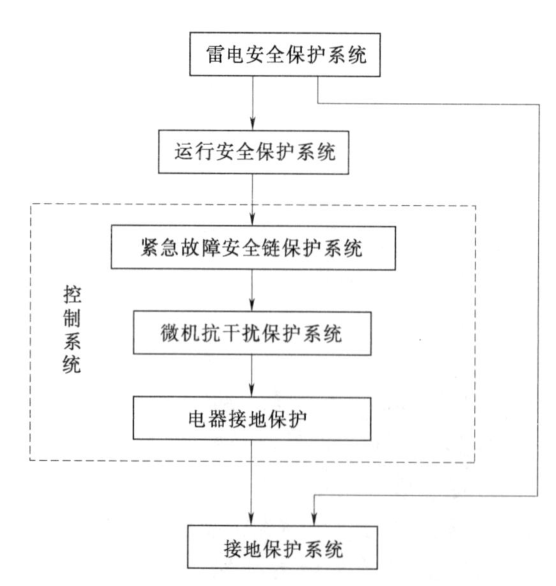

图6-52 风力发电机组雷电安全保护系统

3. 雷电保护区域的划分

（1）雷电保护区LPZOA。该

区内的各物体都可能遭受直接雷击，同时在该区内雷电产生的电磁场能自由传播，没有衰减。

(2) 雷电保护区 LPZOB。该区内的各种物体在接闪器保护范围内，不会遭受直接雷击，但该区内的雷电电磁场因没有屏蔽装置，雷电产生的电磁场也能自由传播，没有衰减。

(3) 雷电保护区 LPZi ($i=1$, 2, …)。当需要进一步减少雷电流和电磁场时，应引入后续防雷区，并按照需要保护的系统所需求的环境选择后续防雷区的要求条件。

1.5MW 风力发电机组从叶尖到机组基础，各部分均采用了严密的防雷击保护措施，风力发电机组防雷保护区示意图如图 6-53 所示。防雷按照 IEC61024 标准所规定的 I 级保护等级要求，参照执行 IEC 61400-24、DIN VDE 0127、GB 50057—1994 等标准金风 1.5MW 风力发电机组的防雷系统，根据相应的防雷标准，将风力发电系统的内外部分分了多个电磁兼容性防雷保护区。其中，在机舱、塔身和主控室内外可以分为 LPZ0、LPZ1 和 LPZ2 三个区，如图 6-53 所示。针对不同防雷区域采取有效的防护手段，主要包括雷电接受和传导系统、过电压保护和等电位连接等措施，这些都充分考虑了雷电的特点而设计。

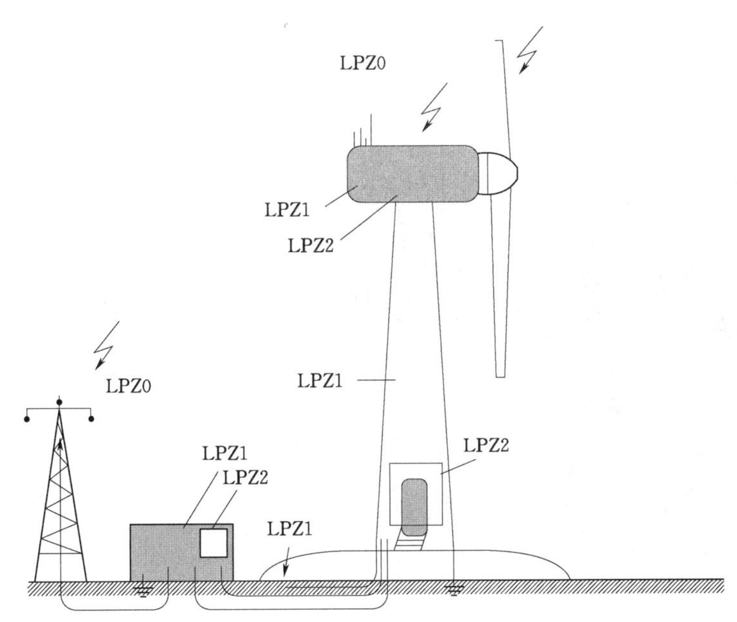

图 6-53 风电机组防雷保护区示意图

作为风力发电机组中位置最高的部件，叶片是雷电袭击的首要目标，同时叶片又是风力发电机组中最昂贵的部件，因此叶片的防雷击保护至关重要。研究结果表明叶片的完全绝缘不能降低被雷击的风险而只能增加受损伤的程度，还有在很多情况下雷击的位置在叶尖的背面。根据《风力发电机组防雷击保护》(IEC 61400-24) 标准的要求，对叶片进行防雷击设计。在叶片叶尖部位安装一个金属接闪器，用铜质电缆导线把叶尖接闪器和轮毂部位的防雷引下线可靠地连接，叶片防雷结构如图6-54所示。

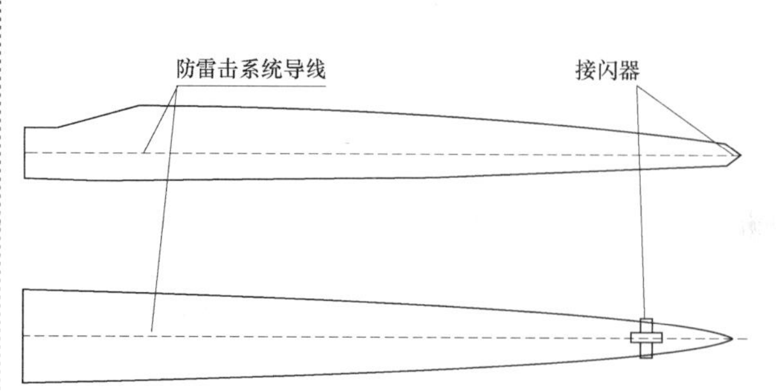

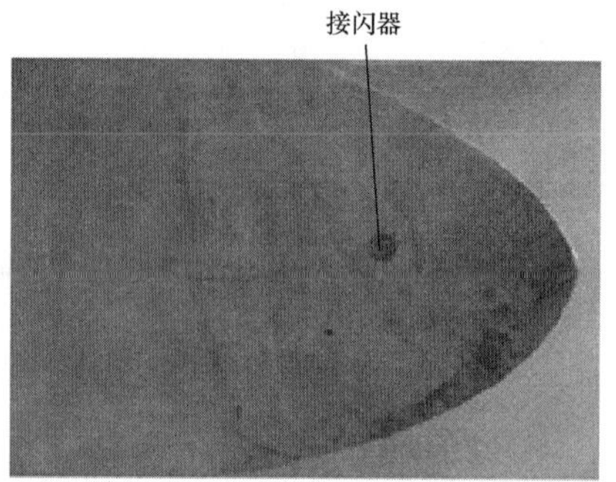

图 6-54 叶片防雷结构图

雷电从接闪器通过导引线导入叶片根部的金属法兰，通过轮毂、主轴传至机舱，再通过偏航轴承和塔架最终导入接地网。

机舱底板与上段塔架之间、塔架各段之间塔架除本身螺栓连接之外还增加了导体（导体为辫子）连接，机舱底板与上段塔架之间、塔架各段的防雷装置如图 6-55 所示。机舱底座为球墨铸铁件，机舱内的零部件都通过接地线与之相连，接地线尽可能地短直。雷电流通过塔架和铜缆经基础接地传到大地中。

在机舱的后部还有一个避雷针（风向标支架），如图 6-56 所示，避雷针用作保护风速计和风标免受雷击，在遭受雷击的情况下将雷电流通过接地电缆传到机舱底座，避免雷电流沿信号及传动系统的传导。

图 6-55 机舱底板与上段塔架之间、塔架各段之间的防雷装置

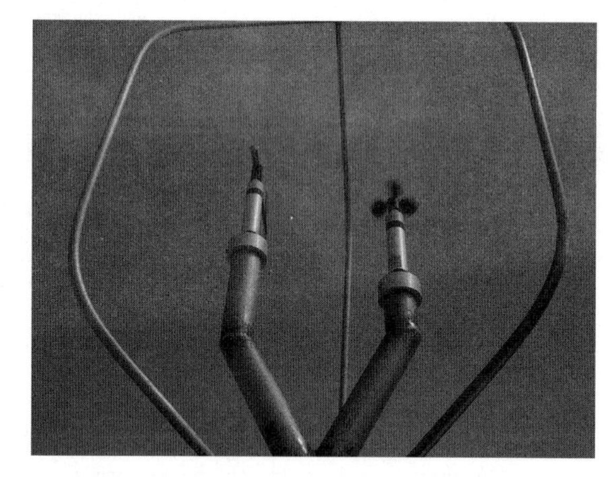

图 6-56 机舱顶部防雷装置

在风向标风速仪信号输出端加装信号防雷模块防护，残余浪涌电流为 20kA（8/20μs），响应时间小于等于 500ns，风向标风速仪防雷模块如图 6-57 所示。

变压器输出端防雷模块和电网逆变器防雷模块如图 6-58 所示。

轮毂的防雷：轮毂雷电保护装置在变桨装置中的具体位置如图 6-59 所示，在大齿圈下方偏左一个螺栓孔的位置装第一个保护爪，然后 120 等分安装另外两个雷电保护爪。

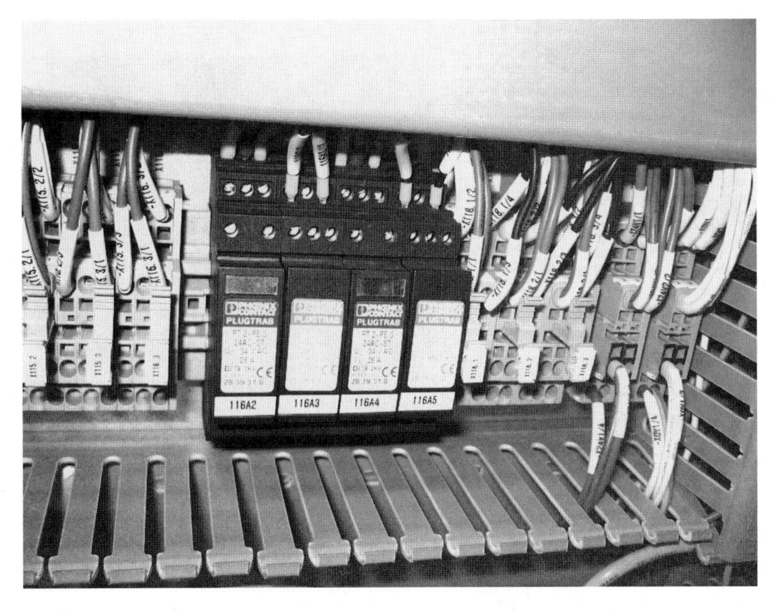

图 6-57 风向标风速仪防雷模块

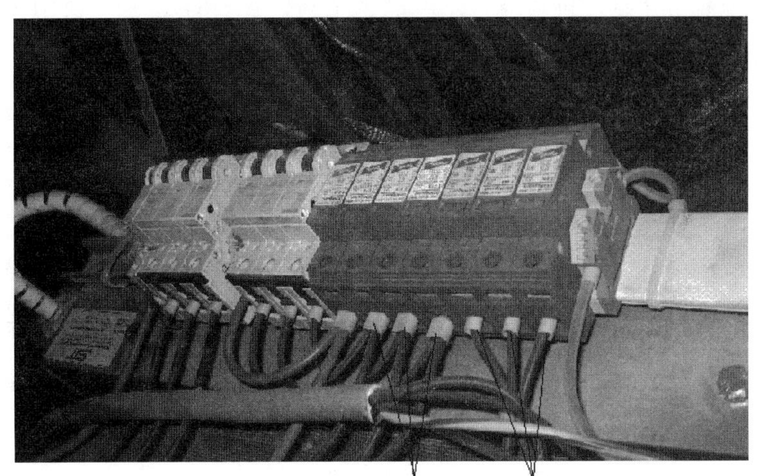

图 6-58 变压器输出端防雷模块和电网逆变器防雷模块

雷电保护爪主要由三部分组成，按照安装顺序从上到下依次是垫片压板，碳纤维刷和集电爪。轮毂防雷示意图如图 6-60 所示。

图 6-59 轮毂雷电保护装置

4. 雷电保护装置的基本维护

(1) 检查雷电保护装置的表面清洁。

(2) 检查碳刷纤维的是否完好。

(3) 检查雷电保护装置螺栓的紧固

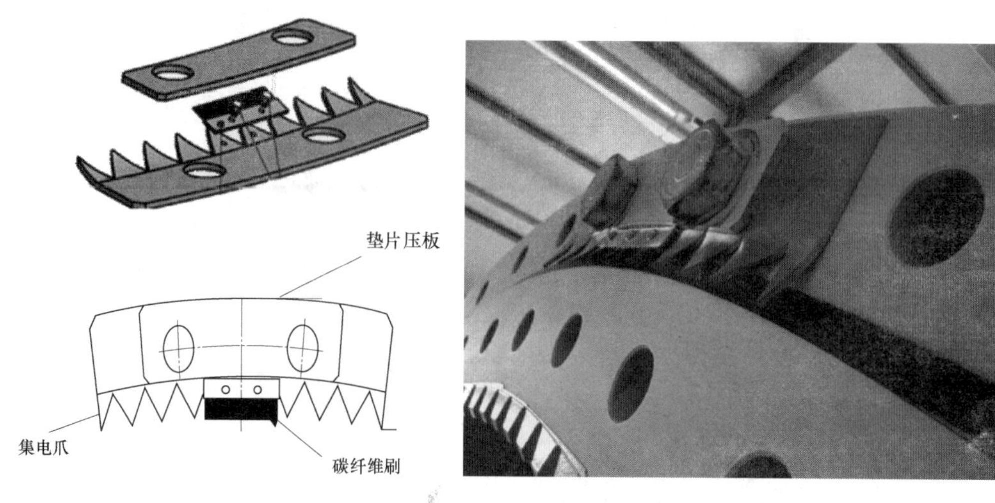

图 6-60 轮毂防雷示意图

安全链回路关键组成部件

6.3.5 安全链

安全链是独立于计算机系统的软硬件保护措施。采用反逻辑设计，将可能对风力发电机组造成致命伤害的故障节点串联成一个回路：紧急停机按钮（控制柜）、发电机过速模块（开关）、扭缆开关、来自变桨安全链的信号、紧急停机按钮（机舱）、震动开关、PLC过速信号和总线正常信号，其中任一个动作发生，将引起紧急停机过程，使主控系统和变流系统处于闭锁状态。安全系统安全链结构如图6-61所示。

振动开关安装在机舱底板上。当底板出现过大振动时，该装置会给控制器发出一个信号，安全链断开，机组执行紧急停机并给出故障信息。过速保护通过过速保护模块 overspeed 控制，叶轮转速（即发电机转速）超过一定范围，过速保护模块 overspeed 内的继电器断开节点，使安全链断。扭缆开关是用来保护电缆的，当电缆向同一方向累计扭转超过设定圈数时扭缆开关动作，安全链断。当变桨系统出现故障时，来自变桨安全链的信号消失，使安全链断。

从图6-61中我们可以看出，变桨系统通过每个变桨柜中的K4继电器的触点来影响主控系统的安全链，而主控系统的安全链是通过每个变桨柜中的K7继电器的线圈来影响变桨系统。变桨的安全链与主控的安全链相互独立而又相互影响。当主控系统的安全链上一个节点动作断开时，安全链到变桨的继电器-115K3线圈失电，其触点断开，每个变桨柜中的K7继电器的线圈失电触点断开，变桨系统进入到紧急停机的模式，迅速向90°顺桨。当变桨系统出现故障（如变桨变频器OK信号丢失、90°限位开关动作等）时，变桨系统切断K4继电器上的电源，K4继电器的触点断开，使来安全链自变桨的继电器-115K7线圈失电，其触点断开，主控系统的整个安全链也断开。同时，安全链到变桨的继电器-115K3线圈失电，其触点断开，每个变桨柜中的K7继电器的线圈失电触点断开，变桨系统中没有出现故障

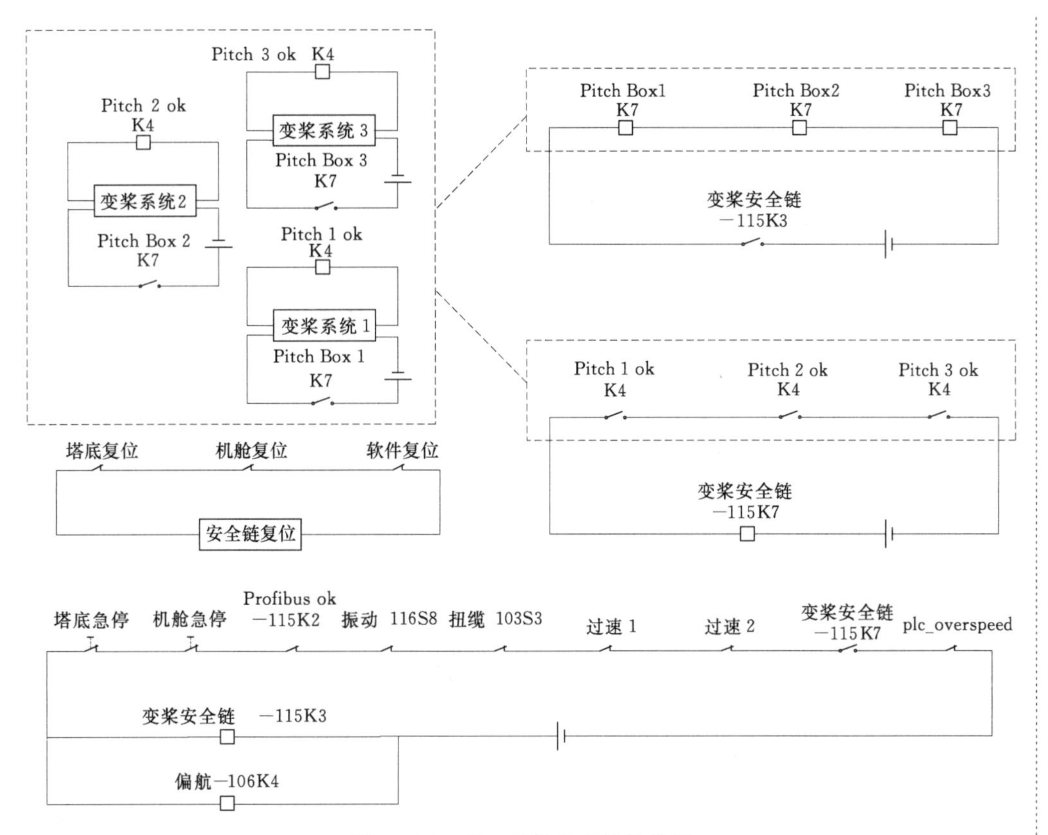

图 6-61　安全系统安全链结构图

的叶片的控制系统进入到紧急停机的模式，迅速向 90°顺桨。这样的设计使安全链环环相扣，能最大限度地对机组起到保护作用。

第7章 变 流 系 统

第7章课件

随着风力发电机组单机容量的不断增大，其核心部件——变流器的功率等级也在不断增大。目前，风电场两大主流机型：双馈异步风力发电机组配备的部分功率变流器和直驱永磁同步风力发电机组配备的全功率变流器。变流系统的出现为风力发电提供了新的契机，一方面提高了风能的利用率，另一方面也明显改善了并网电能的质量。

7.1 变 流 器

变流器是使电源系统的电压、频率、相数和其他电量或特性发生变化的电气设备。变流器一般是由电力电子元件实现的，作用是实现功率的传递。电力电子器件是实现电源变换与控制的基础器件。

变流器作用

7.1.1 电力电子器件

电力电子器件被广泛应用于处理电能的主电路中，电力电子器件的主要特征：①电力电子器件处理的电功率大小，是其主要的特征参数，它的处理能力小至几毫瓦，大至几兆瓦，一般远大于处理信息电路信号的电子器件；②由于电力电子器件处理的功率级别大，为减少自身损耗，电力电子器件往往工作在开关状态；③在实际应用中，一般由信息电子来控制电力电子器件，由于电力电子器件所处理的电功率较大，因此需要驱动电路对控制信号进行放大和隔离。

7.1.2 电力电子器件的分类

电力电子器件可以按照可控性或驱动信号的类型来分类。

1. 按可控性分类

根据驱动（触发）电路输出的控制信号对器件的控制程度，可将电力电子器件分为不控型、半控型和全控型三种器件。

（1）不控型器件。不能用控制信号控制其导通和关断的电力电子器件。如电力二极管，这类器件不需要驱动电路，其特征与信息电子电路中的二极管一样，器件的导通和关断完全由器件所承受的电压极性或电流大小决定。

（2）半控型器件。可以通过控制极（门极）控制器件导通，但不能控制其关断的电力电子器件。主要有晶闸管及其大部分派生器件，器件一般依靠其在电路中承受反向电压或减小通态电流使其恢复关断。

（3）全控型器件。既可以通过器件的控制极（门极）控制其导通，又可以控制

其关断的器件。主流全控型器件主要有功率晶体管、绝缘栅双极型晶体管、门极关断晶闸管和电力场效应晶体管等。由于这类器件可以通过控制极控制其关断，又称为自关断器件。

2. 按驱动信号类型分类

根据电力电子器件控制极对驱动信号的不同要求，可将电力电子器件分为电流驱动型和电压驱动型两种。

（1）电流驱动型。通过对控制极注入或流出电流，实现其开通或关断的电力电子器件称为电流驱动型器件，如晶闸管、功率晶体管、门极关断晶闸管等。

（2）电压驱动型。通过对控制极和另一主电极之间施加控制电压信号，实现其开通或关断的电力电子器件称为电压驱动型器件，如绝缘栅双极晶体管。

7.1.3 电力电子技术

变流器主电路包括整流电路、逆变电路、交流变换电路和直流变换电路，除了主电路之外，还需有控制功率开关元件通断的触发电路（或称驱动电路）和实现对电能调节、控制的控制电路。变流器的触发电路包括脉冲发生器和脉冲输出器两部分。前者根据控制信号的要求产生一定频率、一定宽度或一定相位的脉冲，后者将此脉冲的电平放大为适合变流器中功率开关元件需要的驱动信号。

触发电路按控制的功能可分为相控触发电路（用于可控整流器、交流调压器、直接降频器和有源逆变器）和斩控触发电路和频控触发电路。采用正弦波的频控电路不仅能控制逆变器的输出电压，还能改善输出电压的质量。变流器的控制电路按控制方式分开环控制电路和闭环控制电路。前者主要用在要求不高的一些专用设备，后者具有自动控制和调节的作用，广泛应用在各种工作机械上。

按控制信号性质分模拟控制电路和数字控制电路。模拟信号最常采用的是直流电压和电流，便于用电的方法加以处理和变换；数字信号是一组信息参量具有离散值的不连续变化的信号。数字控制具有高精度，但电路较为复杂，价格较高。因此，实际上广泛应用的是数字模拟混合式控制电路。常见的电力变流器有：①整流器，用于交流到直流的变流；②逆变器，用于直流到交流的变流；③交流变流器，用于交流变流；④直流变流器，用于直流变流。

整流器、逆变器、变频器等变流器，运行过程中一方面产生谐波电流污染电网，另一方面输出电压含高次谐波向空间辐射高频电磁波，污染电磁环境。因此，使用变流器，尤其是大功率变流器时，应采取必要的谐波抑制及谐波治理。

1. AC－DC 变换

将交流电变换成直流电的过程称为 AC－DC 变换或整流。传统的整流电路是利用二极管或晶闸管的单向导电性，将交流电变换成直流电的电路，是电力电子技术最早推广应用的电路类型。实现整流的电力半导体器件，连同辅助元器件及控制系统称之为整流器或 AC－DC 变流器。现代整流器出现了采用 PWM 控制技术与全控型器件相结合的拓扑结构，具有 AC－DC/DC－AC 双向变换功能，整流电路通常指实现电能转换的主电路拓扑，它的类型很多，按使用的器件类型可分为不控整流、

相控整流和PWM斩波整流三类。

（1）二极管整流器——不控整流。因为二极管是不可控器件，所以整流电路的输出电压也是不可控的，其大小取决于输入电压和电路的形式，主要为需要固定直流电压的负载供电。

（2）晶闸管整流器——相控整流。由于晶闸管是半控器件，通过控制门极的触发延迟角，就能控制晶闸管的导通时刻。达到控制输出电流电压的目的，同时将输入的交流电整流成可控的直流电，提供给要求电压连续可变的负载。

（3）PWM整流器。随着电力电子设备的大量应用，谐波、低功率因数对电网的危害日益严重，为改善电网质量、提高电能利用效率，一种新的脉宽调试型高频开关模式整流器投入实际应用。PWM整流器具有网侧功率因数高、谐波含量低的特点，可AC-DC/DC-AC双向变换，可利用一套电源进行正、反向整流，逆变的四象限运行。与传统的二极管不控整流和晶闸管相控整流相比，具有网侧电流畸变小，功率因数任意可控等优点。三相电压型PWM整流器结构如图7-1所示。PWM整流器的种类繁多，根据电路拓扑结构和外特性，PWM整流器可分为电压型和电流型。无论是电流型还是电压型PWM整流器，都属于能量可双向流动的AC-DC/DC-AC变流器，既可运行于整流状态，也可运行于逆变状态。

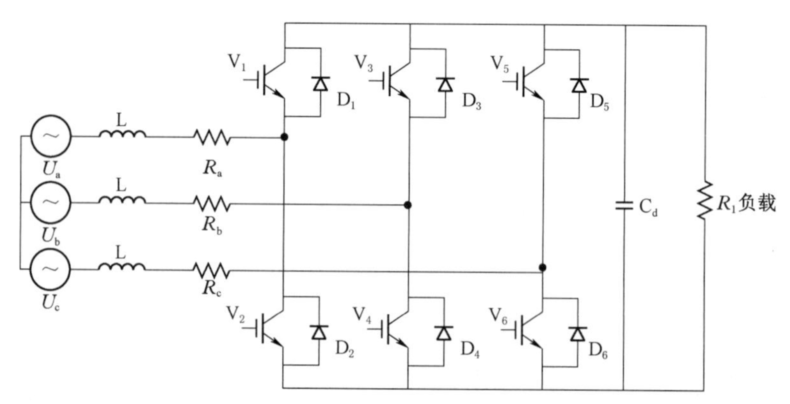

图7-1　三相电压型PWM整流器结构

2. DC-DC变换电路

DC-DC变流器的功能是将一种直流电变换成另外一种固定或可调电压的直流电，又称为直流斩波器。按输入输出间是否有电气隔离可分为不隔离式和隔离式直流变换器两种。不隔离式直流变换器按开关器件个数又可分为单管、双管和四管三类。常用的单开关器件直流变换器主要有六种：降压型变换器、升压型变换器、降—升压型变换器和三种升—降/降—升压型变换器。双开关器件DC-DC变换器有两级串接升压型和半桥式变换器。四开关器件的变换器主要是全桥式DC-DC变换器。隔离式变换器也分为单开关管和双开关管两种，单开关管有单端正激式变换器和单端反激式变换器两种。

3. DC-AC变换电路

常用的DC-AC逆变器有电压型逆变器、电流型逆变器、单相半桥逆变器、单

相全桥逆变器、三相桥式逆变器。

4. AC－AC 变换电路

AC－AC 变换器分为两大类：一类是频率不变而仅改变电压大小的 AC－AC 电压变换器，又称为交流斩波调压器或交流电压控制器，另一类是直接将一定频率的交流电变换为较低频率交流电的相控式 AC－AC 直接变换器，在直接变频的同时也可实现电压变换，实现降频降压变换。

5. 风力发电机组变流器的应用技术

支撑风电机组大功率变流器的主要技术有：

（1）正弦脉宽调制技术。正弦脉宽调制的基本原理是将参考波形与输出调制波形进行比较，并根据两者比较结果确定逆变桥臂的开关状态。采用 SPWM 整流器作为 AC－DC 变换的 SPWM 逆变器，就是所谓的双 SPWM 变流器。它具有输入电压、电流频率固定，波形均为正弦波，功率因数接近 1，输出电压、电流频率可变，电流波形也为正弦波的特点。这种变流器可实现四象限运行，从而达到能力双向流动。

（2）大功率变流技术。由于大功率风力发电机组的风能利用率高，经济效益好，风力发电机组的容量不断增大。而半导体开关功率器件受电压等级和额定电流的制约，容量有限，无法满足大功率的要求，必须采取技术手段来解决工程需要。主要技术方法有：

1）采用器件串联技术来提高电压等级。

2）采用器件并联技术来提高逆变器的输出电流。

3）采用模块并联技术。模块并联就是用小额定工作电流的器件并联使用，已完成大电流控制任务。模块有利于批量生产，方便维修。逆变器模块的并联必须考虑环流河均流问题。

（3）多重化技术。多重化技术是指在电压源型变流器中，为减少谐波，提高功率等级，将输出的 PWM 波错位叠加，使输出波形更加接近正弦波。

（4）低电压穿越技术。电网运行规则要求，当电网发生故障如电压跌落时，风力发电机组仍需要保持与电网的连接，只有故障严重时才允许脱网，这就要求风力发电机组具有较强的低电压穿越能力。电压跌落时，在发电机的转子侧会产生过电压和过电流，过电流会损坏变流器，而过电压会损坏发电机的转子绕组。为了保护逆变器，必须采用过电压和过电流保护措施。

（5）计算机软件控制技术。风力发电机组变流器的组成除了电子和电气元件构成的硬件系统外，还利用机组控制器或专门的计算机芯片对硬件系统进行控制，计算机软件具有便于修改和设计的优点。

目前，风力发电机组变流器主要有两种：一种是部分功率变流器，以双馈异步风力发电机组为代表；另一种是全功率变流器，以直驱式风力发电机组为代表，下面分别介绍。

1）双馈异步风力发电机组变流器的组成。我国风电装机容量的快速增长为我国风电变流器产业的发展提供了强大动力。变流器通过对双馈异步风力发电机的转

子进行励磁，使得双馈发电机的定子侧输出电压的幅值、频率和相位与电网相同，并且可根据需要进行有功和无功的独立解耦控制。变流器控制双馈异步风力发电机实现软并网，减小并网冲击电流对电机和电网造成的不利影响。

变流器采用三相电压型交—直—交双向变流器技术，核心控制采用具有快速浮点运算能力的“双 DSP 的全数字化控制器”。在发电机的转子侧变流器实现定子磁场定向矢量控制策略，电网侧变流器实现电网电压定向矢量控制策略。系统具有输入输出功率因数可调、自动软并网和最大功率点跟踪控制功能。功率模块采用高开关频率的 IGBT 功率器件，保证良好的输出波形。这种整流逆变装置具有结构简单、谐波含量少等优点，可以明显地改善双馈异步发电机的运行状态和输出电能质量。这种电压型交-直-交变流器的双馈异步发电机励磁控制系统，实现了基于风机最大功率点跟踪的发电机有功和无功的解耦控制，是双馈异步风力发电机组的一个代表方向。

双馈式机组变流器位于绕线转子异步发电机的转子和电网之间，其功率大小约为发电机功率的 30%，相对于全功率变流器，该方式减小了变流损失，降低了变流器的成本。双馈变流器由配电部分、主控部分、进线滤波部分、网侧变流器、转子侧变流器和 crowbar 保护电路组成，变流器内部结构如图 7－2 所示。配电部分主要为并网断路器、防雷保护电路、辅助电源电路等，各整机集成厂商对此部分都可能有不同的要求，而其他部分通常是变流器制造商的标准配置。

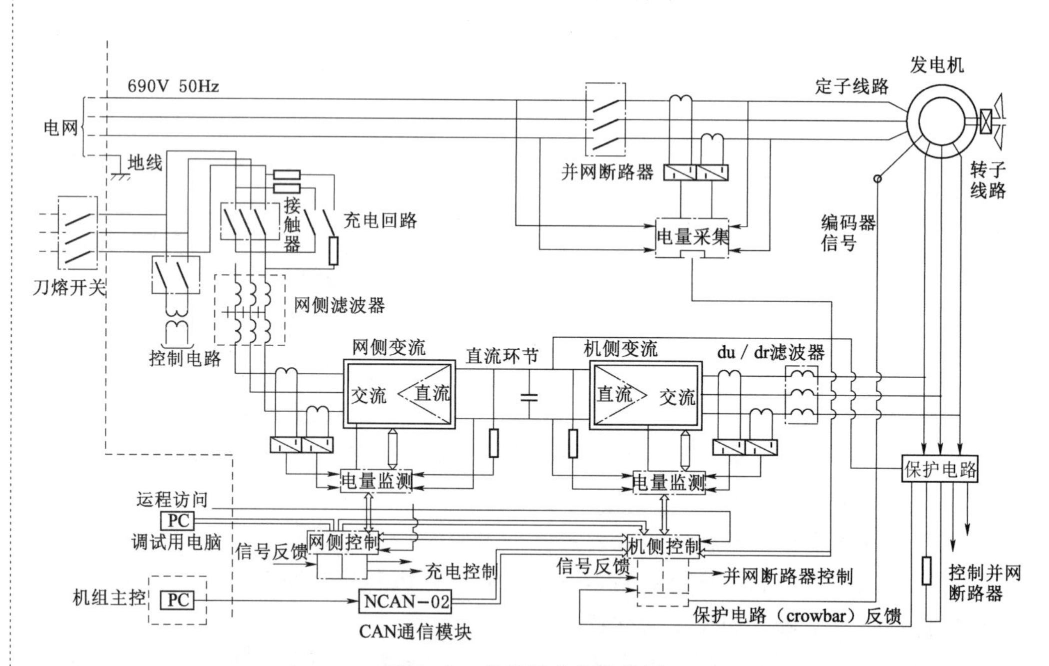

图 7－2　变流器内部结构图

主控部分是整个变流器的控制核心，负责对风力发电机组控制器和用户 PC 的通信、对网侧变流器和转子侧变流器的控制、对并网断路器的控制以及监测变流器的状态并做出及时的响应。

进线滤波部分承担着网侧低通滤波的任务，使变流器的输入/输出电流能正弦化，减小高频谐波的影响。此外，这部分还有使变流器直流电容预充电的功能，避免变流器投入工作时的瞬间冲击电流。

网侧变流器是直流电压和电网之间的过渡，其作用是使直流过渡电压不受转子功率大小及方向的影响。转子侧变流器控制着转子电流的幅值和相位，从而控制发电机的转矩和功率因数。转子侧输出经过 du/dt 滤波器连接发电机转子，du/dt 滤波器起到抑制电压瞬变和峰值的作用。

crowbar 保护电路在电网或发电机出现意外故障时起作用，当电网或发电机定子出现短路时，将造成转子电压瞬间上升，crowbar 电路能吸收这部分瞬间能量以保护发电机和变流器。如以全控电力器件构建 crowbar 电路并配以后背 UPS 电压，则可以实现电网低电压穿越。

2）全功率变流器的组成。直驱式风力发电机组一般采用全功率变流器，实现电机与电网的“解耦控制”。全功率变流器也是一个双 PWM 变流器，硬件构成体系与双馈异步风力发电机组变流器并无太大不同，只是在发电机侧连接的是定子绕组，而双馈异步风力发电机连接的是转子绕组。此外一般全功率变流器不配备 crowbar 保护电路，但全功率变流器需要在直流环节配备可控的泄放电阻以适应电网低电压穿越的要求。

由于全功率变流器的换流器容量大，所以在架构上可以采取多路并联的方式，全功率变流器结构如图 7－3 所示。图 7－3 所示的全功率器结构中就采用了三个通道的并联。值得提出的是，风力发电机组使用的兆瓦级永磁同步发电机通常采用多相绕组，以减小直流侧的电压波动，于是变流器也可采用每个通道对应一组发电机三相绕组的接法。在变流器与发电机定子绕组间配备一个开关，防止在维修时，由于永磁发电机自由运转而在发电机定子绕组产生的空载电动势造成人身伤害。

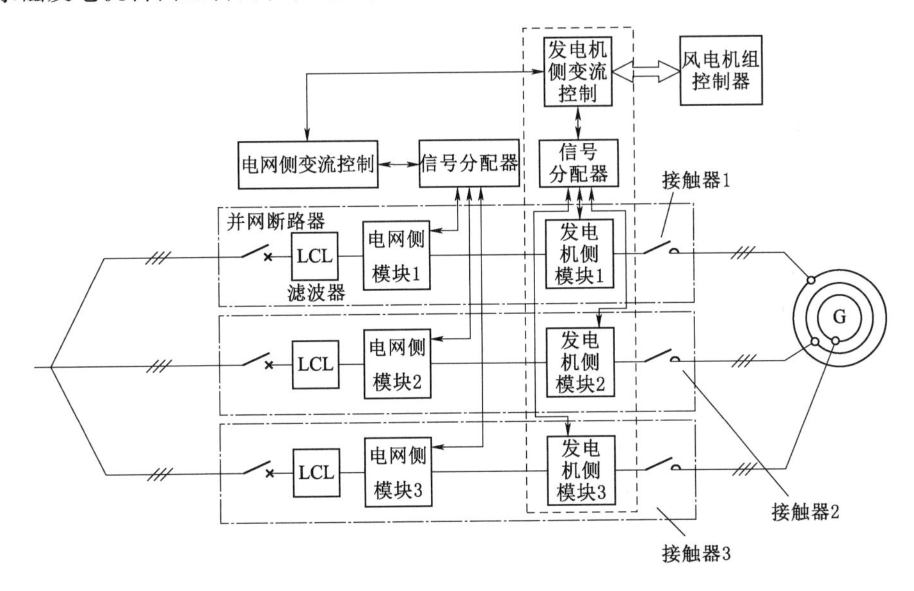

图 7－3　全功率变流器结构

变流器是风力发电机组中的一个执行元件，受风力发电机组控制系统的控制，变流控制的实现通常有两种方法，矢量控制或者直接转矩控制。这两种方法均能满足风力发电机组的要求。矢量控制变流技术被大多数变流器制造商所采用，其实质是通过坐标变换将异步电机转换为等效的直流电机，从而独立控制电流的励磁分量和转矩分量，使异步电机获得能和直流电机相媲美的动态控制性能。直接转矩控制变流器技术的特点是不需要模仿直流电机的控制，而是直接在电机定子坐标系下分析交流电机的数学模型，从而控制磁链和转矩。因此，直接转矩控制需要的信号处理工作简单，控制方法直接，能获得转矩的高动态性能，转矩相应比矢量控制更快。

7.2　调　制　技　术

由于全控型电力半导体器件的出现，不仅使得逆变电路的结构大为简化，而且在控制策略上与晶闸管类的半控型器件相比，也有着根本的不同，由原来的相位控制技术改变为脉冲宽度控制技术（pulse width modulation，PWM）。PWM 技术可以极其有效地进行谐波抑制，在频率、效率各方面有着明显的优点使逆变电路的技术性能与可靠性得到了明显的提高。采用 PWM 方式构成的逆变器，其输入为固定不变的直流电压，可以通过 PWM 技术在同一逆变器中既实现调压又实现调频。由于这种逆变器只有一个可控的功率级，简化了主回路和控制回路的结构，因而体积小、质量轻、可靠性高。又因为集调压、调频于一身，所以调节速度快、系统的动态响应好。并且，采用 PWM 技术不仅能提供较好的逆变器输出电压和电流波形，而且提高了逆变器对交流电网的功率因数。

1. 正弦波脉宽调制

工程实际中应用最多的是正弦波脉宽调制（sinusoidal pulse width modulation，SPWM）。它是在每半个周期内输出若干个宽窄不同的矩形脉冲波，每一矩形波的面积近似对应正弦波各相应每一等份的正弦波形下的面积，可用一个与该面积相等的矩形来代替，于是正弦波形所包围的面积可用 N 个等幅不等宽的矩形脉冲面积之和来等效。各矩形脉冲的宽度可由理论计算得出，但在实际应用中常由正弦调制波和三角形载波相比较的方式来确定脉宽。因为等腰三角形波的宽度自上向下是线性变化的，所以当它与某一光滑曲线相交时，可得到一组幅值不变而宽度正比于该曲线函数值的矩形脉冲。若使脉冲宽度与正弦函数值成比例，则也可生成 SPWM 波形。

在进行脉宽调制时，使脉冲系列的占空比按正弦规律来安排。当正弦值为最大值时，脉冲的宽度也最大，而脉冲间的间隔则最小。反之，当正弦值较小时，脉冲的宽度也小，而脉冲间的间隔则较大。这样的电压脉冲系列可以使负载电流中的高次谐波成分大为减小，称为正弦波脉宽调制。SPWM 方式的控制方法可分为多种。从实现的途径可分为硬件电路与软件编程两种类型。而从工作原理上则可按调制脉冲的极性关系和控制波与载波间的频率关系来分类。按调制脉冲极性关系可分为单

极性 SPWM 和双极性 SPWM 两种。

2. 空间矢量调制

空间矢量调制（SVM）是感应电机和永磁同步电机（PMSM）磁场定向控制的常用方法。空间矢量调制产生脉宽调制信号控制逆变器的开关，由此产生所需的调制电压，以所需的速度或转矩驱动电机。空间矢量调制也称为空间矢量脉宽调制（space vector pulse width modulation，SVPWM）。它是建立在交流异步电机磁场理论基础上的一种调制策略，基本思想是以三相对称正弦波电压供电时三相对称电机定子的理想磁链圆为基准，由三相逆变器不同的开关模式所产生的实际磁链矢量去逼近基准磁链圆，并由它们比较的结果决定逆变器的开关状态，电压空间矢量图如图 7－4 所示。现在 SVPWM 技术的使用范围已经不再仅仅局限于电机应用场合，而是一种能够普遍应用的 PWM 技术。相对于 SPWM 技术，SVPWM 技术具有以下优点：①直流电压的利用率比 SPWM 提高 15%；②采用最小开关损耗方式调制时，开关器件的开关损耗降低 1/3；③调制方法便于数字实现。

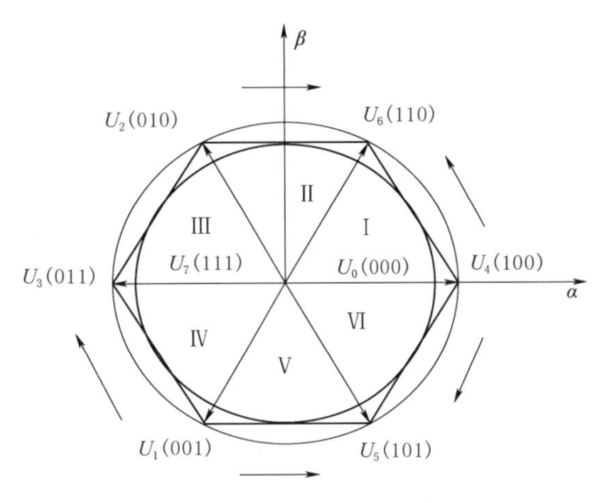

图 7－4 电压空间矢量图

空间矢量调制在二电平逆变器和三电平 NPC 逆变器中得到了广泛的研究和应用，在二电平逆变器中的应用较为成熟。但随着电平数的增加，逆变器空间电压矢量数目急剧增加，增加了 SVPWM 方法选择空间电压矢量的难度，多电平 SVPWM 方法大多都比较复杂，实现起来需要较多的计算时间。因此，在大功率场合，特别是多电平场合，还要综合电容稳压等因素来选择电压矢量。

7.3 双 PWM 变流器

在交流励磁变速恒频风力发电系统中，DFIG 采用电力电子变流器作为转子的励磁电源。DFIG 的运行控制是通过其转子变流器实现的。根据机组的转速调节转子电流的频率，实现变速恒频输出，通过控制转子电流的 m、t 轴分量，实现 DFIG 的 P、Q 解耦控制和最大风能追踪运行。由此可知，高质量的转子励磁变流器是保证 DFIG 乃至整个风力发电系统正常运行的关键。

交流励磁变速恒频风力发电系统的运行特点，决定了 DFIG 对励磁变流器特有的要求：

（1）根据 DFIG 的功率关系可知，转子侧的能量流向与 DFIG 运行状态有关。亚同步运行时，能量从电网流向转子；超同步运行时，能量从转子流向电网。因

此，作为DFIG转子励磁电源的变流器，必须具有能量双向流动的能力。

(2) 从DFIG的运行原理可知，由于采用了电力电子装置励磁，器件开关动作所形成的转子侧谐波可以通过定、转子的耦合在定子侧被放大，影响DFIG输出电能的质量。为改善风力发电系统输出电能质量，主要途径就是优化变流器输出性能，消除励磁电压中的谐波成分。此外，由于励磁变流器连接于电网和DFIG转子之间，可以视为电网的一种非线性负载，还会对电网直接造成谐波污染。因此，必须从调制和控制角度优化变流器的输入、输出特性。

(3) 风力发电系统在无功功率方面对变流器有一定的要求：一方面，不希望变流器从电网吸收无功功率；另一方面，为了建立额定气隙磁通，DFIG转子需要吸收一定的无功功率，尤其当DFIG向负载输出感性无功功率时，转子需要的无功功率更大。这都需要变流器具备提供一定容量无功功率的能力。

综上所述，交流励磁变速恒频风力发电系统要求励磁变流器首先应是一种"绿色"变流器，谐波污染小，输入、输出特性好。其次应具有功率双向流动的功能，最后还要能在不吸收电网无功功率的情况下具备产生无功功率的能力。

目前适用于DFIG的励磁变流器主要有：

(1) 交—交变流器。这是一种由反并联的晶闸管相控整流电路构成交—交直接变换型式的变流器。改变两组整流器的切换频率，就可以改变输出频率；改变晶闸管的触发控制角，就可以改变输出交流电压的幅值。这种变流器的输出电压是由若干段电网电压拼接而成，因而含有大量的低次谐波，其输入、输出特性一般不理想，但功率可双向流动。

通常由36管6脉波三相桥式电路构成的交—交变流器输入功率因数低，输出电压中低次谐波含量大，不适合用作DFIG的励磁电源。72管结构的12脉波变流器虽然降低了谐波含量，但结构和控制复杂。交—交变换电路主要用于大功率的变速恒频水力发电中，并不适合于风力发电的应用。

(2) 矩阵式交—交变流器。这也是一种交—交直接变换电路，所用的开关器件为全控型，主电路结构简单。其优点是输出频率不受限制，可获得正弦波的输入、输出电流，可在接近于1的功率因数下运行，能量也可以双向流动，但目前因无商品化双向开关器件而使其电路结构较复杂，控制方法还不成熟。此外，无须电容等无源器件，用作风力发电系统励磁电源时，它通过开关器件的动作向DFIG提供无功功率，这方面还缺乏深入的理论研究，尚未实用。

(3) 常规交—直—交变流器。通用变流器采用不控整流——PWM逆变的电路拓扑方案可以使输出电压正弦化，改善了输出特性，但不控整流加电容滤波的变换会造成输入电流畸变、谐波增大，输入功率因数低下，故输入特性较差。此外，这种变流方式不具备能量双向流动的能力，不改造不能用作风力发电系统中DFIG的励磁电源。

随着PWM技术和高速自关断型电力电子器件（GTO、IGBT，MOSFET等）的成熟，PWM整流技术取得了很大的进展，利用此项技术可获得优良的输入特性。PWM整流器已不是一般传统意义上的AC/DC变流器。当PWM整流器从电网吸

收电能时，它运行于整流工作状态；当 PWM 整流器向电网输出电能时，它运行于有源逆变工作状态，其网侧电流和功率因数都是可控的。因此，PWM 整流器实际上是一个交、直流侧均可控的四象限运行变流器，既可工作于整流状态，又可工作于逆变状态。为了表明 PWM 整流器的这个特点，可更科学地称为 PWM 变流器。

背靠背（back - to - back）双 PWM 型变流器主电路结构如图 7 - 5 所示。图中靠近 DFIG 转子的变流器称为机侧变流器，靠近电网的变流器称为网侧变流器。其中 u_a、u_b、u_c 为网侧变流器交流侧三相电网相电压，i_a、i_b、i_c 为网侧变流器交流侧三相流入电流；R、L 为进线电抗器的等效电阻和电感；C 为直流环节的储能电容；u_{dc}、i_{dc}分别为电容电压和电容电流；i_d、i_{load}分别为流经网侧变流器和机侧变流器直流母线的电流；$L_{2\sigma}$、R_2 为 DFIG 转子绕组的漏感和等效电阻；e_{a2}、e_{b2}、e_{c2} 是 DFIG 转子三相绕组感应电动势。

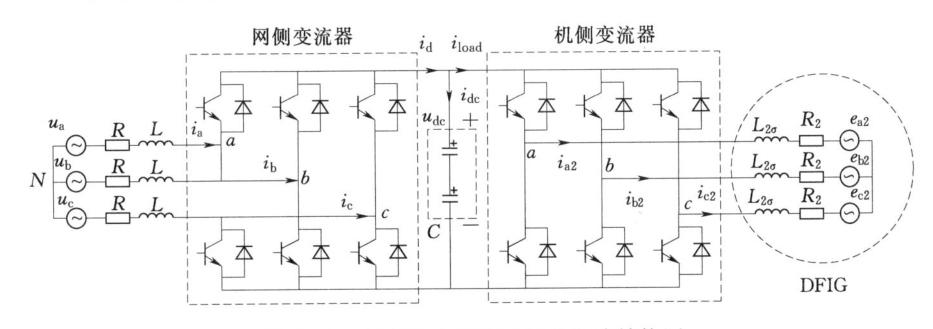

图 7 - 5　双 PWM 型变流器主电路结构图

由于双 PWM 型变流器具有以下特点，使之能较好地满足交流励磁变速恒频风力发电系统对励磁电源的要求。

双 PWM 型变流器由网侧和机侧两个 PWM 变流器组成，各自功能相对独立。网侧变流器的主要功能是实现交流侧输入单位功率因数控制和在各种状态下保持直流环节电压稳定，确保机侧变流器乃至整个 DFIG 励磁系统可靠工作。机侧变流器的主要功能是在转子侧实现 DFIG 的矢量变换控制，确保 DFIG 输出解耦的有功功率和无功功率。两个变流器通过相对独立的控制系统完成各自的功能，功能划分如图 7 - 6 所示。值得提出的是，机侧变流器是通过 DFIG 定子磁链定向进行控制的，网侧变流器则是通过电网电压定向进行控制的。

双 PWM 型变流器的两个变流器的运行状态可控，均可以在整流/逆变（或逆变/整流）状态间实现可逆运行，从而实现变流器能量的双向流动。DFIG 亚、超同步运行时双 PWM 型变流器

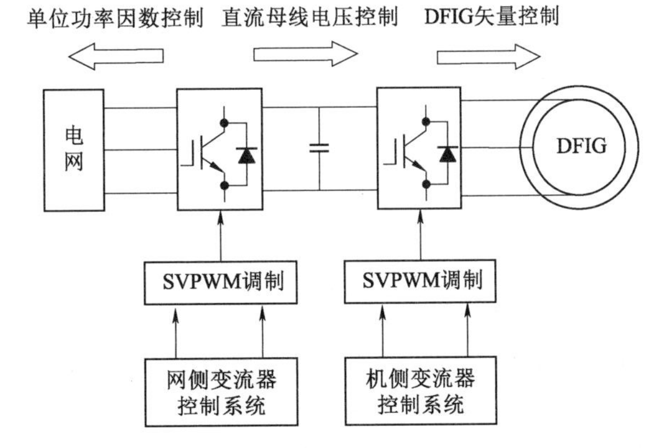

图 7 - 6　双 PWM 型变流器中两个变流器的功能划分

的工作状态如图7-7所示。当DFIG亚同步运行时，网侧变流器运行在整流状态，机侧变流器运行在逆变状态，能量从电网流向DFIG转子。当DFIG超同步运行时，网侧变流器运行在逆变状态，机侧变流器运行在整流状态，能流从DFIG转子流向电网。

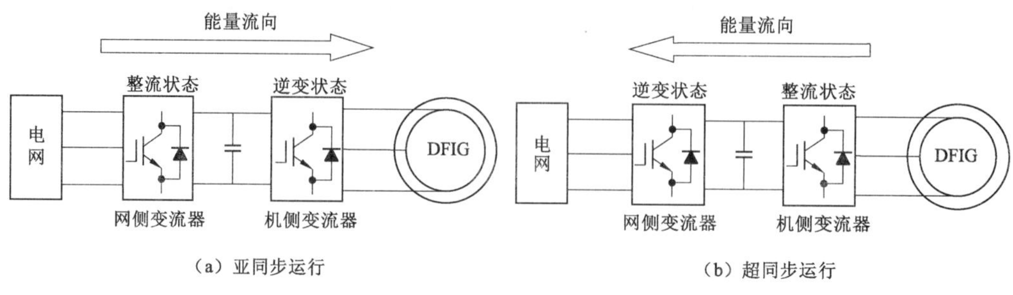

(a) 亚同步运行　　(b) 超同步运行

图7-7　DFIG亚、超同步运行时双PWM型变流器的工作状态

两个变流器工作状态的切换是由DFIG运行区域决定的。DFIG亚同步运行时，转子需要从直流环节吸收能量，机侧变流器在磁场定向矢量控制下工作于逆变状态。直流环节的电容由于放电，会导致其两端的直流电压有下降的趋势，为了保持直流电压稳定，在电压定向矢量控制下网侧变流器工作于整流状态。DFIG超同步运行时，转子需要向直流环节释放能量，机侧变流器在磁场定向矢量控制下转换成整流状态，将DFIG转子回馈的交流电能整流成直流后向电容充电，引起直流环节电压的泵升。

为了限制直流环节电压的泵升，网侧变流器需要将直流环节的电能返回电网，因此在电压定向矢量控制下转换成逆变状态。可以看出，在磁场定向矢量控制（机侧变流器）和电压定向矢量控制（网侧变流器）的共同作用下，两个变流器的工作状态随着DFIG工作区域的改变而自动切换。

由于双PWM型变流器采用高频自关断器件和空间矢量PWM（SVPWM）调制方法，开关频率高达10～20kHz，消除了低次谐波，输入输出特性好，对电网和DFIG造成的影响比较小，在谐波特性上能满足DFIG的励磁要求。

双PWM型变流器具有较强的无功功率控制能力。由于DFIG是异步发电机，空载时转子需要吸收一部分无功功率进行励磁。而当定子输出感性无功功率时，转子需要吸收更多的无功功率。这就需要转子变流器具有产生一定无功功率的能力。双PWM型变流器的直流环节配置有电容，可以发出一定大小的无功功率。1.5MW风力发电机组变流柜内部结构如图7-8所示。

变流器元件散热是通过一套强制水冷系统和一套风冷系统实现的。变流器水冷系统如图7-9所示，水冷系统的散热风扇如图7-10所示，变流器风冷系统如图7-11所示。水冷的优点是水的比热系数大，同样体积的水和空气，在同样温升下，水吸收的热量大，同时，柜体采用散热管道铺设方式散热，有利于集中把热量排出塔架，也解决了塔架内部噪声大的问题。缺点是柜体结构较复杂，制造成本大。风冷方式优点是结构简单，缺点是散热效率低。

图 7-8 1.5MW 风力发电机组变流柜内部结构图

1.5MW 变速机组变流器内部结构（1）

1.5MW 变速机组变流器内部结构（2）

1.5MW 变速机组变流器内部结构（3）

1.5MW 变速机组变流器内部结构（4）

图 7-9 变流器水冷系统

图 7-10 水冷系统的散热风扇

图 7-11 变流器风冷系统

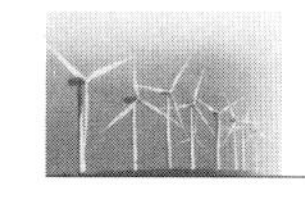

7.4 风电典型变流方案

风力发电中所涉及的变流技术主要有整流技术、斩波技术和逆变技术。在多数场合中，整个风力发电系统中包含上述三种技术中的一种或几种。本节主要介绍双馈异步风力发电机组及直驱永磁同步风力发电机组的变流方式。这两种结构代表了风力发电系统的发展方向。

双馈异步风力发电机组所采用的部分功率变流器在7.3节中已介绍。当前风电行业上应用的直驱式永磁同步发电机组主要采用全功率变流器，归纳起来主要有以下四种形式：机侧采用不可控整流，网侧采用PWM逆变；机侧采用不可控整流＋boost升压，网侧采用PWM逆变；机侧采用相控整流，网侧采用PWM逆变；采用具备四象限运行能力的背靠背双PWM变流器控制的功率变流器。

1. 机侧采用不可控整流，网侧采用PWM逆变

采用不可控整流的永磁直驱变流器如图7-12所示，发电机定子输出端接三相二极管整流桥进行不控整流，直流侧采用电感电容滤波，网测逆变器把直流侧电能逆变成工频交流电馈入电网。这种方式只有当发电机线电压的峰值高于直流母线电压时发电机才能馈出电能，而直流母线电压的最小值由电网电压决定，因此发电机运行电压需设计较高的输出电压，这对变流器所使用的电力电子器件耐压提出很高的要求，导致系统成本大大增加，降低了整机效率。由于采用二极管不可控整流，能量不能双向流动。同步发电机不可控，最大功率跟踪不易实现。而且发电机定子电流存在很大的低次谐波成分，发电机的铜耗和铁耗较大，降低了发电机的效率。这种拓扑结构缺陷明显，很少采用。

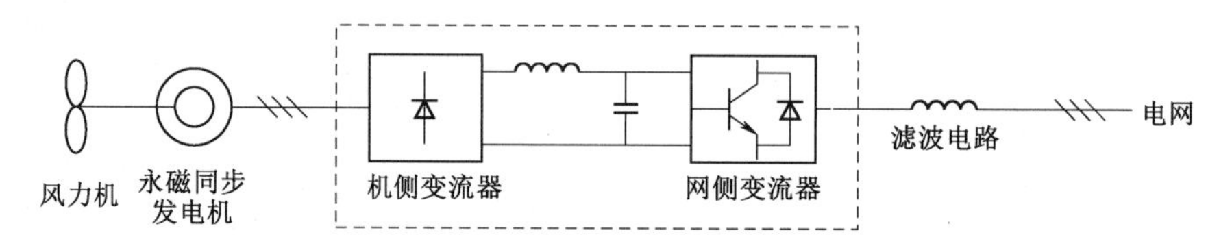

图7-12 采用不可控整流的永磁直驱变流器

2. 机侧采用不可控整流＋boost升压，网侧采用PWM逆变

采用不可控整流＋boost升压的永磁直驱变流器如图7-13所示，能量经由不可控AC/DC变流器到达直流侧，风速的变化导致直流侧电压的波动，采用升压变流器将DC/AC变流器直流母线侧电压稳定控制，然后通过DC/AC变流器逆变并入电网。这种电路结构的成本较低，但是它不具备四象限运行的能力，且发电机侧由于不可控整流导致谐波增大，影响电机运行和效率，因而在运行中受到很大的限制。并且当系统功率较大时，大功率的boost升压电路设计困难。但是，这种拓扑结构因为成本相对较低，在当前直驱式风力发电工程中应用较多。

3. 机侧采用相控整流，网侧采用PWM逆变

机侧采用相控整流的永磁直驱变流器如图7-14所示，这种方式与前两种方式

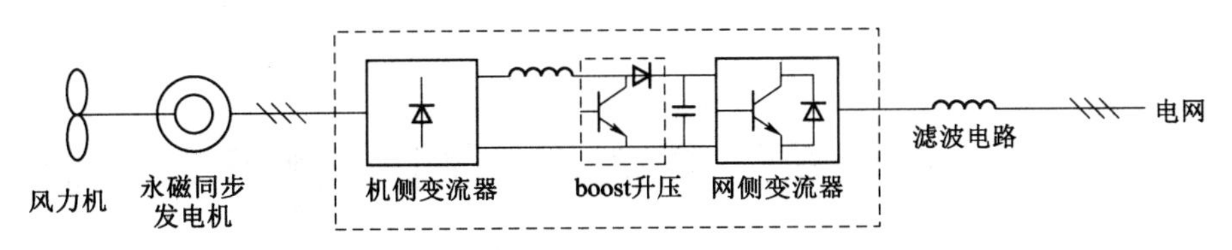

图 7-13 采用不可控整流+boost 升压的永磁直驱变流器

相比，由于晶闸管的导通时间可以通过触发角控制，一定程度上抑制了电流，防止直流母线过压，实现机侧可控，成本较低。但是机侧低次谐波较大的缺点依然没有改善。因此实际系统中这种拓扑结构也很少采用。

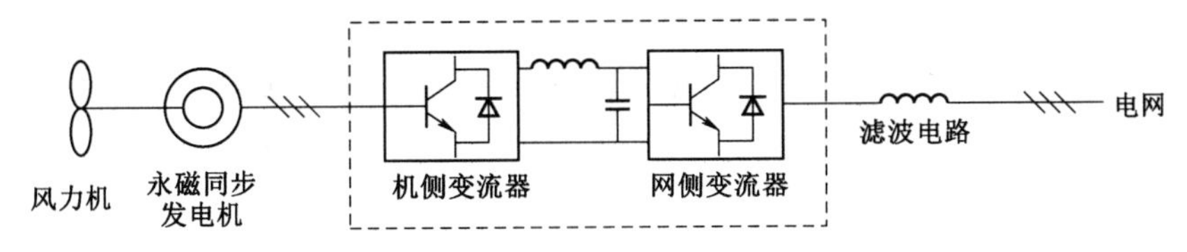

图 7-14 机侧采用相控整流的永磁直驱变流器

4. 采用具备四象限运行能力的背靠背双 PWM 变流器控制的功率变流器

背靠背双 PWM 变流器结构是目前直驱式风力发电机组中较为常见的一种拓扑结构。其采用背靠背双 PWM 变流器直驱式永磁同步风力发电机，由风力发电机、永磁同步发电机、背靠背双 PWM 变流器和滤波电路组成。永磁同步发电机的转子不接齿轮箱，直接与风力发电机相连。定子绕组经过四象限变流器和电网相连。背靠背双 PWM 变流器由机侧变流器和网侧变流器组成，可实现能量的双向流动，机侧变流器可实现对永磁同步发电机的转速/转矩进行控制，网侧变流器实现对直流母线进行稳压控制。

背靠背双 PWM 变流器的永磁直驱变流器如图 7-15 所示，同二极管不可控整流相比，机侧变流器采用 PWM 整流可以大大减少发电机定子电流谐波含量，从而降低发电机的铜耗和铁耗，并且 PWM 变流器可提供几乎为正弦的电流，减少了发电机侧的谐波电流。发电机定子通过背靠背变流器和电网连接。发电机定子侧 PWM 变流器通过调节定子侧的 d 轴和 q 轴电流，控制发电机的电磁转矩和定子的无功功率，使发电机运行中变速恒频状态，额定风速一下具有最大风能追踪功能。网侧 PWM 变流器通过调节网侧的 d 轴和 q 轴电流，保持直流侧电压稳定，实现有功功率和无功功率的解耦控制，控制流向电网的无功功率，通常运行在单位功率因数状态。这也是一种技术先进、适应范围广泛、代表目前发展方向的拓扑结构。

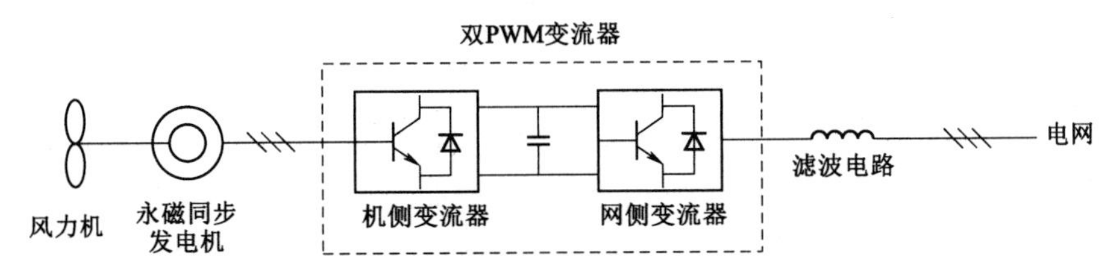

图 7-15 背靠背双 PWM 变流器控制的永磁直驱变流器

第 8 章　双馈异步风力发电机组运行与控制

第 8 章课件

液压变桨距

双馈异步风力发电机组是大型陆上风电场的主流机型之一，这种机型采用双馈式感应发电机或称为交流励磁发电机，是双馈异步风力发电机组的核心部件，也是风力发电机组国产化的关键部件之一。

8.1　双馈异步风力发电机组结构及原理

采用双馈异步风力发电机的交流励磁变速恒频风力发电技术控制灵活，运行效率高，随着电力电子技术和数字控制技术的发展双馈式感应发电机在电气性能方面具有许多优点和巨大潜力，引起风电领域的高度重视。无论在次同步速下运行，还是在超同步速下运行，随着转子交流励磁频率的改变，电机转速可以调节变化而定子输出的电压和频率维持不变，既可以调节电网的功率因数，又可以提高系统的稳定性，是风力发电机组中两大主流发电机型之一。双馈异步风力发电机组结构如图 8-1 所示。

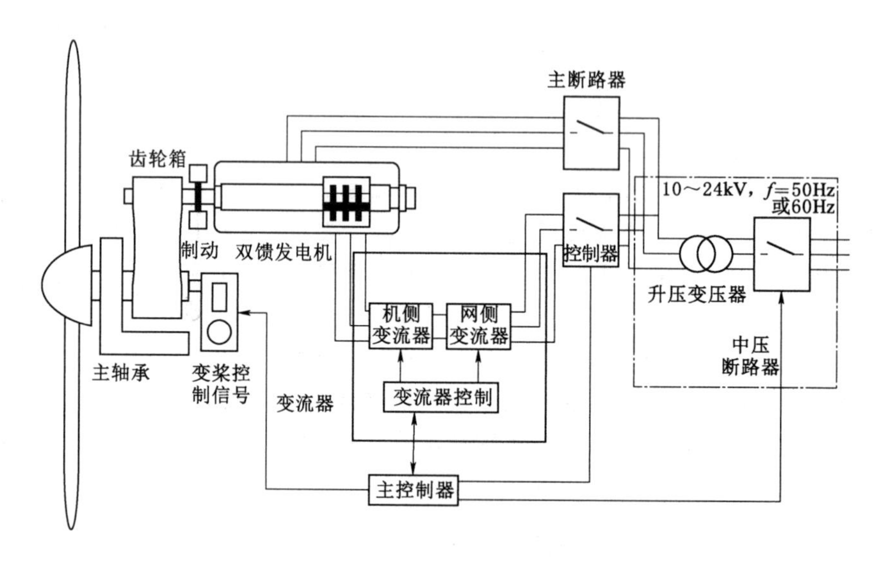

图 8-1　双馈异步风力发电机组结构

具有变速恒频运行的能力是 DFIG 一个非常重要的优势。双馈异步风力发电机组变速恒频运行原理如图 8-2 所示。

图 8-2 中 f_1、f_2 分别为 DIFG 定、转子电流的频率，n_1 为定子磁场的转速，即同步转速，n_2 为转子磁场相对于转子的转速，n_r 为 DFIG 转子的电转速。由电机

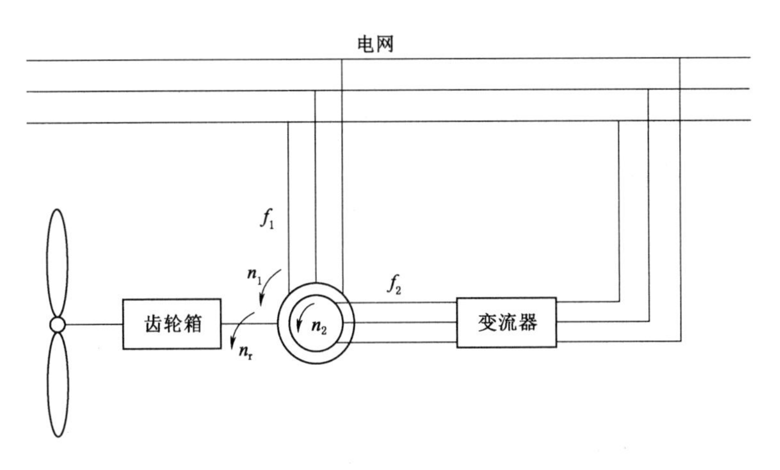

图 8-2　DFIG 变速恒频运行原理

学的知识可知，DFIG 稳定运行时，定、转子旋转磁场相对静止，即

$$n_1 = n_2 + n_r \tag{8-1}$$

因 $f_1 = n_1/60$ 及 $f_2 = n_2/60$，故有

$$f_2 + \frac{n_r}{60} = f_1 \tag{8-2}$$

从式（8-2）可知，当发电机转速 n_r 变化时，可通过调节转子励磁电流频率 f_2 保持定子输出电能频率 f_1 恒定，这是变速恒频运行的原理。当发电机亚同步运行时，$f_2>0$ 转子绕组相序与定子相同：当发电机超同步运行时，$f_2<0$，转子绕组相序与定子相反；当发电机同步速运行时，$f_2=0$，转子进行直流励磁。

由电机学知识可知，双馈电机不同运行状态的能流关系如图 8-3 所示。

（1）转子运行于超同步速的定子回馈制动状态。电磁功率由定子回馈给电网，机械功率由风力机输入电机，转差功率回馈给电网，电磁转矩为制动性转矩，如图 8-3 左上所示。

（2）转子运行与超同步速的电动状态。电磁功率由定子输出给电机，机械功率由电机输给负载，转差功率由电网输给负载，电磁转矩为拖动性转矩如图 8-3 右上所示。

（3）转子运行于亚同步速的定子回馈制动状态。电磁功率由定子回馈给电网，机械功率由风力机输入电机，电磁转矩为制动性转矩如图 8-3 左下所示。

（4）转子运行在亚同步速的电动状态。该种电动运行状态下，电磁转矩为拖动性转矩，机械功率由电机输出给机械负载，转差功率回馈给转子外接电源如图 8-3 右下所示。

理论上双馈电机可以四象限运行，但实际运行中应尽量避免运行在电动状态，也就是运行在亚同步发电和超同步发电这两种状态。双馈异步发电机在不同运行状态时的功率流向见表 8-1。

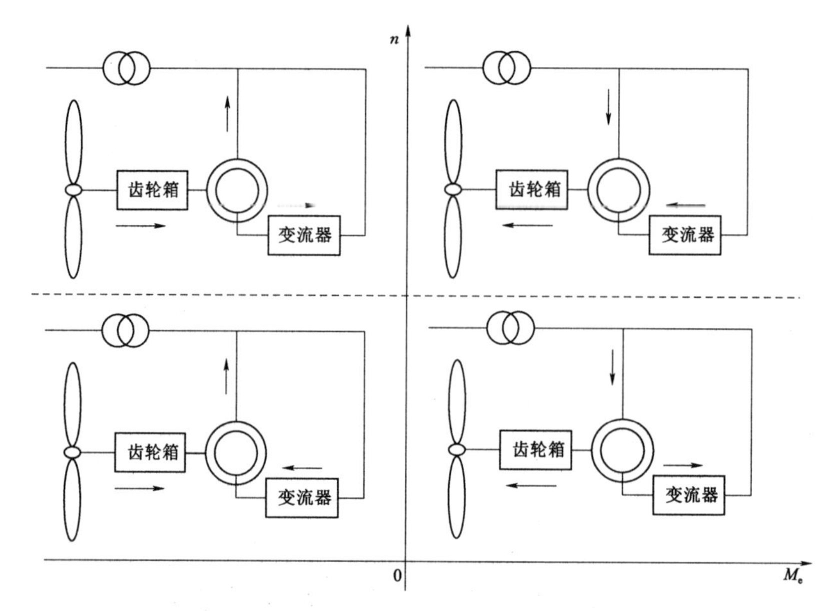

图 8－3　双馈电机不同运行状态下的能流关系

表 8－1　　双馈异步发电机在不同运行状态时的功率流向

双馈异步发电机	$s>0$	$s<0$	$s=0$
运行状态	亚同步速	超同步速	直流励磁
定子侧功率流向	向电网注入有功	向电网注入有功	向电网注入有功
转子侧功率流向	从电网吸收有功	向电网注入有功	无有功流动

8.2　双馈发电机数学模型

在讨论 DFIG 在三相静止坐标系和两相同步速旋转坐标系下的数学模型时，定子绕组采用发电机惯例，定子电流以流出为正。转子绕组采用电动机惯例，转子电流以流入为正。为了便于分析问题，假定如下：忽略磁饱和和空间谐波，设三相绕组对称，均为星形连接，磁动势沿气隙正弦分布。不考虑温度对电机参数的影响。转子绕组均折算到定子侧，折算后每相绕组匝数相等，得到三相静止 abc 坐标系下的 DFIG 数学模型，包括电压方程，磁链方程转矩方程及运动方程。

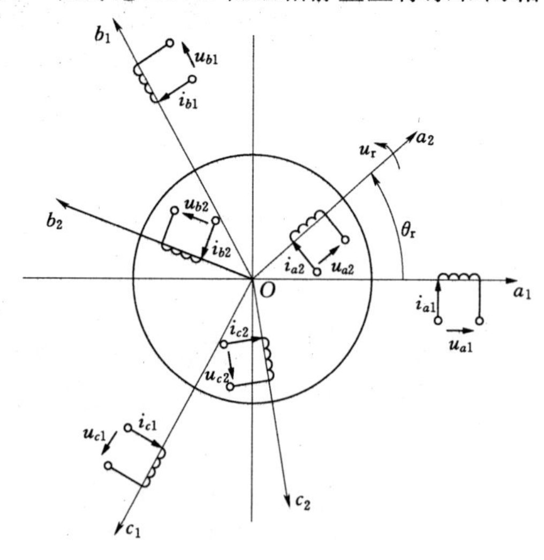

图 8－4　DFIG 的绕组等效物理模型

进行绕组折算后，DFIG 的绕组等效物理模型如图 8－4 所示。根据规定

的正方向，可得到 DFIG 在三相静止坐标系下的数学模型。

（1）电压方程。三相定子绕组电压方程为

$$u_{a1}=-R_1 i_{a1}+\frac{d\Psi_{a1}}{dt}$$

$$u_{b1}=-R_1 i_{b1}+\frac{d\Psi_{b1}}{dt}$$

$$u_{c1}=-R_1 i_{c1}+\frac{d\Psi_{c1}}{dt}$$

三相转子绕组电压方程为

$$u_{a2}=-R_2 i_{a2}+\frac{d\Psi_{a2}}{dt}$$

$$u_{b2}=-R_2 i_{b2}+\frac{d\Psi_{b2}}{dt}$$

$$u_{c2}=-R_2 i_{c2}+\frac{d\Psi_{c2}}{dt}$$

式中 u_{a1}、u_{b1}、u_{c1}、u_{a2}、u_{b2}、u_{c2}——定、转子相电压瞬时值，下标“1”“2”分别表示定子、转子；

i_{a1}、i_{b1}、i_{c1}、i_{a2}、i_{b2}、i_{c2}——定、转子相电流瞬时值；

Ψ_{a1}、Ψ_{b1}、Ψ_{c1}、Ψ_{a2}、Ψ_{b2}、Ψ_{c2}——定、转子各相绕组磁链；

R_1，R_2——定、转子绕组等效电阻。

写成矩阵的形式为

$$u=R_i+d\Psi \tag{8-3}$$

其中

$$u=[u_{a1}\quad u_{b1}\quad u_{c1}\quad u_{a2}\quad u_{b2}\quad u_{c2}]^T$$

$$i=[-i_{a1}\quad -i_{b1}\quad -i_{c1}\quad i_{a2}\quad i_{b2}\quad i_{c2}]^T$$

$$\Psi=[\Psi_{a1}\quad \Psi_{b1}\quad \Psi_{c1}\quad \Psi_{a2}\quad \Psi_{b2}\quad \Psi_{c2}]^T$$

$$R=\begin{bmatrix} R_1 & 0 & 0 & 0 & 0 & 0 \\ 0 & R_1 & 0 & 0 & 0 & 0 \\ 0 & 0 & R_1 & 0 & 0 & 0 \\ 0 & 0 & 0 & R_2 & 0 & 0 \\ 0 & 0 & 0 & 0 & R_2 & 0 \\ 0 & 0 & 0 & 0 & 0 & R_2 \end{bmatrix}$$

（2）磁链方程。矩阵形式的磁链方程可表示为

$$\begin{bmatrix} \Psi_1 \\ \Psi_2 \end{bmatrix}=\begin{bmatrix} L_{11} & L_{12} \\ L_{21} & L_{22} \end{bmatrix}\begin{bmatrix} i_1 \\ i_2 \end{bmatrix} \tag{8-4}$$

其中

$$\Psi_1=[\Psi_{a1}\quad \Psi_{b1}\quad \Psi_{c1}]^T$$

$$\Psi_2=[\Psi_{a2}\quad \Psi_{b2}\quad \Psi_{c2}]^T$$

$$i_1 = -[i_{a1} \quad i_{b1} \quad i_{c1}]^{\mathrm{T}}$$

$$i_2 = [i_{a2} \quad i_{b2} \quad i_{c2}]^{\mathrm{T}}$$

$$L_{11} = \begin{bmatrix} L_{\mathrm{m1}} + L_{\mathrm{t1}} & -0.5L_{\mathrm{m1}} & -0.5L_{\mathrm{m1}} \\ -0.5L_{\mathrm{m1}} & L_{\mathrm{m1}} + L_{\mathrm{t1}} & -0.5L_{\mathrm{m1}} \\ -0.5L_{\mathrm{m1}} & -0.5L_{\mathrm{m1}} & L_{\mathrm{m1}} + L_{\mathrm{t1}} \end{bmatrix}$$

$$L_{11} = \begin{bmatrix} L_{\mathrm{m2}} + L_{\mathrm{t2}} & -0.5L_{\mathrm{m2}} & -0.5L_{\mathrm{m2}} \\ -0.5L_{\mathrm{m2}} & L_{\mathrm{m2}} + L_{\mathrm{t2}} & -0.5L_{\mathrm{m2}} \\ -0.5L_{\mathrm{m2}} & -0.5L_{\mathrm{m2}} & L_{\mathrm{m2}} + L_{\mathrm{t2}} \end{bmatrix}$$

$$L_{21} = L_{12}^{-1} = \begin{bmatrix} \cos\theta_{\mathrm{r}} & \cos(\theta_{\mathrm{r}} - 120°) & \cos(\theta_{\mathrm{r}} + 120°) \\ \cos(\theta_{\mathrm{r}} + 120°) & \cos\theta_{\mathrm{r}} & \cos(\theta_{\mathrm{r}} - 120°) \\ \cos(\theta_{\mathrm{r}} - 120°) & \cos(\theta_{\mathrm{r}} + 120°) & \cos\theta_{\mathrm{r}} \end{bmatrix}$$

式中　L_{m1}——与定子绕组交链的最大互感磁通对应的定子互感；

L_{m2}——与转子绕组交链的最大互感磁通对应的转子互感，有气，$L_{\mathrm{m1}} = L_{\mathrm{m2}}$；

L_{t1}、L_{t2}——定、转子漏电感；

θ_{r}——转子的位置角（电角度），$\omega_{\mathrm{r}} = \dfrac{\mathrm{d}\theta_{\mathrm{r}}}{\mathrm{d}t}$

（3）转矩方程为

$$T_{\mathrm{e}} = 0.5p_{\mathrm{n}}\left[i_2^{\mathrm{T}} \frac{\mathrm{d}L_{21}}{\mathrm{d}\theta_{\mathrm{r}}} i_1 + i_1^{\mathrm{T}} \frac{\mathrm{d}L_{12}}{\mathrm{d}\theta_{\mathrm{r}}} i_2\right] \tag{8-5}$$

式中　T_{e}——发电机的电磁转矩。

（4）运动方程为

$$T_{\mathrm{l}} - T_{\mathrm{e}} = \frac{J_{\mathrm{g}}}{p_{\mathrm{n}}} \frac{\mathrm{d}\omega_{\mathrm{m}}}{\mathrm{d}t} + \frac{D_{\mathrm{g}}}{p_{\mathrm{n}}}\omega_{\mathrm{r}} + \frac{K_{\mathrm{g}}}{p_{\mathrm{n}}}\theta_{\mathrm{r}} \tag{8-6}$$

式中　T_{l}——风力机提供的拖动转矩；

J_{g}——发电机的转动惯量；

D_{g}——与转速成正比的阻转矩阻尼系数；

K_{g}——扭转弹性转矩系数。

式（8-3）～式（8-6）是 DFIG 在三相静止坐标系下的数学模型。可以看出具有非线性、时变性、强耦合的特点，分析和求解困难。为了简化分析和应用于矢量变换控制，应通过坐标变换的方法简化 DFIG 的数学模型。

8.3　空间坐标变换

8.3.1　两相同步速旋转 *dq* 坐标系下的数学模型

坐标变换的思想是将一个三相静止坐标系里的矢量，通过变换用一个两相静止坐标系或两相旋转坐标系里的矢量表示，在变换时可采取功率不变或幅值不变的原则。坐标变换关系示意图如图 8-5 所示。

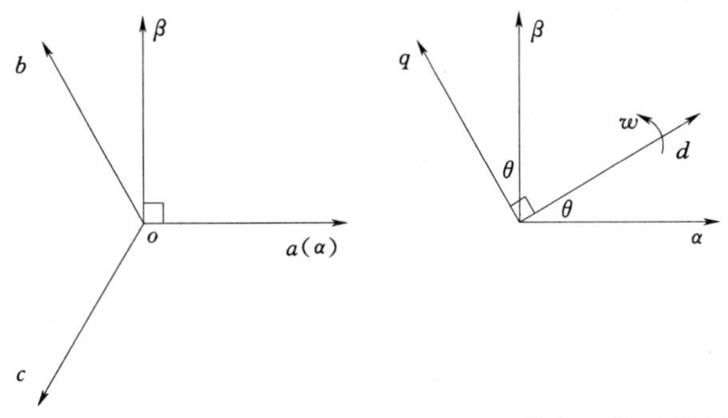

(a) 三相静止—两相静止坐标系　　(b) 两相静止—两相旋转坐标系

图 8-5　坐标变换关系示意图

经常采用的基本坐标变换关系有：

1. 三相静止 abc 坐标系与两相静止 $\alpha\beta$ 坐标系之间的变换关系

由三相静止 abc 坐标系到两相静止 $\alpha\beta$ 坐标系的变换关系可用变换矩阵（恒功率变换）来表示。

$$C_{3s/2s}=\sqrt{\frac{2}{3}}\begin{bmatrix}1 & -\frac{1}{2} & -\frac{1}{2}\\ 0 & \frac{\sqrt{3}}{2} & -\frac{\sqrt{3}}{2}\end{bmatrix}$$

由两相静止 $\alpha\beta$ 坐标系到三相静止 abc 坐标系的变换矩阵（恒功率变换）则

$$C_{2s/3s}=C_{3s/2s}^{-1}=\sqrt{\frac{2}{3}}\begin{bmatrix}1 & 0\\ -\frac{1}{2} & \frac{\sqrt{3}}{2}\\ -\frac{1}{2} & -\frac{\sqrt{3}}{2}\end{bmatrix}$$

2. 两相静止 $\alpha\beta$ 坐标系与两相 ω 速旋转 dq 坐标系之间的变换关系

由两相静止 $\alpha\beta$ 坐标系到两相旋转 dq 坐标系的变换矩阵为

$$C_{2s/2r}=\begin{bmatrix}\cos\theta & \sin\theta\\ -\sin\theta & \cos\theta\end{bmatrix}$$

其中　θ——d 轴与 α 轴之间的夹角，$\theta=\omega t$。

由两相旋转 dq 坐标系到两相静止 $\alpha\beta$ 坐标系的变换矩阵为

$$C_{2r/2s}=C_{2s/2r}^{-1}=\begin{bmatrix}\cos\theta & \sin\theta\\ \sin\theta & \cos\theta\end{bmatrix}$$

3. 三相静止 abc 坐标系与两相旋转 dq 坐标系之间的变换关系

根据上文可得由三相静止 abc 坐标系到两相旋转 dq 坐标系的变换矩阵为

$$C_{3s/2r}=C_{2s/2r}C_{3s/2s}=\sqrt{\frac{2}{3}}\begin{bmatrix}\cos\theta & \cos(\theta-120^\circ) & \cos(\theta+120^\circ)\\ -\sin\theta & -\sin(\theta-120^\circ) & -\sin(\theta+120^\circ)\end{bmatrix}$$

同理可得到从两相旋转 dq 坐标系到三相静止 abc 坐标系的变换矩阵为

$$C_{2r/3s}=C_{2s/3s}C_{2r/2s}=\sqrt{\frac{2}{3}}\begin{bmatrix}\cos\theta & -\sin\theta \\ \sin(\theta-30°) & \sin(\theta+60°) \\ -\sin(\theta+30°) & \sin(\theta-60°)\end{bmatrix}$$

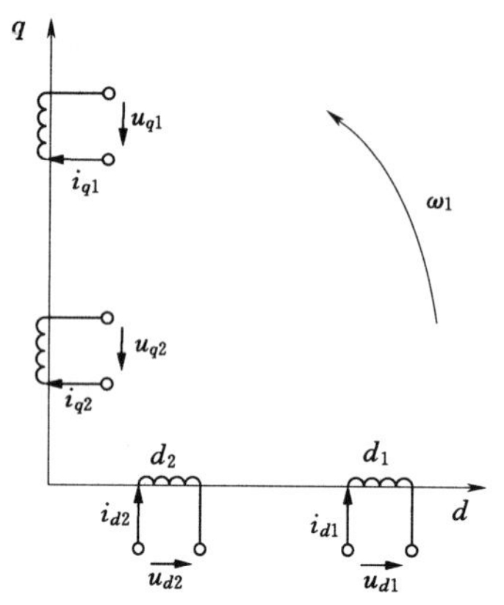

图 8-6　dq 轴下 DFIG 的物理模型

如果 $\omega=\omega_1$（ω_1 为同步角速度），则 dq 坐标系即为两相同步速旋转坐标系。利用上述的坐标变换关系，将三相静止坐标系下 DFIG 数学模型中的电压、电流、磁链和转矩变换到 dq 坐标系下，可得到两相同步速旋转坐标系下的 DFIG 的数学模型，变换后 dq 轴下 DFIG 的物理模型如图 8-6 所示。

由于 dq 坐标轴相互垂直，两相绕组之间没有磁的耦合，DFIG 的数学模型得到很大的简化。同步旋转 dq 坐标系下的 DFIG 的数学模型表示如下。

（1）电压方程。

定子绕组电压方程

$$\begin{cases}u_{d1}=-R_1 i_{d1}-p\psi_{d1}+\omega_1\psi_{q1}\\u_{q1}=-R_1 i_{q1}-p\psi_{q1}+\omega_1\psi_{d1}\end{cases}\tag{8-7}$$

转子绕组电压方程

$$\begin{cases}u_{d2}=R_2 i_{d2}+p\psi_{d2}-\omega_1\psi_{q2}\\u_{q2}=R_2 i_{q2}+p\psi_{q2}+\omega_1\psi_{d2}\end{cases}\tag{8-8}$$

式中　u_{d1}、u_{q1}、u_{d2}、u_{q2}——定、转子电压的 d、q 轴分量；

i_{d1}、i_{q1}、i_{d2}、i_{q2}——定、转子电流的 d、q 轴分量；

ω_s——dq 坐标系相对于转子的角速度，$\omega_s=\omega_1-\omega_r$。

（2）磁链方程。

定子磁链方程

$$\begin{cases}\psi_{d1}=L_1 i_{d1}-L_m i_{d2}\\\psi_{q1}=L_1 i_{q1}-L_m i_{q2}\end{cases}\tag{8-9}$$

转子磁链方程

$$\begin{cases}\psi_{d2}=-L_m i_{d1}+L_2 i_{d2}\\\psi_{q2}=-L_m i_{q1}+L_2 i_{q2}\end{cases}\tag{8-10}$$

式中　ψ_{d1}、ψ_{q1}、ψ_{d2}、ψ_{q2}——定、转子磁链的 d、q 轴分量；

$L_m=1.5L_{m1}$——dq 坐标系下同轴定、转子绕组间的等效互感；

$L_1=L_{t1}+1.5L_{m1}$——dq 坐标系下两相定子绕组的自感；

$L_2=L_{t2}+1.5L_{m2}$——dq 坐标系下两相转子绕组的自感。

将（8-9），（8-10）代入（8-7），（8-8）可得到电压与电流之间的关系：

$$\begin{bmatrix} u_{d1} \\ u_{q1} \\ u_{d2} \\ u_{q2} \end{bmatrix} = \begin{bmatrix} -R_1-L_1p & \omega_1L_1 & L_mp & -\omega_1L_m \\ -\omega_1L_1 & -R_1-L_1p & \omega_1L_m & L_mp \\ -L_mp & \omega_sL_m & R_2+L_2p & -\omega_sL_2 \\ -\omega_sL_m & -L_mp & \omega_sL_2 & R_2+L_2p \end{bmatrix} \begin{bmatrix} i_{d1} \\ i_{q1}i_{d2} \\ i_{q2} \end{bmatrix}$$

（3）转矩方程。

转矩方程为

$$T_e=p_n(\psi_{q1}i_{d1}-\psi_{d1}i_{q1})=p_nL_m(i_{d1}i_{q2}-i_{q1}i_{d2})$$

（4）两相旋转坐标系与三相静止坐标系下的运动方程一致。

在定桨距情况下，同一个风速下不同的转速会使风力机输出不同的功率。要追踪最佳功率曲线，必须在风速变化时及时调整转速 ω，保持最佳叶尖速比 λ_{opt}，即最大风能追踪的过程可以理解为风力机的转速调节过程，转速调节的性能决定了最大风能追踪的效果。

8.3.2 最大风能追踪有多种实施方案

1. 最大风能追踪控制的任务可以由风力发电机完成，也可以由发电机完成

交流励磁变速恒频风力发电系统主要由风力发电机控制子系统和发电机控制子系统组成，两个子系统协调工作，共同确保整个风力发电系统的正常运行。如前所述，最大风能追踪控制实质上就是风力发电机（或机组）的转速控制。采用风力发电机控制子系统进行调速的困难在于机械时间常数大，动态性能差，调速精度低，机械调速机构复杂，维护困难。发电机控制子系统的控制对象为电气量，时间常数小，动态响应快，控制系统简单。

2. 最大风能追踪可以采用检测风速的方案，也可以采用不检测风速的方案

要控制机组的转速来实现最大风能追踪，需要检测当前的风速并计算出最佳转速后进行转速控制，这实际上是一种直接转速控制的方法，控制目标明确，原理简单。但现场中风速的准确检测比较困难，实现起来存在很多问题，风速检测的误差会降低最大风能追踪的效果。在实际应用中，可以通过控制策略和控制方法的改进来避免风速的检测。在无风速检测环节的情况下，一般是通过控制其他参数来间接控制机组转速，从而实现最大风能的追踪。这种方案省去了风速检测装置，提高系统的运行性能，具有广阔的应用前景。

综合以上各方案的优缺点，本节给出一种通过 DFIG 功率控制来实现最大风能追踪的方案。它的实质是通过控制 DFIG 输出有功功率来控制 DFIG 的电磁阻转矩，从而间接地控制机组的转速。该方案不需要风速的检测，控制结构简单，动态性和鲁棒性较好，具有实际应用价值。这种方案的最大风能追踪的控制结构如图 8-7 所示，图中 P_v 为风力机输入的风能，P_1^*、Q_1^* 分别为 DFIG 的参考有功功率和参考无功功率（即功率控制指令）。据此可讨论最大风能追踪的实现机理。

由 DFIG 的功率关系可知

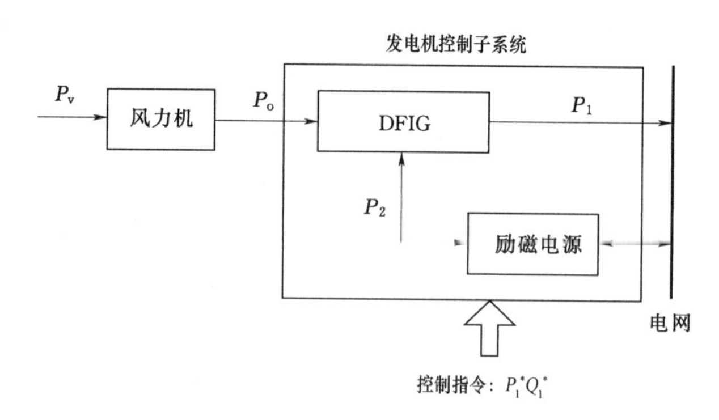

图 8－7　最大风能追踪的控制结构

$$\begin{cases} P_1 = P_e - P_{cu1} - P_{fe1} \\ P_e = \dfrac{P_o - P_{ms}}{1-s} = \dfrac{P_m}{1-s} \\ P_e = \dfrac{P_2 \pm P_2'}{s} \end{cases} \tag{8-11}$$

式中　P_1、P_{cu1}、P_{fe1}——发电机定子的输出功率，铜耗，铁耗；

P_e——发电机电磁功率；

s——发电机转差率；

P_o、P_{ms}、P_m——发电机输入机械功率，机械损耗和发电机吸收的净机械功率；

P_2、P_2'——发电机转子功率和转子损耗。

为实现最大风能追踪，应依据风力机最佳功率曲线和风力机转速来实时计算 DFIG 的参考输出有功功率 P_1^*。式（8－11）中，令 $P_o = P_{max} = K\omega_m^3$，即令风力机按最佳功率曲线输出最大机械功率，可得

$$\begin{cases} P_1^* = \dfrac{P_{max}}{1-s} - \Delta P = \dfrac{k\omega_w^3}{1-s} - \Delta P \\ \Delta P = P_{cu1} + P_{fe1} + \dfrac{P_{ms}}{1-s} \end{cases}$$

双馈异步风力发电机组控制原理

按照 P_1^* 控制 DFIG 的输出有功功率，就可实现最大风能的追踪与捕获。

8.4　双馈异步电机矢量控制技术

矢量控制的基本原理是通过测量和控制异步电机定子电流矢量，根据磁场定向原理分别对异步电机的励磁电流和转矩电流进行控制，从而达到控制异步电机转矩的目的。具体是将异步电机的定子电流矢量分解为产生磁场的电流分量（励磁电流）和产生转矩的电流分量（转矩电流）分别加以控制，并同时控制两分量间的幅值和相位，即控制定子电流矢量，因此称这种控制方式称为矢量控制方式。

1. 最大风能追踪的发电机控制策略

最大风能追踪原理是通过控制 DFIG 输出有功功率，控制 DFIG 的电磁转矩来

实现最佳转速控制。在实际发电运行中，除了要控制 DFIG 的输出有功功率以外，还需控制 DFIG 的输出无功功率，综合称之为 DFIG 的功率控制。DFIG 功率控制的优劣直接影响最大风能追踪的效果以及电网或发电机运行的经济性和安全性。要实现 DFIG 功率控制，首先需要计算 DFIG 参考功率（参考有功功率和参考无功功率）。本节以 DFIG 功率关系为基础，详细讨论基于最大风能追踪的参考有功功率和基于 DFIG 优化运行的参考无功功率计算。

2. 磁场定向矢量控制的发电机的 P、Q 解耦控制

计算出 P_1^* 和 Q_1^* 后，就可实施对 DFIG 的功率控制，以期实现变速恒频运行和 P、Q 解耦控制，进而实现最大风能追踪。众所周知，DFIG 是一个高阶、多变量、非线性、强耦合的机电系统，采用近似单变量处理的传统标量控制无论在控制精度还是动态性能上远不能达到要求。为了实现 DFIG 的高性能控制，可以采用磁场定向的矢量变换控制技术。

矢量变换控制一般用于交流电动机的高性能调速控制上，是交流传动调速系统实现解耦控制的核心技术。它通过电机统一理论和坐标变换理论，把交流电动机的定子电流分解成磁场定向旋转坐标系中的励磁分量和与之相垂直的转矩分量。分解后的定子电流励磁分量和转矩分量不再具有耦合关系，对它们分别控制，就能实现交流电动机磁通和转矩的解耦控制，使交流电动机得到可以和直流电动机相媲美的控制性能。

借鉴这一思想，可以将矢量变换控制技术应用于对 DFIG 的控制上。电动机的控制对象是磁通和转矩，而 DFIG 的控制对象为输出有功功率和输出无功功率。通过坐标变换和磁场定向，将 DFIG 定子电流分解成为相互解耦的有功分量和无功分量，分别对这两个分量控制就可以实现 P、Q 解耦。

DFIG 定子绕组直接连在无穷大电网上，可以近似地认为定子的电压幅值、频率都是恒定的，所以 DFIG 矢量控制一般选择定子电压或定子磁场定向方式。我们将同步速旋转 dq 坐标系中的 d 轴定在 DFIG 定子磁链方向，并将磁场定向后的坐标系重新命名为 mt 坐标系，定子磁场定向坐标变换如图 8－8 所示。图中 $\alpha_1\beta_1$ 为定子两相静止坐标系，α_1 轴取定子 a 相绕组轴线正方向；$\alpha_2\beta_2$ 为转子两相坐标系，a_2 取转子 a 相绕组轴线正方向。$\alpha_2\beta_2$ 坐标系相对于转子静止，相对于定子绕组以转子角速度 ω_r 逆时针方向旋转。mt 坐标系以同步速 ω_1 逆时针旋转。a_2 轴与 a_1 轴的夹角为 θ_r，m 轴与 a_1 轴夹角为 θ_s。

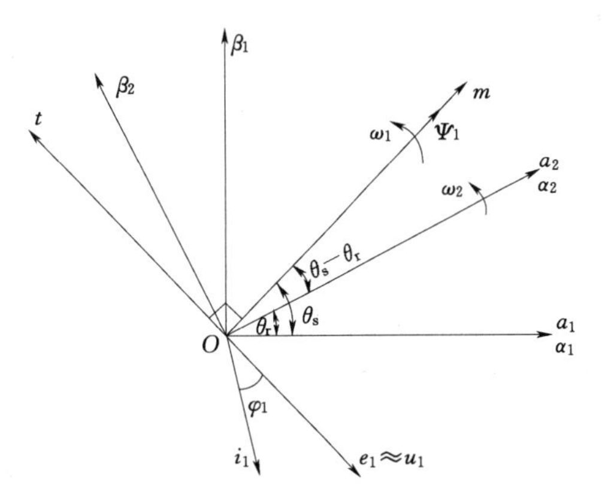

图 8－8　定子磁场定向坐标变换

将式（8－7）～式（8－10）的下标 d、q 改为相应的 m、t，可得 mt 坐标系中 DFIG 的电压和磁链方程。

定子绕组电压方程

$$\begin{cases}u_{m1}=-R_1i_{m1}-p\psi_{m1}+\omega_1\psi_{t1}\\u_{t1}=-R_1i_{t1}-p\psi_{t1}-\omega_1\psi_{m1}\end{cases}\tag{8-12}$$

转子绕组电压方程

$$\begin{cases}u_{m2}=R_2i_{m2}+p\psi_{m2}-\omega_s\psi_{t2}\\u_{t2}=R_2i_{t2}+p\psi_{t2}+\omega_s\psi_{m2}\end{cases}\tag{8-13}$$

式中　u_{m1}、u_{t1}、u_{m2}、u_{t2}——定、转子电压的 m、t 轴分量；

i_{m1}、i_{t1}、i_{m2}、i_{t2}——定、转子电流的 m、t 轴分量；

ω_s——mt 坐标系相对于转子的角速度，其中 $\omega_s=\omega_1-\omega_r$。

定子磁链方程

$$\begin{cases}\psi_{m1}=L_1i_{m1}-L_mi_{m2}\\\psi_{t1}=L_1i_{t1}-L_mi_{t2}\end{cases}\tag{8-14}$$

转子磁链方程

$$\begin{cases}\psi_{m2}=-L_mi_{m1}+L_2i_{m2}\\\psi_{t2}=-L_mi_{t1}+L_2i_{t2}\end{cases}\tag{8-15}$$

式中　ψ_{m1}、ψ_{t1}、ψ_{m2}、ψ_{t2}——定、转子磁链的 m、t 轴分量。

mt 坐标系中的 DFIG 定子输出功率方程为

$$\begin{cases}P_1=u_{m1}i_{m1}+u_{t1}i_{t1}\\Q=u_{t1}i_{m1}-u_{m1}i_{t1}\end{cases}\tag{8-16}$$

定子磁链定向时，定子磁链矢量 ψ_1 与 m 轴方向一致，因此 mt 轴上的磁链分量分别为 $\psi_{m1}=\psi_1$，$\psi_{t1}=0$。由于 DFIG 定子侧频率为工频，定子电阻远小于定子绕组电抗，可以忽略，即 $R_1=0$，因而 DFIG 感应电动势近似等于定子电压。因为感应电动势矢量 e_1 落后 ψ_1 90°，所以 e_1 和定子电压矢量 u_1（并网后的定子电压矢量 u_1 等于电网电压矢量 u）位于 t 轴的负方向，从而有 $u_{m1}=0$，$u_{t1}=-u_1$，其中 u_1 为定子电压矢量 u_1 的幅值，当 DFIG 连接到理想电网上时 u_1 为常数。将 $u_{m1}=0$，$u_{t1}=-u_1$ 代入式（8-16）可得

$$\begin{cases}P_1=-u_1i_{t1}\\Q=-u_1i_{m1}\end{cases}\tag{8-17}$$

由式（8-17）可知，在定子磁链定向下，DFIG 定子输出有功功率 P_1、无功功率 Q_1 分别与定子电流在 m、t 轴上的分量 i_{m1}、i_{t1} 成正比，调节 i_{m1}、i_{t1} 可分别独立调节有功功率 P_1、无功功率 Q_1。

因为对于有功功率、无功功率的控制是通过 DFIG 转子侧的变流器进行的，应推导转子电流、电压和 i_{m1}、i_{t1} 之间的关系。

将 $R_1=0$，$u_{m1}=0$，$u_{t1}=-u_1$ 及 $\psi_{m1}=\psi_1$，$\psi_{t1}=0$ 代入式（8-12）和式（8-14）有

$$\begin{cases}\psi_t=\dfrac{u_1}{\omega_1}\\p\psi_1=0\end{cases}\tag{8-18}$$

$$\begin{cases} i_{m2}=\dfrac{1}{L_m}(L_1 i_{m1}-\psi_1) \\ i_{t2}=\dfrac{L_1}{L_m}i_{t1} \end{cases} \tag{8-19}$$

由式（8-18）可知，并入理想电网后，DFIG定子磁链将保持恒定，其值为定子电压与同步角速度之比。将式（8-19）代入式（8-15）可得

$$\begin{cases} \psi_{m2}=a_1\psi_1+a_2 i_{m2} \\ \psi_{t2}=a_2 i_{t2} \end{cases} \tag{8-20}$$

式中 $a_1=-L_m/L_1$，$a_2=L_2-L_m^2/L_1$。

将式（8-20）代入式（8-13）得到

$$\begin{cases} u_{m2}=u'_{m2}+\Delta u_{m2} \\ u_{t2}=u'_{t2}+\Delta u_{t2} \end{cases} \tag{8-21}$$

式中 u'_{m2}、u'_{t2}——与 i_{m2}、i_{t2} 具有一阶微分关系的电压分量；

Δu_{m2}、Δu_{t2}——电压补偿分量。即

$$\begin{cases} u'_{m2}=(R_2+a_2 p)i_{m2} \\ u'_{t2}=(R_2+a_2 p)i_{t2} \end{cases} \tag{8-22}$$

$$\begin{cases} \Delta u_{m2}=-a_2\omega_s i_{t2} \\ \Delta u_{t2}=a_1\omega_s\psi_1+a_2\omega_s i_{m2} \end{cases} \tag{8-23}$$

式中 u'_{m2}、u'_{t2}——实现转子电压、电流解耦控制的解耦项；

Δu_{m2}、Δu_{t2}——消除转子电压、电流交叉耦合的补偿项。

将转子电压分解为解耦项和补偿项后，既简化了控制，又能保证控制的精度和动态响应的快速性。

根据以上讨论，可设计出交流励磁变速恒频风力发电系统的DFIG矢量控制策略，如图8-9所示。

整个控制系统采用双闭环结构，外环为功率控制环，内环为电流控制环。在功率环中，P_1^* 和 Q_1^* 分别由参考有功功率计算模型和参考无功功率模型计算得出，P_1^* 和 Q_1^* 与功率反馈值 P_1、Q_1 进行比较，差值经PI型功率调节器运算，输出定子电流无功分量及有功分量参考指令 i_{m1}^* 和 i_{t1}^*。根据 i_{m1}^* 和 i_{t1}^* 计算得到转子电流的无功分量和有功分量参考指令 i_{m2}^* 和 i_{t2}^*。i_{m2}^*、i_{t2}^* 和转子电流反馈量 i_{m2} 和 i_{t2} 比较后的差值送入PI型电流调节器，调节后输出电压分量 u'_{m2}、u'_{t2}，u'_{m2}、u'_{t2} 加上电压补偿分量 Δu_{m2}、Δu_{t2} 就可获得转子电压指令 u_{m2}^* 和 u_{t2}^*，u_{m2}^* 和 u_{t2}^* 经坐标变换后得到DFIG转子电压在两相静止 $\alpha_2\beta_2$ 坐标系的控制指令 $u_{\alpha2}^*$ 和 $u_{\beta2}^*$。根据 $u_{\alpha2}^*$ 和 $u_{\beta2}^*$ 进行空间电压矢量PWM（SVPWM）调制后输出对机侧变流器的驱动信号，实现对DFIG的控制。

根据上面的推导过程和图8-9，可以绘出 P、Q 解耦控制中DFIG转子电流的控制框图，P、Q 解耦控制中DFIG转子电流控制如图8-10所示，图中 $G_{PI}(s)$ 为电流PI调节器的传递函数。

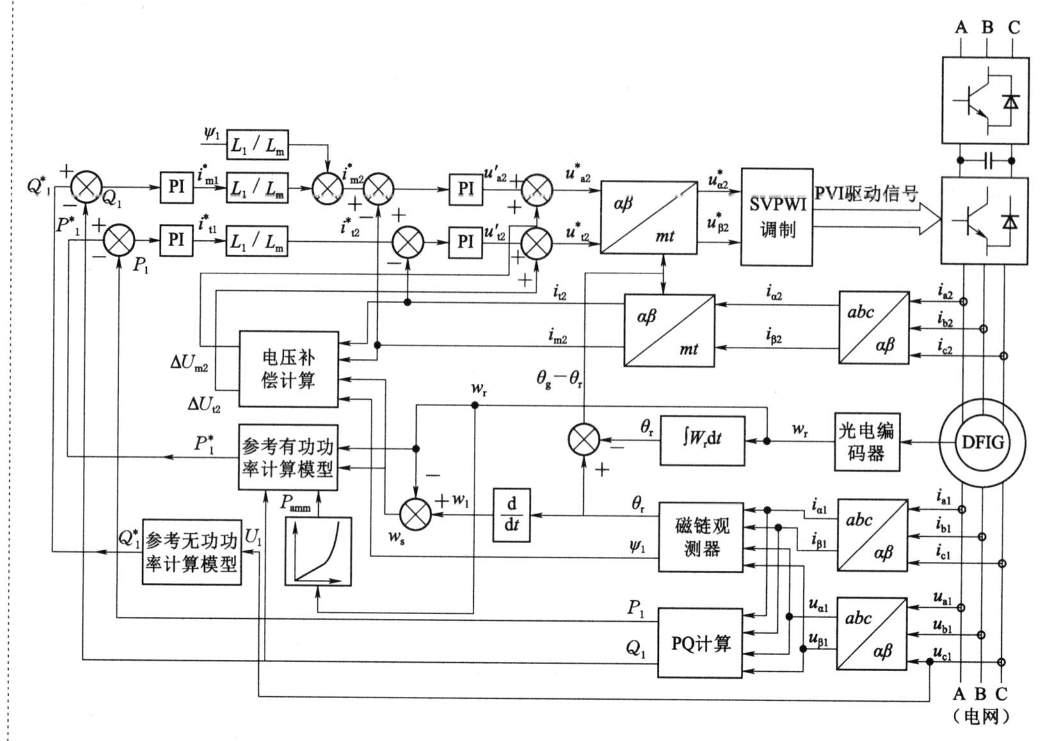

图 8－9　交流励磁变速恒频风力发电系统 DFIG 矢量控制框图

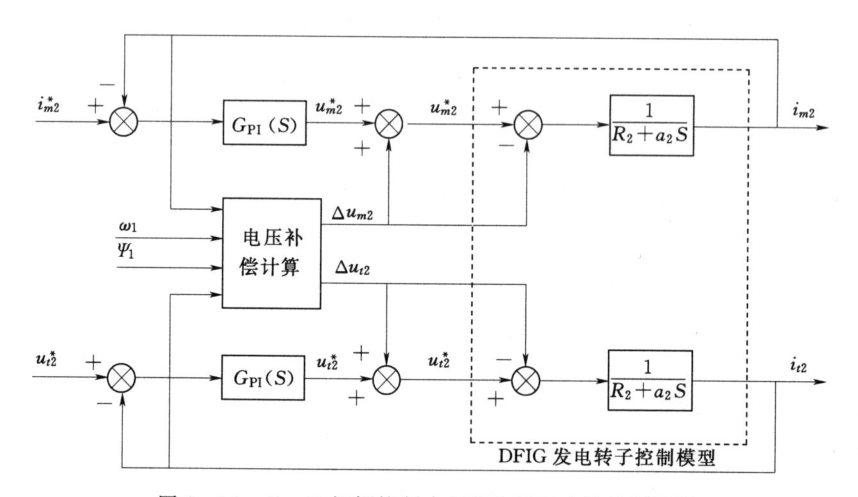

图 8－10　P、Q 解耦控制中 DFIG 转子电流控制框图

第 9 章　直驱永磁同步风力发电机组运行与控制

第 9 章课件

直驱永磁同步风力发电机组是一种由风力发电机直接驱动低速发电机发电的系统，与双馈异步风力发电机组相比，直驱式机组省去了齿轮箱升速装置，发电机直接与低速风力发电机相连接，并通过全功率变流器向电网输送电能。相对于 30%功率变流器控制的双馈机组，全功率变流器驱动的风力发电机组具有更宽的调速范围和更优越的低电压穿越性能。还有一种半直驱式风力发电机，其结构与一般直驱永磁发电机类似，但级数相对较少，并且需要采用齿轮箱进行增速调节。

9.1　直驱永磁同步风力发电机组结构及原理

直驱永磁同步风力发电机组近些年来在风电场主流机型中的占比在逐渐增大，其结构如图 9-1 所示。这一类型的机组采用永磁同步发电机，永磁同步发电机是一种结构特殊的同步发电机，以永磁体进行励磁。它与传统的电励磁同步发电机的主要区别在于主磁场由永磁体产生，而不是由励磁绕组产生。与普通同步发电机相比，永磁同步发电机具有以下特点：

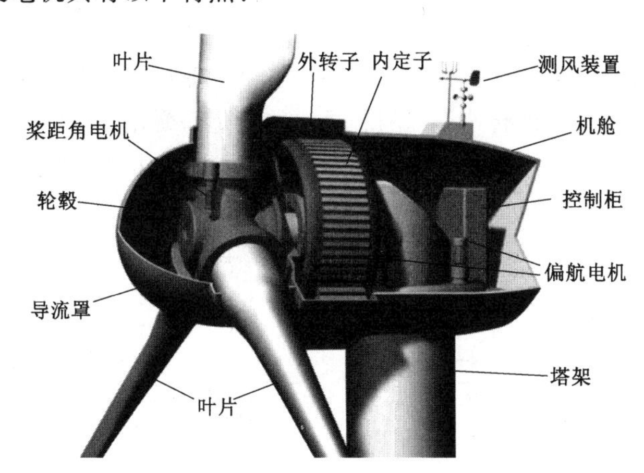

图 9-1　直驱永磁同步风力发电机组结构图

（1）省去了励磁绕组、磁极铁芯和电刷-集电环，结构简单紧凑，可靠性高。

（2）不需要励磁电源，没有励磁绕组损耗，效率高，但永磁体存在退磁的可能。

（3）采用稀土永磁材料励磁，气隙磁密较高，功率密度高，体积小，质量轻。

（4）直轴电枢反应电抗小，因而固有电压调整率比电励磁同步发电机小。

（5）永磁磁场难以调节，永磁同步发电机制成后难以通过调节励磁的方法调节输出电压和无功功率。

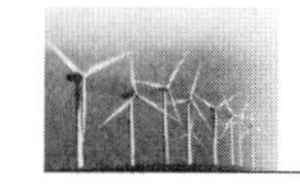

双馈式异步风力发电机组是目前风电场的主流机型，随着风力发电机组单机容量不断增大，双馈型风力发电机组中齿轮箱的高速传动部件故障问题不容忽视，直驱式机组省去了齿轮箱，避免了这部分故障。目前，直驱型和半直驱型风电机组在大型风力发电机组中的占比逐步提升。直驱式永磁同步风力发电机组相对于双馈风力发电机组的优点是：

（1）机组无齿轮箱，降低了系统的故障率，当机组功率等级达到 3MW 以后，会加大齿轮箱的制造和维护的难度，直驱式永磁同步风力发电机组为增大单机容量奠定了基础。

（2）永磁同步风力发电机省去了滑环和电刷等装置，提高了机组的可靠性，降低了噪声。

（3）直驱永磁同步风力发电机与全功率变流器的结合改善输出电能的质量，变流器起到有效隔离发电机与电网的作用，实现了电机与电网之间的柔性连接。提高了机组低电压穿越能力。

（4）直驱式永磁同步风力发电机不从电网吸收无功功率，无须励磁绕组和直流电源，效率高。

直驱永磁同步风力发电机组的缺点：

（1）采用的多级低速永磁同步发电机，电机直径大，制造成本高。

（2）机组设计容量的增大对发电机设计、加工制造带来困难。

（3）定子绕组绝缘等级要求高。

（4）采用全功率变流器，设备投资大，增加投入成本。

（5）机构简化，机舱重心前倾，设计和控制上难度加大。

直驱永磁同步风力发电机组主要由风轮、永磁发电机、控制系统、全功率电力电子变流器等组成。风力机的转速可以随着风速的变化而变化，电网频率恒定，从而实现风力发电机组变速恒频运行。直驱永磁同步风力发电机组结构如图 9－2 所示。

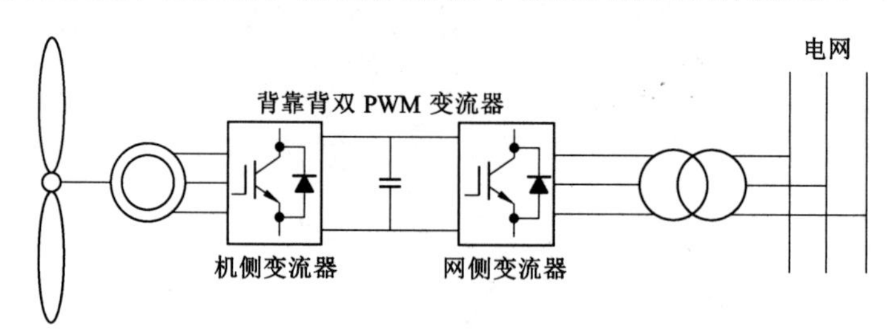

图 9－2 直驱永磁同步风力发电机组结构

因为直驱式风力发电系统的风力机与发电机转子直接耦合，所以发电机的输出端电压和频率随风速的变化而变化。要实现风力发电机组并网，需要保证机组电压的幅值、频率、相位、相序与电网保持一致。如果在发电机和电网之间使用频率转换器的话，转速和电网频率之间的耦合问题将得以解决。变流器的使用使风力发电机组可以在不同的速度下运行，并且使发电机内部的转矩得以控制，从而减轻传动系统应力。通过对变流器电流的控制，可以控制发电机转矩，而控制电磁转矩就可

以控制风力机的转速，实现风力发电机组的变速运行。

直驱式风力发电系统的风力机与发电机转子直接耦合，省去了齿轮箱，直驱式永磁同步风力发电机组电控系统组成如图 9-3 所示。

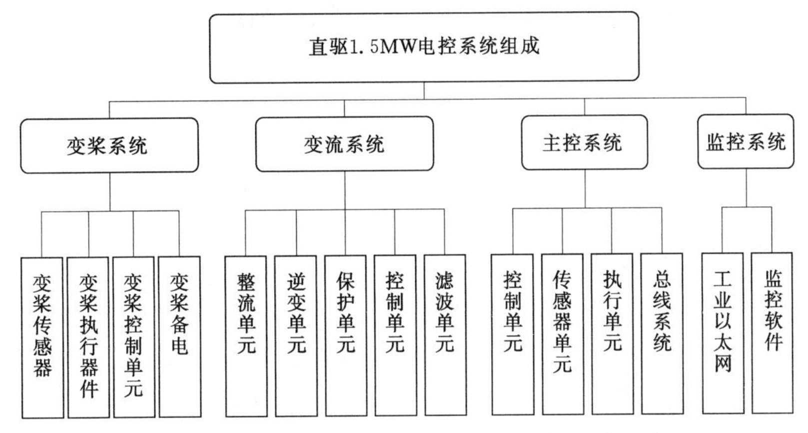

图 9-3　直驱 1.5MW 风力发电机组电控系统组成

通过控制电磁转矩和实现同步发电机的变速运行，可以减缓对传动系统的冲击。在相同的条件下，同步发电机的调速范围比异步发电机更宽。异步发电机要靠加大转差率才能提高转矩，而同步发电机只要加大攻角就能增大转矩。因此，同步发电机比异步发电机对转矩扰动具有更强的承受能力，响应速度更快。

直驱永磁同步风力发电机组变流装置是全功率变流装置，与各种电网的兼容性好，具有更宽范围内的无功功率调节能力和对电网电压的支撑能力。同时，变流装置先进的控制策略和特殊设计的制动单元使风机系统具有很好的低电压穿越能力（low voltage ride through，LVRT），以适应电网故障状态，在一定时间内保持与电网的连接和不脱网。通过独到的信号采集技术、接口技术等提高了变流装置系统的电磁兼容性，如直流环节的均压接地措施，有效减少了干扰。

电控系统各部分之间的关系如图 9-4 所示。

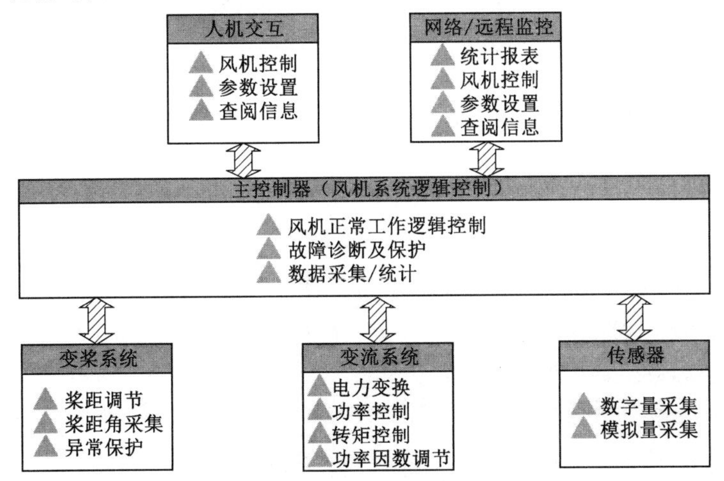

图 9-4　电控系统各部分之间的关系

9.2 永磁同步发电机数学模型

永磁同步发电机的定子绕组与普通电励磁同步电机相同，都是交流三相对称绕组。为分析方便，在建立数学模型过程中做如下假设：

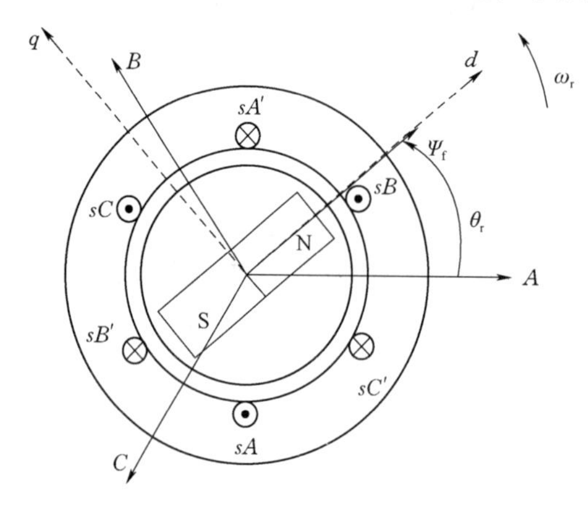

图 9-5 永磁同步发电机机构与坐标轴关系

(1) 忽略定子铁芯饱和，认为永磁场呈线性分布，电感参数不变。

(2) 不计铁芯涡流与磁滞等损耗。

(3) 发电机转子上无阻尼绕组。

(4) 转子永磁磁场在气隙空间分布为正弦波，定子电枢绕组中的感应电动势也为正弦波。

永磁同步发电机机构及坐标轴关系如图 9-5 所示，可以得到同步永磁发电机在理想情况下的转矩磁链、电压和机械运动方式。

由电机学相关知识及矢量控制技术，可得旋转 dq 坐标系下的同步永磁发电机数学模型，定子磁链为

$$\begin{cases}\psi_{sd}=L_{sd}i_{sd}+\psi_f \\ \psi_{sq}=L_{sq}i_{sq}\end{cases} \tag{9-1}$$

式中 ψ_{sd}、ψ_{sq}——定子 d、q 轴磁链；

L_{sd}、L_{sq}——定子 d、q 轴电感；

i_{sd}、i_{sq}——定子 d、q 轴电流。

采用电动机惯例规定正方向，则永磁同步电机在 dq 同步旋转坐标系统下的电压方程为

$$\begin{cases}u_{sd}=R_s i_{sd}+\dfrac{d\psi_{sd}}{dt}-\omega_r\psi_{sq} \\ u_{sq}=R_s i_{sq}+\dfrac{d\psi_{sq}}{dt}-\omega_r\psi_{sq}\end{cases} \tag{9-2}$$

将式 (9-1) 代入式 (9-2) 可得

$$\begin{cases}u_{sd}=R_s i_{sd}+L_s\dfrac{di_{sd}}{dt}-\omega_r L_{sq}i_{sq} \\ u_{sq}=R_s i_{sq}+L_{sq}\dfrac{di_{sq}}{dt}+\omega_r L_{sd}i_{sd}+\omega_r\psi_f\end{cases} \tag{9-3}$$

由式 (9-3) 可得转子磁链定向方式下的 PMSG 等效电路。PMSG 在 dq 同步坐标系下的等效电路如图 9-6 所示。

PMSG 的电磁转矩为

$$T_e=-\frac{3}{2}p_n(\psi_{sd}i_{sq}-\psi_{sq}i_{sd}) \tag{9-4}$$

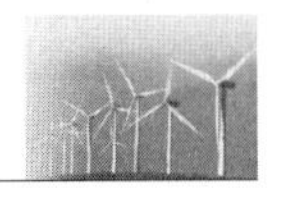

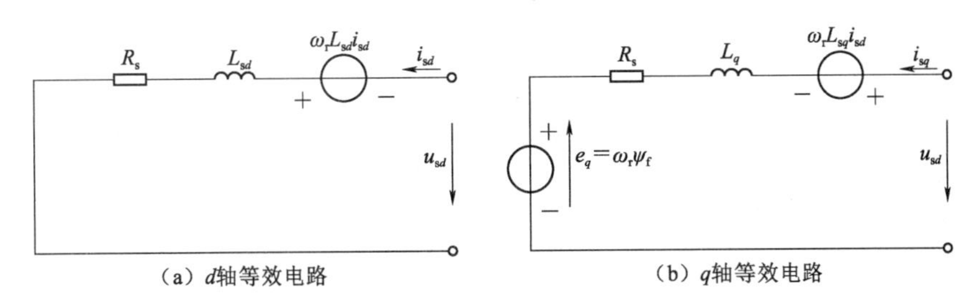

图 9-6 PMSG 在 dq 同步坐标系下的等效电路

PMSG 有功功率和无功功率

$$\begin{cases} P_s = -\dfrac{3}{2}(u_{sd}i_{sd} + u_{sq}i_{sq}) \\ Q_s = \dfrac{3}{2}(u_{sd}i_{sq} - u_{sq}i_{sd}) \end{cases} \tag{9-5}$$

式（9-4）和式（9-5）是转矩和功率的通用计算公式，适用于不同坐标系定向方式。如在定子磁链定向方式下，可将式（9-1）代入式（9-4）得

$$T_e = -\frac{3}{2}p_n i_{sq}[(L_{sd} - L_{sq})i_{sd} + \psi_f] \tag{9-6}$$

直驱永磁同步风力发电机组控制原理

9.3 直驱永磁同步风力发电机组控制技术

直驱永磁同步风力发电机组的全功率变流器的主要控制目标是在维持直流电压稳定的情况下实现最大风能追踪控制，将风能最大限度地转化为电能输送给电网，并对电网提供一定的无功支撑。目前对全功率风力发电机变流器控制策略主要包括矢量控制和直接功率控制。

1. 矢量控制策略

矢量控制策略，也称磁场定向控制，其核心是将交流电机的三相电流、电压、磁链经坐标变换转换为以转子磁链定向的两相同步旋转 dq 参考坐标系中的直流量，参照直流电机的控制思想实现转矩和励磁的控制。磁场定向矢量控制的优点是具有良好的转矩相应，精确的速度控制。永磁同步交流电机矢量控制技术的基本思想同样是在坐标变换和电机电磁转矩方程基础上，通过控制 dq 轴电流实现转矩和磁场控制。无论电机在低速还是在高速，电机的相应性能十分优异。但是矢量控制需要确定转子磁链位置，且须要进行坐标变换，计算量较大，而且还要考虑电机参数变动的影响，系统比较复杂。

2. 直接转矩控制

直接转矩控制策略与矢量控制不同，直接转矩控制直接利用两个滞环控制转矩和磁链调节器直接从最优开关表中选择最合适的定子电压空间矢量，进而控制逆变器的功率开关状态和开关时间，实现转矩和磁链的快速控制，低速时转矩脉动大无法达到前者的控制效果。

直接转矩控制的优越性在于：不需要矢量坐标变换，采用定子磁场定向控制，

只需对电机模型进行简化处理，没有脉宽调制 PWM 信号发生器，控制结构简单，受电机参数变化影响小，能够获得较好的动态性能。常规直接转矩控制也存在不足，如逆变器开关频率不固定和滞环宽度的选取问题使得转矩、电流波动大，转矩易产生稳态误差；转矩和磁链控制没有办法实现完全解耦；以开关选择表为基础，所能施加的电压矢量数量非常有限，会导致转矩与磁链的波动较大。

直驱永磁同步风力发电机组换流器需控制 PMSG 在极低速范围内运行，考虑到矢量控制的特点，优先选择矢量控制方式。PMSG 的机侧变流器和网侧变流器各有一套独立的矢量控制系统，分别控制电磁功率和直流电压。变流器的控制方法有不同的方法，常规的控制方法是：机侧变流器控制电磁功率，实现最大风能追踪；网侧变流器控制直流电压，实现输出有功和无功的解耦控制。直驱永磁同步风力发电机组控制原理如图 9－7 所示。

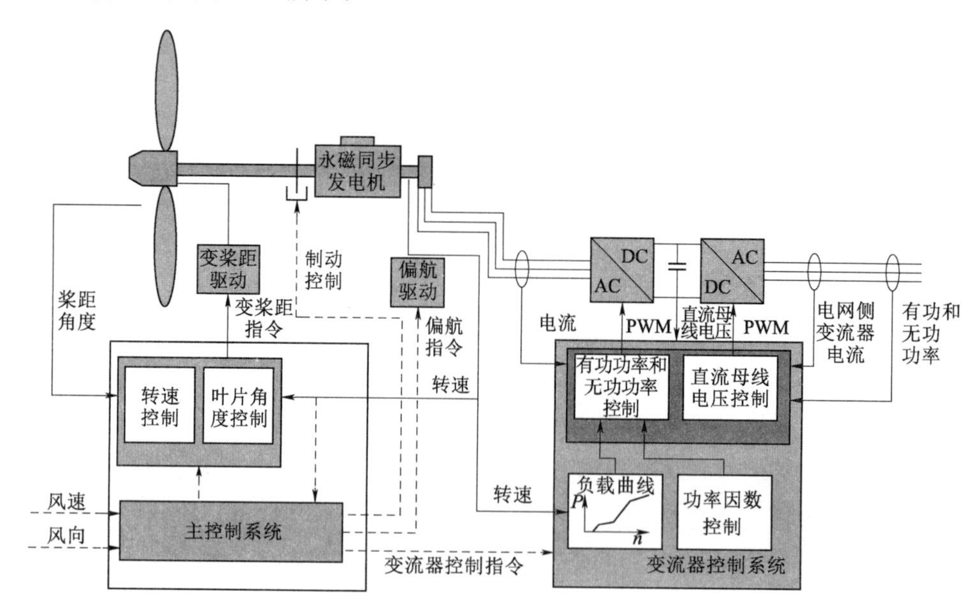

图 9－7　直驱永磁同步风力发电机组控制原理

实现最大风能追踪的要求是在风速变化时及时调整风力发电机转速，使其始终保持最佳叶尖速比运行，从而可保证系统运行于最佳功率曲线上。对风力发电机转速的控制可通过风力发电机变桨距调节，也可通过控制发电机输出功率进行调节。由于风力机变桨距调节系统结构复杂，调速精度受限，因此可以通过控制发电机输出有功功率调节发电机的电磁转矩，进而调节发电机转速。

由永磁同步发电机的功率关系可知

$$\begin{cases} P_{em}=P_{m}-P_{0} \\ P_{s}=P_{em}-P_{Cus}-P_{Fes} \end{cases} \tag{9-7}$$

式中　P_{em}、P_{m}、P_{0}——发电机电磁功率、风力机输出机械功率、机械损耗；

P_{s}、P_{Cus}、P_{Fes}——发电机定子输出有功功率、定子铜耗、定子铁耗。

为实现最大风能追踪控制，应根据风力机转速实时计算风力发电机输出的最佳

功率指令信号 P_{opt}，令式（9－7）中 $P_m=P_{opt}$ 可得到发电机的最佳电磁功率 P_{em}^* 和定子有功功率指令 P_s^* 为

$$P_{em}^*=k\omega^3-P_0 \tag{9-8}$$

$$P_s^*=P_{em}^*-P_{Cus}-P_{Fes} \tag{9-9}$$

按照有功功率指令 P_s^* 控制发电机输出的有功功率可使风力机按照最佳叶尖速比公式的规律实现最大风能追踪控制。

3. 机侧变流器控制策略

直驱永磁同步风力发电机组采用永磁同步发电机和双 PWM 变流器，该类型机组由永磁同步发电机、机侧变流器、直流侧电容和网侧变流器构成。电机侧变流器的主要作用是控制发电机输出的有功功率以实现最大风能追踪控制。直驱永磁同步风力发电机组机侧变流器控制原理如图 9－8 所示。由于直驱式永磁同步发电机多以低速运行，因此可采用多对极表贴式永磁同步发电机。目前针对该类电机常采用转子磁场定向的矢量控制技术，假设 dq 坐标系以同步速度旋转，且 q 轴超前于 d 轴，将 d 轴定位于转子永磁体的磁链方向上，可得到电机的定子电压方程为

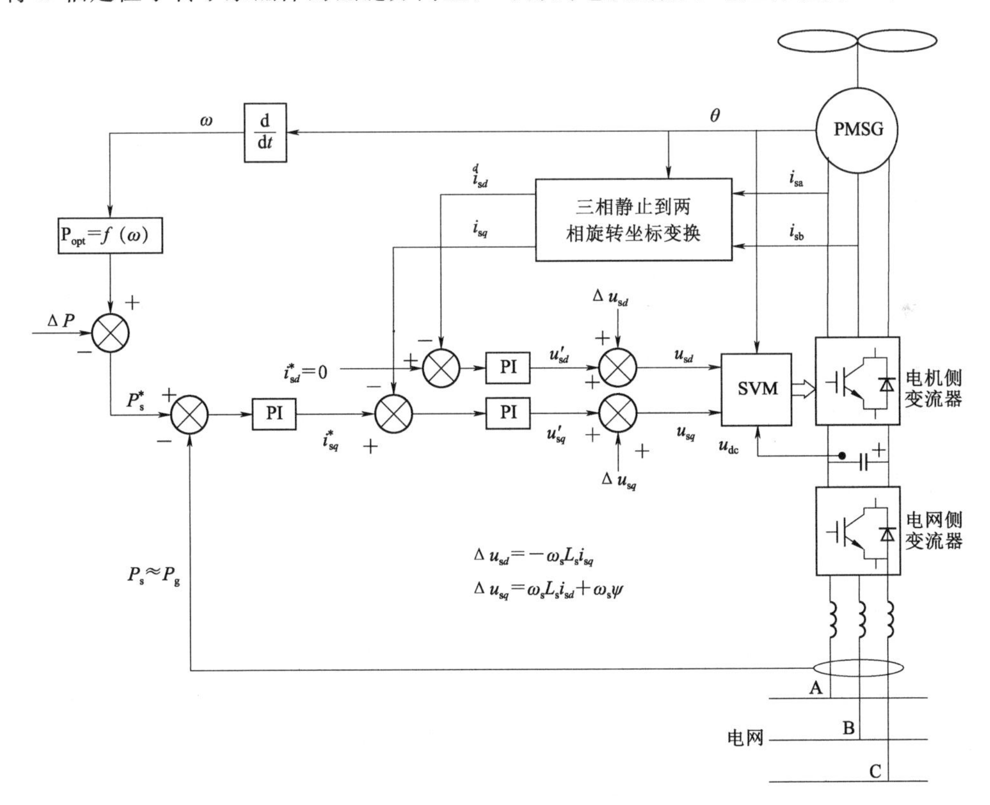

图 9－8　直驱永磁同步风力发电机组机侧变流器控制框图

$$\begin{cases} u_{sd}=R_s i_{sd}+L_s\dfrac{\mathrm{d}i_{sd}}{\mathrm{d}t}-\omega_s L_s i_{sq} \\ u_{sq}=R_s i_{sq}+L_s\dfrac{\mathrm{d}i_{sq}}{\mathrm{d}t}+\omega_s L_s i_{sd}+\omega_s\psi \end{cases} \tag{9-10}$$

式中　R_s、L_s——发电机的定子电阻和电感；

u_{sd}、u_{sq}、i_{sd}、i_{sq}——d、q 轴定子电压和电流；

ω_s——同步电角速度；

ψ——转子永磁体磁链。

其电磁转矩可表示为

$$T_{em}=p\psi i_{sq} \tag{9-11}$$

式中　p——电机极对数。

通常控制定子电流 d 轴分量为零，由上式可知，发电机电磁转矩仅与定子电流 q 轴分量有关。

通过对发电机电磁转矩的及时调节可实现对发电机电磁功率和输出有功功率的准确控制。因此，结合发电机的最佳风能追踪控制原理，永磁同步发电机控制系统外环可采用有功功率的闭环 PI 控制，其调节输出量作为发电机定子电流的 q 轴分量给定，控制系统内环则分别实现定子 d、q 轴电流的闭环控制。由式（9-10）可知，定子 d、q 轴电流除受控制电压 u_{sd}、u_{sq} 影响外，还受耦合电压 $-\omega_s L_s i_{sq}$ 和 $\omega_s L_s i_{sd}$、$\omega_s \psi$ 的影响，因此对 d、q 轴电流可分别进行闭环 PI 调节控制，得到相应的控制电压 u'_{sd}、u'_{sq}，并分别加上交叉耦合电压补偿项 Δu_{sd}、Δu_{sq}，即可得到最终的 d、q 轴控制电压分量 u_{sd} 和 u_{sq}，结合电机转子位置角 θ 和直流电容电压 u_{dc}，经空间矢量调制（space vector modulation，SVM）可得到电机侧变流器所需的 PWM 驱动信号，图 9-8 给出了基于最佳功率给定的电机侧变流器功率、电流双闭环控制策略结构框图，图中 $\Delta P=P_0+P_{Cus}+P_{Fes}$。由于要控制电网侧变流器来保持直流侧电压恒定，因此运行过程中直流侧电容的充放电功率变化很小，如果进一步忽略变流器的损耗，则可认为发电机输出的有功功率经双 PWM 变流器后全部馈入电网。因此，发电机输出的有功功率可通过间接测量网侧变流器馈入电网的有功功率 P_g 来近似获得。

4. 网侧变流器控制策略

作为直驱永磁同步风力发电机与电网连接的重要组成部分，电网侧变流器的主要作用主要包括提供稳定的直流电容电压、实现网侧功率因数调整或并网无功功率控制。

网侧变流器可以工作于逆变和整流两种工作状态，从而灵活实现功率的双向流动。目前对于网侧变流器常采用电网电压定向的矢量控制技术。假设 dq 坐标系以同步速度旋转且 q 轴超前于 d 轴，将电网电压综合矢量定向在 d 轴上，电网电压在 q 轴上投影为 0。dq 坐标系下网侧变流器的有功功率和无功功率分别为

$$\begin{cases}P_g=e_{gd}i_{gd}+e_{gq}i_{gq}=e_{gd}i_{gd}\\Q_g=e_{gd}i_{gq}-e_{gq}i_{gd}=e_{gd}i_{gq}\end{cases} \tag{9-12}$$

式中　e_{gd}、e_{gq}、i_{gd}、i_{gq}——电网电压和电流的 d、q 轴分量。

调节电流矢量在 d、q 轴的分量就可以控制变流器的有功功率和无功功率（功率因数）。调节变流器的有功功率可实现对双 PWM 变流器直流侧电压的稳定控制。因此，对网侧变流器可采用双闭环控制，外环为直流电压控制环，主要作用是稳定

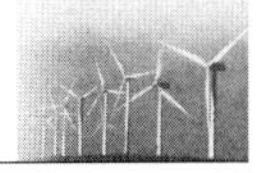

直流侧电压，其输出为网侧变流器的 d 轴电路给定量 i'_{gd}。内环为电流环，主要作用是跟踪电压外环输出的有功电流指令信号 i'_{gd} 以及设定的无功电流指令信号 i'_{gq}，以实现快速的电流控制。这样既可保证发电机输出的有功功率能及时经网侧变流器馈入电网，又实现发电系统的无功控制。

网侧变流器在 dq 坐标系下的数学模型为

$$\begin{cases} u_{gd}=-R_{g}i_{gd}-L_{g}\dfrac{\mathrm{d}i_{gd}}{\mathrm{d}t}+\omega_{g}L_{g}i_{gq}+e_{gd} \\ u_{gq}=-R_{g}i_{gq}-L_{g}\dfrac{\mathrm{d}i_{gq}}{\mathrm{d}t}-\omega_{g}L_{g}i_{gd} \end{cases} \tag{9-13}$$

式中　R_g、L_g——网侧变流器进线电抗器的电阻和电感；

u_{gd}、u_{gq}——网侧变流器的 d、q 轴电压分量；

ω_g——同步电角速度。

由式（9－13）可知，定子 d、q 轴电流除受控制电压 u_{gd}、u_{gq} 影响外，还受耦合电压 $\omega_g L_g i_{gq}$ 和 $-\omega_g L_g i_{gd}$ 及电网电压 e_{gd} 的影响。因此，对 d、q 轴电流可分别进行闭环 PI 调节控制，得到相应的控制电压 u'_{gd}、u'_{gq}，并分别加上交叉耦合电压补偿项 Δu_{gd}、Δu_{gq}，即可得到最终的 d、q 轴控制电压分量 u_{gd} 和 u_{gq}。结合电机转子位置角 θ_g 和直流电容电压 u_{dc}，经空间矢量调制可得到电机侧变流器所需的 PWM 驱动信号。直驱永磁同步风力发电机组网侧变流器控制框图如图 9－9 所示，图中 u^*_{dc} 和 Q^*_g 分别为直流设定电压和网侧设定无功功率。

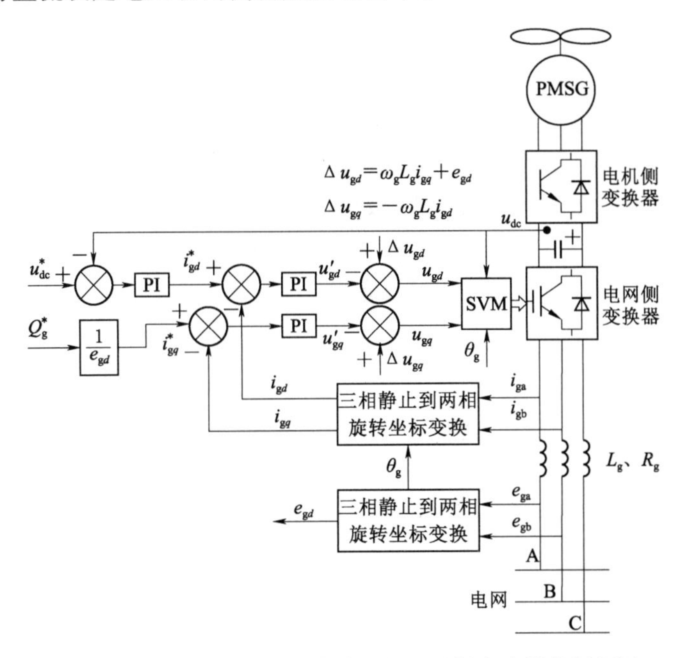

图 9－9　直驱永磁同步风力发电机组网侧变流器控制框图

第 10 章　风力发电机组并网技术

第 10 章课件

随着风力发电机组单机容量的不断增大，越来越多的风力发电机组并入电网，并网时对电网的冲击问题引起人们的重视。这种冲击严重时不仅引起电力系统电压的大幅度下降，并且可能对发电机和机械部件（塔架、桨叶、增速器等）造成损坏。如果并网冲击时间持续过长，还可能使系统瓦解或威胁其他挂网机组的正常运行。因此，采用合理的并网技术是一个不可忽视的问题。

10.1 风电并网概述

风电并网关键技术

在风力发电机组的起动阶段，需要对发电机进行并网前调节以满足并网条件（发电机定子电压和电网电压的幅值、频率、相位均相同），使之能安全地切入电网，进入正常的并网发电运行模式。一种典型风力发电机组并网方式示意图如图 10－1 所示。发电机并网是风力发电系统正常运行的“起点”，其主要的要求是限制发电机在并网时的瞬变电流，避免对电网造成过大的冲击。当电网的容量比发电机的容量大得多时（大于 25 倍），发电机并网时的冲击电流可以不予考虑。但风力发电机组的单机容量越来越大，目前已经发展到兆瓦级水平，机组并网对电网的冲击已不能忽视。严重的不但会引起电网电压的大幅下降，而且还会对发电机组各部件造成损坏。更为严重的是，长时间的并网冲击，甚至还会造成电力系统的解列以及威胁其他发电机组的正常运行。因此，必须通过合理的发电机并网技术来抑制并网冲击电流，并网技术已成为风力发电技术中的一个不可忽视的环节。根据采用发电机的类型，风力发电机组有多种并网方式。

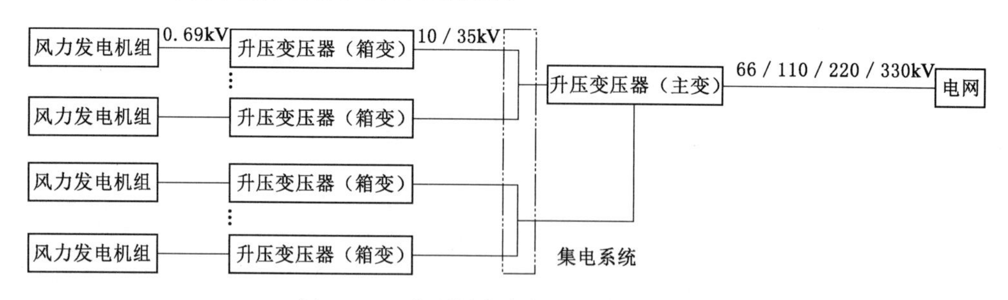

图 10－1　典型风力发电机组并网示意图

随着风能在能源消耗总量中所占的比重越来越大，风电的接入规模同样将急剧扩大。然而由于风能和常规能源之间存在差异性，因此大规模接入将会对目前的电网产生消极影响，下面主要从电能质量、电网稳定性及电网规划调度三方面进行介绍。

风电场属于不稳定能源，受风力、风力发电机组控制系统影响很大，特别是存在高峰负荷时期风电场可能出力很小，而非高峰负荷时期风电场可能出力很大的问题。

1. 电能质量

电力系统的电能质量指标主要包括电压及频率偏差、电压波动、电压闪变及谐波问题。从目前来看，风电系统对电能质量的影响主要是电压波动、闪变及谐波问题。

由于风能本身存在随机性、间歇性与不稳定性的特点，因此导致风速与风向经常发生变化，这就直接影响到了整个风力发电系统的运行工况，使得风电机组的输出功率呈波动性变化。在一些极端工况下，整个风场将会出现风机集体从电网解列的情况，这样对电网的冲击会非常大。以上这些因素都容易引起电网电压波动与闪变。目前几乎所有的风电系统均采用了电力电子变流器来实现风机的功率变换与控制功能，但由此带来的问题就是电力电子设备对电网的谐波污染以及可能发生谐振。过量的谐波注入将会影响用电负载的稳定运行，可能导致设备发热甚至烧毁。

2. 电网稳定性

在稳态稳定性方面，对于传统的恒速风电机组而言，由于其在向电网发出有功的同时也将吸收无功，风电场运行过度依赖系统无功补偿，限制了电网运行的灵活性。因此可能导致电网电压的不稳定。现在成为国内主流的变速恒频双馈机组由于采用了有功无功的解耦控制技术，应具有一定的输出功率因数调节能力，但是就目前看来此项功能在国内尚未得到风场监控系统的有效利用，加之风电机组本身的无功调节能力有限，因此仍然对电压稳定性造成一定影响。

在暂态稳定性方面，随着风电容量占电网总容量的比重越来越大，电网故障期间或故障切除后风电场的动态特性将可能会影响电网的暂态稳定性。变速恒频双馈机组相比传统的恒速机组在电网故障恢复特性上较好，但电网故障时可能存在为保护自身设备而大量从电网解列的问题，这将带来更大的负面影响。风电的间歇性、随机性增加了电网稳定运行的潜在风险。主要体现在以下几个方面：一是风电引发的潮流多变，增加了有稳定限制的送电断面的运行控制难度；二是风电发电成分增加，导致在相同的负荷水平下，系统的惯量下降，影响电网动态稳定；三是风电机组在系统故障后可能无法重新建立机端电压，失去稳定，从而引起地区电网的电压稳定破坏。

3. 电网规划与调度

我国风能资源最为丰富的地区主要分布在“三北一南”地区，即东北、西北、华北和东南沿海，其中绝大部分地区处于电网末梢，距离负荷中心比较远。大规模接入后，风电大发期大量上网，电网输送潮流加大，重载运行线路增多，热稳定问题逐渐突出。随着风电开发的规模扩大，其发出电能的消纳问题将日益凸显。鉴于目前国内大多数风场都是在原有电网基础上规划，风能的间歇性势必将导致电能供需平衡出现问题，进而产生不必要的机会成本。为了平衡发电和用电之间的偏差就需要平衡功率。对平衡功率的需求随着风电场容量的增加而同步增长。根据不同国

家制定的规则，或者风电场业主或者电网企业负责提供平衡功率。一旦输电系统调度员与其签约，它将成为整个电网税费的一部分，由所有的消费者承担。

风电并网，增大调峰、调频难度，风电的间歇性、随机性增加了电网调频的负担。风电场属于不稳定能源，受风力、风机控制系统影响很大，特别是存在高峰负荷时期风电场可能出力很小，而非高峰负荷时期风电场可能出力很大的问题，风电的反调峰特性增加了电网调峰的难度。由于风能具有不可控性，因此需要一定的电网调峰容量为其调峰。一旦电网可用调峰容量不足，那么风场将不得不限制出力。风电容量越大，这种情况就会越发严峻。

由于风电场一般分布在偏远地区，呈现多个风电场集中分布的特点，风电场每个都类似于一个小型的发电厂，可以模拟成一台台的等值机，这些等值机对电网的影响因机组本身性能的差别而不同，为了实现这些分散风电场的接入，欧洲提出了建立区域风电场调度中心的要求，国内目前只是对单个的风电场建立运行监控，随着风电场布点的增多和发电容量的提高，类似火力发电的监控中心，国内存在建立独立风电运行监控中心的可能。风电场运行监控中心与电网调度中心的协调和职责划分也是未来需要明确的问题。

并网风电容量的不断增加，使无条件全额收购风电的政策与电网调峰和安全稳定运行的矛盾逐渐凸显。为此，有关电网积极采取各种措施，最大努力接纳风电，同时积极与政府有关部门和发电企业进行沟通，在必要时段采取限制风电出力措施来保证电网安全稳定运行。但随着风电接入规模的进一步扩大，矛盾会愈加突出。

10.2 异步发电机并网

目前在国内和国外大量采用的是交流异步发电机，其并网方法也根据电机的容量不同和控制方式不同而变化。异步发电机投入运行时，由于靠转差率来调整负荷，因此对机组的调速精度要求不高，不需要同步设备和整步操作，只要转速接近同步转速时，就可并网。显然，风力发电机组配用异步发电机不仅控制装置简单，而且并网后也不会产生振荡和失步，运行非常稳定。然而，异步发电机并网也存在一些特殊问题，如直接并网时产生的过大冲击电流造成电压大幅度下降会对系统安全运行构成威胁；本身不发无功功率，需要无功补偿；当输出功率超过其最大转矩所对应的功率会引起网上飞车，过高的系统电压会使其磁路饱和，无功激磁电流大量增加，定子电流过载，功率因数大大下降；不稳定系统的频率过于上升，会因同步转速上升而引起异步发电机从发电状态变成电动状态；不稳定系统的频率的过大下降，又会使异步发电机电流剧增而过载等。所以运行时必须严格监视并采取相应的有效措施才能保障风力发电机组的安全运行。

目前国内外采用异步发电机的风力发电机组并网方式主要有以下几种：

1. 直接并网方式

这种方式只要求发电机转速接近同步转速（即达到99%～100%同步转速）时，即可并网，使风力发电机组运行控制变得简单，并网容易。但在并网瞬间存在三相

短路现象，供电系统将受到4～5倍发电机额定电流的冲击，系统电压瞬时严重下降，以至引起低电压保护动作，使并网失败。因此这种并网方式只有在与大电网并网时才有可能。

2. 准同期并网方式

与同步发电机准同步并网方式相同，在转速接近同步转速时，先用电容励磁，建立额定电压，然后对已励磁建立的发电机电压和频率进行调节和校正，使其与系统同步。当发电机的电压、频率、相位与系统一致时，将发电机投入电网运行。采用这种方式，若按传统的步骤经整步到同步并网，则仍须要高精度的调速器和整步、同期设备，不仅要增加机组的造价，而且从整步达到准同步并网所花费的时间很长，这是我们所不希望的。该并网方式合闸瞬间尽管冲击电流很小，但必须控制在最大允许的转矩范围内运行，以免造成网上飞车。由于它对系统电压影响极小，所以适合于电网容量比风力发电机组大不了几倍的地方使用。

3. 降压并网方式

这种并网方式就是在发电机与系统之间串接电抗器，以减少合闸瞬间冲击电流的幅值与电网电压下降的幅度。如比利时200kW风力发电机组并网时各相串接有大功率电阻。由于电抗器、电阻等串联组件要消耗功率，并网后进入稳定运行时，应将其电抗器、电阻退出运行。这种并网方式要增大功率的电阻或电抗器组件，其投资随着机组容量的增大而增大，经济性较差。它适用于小容量风力发电机组（采用异步发电机）的并网。

4. 捕捉式准同步快速并网技术

捕捉式准同步快速并网技术的工作原理是将常规的整步并网方式改为在频率变化中捕捉同步点的方法进行准同步快速并网。据说该技术可不丢失同期机，准同步并网工作准确、快速可靠，既能实现几乎无冲击准同步并网，对机组的调速精度要求不高，又能很好地解决并网过程与降低造价的矛盾，非常适合于风力发电机组的准同步并网操作。

5. 软并网（SOFT CUT－IN）技术

采用双向晶闸管的软切入法，使异步发电机并网。它有两种连接方式。

（1）发电机与系统之间通过双向晶闸管直接连接。这种连接方式的工作过程为，当风轮带动的异步发电机转速接近同步转速时，与电网直接相连的每一相的双向晶闸管的控制角在180°与0°之间逐渐同步打开；作为每相为无触点开关的双向晶闸管的导通角也同时由0°与180°之间逐渐同步增大。在双向晶闸管导通阶段开始（即异步发电机转速小于同步转阶段），异步发电机作为电动机运行，随着转速的升高，其转差率逐渐趋于零。当转差率为零时，双向晶闸管已全部导通，并网过程到此结束。由于并网电流受晶闸管导通角的限制，并网较平稳，不会出现冲击电流。但软切入装置必须采用能承受高反压大电流的双向晶闸管，价格较贵，其功率不宜过大，因此适用于中型风力发电机组。

（2）发电机与系统之间软并网过渡，零转差自动并网开关切换连接。这种连接方式工作如下：当风轮带动的异步发电机起动或转速接近同步转速时，与电网相连的每一相双向晶闸管（晶闸管的两端与自动并网常开触点相并联）的控制角在 180°与 0°之间逐渐同步打开；作为每相为无触点开关的双向晶闸管的导通角也同时由 0°与 180°之间逐渐同步增大。此时自动并网开关尚未动作，发电机通过双向晶闸管平稳地进入电网。在双向晶闸管导通阶段开始（即异步发电机转速小于同步转阶段），异步发电机作为电动机运行，随着转速的升高，其转差率逐渐趋于零。当转差率为零时，双向晶闸管已全部导通，这时自动并网开关动作，常开触点闭合，于是短接了已全部开通的双向晶闸管。发电机输出功率后，双向晶闸管的触发脉冲自动关闭，发电机输出电流不再经双向晶闸管而是通过已闭合的自动开关触点流向电网。

这两种方法的共同特点是：可以得到一个平稳的并网过渡过程而不会出现冲击电流。不过第一种方式所选用高反压双向晶闸管的电流允许值比第二种方式的要大得多。这是由于前者的工作电流要考虑能通过发电机的额定值，而后者只要通过略高于发电机空载时的电流就可满足要求。但需采用自动并网开关，控制回路也略为复杂。本章将主要介绍采用第二种方式的软切入装置。这种软并网方法的特点是通过控制晶闸管的导通角，将发电机并网瞬间的冲击电流值限制在规定的范围内（一般为 1.5 倍额定电流以下），从而得到一个平滑的并网暂态过程。通过晶闸管软并网方法将风力驱动的异步发电机并入电网是目前国内外中型及大型风力发电机组中普遍采用的，我国引进和自行开发研制生产的 250kW、300kW、600kW 的并网型异步风力发电机组，都是采用这种并网技术。

6. 变流器并网技术

现在的大型风力发电机组很多采用这种并网方式。有部分功率变流器并网和全功率变流器并网，目前，双馈异步风力发电机组主要采用部分功率变流器并网方式；直驱永磁同步风力发电机组采用全功率变流器并网方式。这两种都属于变速恒频并网方式。

并网后需要关注以下主要问题：

（1）电能质量。根据国家标准，对电能质量的要求有五个方面：电网高次谐波、电压闪变与电压波动、三相电压及电流不平衡、电压偏差、频率偏差。风电机组对电网产生影响的主要有高次谐波和电压闪变与电压波动。

（2）电压闪变。风力发电机组大多采用软并网方式，但是在启动时仍然会产生较大的冲击电流。当风速超过切出风速时，风机会从额定出力状态自动退出运行。如果整个风电场所有风机几乎同时动作，这种冲击对配电网的影响十分明显。容易造成电压闪变与电压波动。

（3）谐波污染。风电给系统带来谐波的途径主要有两种。一种是风机本身配备的电力电子装置可能带来谐波问题。对于直接和电网相连的恒速风机，软启动阶段要通过电力电子装置与电网相连，因此会产生一定的谐波，不过过程很短。对于变速风机是通过整流和逆变装置接入系统，如果电力电子装置的切换频率恰好在产生谐波的范围内，则会产生很严重的谐波问题，不过随着电力电子器件的不断改进，这个问题也在逐步得到解决。另一种是风机的并联补偿电容器可能和线路电抗发生谐振，在实际运行中，曾经观测到在风电场出口变压器的低压侧产生大量谐波的现

象。当然与闪变问题相比，风电并网带来的谐波问题不是很严重。

（4）电网稳定性。在风电的领域，经常遇到的一个的难题是：薄弱的电网短路容量、电网电压的波动和风力发电机的频繁掉线。尤其是越来越多的大型风电机组并网后，对电网的影响更大。在过去的 20 年间，风电场的主要特点是采用感应发电机，装机规模较小，与配电网直接相连，对系统的影响主要表现为电能质量。随着电力电子技术的发展，大量新型大容量风力发电机组开始投入运行，风电场装机容量达到可以和常规机组相比的规模，直接接入输电网，与风电场并网有关的电压、无功控制、有功调度、静态稳定和动态稳定等问题越来越突出。这需要对电力系统的稳定性进行计算、评估。要根据电网结构、负荷情况，决定最大的发电量和系统在发生故障时的稳定性。国内外对电网稳定性都非常重视，开展了不少关于风电并网运行与控制技术方面的研究。

风电场大多采用感应发电机，需要系统提供无功支持，否则有可能导致小型电网的电压失稳。采用异步发电机，除非采取必要的预防措施，如动态无功补偿、否则会造成线损增加，送电距离远的末端用户电压降低。电网稳定性降低，在发生三相接地故障，都将导致全网的电压崩溃。由于大型电网具有足够的备用容量和调节能力，一般不必考虑风电进入引起频率稳定性问题。但是对于孤立运行的小型电网，风电带来的频率偏移和稳定性问题是不容忽视的。

由于变流技术的发展，我们可以利用交—直—交的变流调节装置的控制功能，很容易地根据电网采集到的线路电压波动的情况、功率因数的状况、电网的要求等，来调节和控制变流装置的频率、相位角和幅值使之达到调节电网的功率因数，为弱电网提供无功能量的要求。

（5）发电计划与调度。传统的发电计划基于电源的可靠性以及负荷的可预测性，以这两点为基础，发电计划的制定和实施有了可靠的保证。但是，如果系统内含有风电场，因为风电场出力的预测水平还达不到工程实用的程度，发电计划的制定变得困难起来。如果把风电场看作负的负荷，不具有可预测性。如果把它看作电源，可靠性没有保证。正因为如此，有必要对含风电场电力系统的运行计划进行研究。风力发电并网以后，如果电力系统的运行方式不相应地做出调整和优化，系统的动态响应能力将不足以跟踪风电功率的大幅度、高频率的波动，系统的电能质量和动态稳定性将受到显著影响，这些因素反过来会限制系统准入的风电功率水平，因此有必要对电力系统传统的运行方式和控制手段做出适当的改进和调整，研究随机的发电计划算法，以便正确考虑风电的随机性和间歇性特性。

恒速恒频 VS
变速恒频并网

10.3 双馈异步发电机并网

传统的恒速恒频发电机与电网之间为“刚性连接”，并网操作依赖于机组转速的调节，实现条件严格因而比较困难。交流励磁变速恒频风力发电机与电网之间为“柔性连接”。采用转子交流励磁后，DFIG 和电网之间构成了“柔性连接”。

所谓“柔性连接”，是指可根据电网电压、电流和 DFIG 的转速，通过控制机侧变流器来调节 DFIG 转子励磁电流，从而精确地控制 DFIG 定子电压，使其满足并网条件。本节将从分析变速恒频风力发电机组的运行特点出发，把磁场定向矢量控制技术应用到 DFIG 的并网控制上。双馈异步风力发电机组并网示意图如图 10－2 所示。

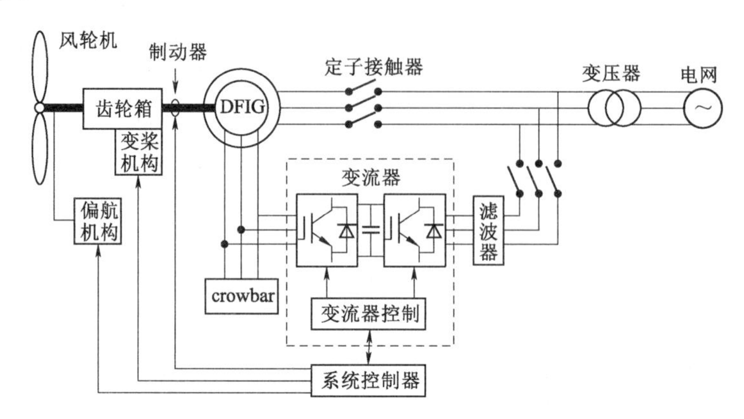

图 10－2　双馈异步风力发电机组并网示意图

双馈感应电机并网的优点：交流励磁，可以调节转速和无功功率，空气动力学效率相对较高，变流器容量小，噪音低。缺点：部分功率馈入转子，电气效率低，成本较高。

根据 DFIG 并网前的运行状态，DFIG 并网方式有两种：①空载并网方式：并网前 DFIG 空载，调节 DFIG 的定子空载电压实现并网的方法；②负载并网方式：并网前 DFIG 接独立负载（如电阻），调节其定子电压实现并网的方法。两种并网方式都允许机组转速在较大的范围内变化，故适用于变速恒频风力发电系统。在两种并网方式控制下，DFIG 定子电压均能迅速向电网电压收敛，实现较小冲击的并网。

1. 空载并网方式

并网前 DFIG 空载，定子电流为零，提取电网的电压信息（包括频率、相位、幅值）作为依据供 DFIG 控制系统实现励磁调节，使建立的 DFIG 定子空载电压与电网电压的频率、相位和幅值一致。空载并网方式控制结构如图 10－3 所示。

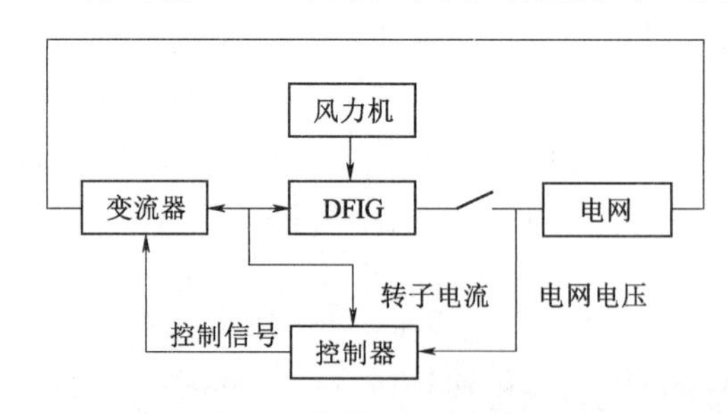

图 10－3　空载并网方式控制结构图

2. 负载并网方式

负载并网方式的思路是：并网前 DFIG 负载运行（如电阻性负载），根据电网信息和定子电压、电流对 DFIG 进行控制，在满足并网条件时进行并网。负载并网方式的特点是并网前 DFIG 已带有独立负载，定子有电流，因此并网控制所需的信息不但取自于电网侧，同时还取

自 DFIG 定子侧。负载并网方式控制结构如图 10-4 所示。

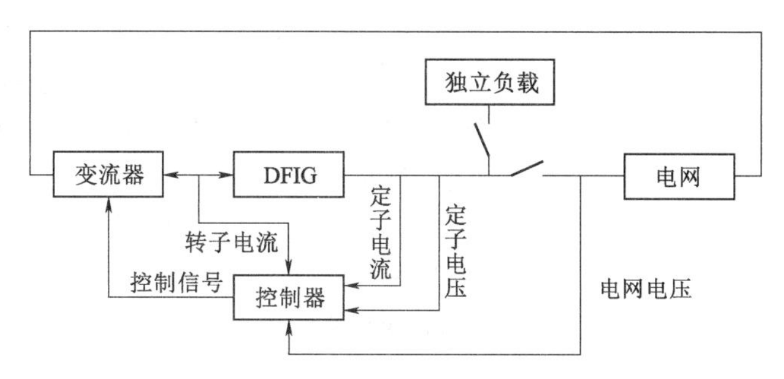

图 10-4 负载并网方式控制结构图

3. 两种并网方式的比较

交流励磁变速恒频风力发电机的两种并网控制方式的作用是一致的。调节 DFIG 的定子电压使其与电网电压在幅值、相位、频率上达到高度吻合，使 DFIG 安全、顺利地并入电网，降低甚至消除并网冲击电流。

两种并网方式的差别在于并网前运行方式不同。空载并网方式由于并网前发电机不带负载，不参与能量和转速的调节。为了防止在并网前发电机的能量失衡而引起的转速失控，应由风力机来控制机组的转速。负载并网方式并网前接有负载，发电机可以参与风力机的能量控制，主要表现在：一方面改变发电机的负载能调节发电机的能量输出，另一方面在负载一定的情况下，发电机转速的改变能改变能量在发电机内部的分配关系。前一作用实现了发电机能量的“粗调”，后一个作用是发电机能量的“细调”。可以看出，空载并网方式需要风力机具有足够的速度调节能力，对风力机的要求比较高。负载并网方式发电机具有一定的能量调节作用，可与风力机配合实现转速的控制，降低了对风力机调速能力的要求，但控制较为复杂。

双馈异步风力发电机组可以实现无冲击并网。首先，机组在自检正常的情况下，风轮处于自由运动状态，当风速满足起动条件且风轮针对风向时，变桨执行机构驱动桨叶至最佳桨距角。其次，风轮带动发电机转速至切入转速，变桨机构不断调整桨距角，将发电机空载转速保持在切入转速上。此时，机组主控制器如认为一切就绪，则会向变流器发出指令，执行并网操作。双馈异步风力发电机组并网启动过程如图 10-5 所示，变流器在得到并网指令后，首先以预充电回路对直流母线进行限流充电，电容电压提升至一定程度后，电网侧变流器进行调制，建立稳定的直流母线电压，然后机组侧变流器进行调制。在基本稳定的发电机转速下，通过机组侧变流器对励磁电流大小、相位和频率的控制，使发电机定子空载电压的大小、相位和频率的电网电压的大小、相位和

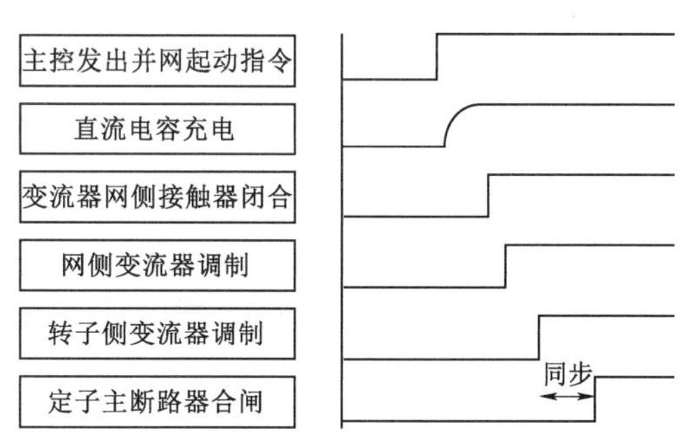

图 10-5 双馈异步风力发电机组并网启动过程

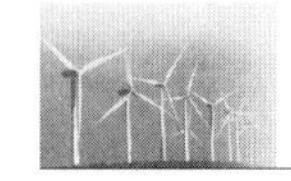

频率保持一致，满足上述条件闭合主断路器，实现准同步并网。

以上方法是目前大部分双馈机组的起动方式，但也有少量机组采用了机组得到起动命令，在变流器未投入工作的情况下，先闭合发电机定子侧主断路器的方法，随后变桨系统调节风轮转速逐步上升，与此同时，变流器根据发电机转速、加速度和机组预设要求逐步加大励磁电流的幅值和调节励磁电流频率，直至达到稳定运行状态。

10.4 同步发电机并网

同步发电机在运行中，由于它既能输出有功功率，又能提供无功功率，周波稳定，电能质量高，已被电力系统广泛采用。然而，把它移植到风力发电机组上使用却不甚理想，这是由于风速时大时小，随机变化，作用在转子上的转矩极不稳定，并网时其调速性能很难达到同步发电机所要求的精度。并网后若不进行有效的控制，常会发生无功振荡与失步等问题，在重载下尤为严重。这就是在相当长的时间内，国内外风力发电机组很少采用同步发电机的原因。但近年来随着电力电子技术的发展，通过在同步发电机与电网之间采用变流装置，从技术上解决了这些问题，采用同步发电机的方案又引起了人们的重视。无齿轮箱直驱全功率变换并网如图 10－6 所示（以直驱永磁同步风力发电机组为例）。

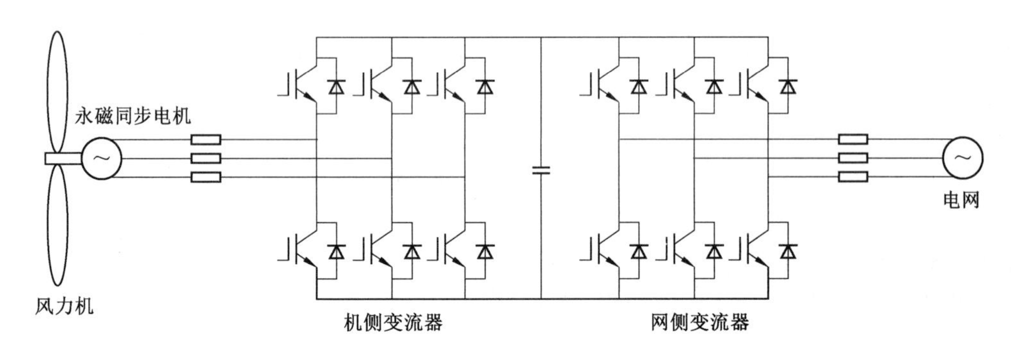

图 10－6　无齿轮箱直驱全功率变换并网示意图

无齿轮箱直驱全功率变换并网优点：可以调节转速和无功功率，空气动力学效率相对较高，噪音低，无齿轮箱。缺点：变流器容量大，电气效率低，发电机大，成本高。

同步发电机与电网并联前为了避免电流冲击和转轴受到突然扭矩需要满足一定的并网条件，即风力发电机端电压的大小、频率、相位以及相序等于电网电压的大小、频率、相位及相序。其具体过程为当风速超过风力发电机起动风速时，风轮机起动，当发电机被风轮机带近至同步转速时，励磁调节器动作，向发电机供给励磁电流，并调节励磁电流使发电机的端电压接近于电网电压，在发电机加速几乎达到同步转速时，发电机的端电压的幅值将大致与电网电压相同。它们频率之间很小的差别将使发电机端电压和电网电压之间的相位差在 0°～360°范围内缓慢变化，检测

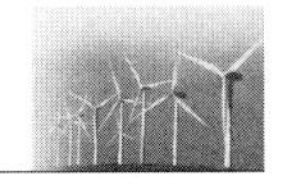

断路器两侧电位差，当其为零或非常小时，使断路器合闸并网。上述过程中使发电机端电压等于电网电压比较容易控制，只要调节励磁电流即可，最困难的是使风轮机的调节器调节转速使得发机频率与网频率的偏差达到一个容许的很小的值，由于风轮是一个大惯性环节，这就对调节器要求提高了。

直驱永磁同步风力发电机组可以实现无冲击并网。首先，机组在自检正常的情况下，风轮处于自由转动状态，当风速满足起动条件且风轮正对风向时，变桨执行机构驱动桨叶至最佳桨距角。然后，风轮带动发电机转速至切入转速，变桨机构不断调整桨距角，将发电机空载转速保持在切入转速上。此时，机组主控制器认为一切就绪，则发出指令给变流器，使其执行并网操作。

永磁同步风力发电机组并网启动过程如图 10－7 所示。图 10－7 为变流器在得到并网指令后，以预充电回路对直流母线进行限流充电，在电容电压提升至一定程度后，电网侧主断路器和定子侧接触器闭合，而后网侧变流器和机侧变流器开始调制，接着开始对机组进行转矩加载并调整桨距角进入正常发电状态。

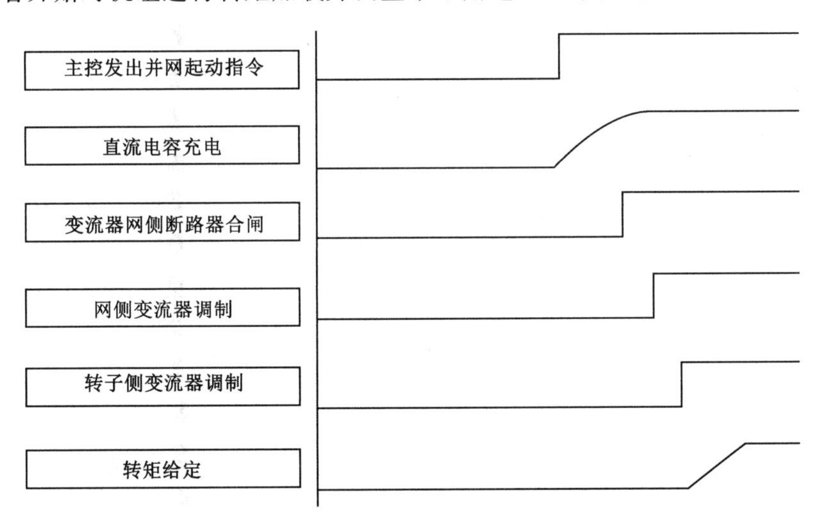

图 10－7　永磁同步风力发电机组并网启动过程

通过图 10－5 与图 10－7 的比较，可见永磁同步风力发电机组在并网过程中不存在“同步”阶段，在发电机连接到电网的整个过程中，通过发电机和变流器的电流均在系统控制之下。

双馈机组的同步化是以电网三相交流电压和发电机定子三相交流电压的幅值、频率、相位、相序、波形的吻合来实现的，这个过程需要通过控制发电机这一复杂的多变量、非线性电机系统来实现，因而具有一定的难度。

永磁同步机制全功率变换是以机侧变流器对发电机三相交流空载电压的追随来实现的，其动态过程中，变流器直流侧电压保持稳定，因为电力电子器件的控制速度相对于发电机的机械速度变化而言要快得多，所以要实现是非常容易而迅速的，相当于 PWM 控制将稳定的直流电压逆变为某一特定的三相交流电压，可以直接将测量到的定子三相交流电压转换后作为机侧变流器控制的输入给定。

10.5　低电压穿越技术

并网风力发电是近十年来国际上发展速度最快的可再生能源技术。并网风力发电机与传统的并网发电设备最大的区别在于，其在电网故障期间并不能维持电网的电压和频率，这对电力系统的稳定性非常不利。电网故障是电网的一种非正常运行形式，主要有输电线路短路或断路，如三相对地、单相对地以及线间短路或断路等，它们会引起电网电压幅值的剧烈变化。

双馈式变速恒频风力发电机组是目前国内外风力发电机组的主流机型，其发电设备为双馈感应发电机，当出现电网故障时，现有的保护原则是将双馈感应发电机立即从电网中脱网以确保机组的安全。随着风力发电机组单机容量的不断增大和风电场规模的不断扩大，风力发电机组与电网间的相互影响已日趋严重。人们越来越担心，一旦电网发生故障迫使大面积风力发电机组因自身保护而脱网的话，将严重影响电力系统的运行稳定性。因此，随着接入电网的双馈感应发电机容量的不断增加，电网对其要求越来越高，通常情况下要求发电机组在电网故障出现电压跌落的情况下不脱网运行（fault ride - through），并在故障切除后能尽快帮助电力系统恢复稳定运行，也就是说，要求风力发电机组具有一定低电压穿越（low voltageride - through）能力。为此，国际上已有一些新的电网运行规则被提出。美国低电压穿越要求如图 10 - 8 所示，德国低电压穿越要求如图 10 - 9 所示，我国低电压穿越如图 10 - 10 所示。

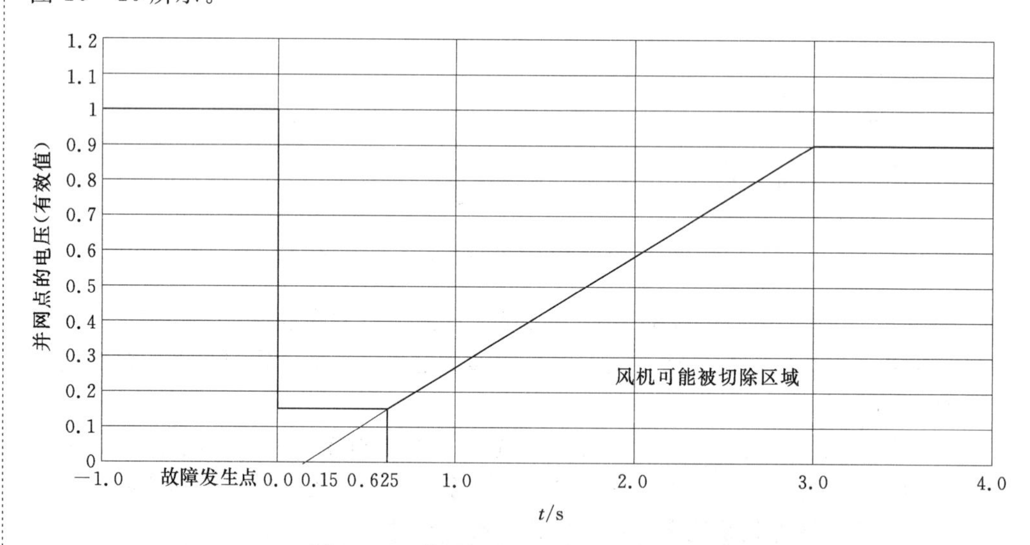

图 10 - 8　美国标准——低电压穿越要求

为了保证电网故障时双馈感应发电机及其励磁变流器能安全不脱网运行，适应新电网运行规则的要求，国内外学术界和工程界对电网故障时双馈感应发电机的保护原理与控制策略进行了大量研究。据文献的报道，当前的低电压穿越技术一般有三种方案：一是采用了转子短路保护技术（crowbar protection），二是引入新型拓

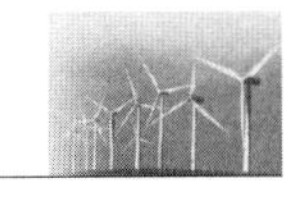

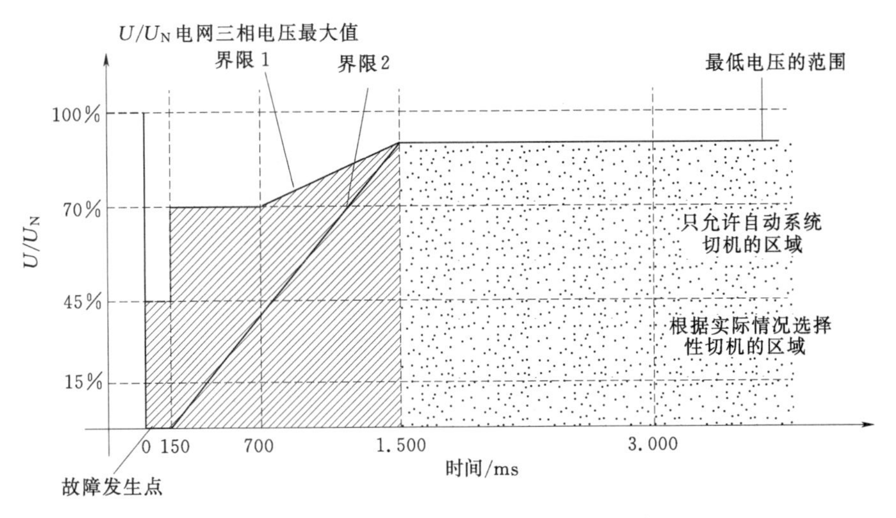

图 10-9　德国标准——低电压穿越要求

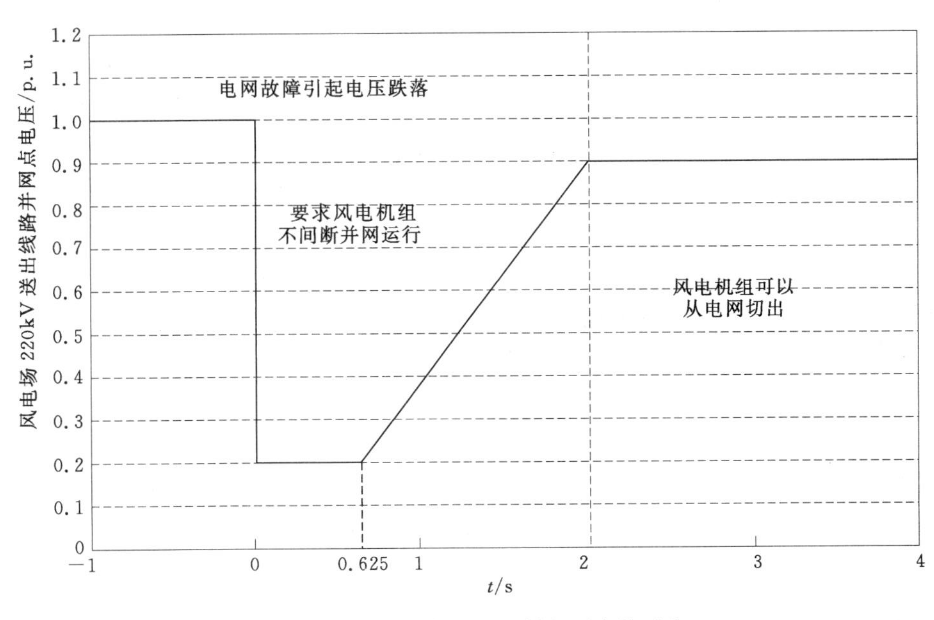

图 10-10　我国标准——低电压穿越要求

扑结构，三是采用合理的励磁控制算法。下面逐一分析介绍。

1. 转子短路保护技术

这是目前一些风电制造商采用得较多的方法，其在发电机转子侧装有 crowbar 电路，为转子侧电路提供旁路，在检测到电网系统故障出现电压跌落时，闭锁双馈感应发电机励磁变流器，同时投入转子回路的旁路（释能电阻）保护装置，达到限制通过励磁变流器的电流和转子绕组过电压的作用，以此来维持发电机不脱网运行（此时双馈感应发电机按感应电动机方式运行）。

目前比较典型的 crowbar 电路有如下几种：

（1）混合桥型 crowbar 电路。混合桥型 crowbar 如图 10-11 所示，每个桥臂由

控制器件和二极管串联而成。

（2）IGBT 型 crowbar 电路。IGBT 型 crowbar 如图 10－12 所示，每个桥臂由两个二极管串联，直流侧串入一个 IGBT 器件和一个吸收电阻。

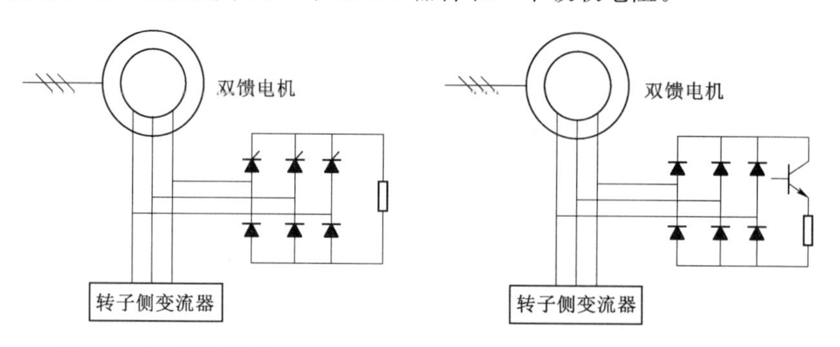

图 10－11　混合桥型 crowbar　　图 10－12　IGBT 型 crowbar

（3）带有旁路电阻的 crowbar 电路。旁路电阻型 crowbar 如图 10－13 所示，出现电网电压跌落时，通过功率开关器件将旁路电阻连接到转子回路中，这就为电网故障期间所产生的大电流提供了一个旁路，从而达到限制大电流，保护励磁变流器的作用。

励磁变流器在电网故障期间，与电网和转子绕组一直保持连接，因而在故障期间和故障切除期间，双馈感应发电机都能与电网一起同步运行。当电网故障消除时，关断功率开关，便可将旁路电阻切除，双馈感应发电机转入正常运行。

采用 crowbar 电路的转子短路保护技术存在这样一些缺点。首先，需要增加新的保护装置从而增加了系统成本；其次，电网故障时，虽然励磁变流器和转子绕组得到了保护，但此时按感应电动机方式运行的机组将从系统中吸收大量的无功功率，这将导致电网电压稳定性的进一步恶化，而且传统的 crowbar 保护电路的投切操作会对系统产生暂态冲击。

2. 引入新型拓扑结构

除了上述典型 crowbar 技术的应用外，一些学者还提出了一些新型低压旁路系统。新型旁路系统如图 10－14 所示。连接网侧变流器如图 10－15 所示。

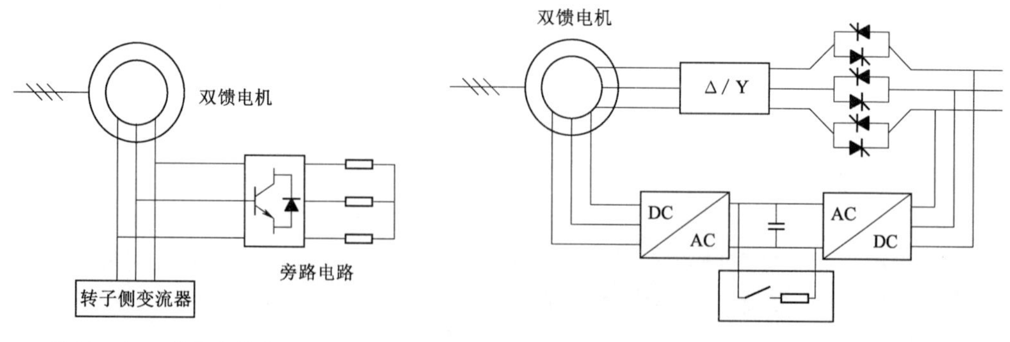

图 10－13　旁路电阻型 crowbar　　图 10－14　新型旁路系统

新型旁路系统与传统的软启动装置类似，在双馈感应发电机定子侧与电网间串联反并可控硅电路。

在正常运行时，这些可控硅全部导通，在电网电压跌落与恢复期间，转子侧可能出现的最大电流随电压跌落的幅度的增大而增大，为了承受电网故障电压大跌落所引起的转子侧大电流冲击，转子侧励磁变流器选用电流等级较高的大功率IGBT器件，这样来保证变流器在电网故障时不与转子绕组断开时的安全。电网电压跌落再恢复时，转子侧最大电流可能会达到电压跌落前的几倍。因此，当电网电压跌落严重时，为了避免电压回升时系统在转子侧所产生的大电流，在电压回升以前，将双馈感应发电机通过反并可控硅电路与电网脱网。脱网以后，转子励磁变流器重新励磁双馈感应发电机，电压一旦回升到允许的范围之内，双馈感应发电机便能迅速地与电网达到同步。再通过开通反并可控硅电路使定子与电网连接。这样可以减小对IGBT耐压、耐流的要求。对于短时间内能够接受大电流的IGBT模块，可以减少双馈感应发电机的脱网运行时间。转子侧大功率馈入直流侧会导致直流侧电容电压的升高，而直流侧的耐压等级依赖于直流侧电容的大小，因此直流侧设计crowbar电路，在直流侧安装电阻来作吸收电路，将直流侧电压限制在允许范围内。

这种方式的不足之处是：该方案需要增加系统的成本和控制的复杂性。考虑到定子故障电流中的直流分量，需要可控硅器件能通过门极关断，这要求很大的门极负驱动电流，驱动电路太复杂。这里的可控硅串联电路如果采用穿透型IGBT的话，IGBT必须串联二极管。而采用非穿透型IGBT的话，通态损耗会很大。理论上，如果利用接触器来代替可控硅开关的话，虽通态时无损耗，但断开动作时间太长。而且由于该方案在输电系统故障时发电机脱网运行，因此对电网恢复正常运行起不到积极的支持作用。

通常双馈感应发电机的背靠背式励磁变流器采用如图10－15（a）所示的与电网并联方式，这意味着励磁变流器能向电网注入或吸收电流。为了提高系统的低电压穿越能力，有些文献提到了一种新的连接方式，即将变流器与电网进行串联连接，图10－15（b）所示，变流器通过发电机定子端的串联变压器实现与电网串联连接，双馈感应发电机定子端的电压为网侧电压和变流器输出的电压之和。这样便可以通过控制变流器的电压来控制定子磁链，有效地抑制由于电网电压跌落所造成的磁链振荡，从而阻止转子侧大电流的产生，减小系统受电网扰动的影响，达到强化电网的目的。但这种方式将增加系统许多成本，控制也比较复杂。

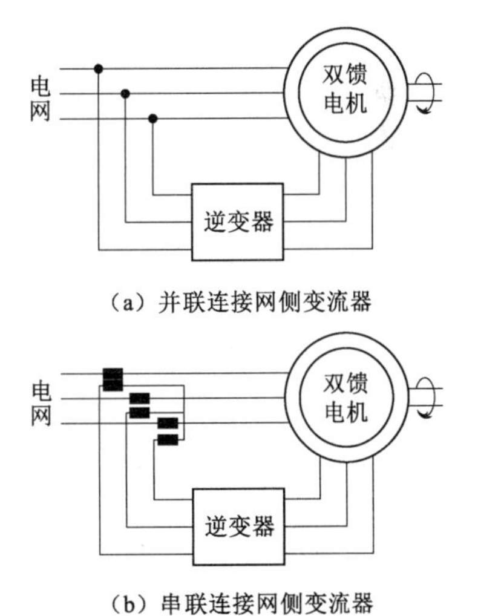

（a）并联连接网侧变流器

（b）串联连接网侧变流器

图10－15　连接网侧变流器

对广泛使用的双馈异步风力发电机组而言，在电网电压大幅度下降时，发电机电磁转矩变得非常小，工作在低负载状态。由于发电机定子磁链不能跟随电压突变，会产生直流分量，而转速由于惯性并没有显著变化，较大的转差率就导致了转子线路的过电压和过电流。本质上，可以认为发电机的电磁暂态能量并未改变，但电网电压下降导致发电机定子侧能量传输能力下

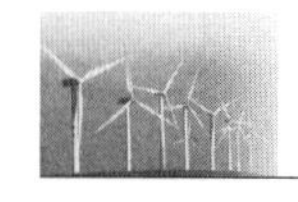

降，因而需要在转子侧加设暂态能量泄放通道来保护设备，通常为 crowbar 保护电路或直流泄放保护电路（chopper）。双馈异步风力发电机组有源 crowbar 保护电路的常见结构如图 10－16 所示。

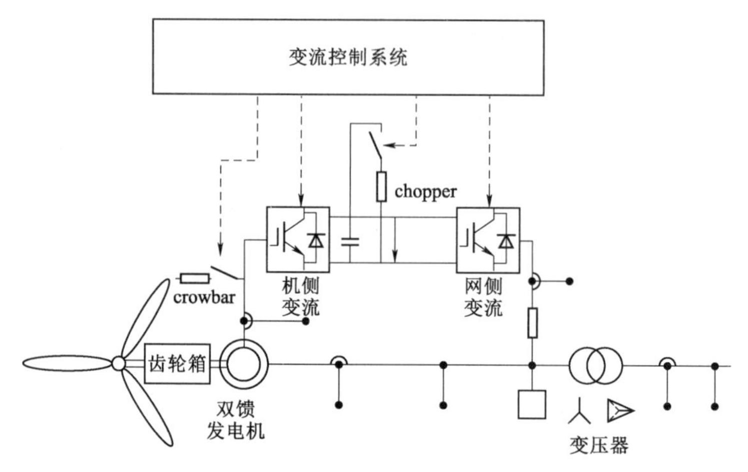

图 10－16　双馈异步风力发电机组有源 crowbar 保护电路的常见结构

当电网电压大幅度下降时，双馈异步发电机呈现出电感特性，从电网吸收大量的无功功率，如果没有无功功率的补充将加剧电网电压的崩溃。这样在有功功率基本为零的情况下，双馈异步风力发电机组被要求发出无功功率以支撑电网电压，即在短暂的瞬态表现为无功调相器，在电网电压恢复后，机组也恢复原有发电状态。暂态过程中，机组发出无功功率的能力主要取决于电压水平、发电机的特性参数和电机侧 IGBT 桥的最大允许电流。

对于全功率变流器的永磁同步风力发电机组而言，发电机与电网隔离，从而对电网故障的适应性完全由变流器来实现。在电网故障期间永磁同步发电机不从电网吸收无功功率，因而在不进行无功补偿的情况下也不会加剧电网电压崩溃。在电网电压跌落时，网侧变流器可工作于静止同步补偿器（STATCOM）状态，输出动态无功功率。由于同步发电机组所配备的变流器容量等同机组容量，因此发出无功功率的容量也比双馈式异步风力发电机组更大，更有利于电网电压的恢复。与双馈异步风力发电机组类似，为泄放发电机的电磁暂态能量，永磁同步发电机组通常在变流器直流侧加设泄放电路（chopper）来保护变流器和电容。永磁同步发电机组的直流侧泄放保护电路常见结构如图 10－17 所示。

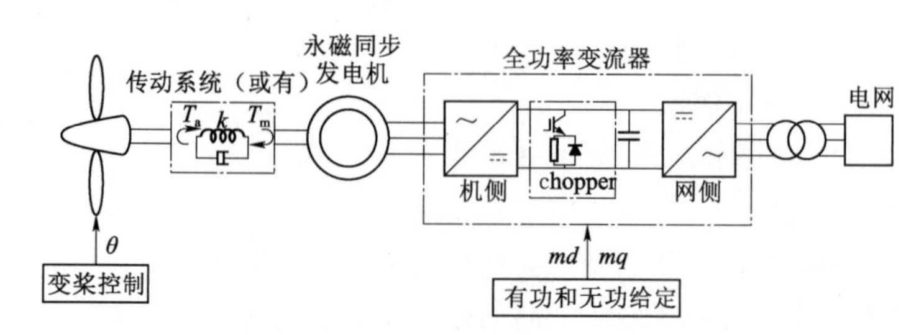

图 10－17　永磁同步发电机组的直流侧泄放保护电路常见结构

10.6 高电压穿越技术

随着新能源并网发电量的不断增大，新能源发电系统对电网的影响已经不容忽视。尤其是近几年来我国风力发电采用大规模集中式开发，当电网故障或扰动引起电压升高时，在一定的电压升高范围和时间间隔内，风力发电机组应保证不脱网连续运行。一旦并网，发电系统自动脱网可能造成电网电压和频率的崩溃，将会影响电网的安全稳定运行。为了保持电网长期稳定运行，大型风力发电机组应该具备高电高压穿越功能（high voltage ride through，HVRT）。相对于 LVRT 技术要求，已有国家提出 HVRT 相关技术要求，规定了过电压范围及最大允许并网时间，见表 10-1。

表 10-1　　世界各国 HVRT 技术要求

国家和公司	电压变化水平 U_n	持续时间/s	故障恢复到 110% U_n 时间/s
意大利	120%U_n	0.10	1.5
西班牙	130%U_n	0.25	1.0
新西兰	140%U_n	0.10	1.0
新西兰	130%U_n	0.10	1.0
澳大利亚 NER	130%U_n	0.06	0.9
加拿大 AESO	120%U_n	1.00	3.0
德国 E. ON	130%U_n	0.10	0.1
丹麦 UCTE	120%U_n	0.10	0.2
美国 WECC	120%U_n	1.00	3.0
美国 FERC	120%U_n	0.15	1.0
北美 Manitoba	140%U_n	0.10	3.0
美国 AMEC	130%U_n	0.06	0.9

我国目前还没有出台 HVRT 相关技术规定和要求，仅在 2015 年审查通过了《风电机组高电压穿越测试规程》征求意见稿，探讨了风电机组 HVRT 的相关测试内容，并给出了 HVRT 故障穿越技术要求：①并网点电压升高至 130%U_n 时保持不脱网运行 100ms 的能力；②并网点电压升至 125% U_n 时保持不脱网运行 1000ms 的能力；③并网点电压升至 120% U_n 时保持不脱网运行 2000ms 的能力；④并网点电压升至 115% U_n 时保持不脱网运行 10ms 的能力；⑤并网点电压升至 110% U_n 时保持不脱网运行的能力。我国 HVRT 测试要求如图 10-18 所示。

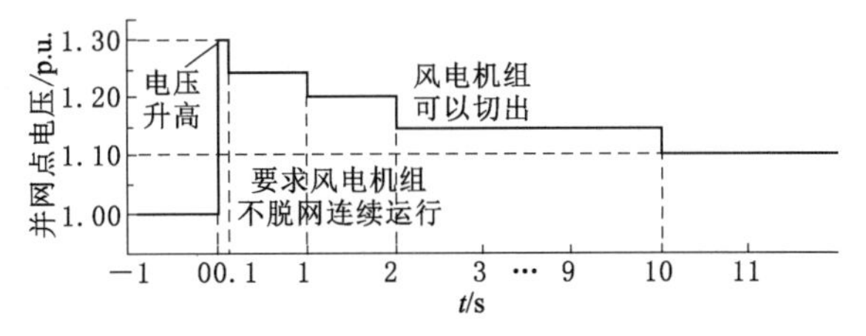

图 10-18　我国 HVRT 测试规程要求

目前，针对风力发电机组低

电压穿越的研究方法已趋于成熟，并已成功应用于机组实际运行系统之中，然而针对风力发电机组高电压故障穿越的研究尚处于起步阶段，实际工程应用相对较少，造成风电机组批量脱网的主要原因也在此。目前国内外学者针对风力发电机组高电压故障穿越研究主要有三类：第一类主要分析直驱永磁同步风力发电机组与双馈异步风力发电机组发生高压故障的暂态特性，并根据两种风电机组的不同结构特点，提出适用于不同类型风电机组的软硬件解决方案。第二类主要通过增加硬件电路实现风电机组可靠穿越高电压故障。其中一种硬件电路采用在风电机组直流电容并联 chopper 电路/储能设备，或者在风电机组的机侧变流器串入 crowbar 电路来避免中间直流电容出现有功功率不平衡量，同时改变网侧变流器的控制模式，支撑故障电压恢复，另一种硬件电路主要采用动态电压恢复器、静止无功补偿器等设备向系统注入无功功率助力故障电压恢复，防止变流器出口侧电压幅值过大，进而避免直流电容电压越限。第三类主要通过虚拟阻抗、变阻尼、切换风电机组机网侧变流器控制模式等软件方式来提高风电机组高电压故障穿越能力。

第 11 章　风电场监控系统

第 11 章课件

风电场监控网格

11.1　SCADA 系统

数据采集与监视控制系统（supervisory control and data acquisition，SCADA）的应用领域很广，它可以应用于电力系统、给水系统、石油、化工等领域的数据采集与监视控制以及过程控制等诸多领域。在电力系统以及电气化铁道上又称远动系统。SCADA 系统是以计算机为基础的生产过程控制与调度自动化系统。它可以对现场的运行设备进行监视和控制，以实现数据采集、设备控制、测量、参数调节以及各类信号报警等各项功能。由于各个应用领域对 SCADA 的要求不同，所以不同应用领域的 SCADA 系统发展也不完全相同。

在电力系统中，SCADA 系统应用最为广泛，技术发展也最为成熟。它作为能量管理系统（EMS 系统）的一个最主要的子系统，有着信息完整、提高效率、正确掌握系统运行状态、加快决策、能帮助快速诊断出系统故障状态等优势，现已经成为电力调度不可缺少的工具。它对提高电网运行的可靠性、安全性与经济效益，减轻调度员的负担，实现电力调度自动化与现代化，提高调度的效率和水平中方面有着不可替代的作用。

SCADA 在铁道电气化远动系统上的应用较早，在保证电气化铁路的安全可靠供电，提高铁路运输的调度管理水平起到了很大的作用。在铁道电气化 SCADA 系统的发展过程中，随着计算机的发展，不同时期有不同的产品，同时我国也从国外引进了大量的 SCADA 产品与设备，这些都带动了铁道电气化远动系统向更高的目标发展。

SCADA 系统自诞生之日起就与计算机技术的发展紧密相关。SCADA 系统发展到今天已经经历了三代。第一代是基于专用计算机和专用操作系统的 SCADA 系统，如电力自动化研究院为华北电网开发的 SD176 系统以及在日本日立公司为我国铁道电气化远动系统所设计的 H－80M 系统。这一阶段是从计算机运用到 SCADA 系统时开始到 20 世纪 70 年代。

第二代是 20 世纪 80 年代基于通用计算机的 SCADA 系统。在第二代中，广泛采用 VAX 等其他计算机以及其他通用工作站，操作系统一般是通用的 UNIX 操作系统。在这一阶段，SCADA 系统在电网调度自动化中与经济运行分析，自动发电控制（AGC）以及网络分析结合到一起构成了 EMS 系统（能量管理系统）。第一代与第二代 SCADA 系统的共同特点是基于集中式计算机系统，并且系统不具有开放性，因而系统维护，升级以及与其他联网构成很大困难。

20 世纪 90 年代按照开放的原则，基于分布式计算机网络以及关系数据库技术

的能够实现大范围联网的EMS/SCADA系统称为第三代。这一阶段是我国SCADA/EMS系统发展最快的阶段，各种最新的计算机技术都汇集进SCADA/EMS系统中。这一阶段也是我国对电力系统自动化以及电网建设投资最大的时期，国家计划未来三年内投资2700亿元改造城乡电网可见国家对电力系统自动化以及电网建设的重视程度。

第四代SCADA/EMS系统的主要特征是采用Internet技术、面向对象技术、神经网络技术以及JAVA技术等技术，继续扩大SCADA/EMS系统与其他系统的集成，综合安全经济运行以及商业化运营的需要。

SCADA系统在电气化铁道远动系统的应用技术上已经取得突破性进展，应用上也有迅猛的发展。由于电气化铁道与电力系统有着不同的特点，在SCADA系统的发展上与电力系统的道路并不完全一样。在电气化铁道远动系统上已经成熟的产品有HY200微机远动系统以及DWY微机远动系统等。这些系统性能可靠、功能强大，在保证电气化铁道供电安全，提高供电质量上起到了重要的作用，对SCADA系统在铁道电气化上的应用功不可没。

SCADA系统在不断完善，不断发展，其技术进步一刻也没有停止过。当今，随着电力系统以及铁道电气化系统对SCADA系统需求的提高以及计算机技术的发展，为SCADA系统提出新的要求，概括地说，有以下几点：

1. SCADA/EMS系统与其他系统的广泛集成

SCADA系统是电力系统自动化的实时数据源，为EMS系统提供大量的实时数据。同时在模拟培训系统，MIS系统等系统中都需要用到电网实时数据，而没有这个电网实时数据信息，所有其他系统都成为“无源之水”。因此在这今后十年来，SCADA系统如何与其他非实时系统的连接成为SCADA研究的重要课题现在SCADA系统已经成功地实现与DTS（调度员模拟培训系统）、企业MIS系统的连接。SCADA系统与电能量计量系统，地理信息系统、水调度自动化系统、调度生产自动化系统以及办公自动化系统的集成成为SCADA系统的一个发展方向。

2. 变电所综合自动化

以RTU、微机保护装置为核心，将变电所的控制、信号、测量、计费等回路纳入计算机系统，取代传统的控制保护屏，能够降低变电所的占地面积和设备投资，提高二次系统的可靠性。

3. 专家系统、模糊决策、神经网络等新技术研究与应用

利用这些新技术模拟电网的各种运行状态，并开发出调度辅助软件和管理决策软件，由专家系统根据不同的实际情况推理出最优化的运行方式，以达到合理、经济地进行电网电力调度，提高运输效率的目的。

4. 面向对象技术、Internet技术及JAVA技术的应用

面向对象技术（OOT）是网络数据库设计、市场模型设计和电力系统分析软件设计的合适工具，将面向对象技术（OOT）运用于SCADA/EMS系统是发展趋势。

随着Internet技术的发展，浏览器界面已经成为计算机桌面的基本平台，将浏览器技术运用于SCADA/EMS系统，将浏览器界面作为电网调度自动化系统的人

机界面，对扩大实时系统的应用范围，减少维护工作量非常有利。在新一代的SCADA/EMS系统中，传统的MMI界面将保留，主要供调度员使用，新增设的Web服务器供非实时用户浏览，以后将逐渐统一为一种人机界面。

JAVA语言综合了面向对象技术和Internet技术，将编译和解释有机结合，严格实现了面向对象的四大特性：封装性、多态性、继承性、动态联编，并在多线程支持和安全性上优于C++，以及其他诸多特性，JAVA技术将导致EMS/SCADA系统的一场革命。

11.2 风电场SCADA系统

11.2.1 电力SCADA系统通信网络概述

电力自动化系统通信网络结构实质上是由多台微机组成的分层分布式控制系统，一般分为设备层、间隔层、管理层，包括若干个子系统。在各个子系统及各个层间，必须通过内部数据通信，实现各子系统内部和各层之间的信息交换和信息共享，以达到减少重复投资，提高了系统整体的安全性和可靠性的目的。

电力SCADA系统的通信网络主要分为以下几层次：

(1) 基于RS422或RS485接口组成的网络，在1000m内传输速率可达100kbit/s，短距离速率可达10Mbit/s，RS422串口为全双工，RS485串口为半双工，媒介访问方式为主从问答式，属总线结构。但是他们接点数目比较少，无法实现多主冗余，有瓶颈问题，RS422的工作方式为点对点，上位机一个通信口最多只能接10个节点，RS485串口构成一主多从，只能接32个节点，此外有信号反射、中间节点问题。

(2) 采用CAN或LONWORK网络（标准现场总线），常用的有LonWorks网、CAN网。两个网络均为中速网络，500m时LonWorks网传输速率可达1Mb/s，CAN网在小于40m时达1Mb/s，CAN网在节点出错时可自动切除与总线的联系，LonWorks网在监测网络节点异常时可使该节点自动脱网，媒介访问方式CAN网为问答式，LonWorks网为载波监听多路访问/冲撞检测（CSMA/CD）方式，内部通信遵循LonTalk协议。LonWorks网上的所有节点是平等的，CAN网可以方便地构成多主结构，不存在瓶颈问题，两个网络的节点数比RS485扩大多倍，CAN网络的节点数理论上不受限制，一般可连接110个节点。

(3) Ethernet网或Profibus网。Ethernet网为总线式拓扑结构，采用CSMA/CD介质访问方式，传输速率高达10Mbit/s，可容纳1024个节点，距离可达2.5km。Profibus网是由西门子公司最早提出，现已广泛应用于工业领域。

由于电力系统中设备终端种类繁杂，不同厂家、不同区域所使用的产品采用的不同的通信规约，造成设备之间无法兼容，重复投资，管理困难。目前各个地方情况不一，现场大多采用各种形式的规约如CDT、SC-1801、u4F、DNP3.0等一些规约。为了达到兼容各个不同厂家设备信息互换的目的，1995年国际电工委员会（international electrotechnical commission，IEC）颁布了IEC60870-5-101传输规约（国内版本DL/T 634—1997），1997年又颁布了IEC60870-5-103规约（国内版本DL/T 667—1999），101规约为调度端和站端之间的信息传输制定了标准，今后变电站自动化设备的远方调度传输协议上应推荐采用此规约。103规约为继电保护和间隔层（IED）设备与变电站层设备间的数据通信传输规定了标准，今后变电站自动化站内协议推荐采用。但是时至今日，由于牵扯到各方的不同利益，在行业中仍然使用着不同厂家的各自协议，如：ABB公司的SPA，SIEMENS公司的PROFIBUS等；目前由国际几家知名跨国企业联合推广的OPC（CLIENT/SERVER）也开始推广使用。

电力SCADA系统的通讯网规约主要分为以下几种：

(1) 一些小厂商自己定义的规约，一般只能连接自己的设备，适应范围很小；这类规约一般多基于MODBUS开发，形式多样，但是无法推广。

(2) 采用CAN总线是一种串行数据通信协议，它是一种多主总线，通信介质可以是双绞线、同轴电缆或光纤，通信速率可达1Mbit/s。CAN总线通信接口中集成了CAN协议的物理层和数据链路层功能，可完成对通信数据的成帧处理，包括位填充、数据块编码、循环冗余校验、优先级判别等项工作。CAN协议的一个最大特点是废除了传统的站地址编码，而对通信数据块进行编码。采用这种方法的优点可使网络内的节点个数在理论上不受限制，数据块的标识码可由11位或29位二进制数组成，数据段长度最多为8个字节，可满足工业领域中控制命令、工作状态及测试数据的一般要求。8字节不会占用总线时间过长，从而保证了数据通信的实时性。

(3) 物理层和链路层遵循IEEE802.3协议，TCP/IP通信协议，利用因特网的优势，直接将设备变成局域网的一个终端，可以实现远距离数据共享、监测和控制，但是目前此技术还不成熟。

11.2.2 风电场SCADA结构

目前并网风电场的容量还比较少，在电力系统保护配置和整定计算时往往没有考虑风场的影响，而是简单地将风电场认为是一个负电荷，不考虑其提供短路电流。然而，当大规模的风电场接入电网系统时，如果系统保护配置和整定仍不考虑风场的影响，则是不合理的，实际运行时可能导致保护误动。在这种情况下，电力系统必须根据实时数据来计算或预测风场的影响，从而提高电网调度和控制的正确性。SCADA系统是电网调度自动化系统的重要组成部分，通过系统可以使电网调度中心及时获取场站的运行信息，同时调度中心通过系统将遥控、遥调命令传送到发电场和变电站，实现电网的安全、优质、经济运行。常规的系统是指独立完成远动信号的采集、处理、发送和接收的一套电气装置，包括遥测变送器、遥信转接柜、独立的远动终端装置以及点对点的传输通道等。进入21世纪后，随着场站自动化水平的提高，常规的系统将被融合计算机、保护、控制、网络、通信等技术于一体的网络化的系统所代替，并终将打破现行的专业分工，引起系统设计的一场

革命。

风力发电是指在某一场地上安装几十甚至上百台风力发电机组并联在一起，通过电子计算机控制共同向电网供电的风能利用方式，如今它已经成为大规模开发利用风能的主要方式。现代风电技术的发展始于20世纪70年代，40年来从试验研究迅速发展为技术成熟、经济适用的现代风能利用技术，已经受到各国的高度重视。风电场是一种分布式能源系统，与其他电厂不同，它具有以下几个特点：

（1）单机容量较小，机组台数较多。一个风力发电场通常有数十至数百台容量为几十至几百千瓦级的风力发电组。

（2）各机组分布十分分散，距主控室较远，为合理利用风力资源，各台风力发电机之间必须保持一定的距离，以减少相互间的影响和干扰。

（3）各机组工作环境恶劣，情况变化十分频繁。由于风力资源本身的特性，各风力发电机的运行情况随着风速、风向的变化而时刻在变化。风力发电机运行的外部自然环境随风电场位置的不同而有所不同，但大都较为恶劣。

因此，如何有效地对风力发电机的状态进行监视和控制，确保整个风电场能够安全、可靠、经济地运行已经变得至关重要。近些年已经在火电、水电等传统电力行业得到广泛应用的SCADA系统为解决对大规模风电场的监控和数据采集提供了基本的技术途径。SCADA系统在数据采集方面虽然发展得已经比较完善，但是由于风电场的运行、控制、维护、并网等具有诸多的特殊性，对据传输方面又提出了更高的要求。

由于风电场的选址由地理条件及气候条件所决定，因此风电场的分布非常分散，大多处于偏远地区，各风电场之间的距离可能非常遥远（特别是对于海上风电场的情况），监控中心与其所控制的风电场之间的距离有时甚至达到几百、上千千米。为此，必然要求风电场系统能朝远距离传输和严格的可靠性这两个方向发展。而Internet网络无所不在，无时不在的特性正好符合风电行业中SCADA系统发展的方向，因此可以利用现有的Internet网络来解决风电场之间的通信和监控问题。

随着风电场的扩建，多机型的现象在各个风电场已经出现。有的产品来自我国内资企业，有的产品来自合资企业，有的产品来自外资企业。由于每个生产厂家的风电机都有自己特有的一套控制系统，并且配置的通信规约也是不同的，因此从不同机型的风电机组上采集到的数据很难在统一的SCADA系统中显示，这样就给风电场的运行维护带来了极大的不便，同时也使公司总部实现对各风电场风电机组的远程监管增加了难度。由此可见，将不同的通信规约转换成统一的协议格式是解决这个问题的最好途径，这样才能使得从不同风电机上采集到的数据在统一的屏幕上显示，保证对风电场统一的管理、运行及维护。综上所述不难看出，将现代通信网络技术和计算机技术应用到对风力发电机的远程监控中，并且通过对各个监控系统的整合及通信规约的统一，可以使得各投资方和管理机构能及时方便地在不同地点了解所属风电场的运行情况和发电情况，进而确保风力发电机能够安全高效的运行。

由于系统不但要实现数据采集和监测监控功能，还要实现数据传输功能。数据

传输的主要作用是实现各站点之间的信息互换。选择好的数据传输方式可以加强数据传输的实时性，并且还有助于系统的远距离数据传输，起到事半功倍的效果。现有的风电场监控系统结构如图 11-1 所示。

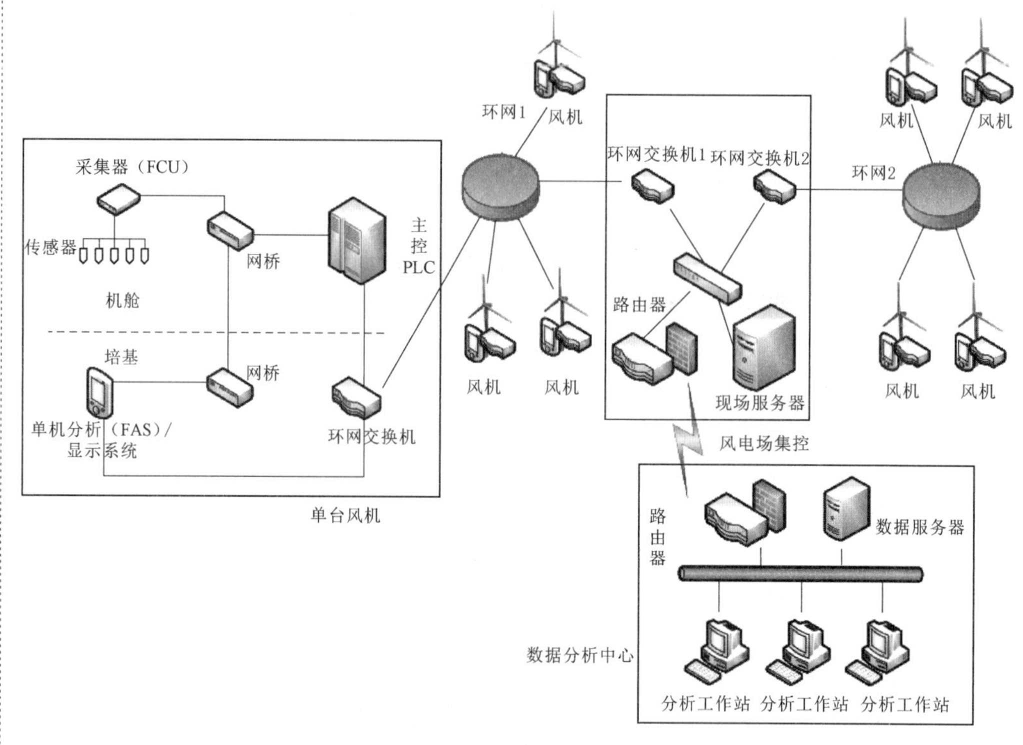

图 11-1　现有的风电场监控系统结构示意图

现有风电场系统主要由以下三部分组成：

(1) 就地监控部分布置在每台风力发电机塔筒的控制柜内。每台风力发电机的就地控制能够对此台风力发电机的运行状态进行监控，并对其产生的数据进行采集。

(2) 中央监控部分一般布置在风电场控制室内。工作人员能够根据画面的切换随时控制和了解风电场同一型号风力发电机的运行和操作。

(3) 远程监控部分根据需要布置在不同地点的远程控制。远程控制目前一般通过调制解调器或电流环等通讯方式访问中控室主机进行控制。

下面介绍一下就地监控与中央监控之间的数据传输方式以及中央监控与远程监控之间的数据传输方式。

1. 就地监控与中央监控之间的数据传输方式

就地监控与中央监控之间的数据传输主要是指下位机控制系统能将下位机的数据、状态和故障情况通过专用的数据传输装置和接口电路与中央监控室的上位计算机通讯，同时上位机能传达对下位机的控制指令，由下位机的控制系统执行相应动作，从而实现远程监控功能。

根据风电场的实际情况，上、下位机之间的数据传输有如下特点：①一台上位

机能监控多台风力发电机的运行，属于一对多的通信方式；②下位机能够独立运行，并能与上位机通讯；③上、下位机之间安装距离较远，一般有1000～5000m；④以下位机之间安装距离也较远，一般大于风轮直径的3～5倍；⑤上、下位机的通信软件必须协调一致，并应开发相应的工业控制专用功能。

为适应远距离数据传输的需要，就地监控与中央监控之间可以采用如下几种数据传输方式：

（1）异步串行通信。所谓串行通信，是用一条信号线传输一种数据。因此，上位机通过公共通信网络采用或一串行接口总线数据传输方式与各下位机进行数据传输，可节省大量通信电缆，用最少的信号线来完成远程数据采集与控制，并且RS-422和RS-485串口传输速率指标也是不错的，在1000m以内传输速率可达100kbit/s。由于所用传输线较少，所以成本较低。同时，又因为此种通讯方式的通信协议比较简单，所以很适合风电场监控系统采用。

（2）以太网通信。大型风电场中分布的风力发电机的数目多，数据信息流大，对速率指标要求高，因此RS-422或者RS-485的实时性、传输速率会力不从心，此时应考虑使用以太网。以太网为总线式拓扑结构，可容纳1024个节点，距离可达2.5km。站级总线采用标准高速以太网，以太网总线结构，提供了高速的人机交互手段，设备级采用标准10MB以太网，比传统的传输方式从传输速率上提高了几个数量级，且为直接接入广域网提供了便利手段。因此，将上位机和下位机通过交换机与风电场光纤以太网环路相连接，保证了风电场内部的集中监控和数据传输。

2. 中央监控与远程监控之间的数据传输方式

由于各通信条件的不同，因此，不同的风电场选择的数据传输方式也是不同的。风力发电机组不同通信方式示意图如图11-2所示。比较有代表性的数据传输方式有以下几种。

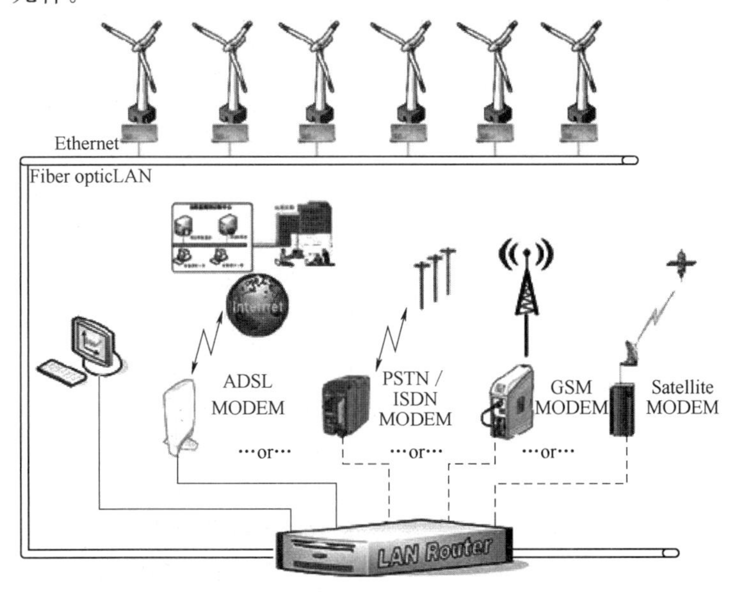

图11-2 风力发电机组不同通信方式示意图

（1）基于PSTN的数据传输。PSTN（public switch telephone network）意指传统的电话交换网络。此传输方式是利用现有的电话网络，在中央监控与远程监控计算机上各安装一套调制解调器设备，传输数据的计算机之间通过使用调制解调器连接公用交换电话网，由发送计算机主动拨号，接收计算机接到呼叫后应答，然后进行数据传输。总的来说，基于PSTN的传输有以下优点：①传输使用的现成的电话线资源可以实现资源增值；②PSTN的网络发展历史相对较长，网络结构比较完善，实现起来比较方便。

但PSTN也具有以下不足：①由于是通过电话线连接网络，而电话线路的信号之间有时存在相互串扰现象，从而影响线路质量；②传输速率低，交换成本高，管理维护困难。由于拨号需要占用和等待时间，因此对实时性要求严格的场合不太适用。

（2）基于GPRS无线网络的数据传输。GPRS意指通用分组无线业务，是在全球移动通信系统网络上发展起来，为用户提供高速分组数据业务的一种网络。此传输方式是利用现有的移动无线通信网络，在中央监控与远程监控计算机上各安装一套设备，两端设备通过无线通信网络拨叫对方建立连接。这种传输方式可以使计算机在联网的同时，依然保持高度的移动性、方便性。

随着GPRS技术的迅速成熟，GPRS网络正以它独特的优点进入越来越多的应用领域，特别是GPRS技术适合移动性要求很高的军事领域。并且其成本低、部署简单、随时连接等优点也得到IT界的欢迎。但GPRS网络的带宽方面还有很多问题需要解决。并且它必须是在无线通信网络能够覆盖的范围内实现，空间应用范围受地区距离的限制，不适合大范围远距离的数据传输。

（3）基于INTERNET网络的数据传输。此通信方式是利用现有的电话网络，在中央与远程监控计算机上各安装一套ADSL或调制解调器设备，将两端同时连接到INTERNET网络上。实现基于INTERNET的传输主要是依靠TCP/IP协议。当数据从本地系统向远程系统传送时，数据在本地系统的各层协议间沿着TCP/IP协议栈从上向下传递。数据从应用层通过协议栈向物理网络层传递时，栈中每一层都要添加控制信息，以确保信息的正确传输。当一个计算机系统从网络上接收信息时，数据传输的过程恰好相反，其路径是从网络物理层向上传输给应用层。但由于基于INTERNET的数据传输是通过互联网进行传输的，而互联网上存在许多不安全因素，因此保证数据传输的安全性就很重要，一般都采用数据加密的方式。在数据传输到网络上之前用数据加密算法把明文变成密文进行传输，等传输到目的地以后再恢复为明文。

而随着计算机网络技术的迅速发展近阶段有一门网络新技术崛起，即VPN（virtual private network）：虚拟专用网络。它是一种通过公用的Internet网络设施对企业内部专用网络进行远程访问的连接方式。通过VPN技术，用户不再需要拥有实际的长途数据线路，而是依靠Internet服务提供商（ISP）和其他网络服务提供商（NSP），在Internet公众网中建立专用的数据传输通道，构成一个逻辑网络，它不是真的专用网络，但却能够实现专用网络的功能一。在数据安全性方

面，VPN使用了三方面的技术保证了基于Internet的网络数据传输的安全性：隧道协议、身份验证和数据加密。VPN最大的优点是节约费用，如果企业放弃租用专线而采用VPN，其整个网络的成本可节约21%～45%，至于那些以电话拨号方式联网存取数据的公司，VPN采用则可以节约通讯成本50%～80%。目前的VPN主要是通过电信等公共设施进入Internet网络实现传输，其代价比较大，建议有条件的风电场采用这种连接方式。

利用Internet网络方式连接，数据是通过网络传输的，费用较低。不过由于数据是通过Internet传输，数据的安全性较低，可通过数据加密、压缩和安装防火墙，来提高数据和系统的安全性。因此，选用基于Internet的数据传输不但可以突破地域范围的限制，扩大数据传输的距离，而且可以增强数据传输的实时性，提高传输数据的准确性。并且符合风电行业内SCADA系统的发展方向。

11.3 数据采集系统

在风力发电机组的运行监控中，数据采集系统的主要应用目的是统计历史数据，以便对电网状态进行监控、计算机继电保护及风机设备保护、风机运行控制和状态调整等。

11.3.1 数据采集

根据风机运行控制保护需要，考虑到系统可靠性要求，信号设计采取反逻辑冗余校验。如电机转速与叶片转速相差固定的齿轮箱变比；风速与风机出力有一定的对应关系；主电气设备、机械设备温度与开关状态、负荷状况有一定的对应关系，相互之间可以作为彼此检测电路故障的判据。主要采集数据包括电量信号、温度信号、风向、风轮转速以及风速。

1. 电量信号

（1）电压、电流：测量信号范围宽，要求有较好的线性度；测量信号谐波丰富，频谱特性复杂；电压、电流信号为矢量信号，暂态反应速度应低于0.02s，精度高于0.5级。

（2）功率因数：影响风力发电机组发电量计量和补偿电容投入容量，要求较高精度。

（3）电网频率：一般在工频附近，精度要求±0.1Hz，反应速度快。

一次电压、电流由PT、CT变换为可采样的交流信号，经滤波整形限幅后进行A/D转换。以上数据信号采集点集中，数据流量大，采样速度高。风力发电机组的电压电流的采样数据有两个用途：

1）在发电机或主回路元件故障及电网发生危及风力发电机运行的异常状态时作为微机保护的判据。

2）作为风力发电机组发电量统计、性能评估、状态显示的重要参数以及超功率和低功率时作为风力发电机组退出运行判据。同时，也作为就地电容补偿投

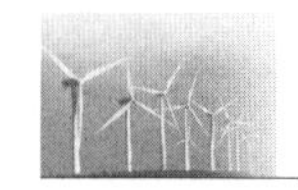

切重要判据。风力发电机组继电保护属于低压电流、电压保护。根据风力发电机组的与电网连接和运行特点，电力故障的形式比较简单，输入信号的暂态分量不丰富，仅要求纯基频分量的输入信号，即可作为风力发电机组电力故障判据。同时，算法选择还需兼顾数据统计的需要，因而选择傅氏全波算法作为风力发电机组微机继电保护的算法。傅氏算法数据窗长度为20ms，计算量和采样频率对于单片机系统来说是一个需要妥善处理的问题，对于IPC系统则需要妥善处理数据流量分配的问题，可直接应用于低压网络的电压、电流后备保护，配备差分滤波器以削弱电流中衰减的直流分量作为电流速断保护，加速出口故障的切除时间。

2. 温度信号

数据信号采集点相对集中，距离主控位置50m。器件热容量较大，反映到温度变化较慢，可采用铂电阻测量。温度参数可作为器件疲劳程度和风力发电机组运行效能的判据，而不宜作为突发故障的保护判据。温度统计对于故障分析和历史数据趋势分析有一定作用。

由PT100铂电阻对温度进行采样，采样信号经电路处理后形成0～5V电压。根据采样点空间布置和距离数据处理中心位置，在机舱上设计一个采集模块就地将温度值转化为数字信号，模块采用RS-485通信方式把数据送给计算机。温度采集模块采用ICL7135芯片，其分辨率为十进制输出4.5位，可接受从±150mV～±10V之间不同范围的电压信号，并在与外界接口处加装DC 3000V的光耦合器隔离，保护采集模块易受高压或地线电流的冲击而损坏。测量控制盘温度的传感器位于电控柜，经电路处理后形成0～5V电压直接送至A/D转换板，由计算机分析判断晶闸管的温度状况。

3. 风向

风力发电机组对风向的测量由风向标实现。风向瞬时波动频繁，幅度不大。风力发电机组为主动对风设计，当风向发生变化时，由偏航机构根据风向标信号带动机头随风转动，对风向的测量不要求具体位置。风力发电机组对风向的测量由风向标来完成。随着数字电路的发展，风向标的种类也有许多。其中一种内部带有一个8位的格雷码盘，当风向标随风转动时，同时也带动格雷码盘转动，由此得到不同的格雷码数，通过光电感应元件，形成一组8位的数字输入信号。格雷码盘将360°划分成256个区，每个区分为1.41°，所以其测量精度为1.41°，这种风向标可以确定风向具体位置。

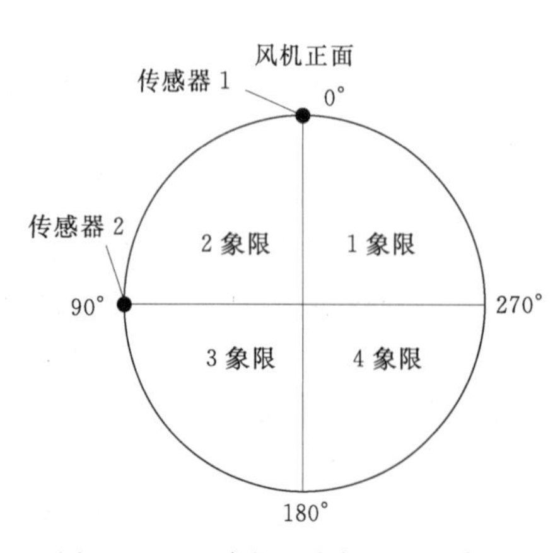

图11-3　四象限风向标原理示意图

四象限风向标原理示意图如图11-3所示。风向标形成的信号为两个开关量，正向是一号传感器，为0°轴，二号传感器同一号传感器成90°夹角，为90°轴，这样形成一个带四个象限的虚拟坐标。当风向标转动后，就会同风力发电机组现在的方向形成夹角，

而风力发电机组现在的方向必定会落在风向标所形成的坐标象限内，从而来确定风力发电机组的偏航方向和停止偏航的标记。其中 0/1 表示传感器送来的信号在 0 和 1 之间不停地摆动；表示传感器送来的信号可以为 0 也可以为 1。

4. 风轮转速

转速范围 10～30r/min。根据现场空间布置，可采用霍尔元件将转速信号转换为窄脉冲。脉冲频率范围为 7～20Hz。通常工作在 10Hz 以上。叶片转速与电机转速相差一个固定变化，可以相互校验被测信号的可靠性。

风力发电机组转速的测量点有两个：发电机主轴转速和风轮转速。转速信号由霍尔传感器进行采样，经整形滤波后输入信号为频率信号，经光耦合器隔离后送至频率数字化模块。一般测频的方法有两种：一种通过计量单位时间内的脉冲个数获得，另一种通过测量相邻脉冲的时间间隔，通过求倒数获得频率。对于频率较高的信号采用前一种方法可以获得较高精度，对于频率较低的信号采用后一种方法可以节省系统资源，获得较高精度。模块类型与测量风速的相同。模块采用 RS-485 通信方式把数据送至工控机，由计算机把频率信号转换成对应的转速，频率与转速的对应关系为线性的。风轮转速和发电机转速可以进行相互校验，风轮转速乘以 56.6 等于发电机转速，如果不符，表示两个转速信号的采集部分有故障，风力发电机组退出运行。转速测量用于判断风力发电机组并网和脱网，还可用于判别超速条件，当风轮转速超过 30r/min 或电机转速超过 1575r/min 时，应停机。

5. 风速

通过安装在机舱外的光电数字式风速仪测得。风速仪送出的信号为频率值，经光耦合器隔离后送至频率数字化模块。模块可处理最大输入频率值为 6.8kHz。模块采用 458 通信方式把数据送给工控机，计算机把传送来的频率信号经平均后转换成风速，由于频率——风速的转换关系非线性，在转换过程中采用了分段线性的方法进行处理。风速值可根据功率进行校验，当风速在 3m/s 以下，功率高于 150kW 持续 1min 时，或风速在 8m/s 以上，功率低于 100kW 持续 1min 时，表示风速计有故障。

11.3.2 系统结构

考虑信号的特征和分布的位置，数据流量做如下分配：电压、电流采用 DMA 方式，在主控机内进行转换。温度参数集中由一个单片机系统就近转换为数字量。采用串口通信传送至主控机电机转速、叶轮转速可以作为相互校验的依据，分别采用独立的测频系统获得频率，再采用串口通信传送至主控机。由主控机还原为转速。风速与电机转速可共用一套测频电路。电网频率与叶轮转速共用一套电路。风力发电机组数据采集系统结构图如图 11-4 所示。

对风力发电机造成最突然、损害比较严重的是过流、过压和三相不平衡等不正常状态。无论是电气设备，还是机械设备都会因此处于恶劣的运行状况甚至毁坏。因而要求在电气量达至限值时要迅速反应，减少事故范围。可能发生的电气故障有：过电压、过电流、严重相不平衡、电网电压过低、过高、电流跃落太快以及电

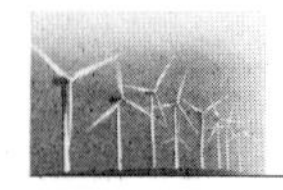

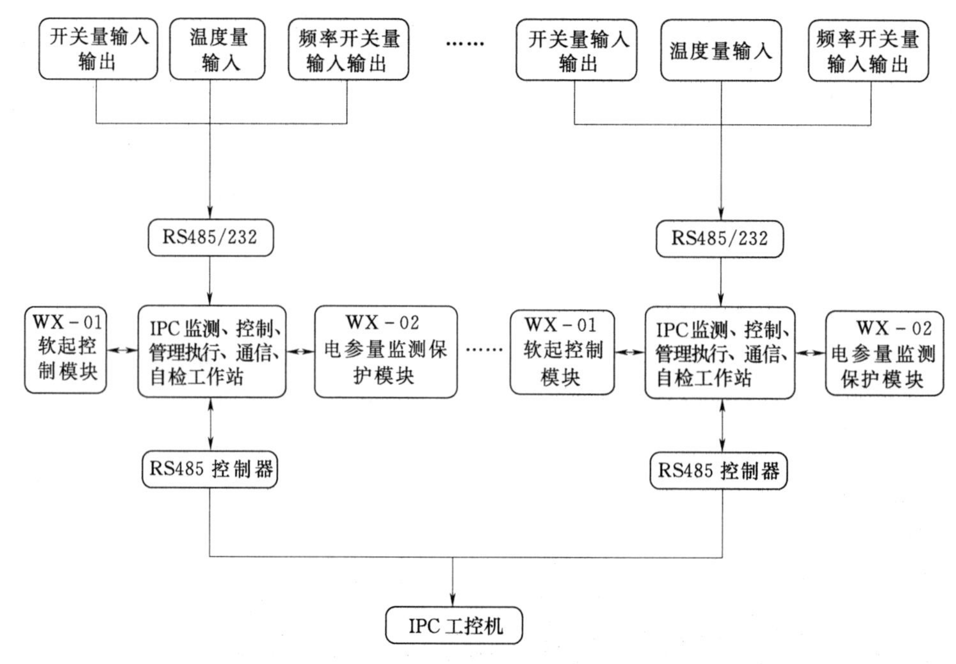

图 11-4　风力发电机组数据采集系统结构图

网侧故障引起的其他故障等。

由 PT 来的信号经辅助变流器隔离、降压后，经低通滤波器（0～300Hz 为通频带）后交于采样保持器。形成电压信号。CT 过来信号经电阻并联，形成电流一电压采样信号。经低通滤波后交于采样保持器。采用一阶差分付氏 12 点采样算法。该算法对 2～10 次谐波可进行数字滤波。经过硬件、软件滤波后，能可靠抑制高次谐波干扰和衰减直流分量的影响，保证取样电压、电流值为基波分量，大大降低误动率最终形成的交流电压（三相）、交流电流（三相）电网频率用于判断风机运行状况。一旦超出额度，迅速动作于主接触器或采取相应措施，报告故障。

11.4　风电场监控系统

风电场计算机监控系统分中央监控系统和远程监控系统，系统主要由监控计算机、数据传输介质、信号转换模块和监控软件等组成。

1. 中央监控系统

中央监控系统的功能是对风力发电机进行实时监测、远程控制、故障报警、数据记录、数据报表和曲线生成等。风力发电机组控制器中央监控系统结构图如图 11-5 所示。

目前风电场所采用的风力发电机组都是以大型并网型机组为主，各机组有自己的控制系统，用来采集机组数据及状态，通过计算、分析、判断而控制机组的启动、停机、调向、刹车和开启油泵等一系列控制和保护动作，能使单台风力发电机组实现全部自动控制，无需人为干预。

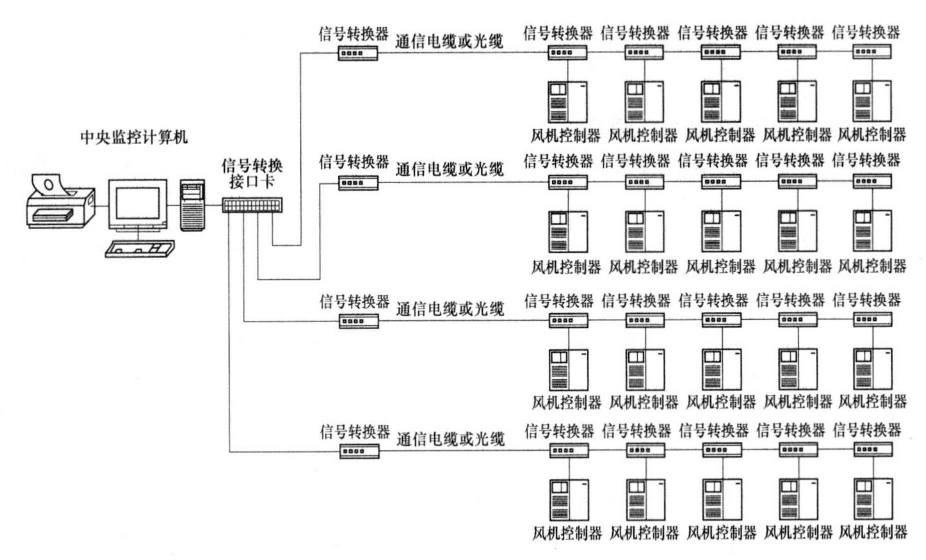

图 11-5 风力发电机组控制器中央监控系统结构图

目前国内监控系统的下位机是指着风电机组的控制器。对于每台风力发电机组来说，即使没有上位机的参与，也能安全正确地工作。所以相对于整个监控系统来说，下位机控制系统是一个子系统，具有在各种异常工况下单独处理风电机组故障，保证风电机组安全稳定运行的能力。从整个风电场的运行管理来说，每台风电机组的下位控制器都应具有与上位机进行数据交换的功能，使上位机能随时了解下位机的运行状态并对其进行常规的管理性控制，为风电场的管理提供方便。因此，下位机控制器必须使各自的风力发电机组可靠地工作，同时具有与上位机通信联系的专用通信接口。风机内部与中央监控的连接形式如图 11-6 所示。

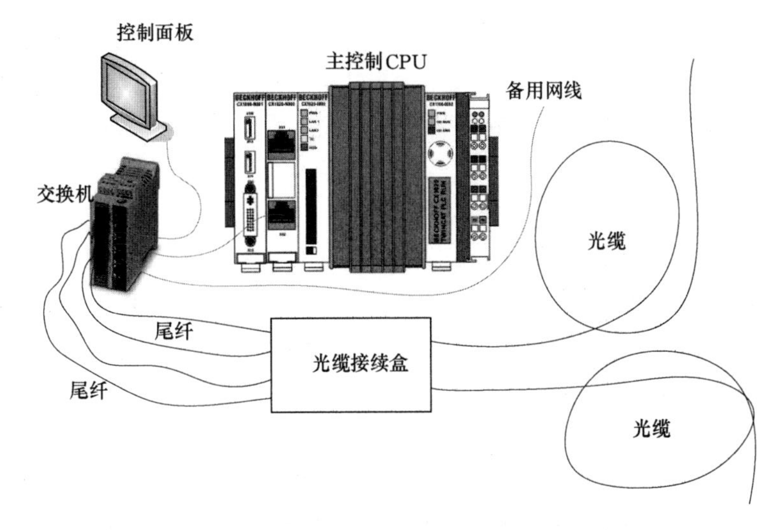

图 11-6 风机内部与中央监控的连接形式

国外进口的风机控制器主机一般采用专门设计的工业计算机或单板机。也有采用可编程控制器（PLC）。国内生产的一般较多采用可编程控制器（如西门子 S7-

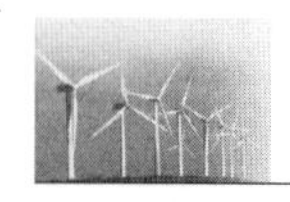

300)，这样硬件的可靠性和稳定性好，尤其是对于海上风电维护不便，更需要高可靠的控制器。PLC模块化的结构方便组成各种所需单元。控制器之间的连接也很方便，易于构成主从式分散控制系统。

计算机监控系统负责管理各风力发电机组的运行数据、状态、保护装置动作情况和故障类型等。为了实现上述功能，下位机（风机控制器）控制系统应能将机组的数据、状态和故障情况等通过专用的通讯装置和接口电路与中央控制器的上位计算机通信，同时上位机应能向下位机传达控制指令，由下位机的控制系统执行相应的动作，从而实现远程监控功能。

中央监控系统一般运行在位于中央控制室的一台通用PC机或工控机上，通过与分散在风电场上的每台风力机就地控制系统进行通信，实现对全场风力机的集群监控。风电场中央监控机与风力机就地控制系统之间的通信属于较远距离的一对多通信。国内现有的风电场中央监控系统一般采用RS-485串行通信方式和4～20mA电流环通信方式。比较先进的通讯方式还有PROFIBUS通信方式、工业以太网通信方式等。

上述各种通讯方式能够完成风电场中央监控系统中的通信问题，但具有各自的特点。监控系统软件主要通信方式简要对比见表11-1。

表11-1　　　　监控系统软件主要通信方式简要对比

通信方式	传输介质	性能特点	工程造价	适用的风机及条件
电流环	通信电缆	数据传输稳定，抗干扰性能强	较高，元器件需要进口	适应现场环境非常复杂，雷电少的地区。部分进口
RS-485	通信电缆、通信光缆、光电混合	数据传输稳定，抗干扰性能强	较低，元器件可在国内采购	设备采用这种通信方式。适应现场环境复杂的地区
PROFIBUS	通信电缆、通信光缆、光电混合	数据传输非常稳定，抗干扰性能强	较高，元器件需要满足PROFIBUS协议	适应现场环境非常复杂的地区
工业以太网	通信电缆、通信光缆、光电混合	数据传输非常稳定，传输量大，抗干扰性能强	高	适应于各种现场环境

目前，我国各大风电场在引进国外风力发电机组的同时，一般也都配有相应的监控系统，但各有自己的设计思路和通信规约，致使风电场监控技术互不兼容。同时，控制界面全部是英文，也不利于运行人员操作。如果一个风电场中有多个厂家的多种机型的风电机组的话，就会给风电场的运行管理造成一定困难。因此，国家在科技攻关计划中除了对大型风电机组进行攻关外，也把风电场的监控系统列入攻关计划，以期开发出适合我国风电场运行管理的监控系统。目前也有一些国产监控系统开发成功并投入运行，这将推动我国风电技术的进一步发展，降低风电机组的运行成本。

风电场的监控软件应具有如下功能：①友好的控制界面。在编制监控软件时，应充分考虑到风电场运行管理的要求，应当使用中文菜单，使操作简单，尽可能为

风电场的管理提供方便；②能够显示各台机组的运行数据，比如每台机组的瞬时发电功率、累计发电量、发电小时数、风轮及电机的转速和风速、风向等，将下位机的这些数据调入到上位机，在显示器上显示出来，必要时还应当用曲线或图表的形式直观地显示出来；③显示各风力发电机组的运行状态。如开机、停车、调向、手/自动控制以及发电机工作情况。通过各风电机组的状态了解整个风电场的运行情况，这对整个风电场的管理是十分重要的；④能够及时显示各机组运行过程中发生的故障。在显示故障时，应能显示出故障的类型及发生时间，以便运行人员及时处理和消除故障，保证风力发电机组的安全和持续运行；⑤能够对风电机组实现集中控制。值班员在集中控制室内，就能对下位机进行状态设置和控制，如开机、停机、左右调向等。但这类操作必须有一定的权限，以保证整个风电场的运行安全；⑥历史记录。监控软件应当具有运行数据的定时打印和人工即时打印以及故障自动记录的功能，以便随时查看风电场运行状况的历史记录情况。

监控软件的开发应尽可能在现有工业控制软件的基础上进行二次开发，这样一方面可以缩短开发周期，另一方面现有的工业控制软件技术成熟、应用广泛，因此稳定性好。随着软件的升级而方便地升级。而直接从底层开发的监控软件如果没有强大的软件队伍，和经验丰富的软件人员很难与之相比。

2. 远程监控系统

远程监控系统的功能是实时查看风机运行情况、数据记录。风力发电机组远程监控系统如图 11－7 所示。

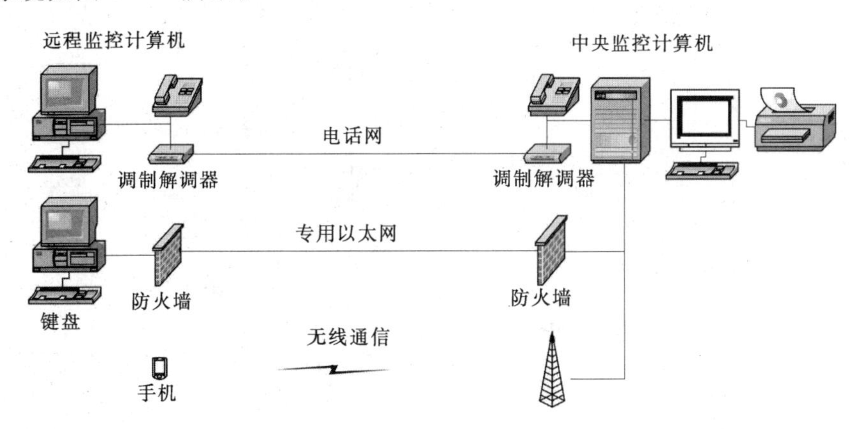

图 11－7　风力发电机组远程监控系统

实际上只要通信网连通，理论上远程监控系统能够实现的功能和中央监控系统一样。但是为了安全起见，目前国内远程监控系统只完成监视功能，随着技术的发展，无人值班风电场的推出，远程监控系统将发挥更大作用。

远程监控系统的实现，通信网络是关键环节，根据国家《电网和电厂计算机监控系统及调度数据网络安全防护规定》的相关规定，电力监控系统和电力调度数据网络均不得和互联网相连。因此远程监控系统通常只能使用专线或电力调度数据网络。考虑到实际情况和需要，现在实现的风电场远程监控系统一般采用电话线进行通信。软件界面由以下几部分页面组成：

（1）风机主要信息页面。

（2）叶轮/变桨系统数据页面。

（3）叶轮/变桨系统信号页面。

（4）变流器/水冷系统页面。

（5）电机/电网系统页面。

（6）偏航/液压系统页面。

（7）环境/机器设备/控制柜页面。

（8）调试及参数设置页面。

（9）最近32条故障记录页面。

（10）均值及故障现场文件查询页面。

因为远程监控端系统安装gateway软件，并通过VPN实现网络连接，远程监控系统具有与中央监控完全一样的功能（注：出于安全考虑，建议系统管理员设定权限限制该功能的使用）。同时也可采用网络浏览的方式进行登陆，查询机组运行状态。风电场各台风力发电机组状态如图11-8所示。在图11-8下面的窗口中可以看到当前风速、发电量、系统状态、温度及其他一些风机实时状态信息。

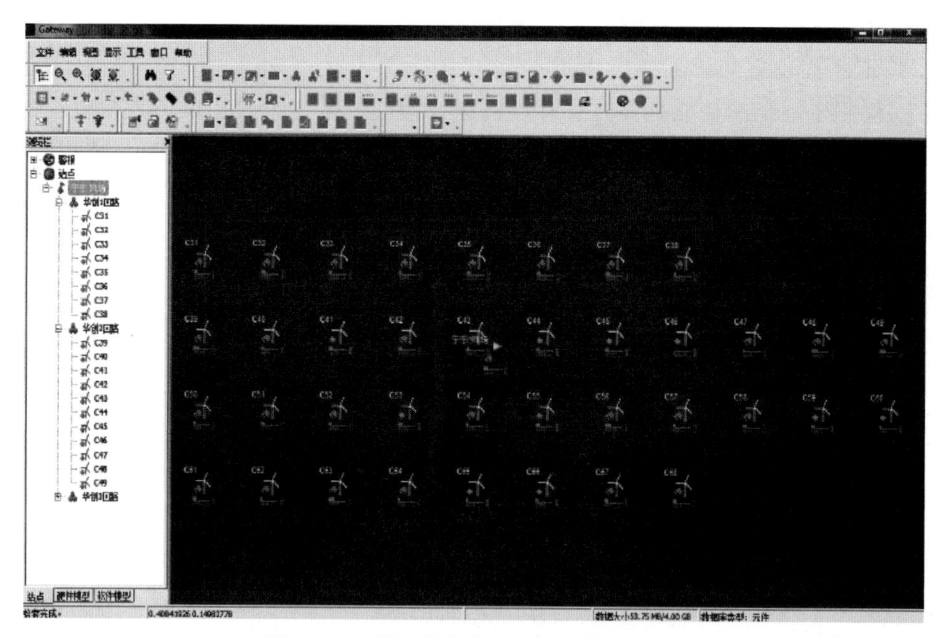

图11-8 风电场各台风力发电机组状态

风力发电机组监控界面如图11-9至图11-16所示。风力发电机组状态如图11-9所示。发电机转速/转子转速/转矩/风速如图11-10所示。温度数据如图11-11所示。发电总量如图11-12所示。功率曲线如图11-13所示。风能玫瑰图如图11-14所示。5min记录如图11-15所示。触发记录如图11-16所示。

风力发电机组控制系统软件操作界面应满足以下功能：

（1）通过塔顶柜和塔底柜的触摸屏控制。

（2）在中控室通过在浏览器中输入相应的IP地址就可监控。

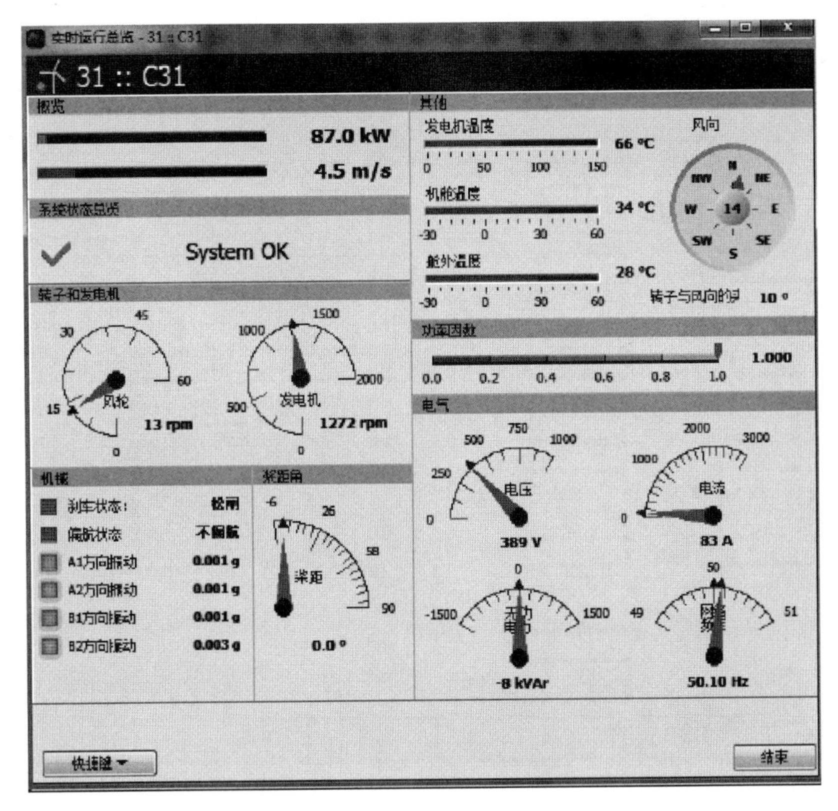

图 11-9　风力发电机组状态

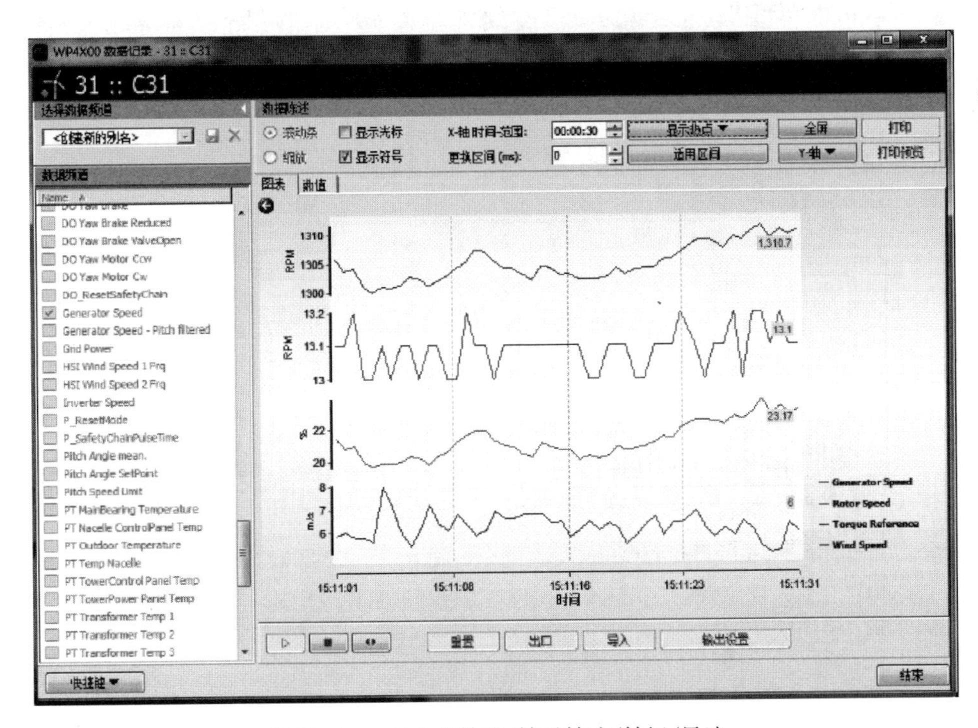

图 11-10　发电机转速/转子转速/转矩/风速

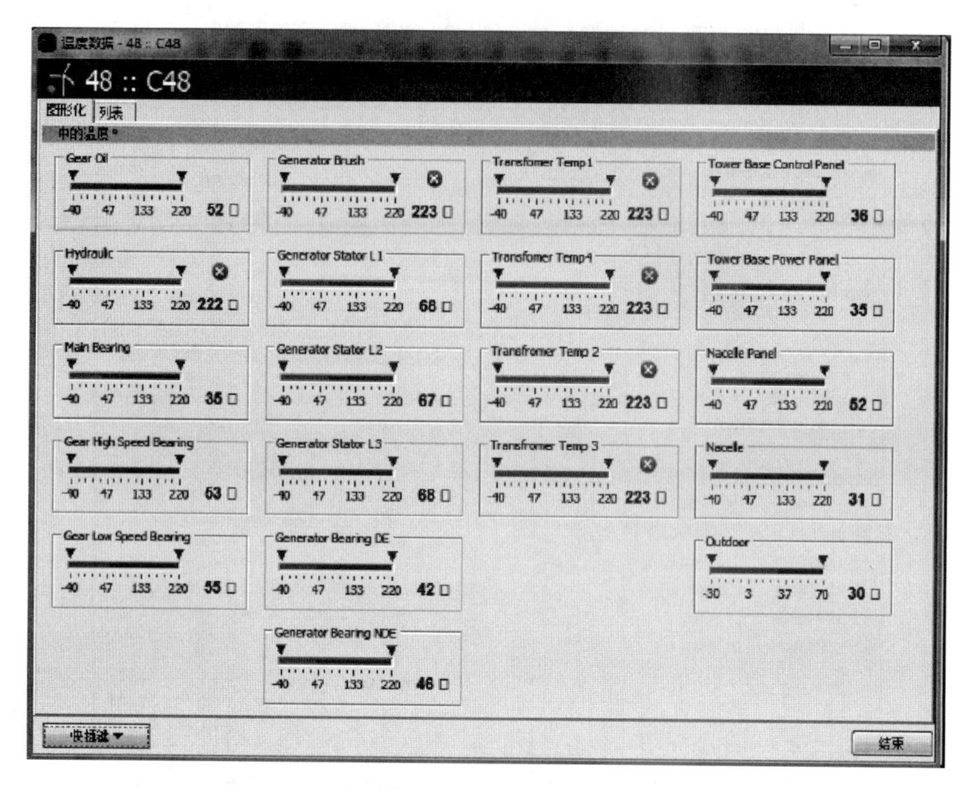

图 11 - 11　温度数据

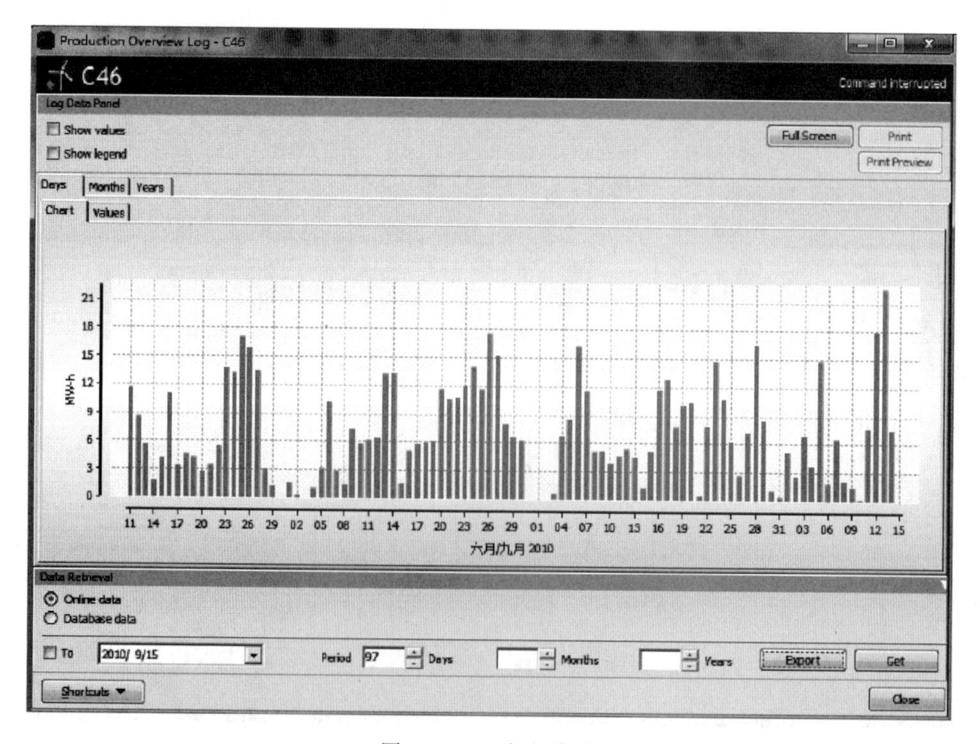

图 11 - 12　发电总量

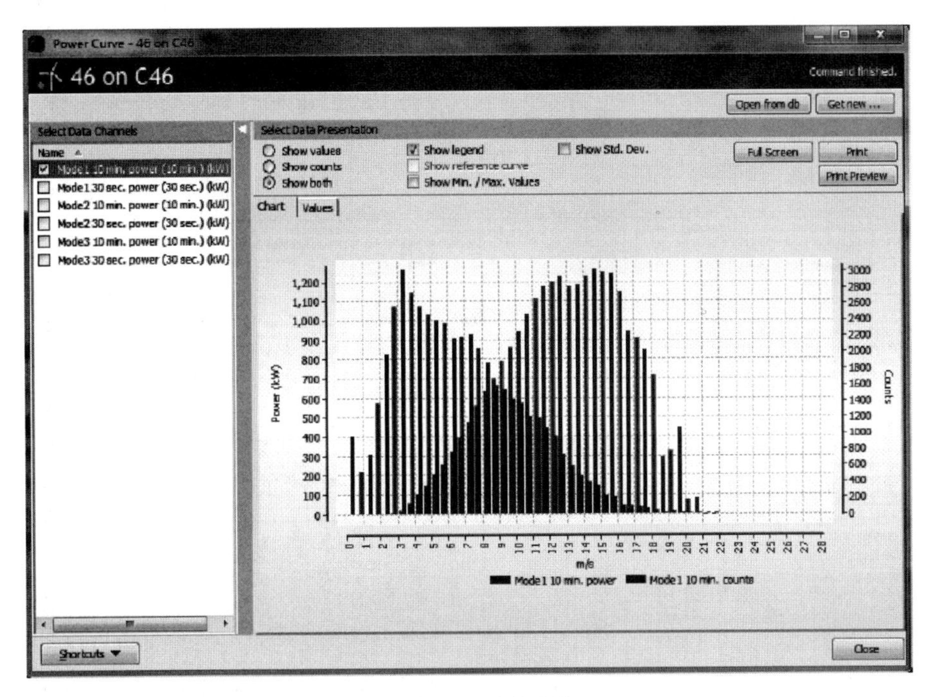

图 11-13 功率曲线

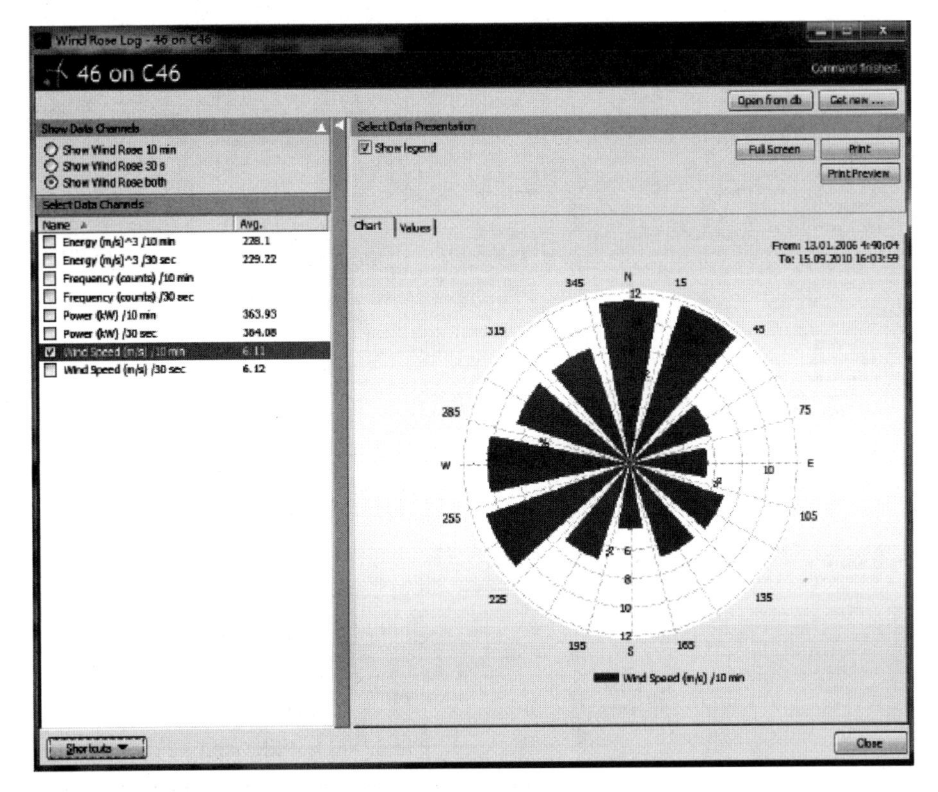

图 11-14 风能玫瑰图

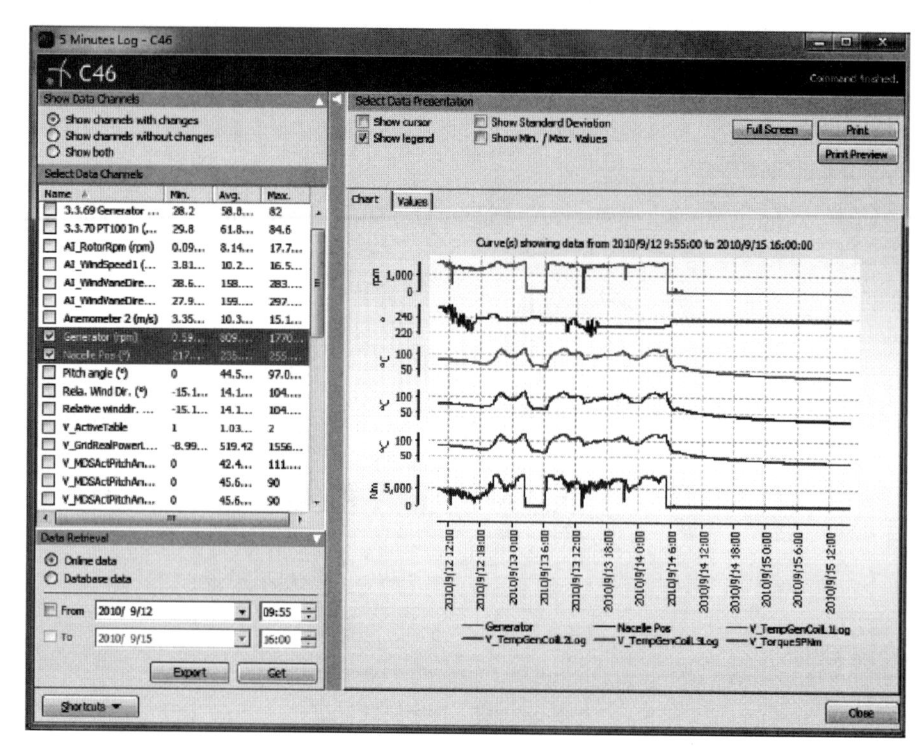

图 11－15　5min 记录

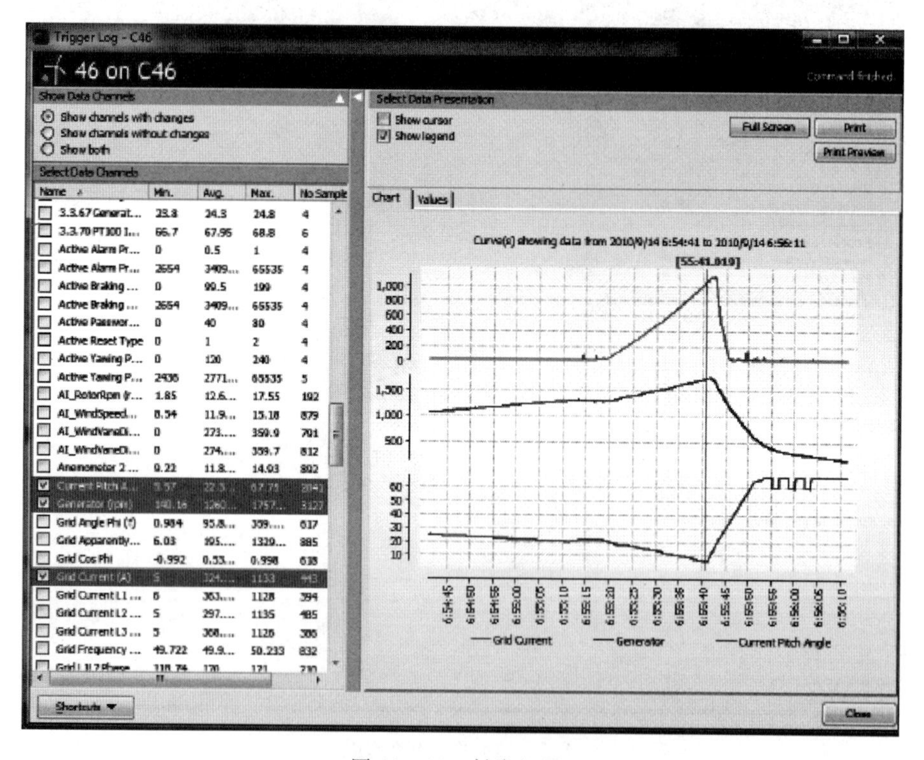

图 11－16　触发记录

（3）风场连入以太网后，可通过 internet 监控相应的风机。

以丹麦 Mita 公司的 WP4000 控制系统为例，软件操作界面介绍如图 11－17～图 11－28 所示。

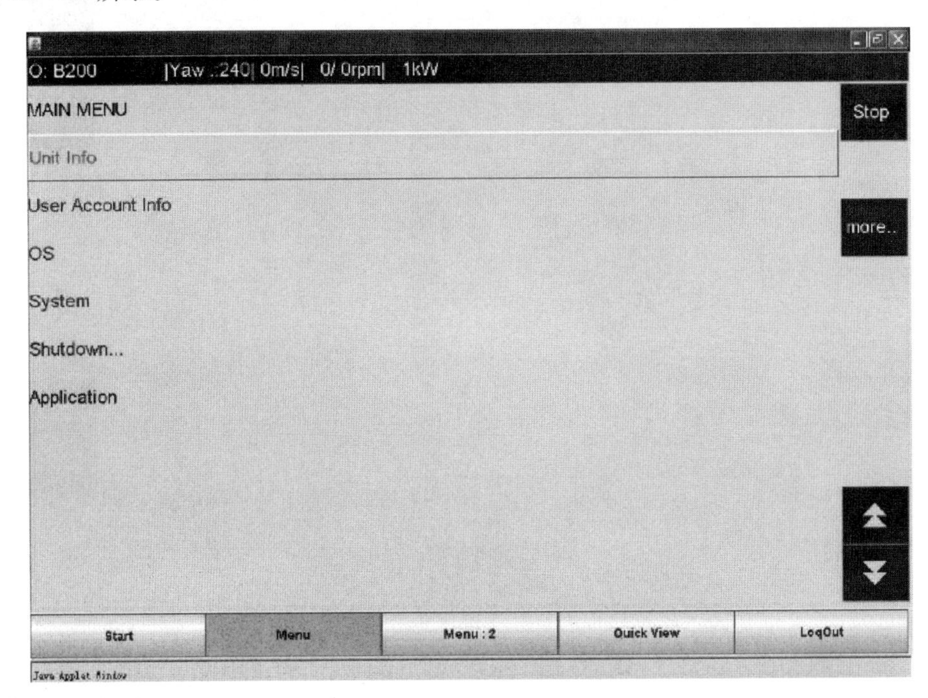

图 11－17　系统主菜单

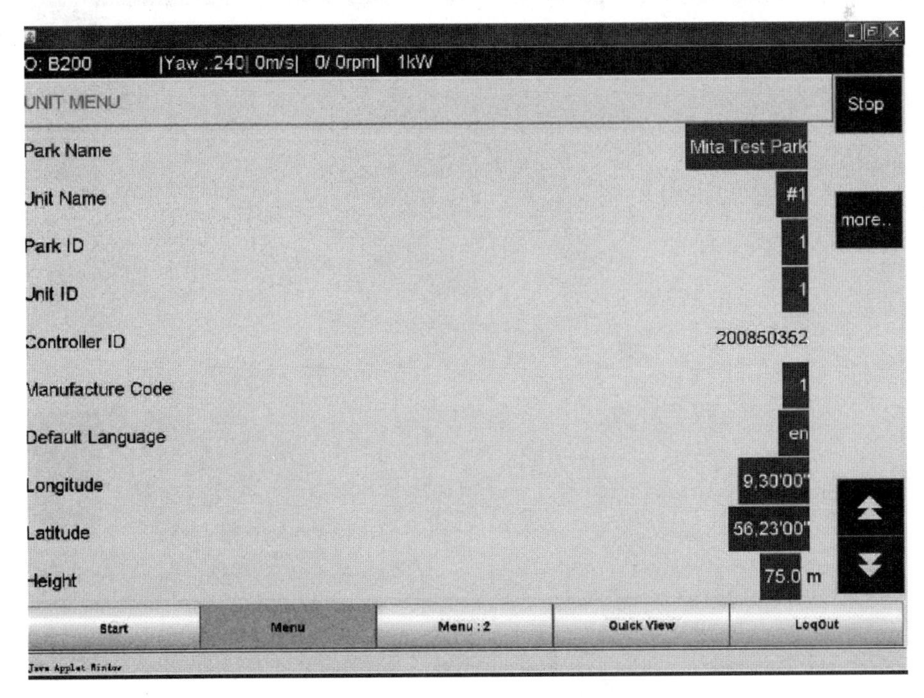

图 11－18　风力发电机的基本信息

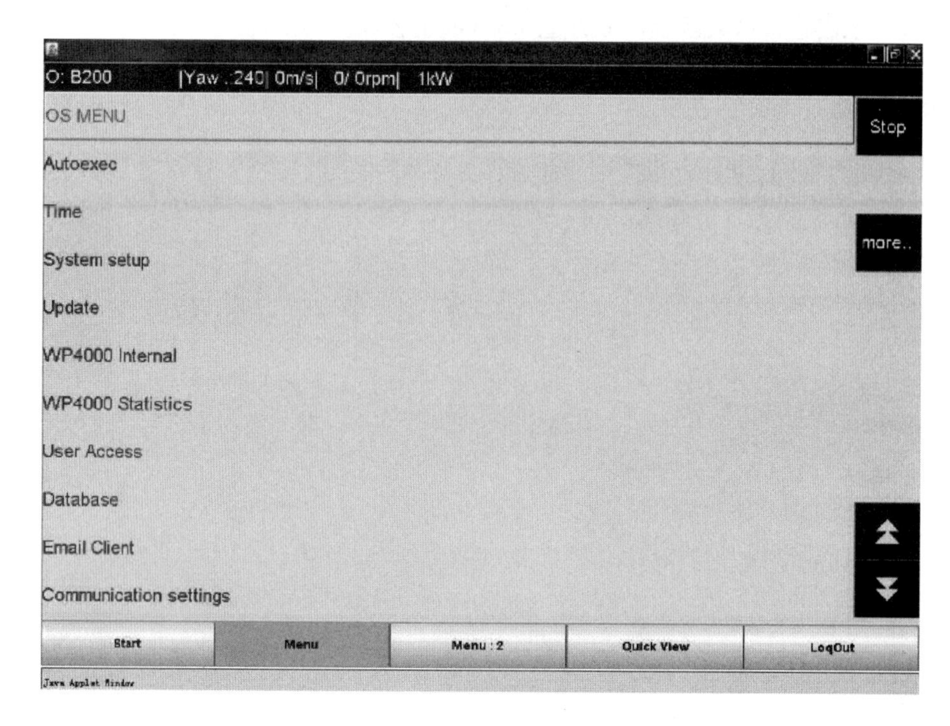

图11-19　操作系统菜单

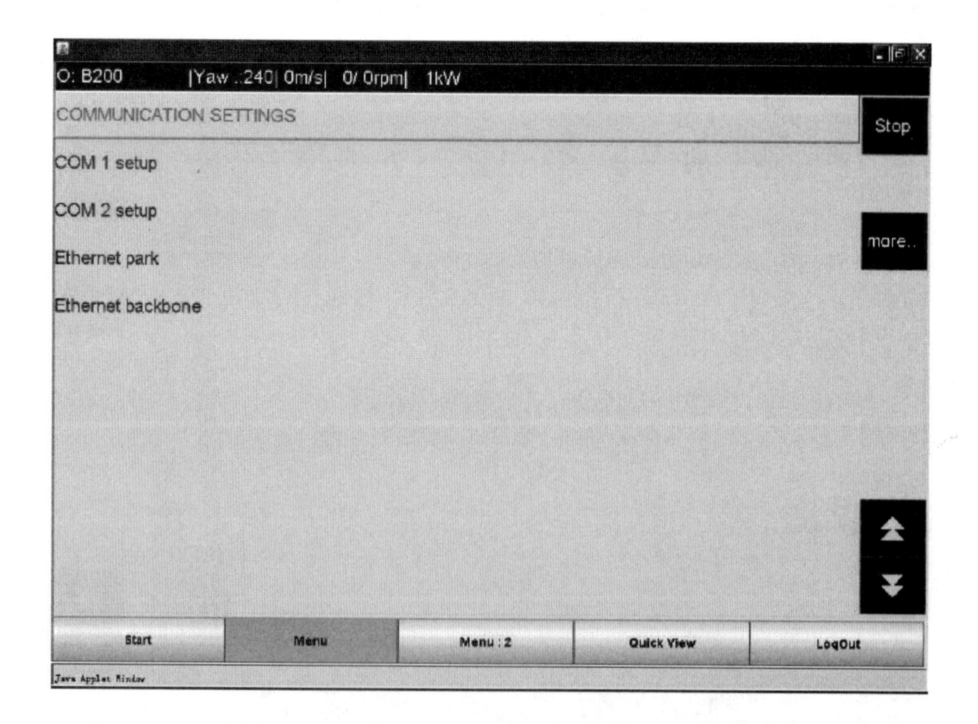

图11-20　通信参数设置

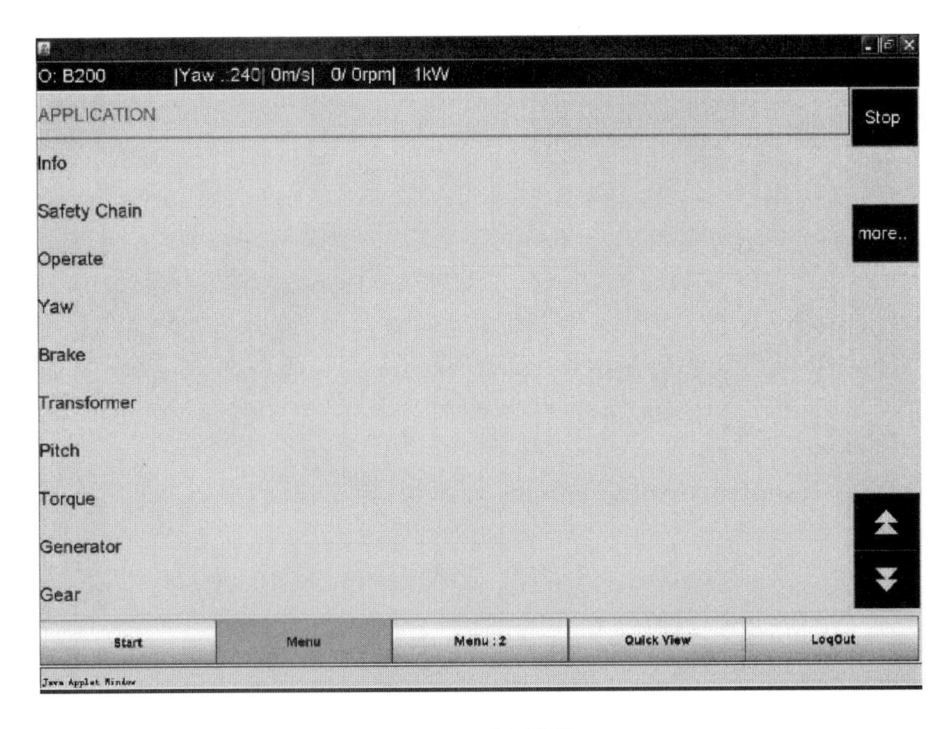

图 11-21 应用菜单一

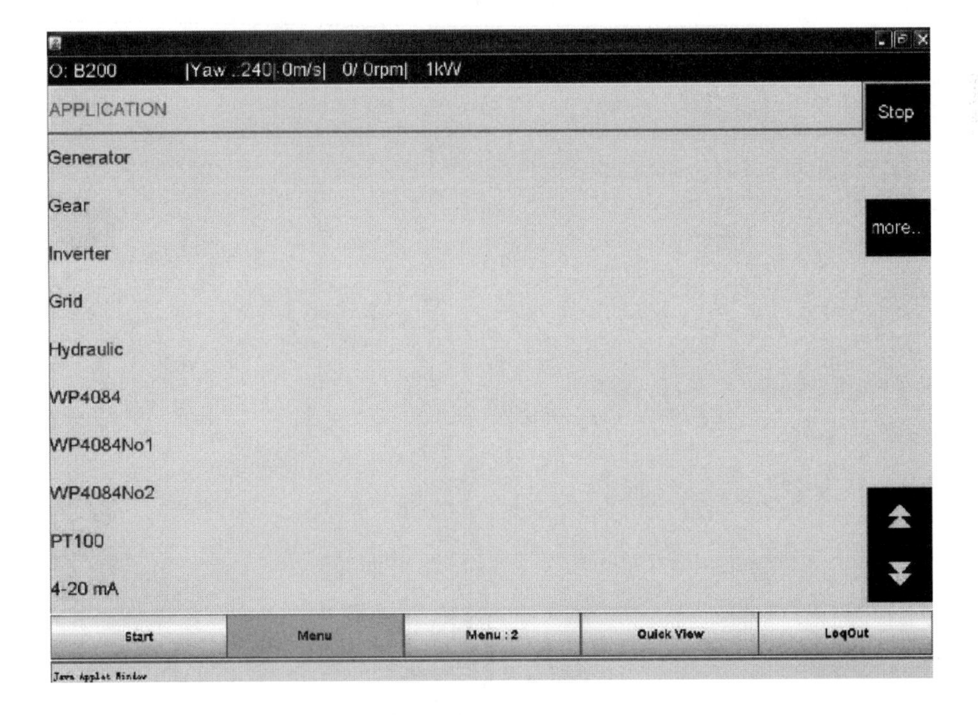

图 11-22 应用菜单二

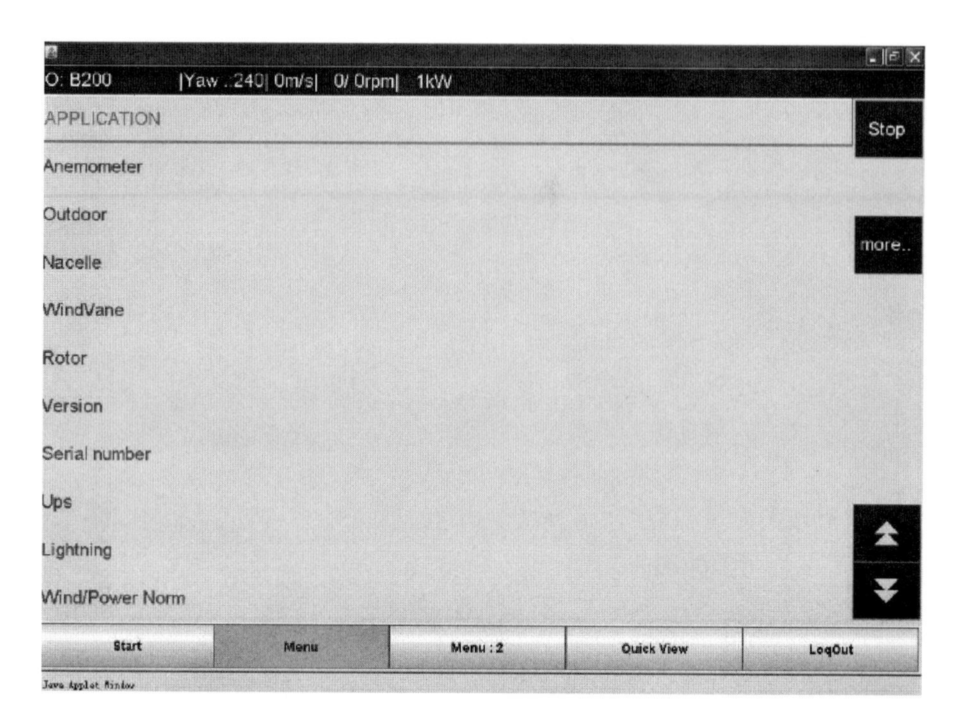

图 11－23　应用菜单三

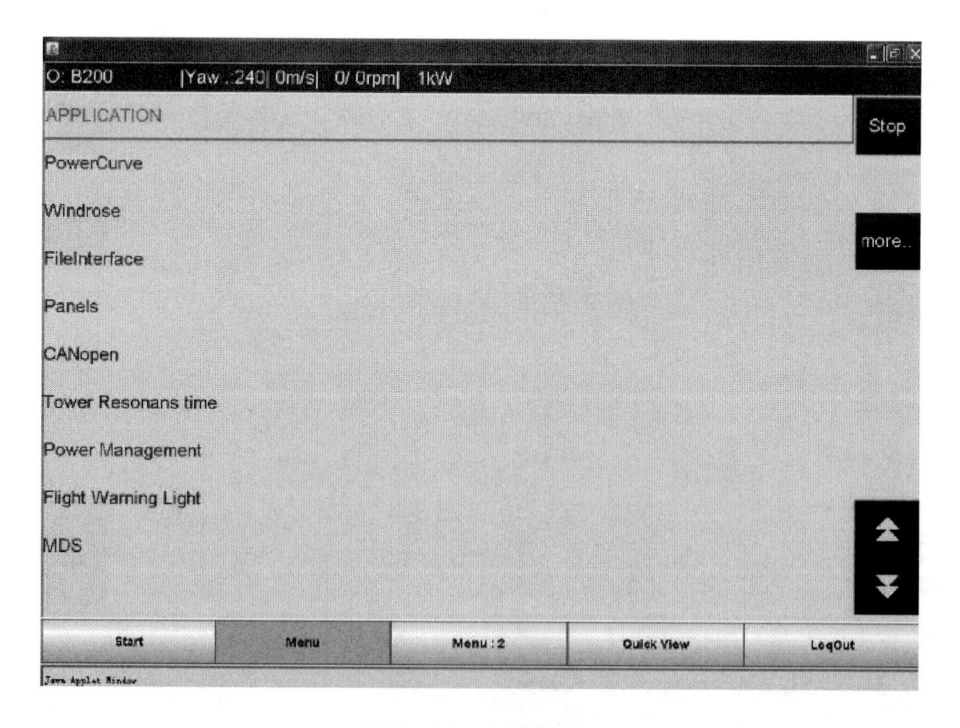

图 11－24　应用菜单四

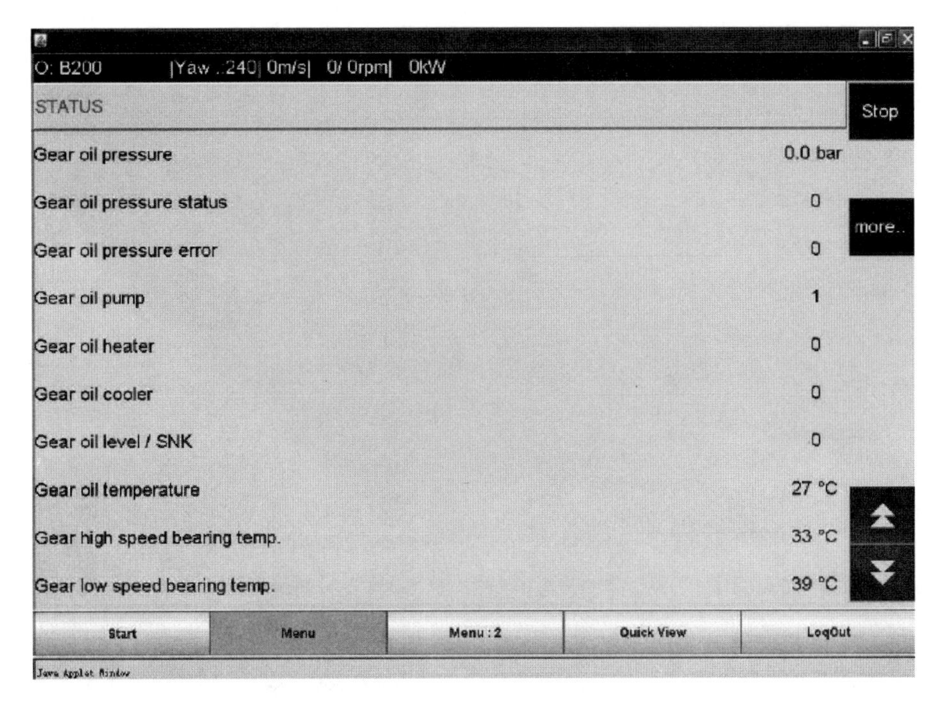

图 11-25 状态子菜单

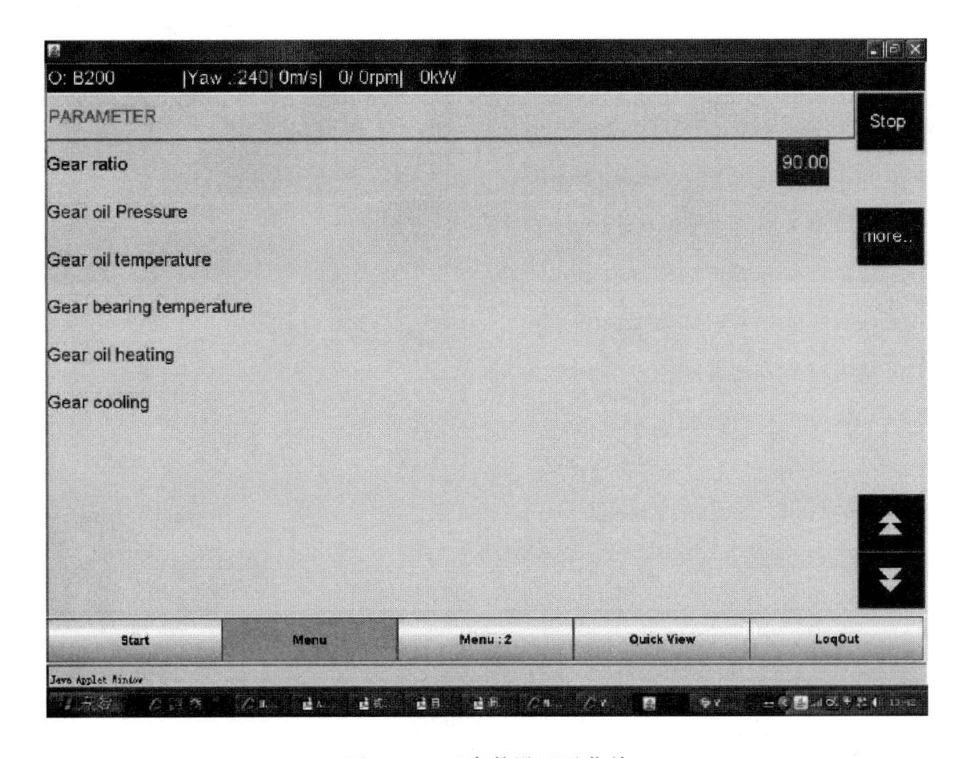

图 11-26 参数设置子菜单

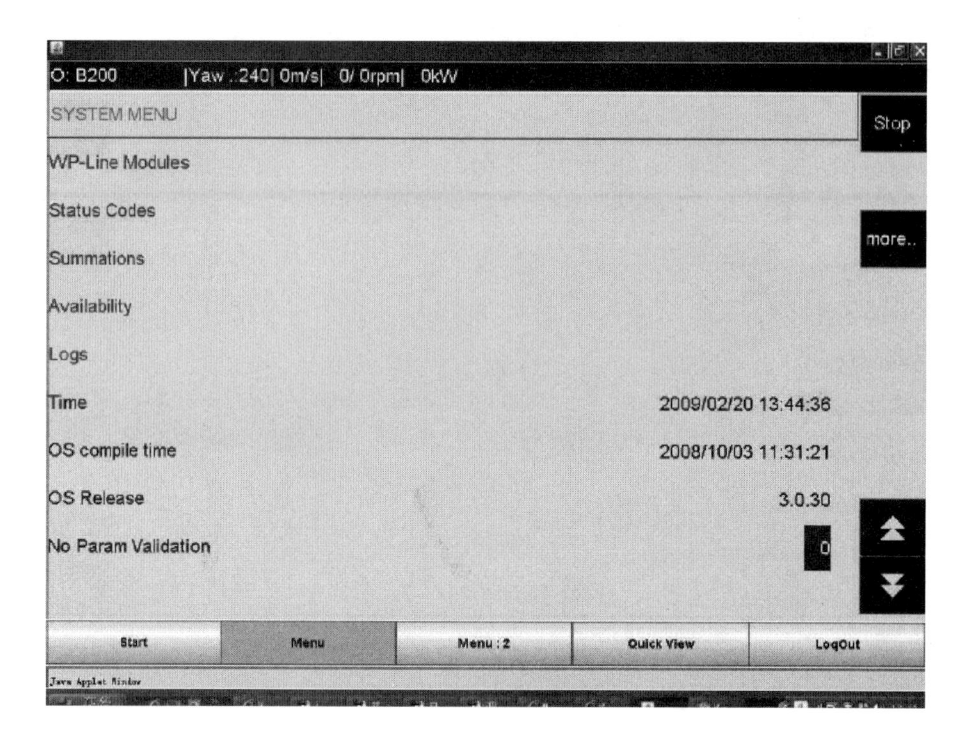

图 11－27　系统菜单

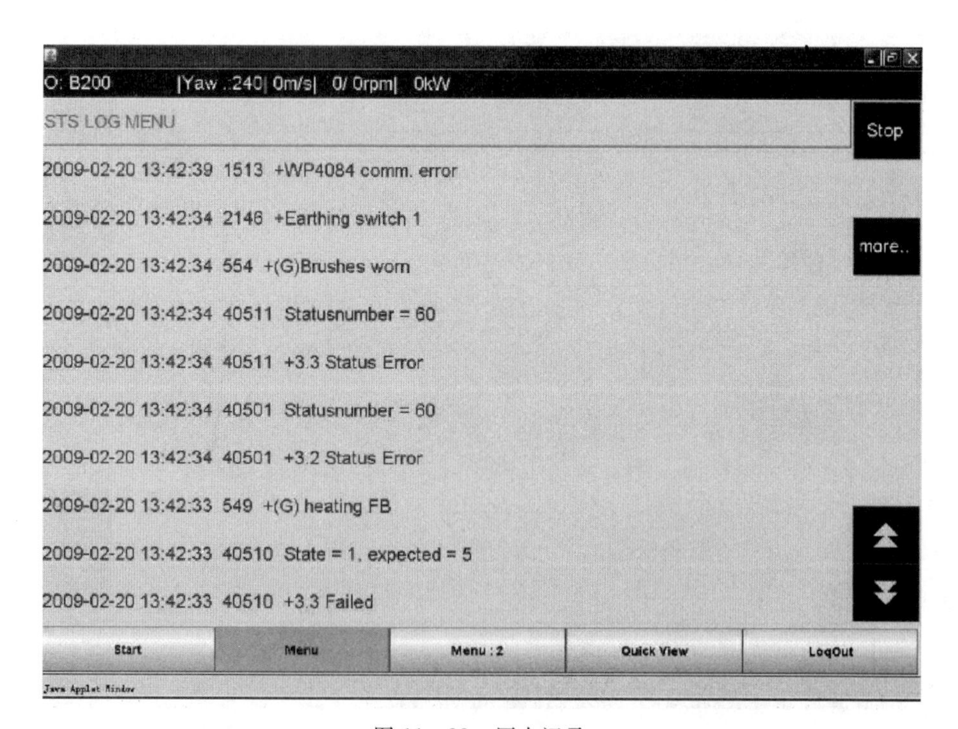

图 11－28　历史记录

第 12 章　风力发电机组故障诊断技术

第 12 章课件

风力发电市场日渐扩大，如何对场内机组进行有效维护保证其安全运行，延长其使用寿命，对减少运维支出、降低风电度电成本、提高风电上网率有着重要意义。随着风电装机容量迅猛增长，机组事故率在逐年增加，风力发电机组运行环境比较恶劣，且地处偏僻，一旦出现故障，工作人员不能及时处理，并且巨大的维修费用与长时间的维修周期将造成人力财力的巨大损失，更为严重的是一些故障的产生如果没有及早地发现与处理，会对机组产生永久性的损伤。故障预测技术能够提前发现风力发电机组的问题，提醒现场工作人员提前采取保养、维修、更换等措施，保证机组运行的安全可靠性。

12.1　故障诊断技术

12.1.1　故障诊断技术的发展及分类

故障是指系统至少一个特性或参数出现了较大的偏差，超出了可接受的范围。故障检测是利用输入、输出和状态等可测数据，检测故障的发生并产生报警信号。故障诊断则是在系统报警后，确定故障发生的种类和部位等。现代化的工程技术系统正朝着大规模、复杂化的方向发展，这类系统一旦发生事故就可能造成人员和财产的巨大损失。因此，切实保障现代复杂系统可靠性与安全性，具有十分重要的意义，应该得到广泛的高度重视。故障诊断与容错控制技术的出现，为提高复杂系统的可靠性开辟了一条新的途径。

故障诊断技术（fault diagnosis，FD）始于机械设备，其全名是状态监测与故障诊断。它包含两方面内容：一是对设备的运行状态进行监测；二是在发现异常情况后对设备的故障进行分析、诊断。设备故障诊断是随设备管理和设备维修发展起来的。美国是最早开展故障诊断技术研究的国家，由于自 1961 年开始执行阿波罗计划后，出现一系列因设备故障造成的事故，导致 1967 年在美国宇航局倡导下，由美国海军研究室主持成立了美国机械故障预防小组，并积极从事技术诊断的开发。目前，美国诊断技术在航空、航天、军事、核能等尖端部门仍处于世界领先地位。英国在 20 世纪 60 年代至 70 年代，以 Collacott 为首的英国机器保健和状态监测协会最先开始研究故障诊断技术。英国在摩擦磨损、汽车和飞机发电机监测和诊断方面具有领先地位。日本的诊断技术在钢铁、化工和铁路等部门处领先地位。我国在故障诊断技术方面起步较晚，1979 年才初步接触设备诊断技术。目前我国诊断技术在化工、冶金、电力等行业应用较好。故障诊断技术经过 30 多年的研究与发展，已应用于飞机自动驾驶、人造卫星、航天飞机、核反应堆、汽轮发电机组、大型电网系统、石油化工过程和设备、飞机和船舶发动机、汽车、冶金设备、矿山设备和机床等领域。

1. 按照故障发生部位

一般而言，动态系统中故障的发生部位、时间特性、发生形式呈现出多样化。按照发生部位的不同可分为：

（1）元部件故障：指被控对象中的某些元部件、甚至是子系统发生异常，使得整个系统不能正常完成既定的功能。

（2）传感器故障：指控制回路中用于检测被测量的传感器发生卡死、恒增益变化或恒偏差、时变偏差等变化而不能准确获取被测量信息，具体表现为对象变量的测量值与其实际值之间的差别。

（3）执行器故障：指控制回路中用于执行控制命令的执行器发生卡死、恒增益变化或恒偏差、时变偏差等变化而不能正确执行控制命令，具体表现为执行器的输入命令和它的实际输出之间的差别。

2. 按照时间特性

（1）突变故障：指参数值突然出现很大偏差，事先不可监测和预测的故障。

（2）缓变故障：又称为软故障，指参数随时间的推移和环境的变化而缓慢变化的故障。

（3）间隙故障：指由于老化、容差不足或接触不良引起的时隐时现的故障。

3. 按照发生形式

（1）加性故障：指作用在系统上的未知输入，在系统正常运行时为零。它的出现会导致系统输出发生独立于已知输入的改变。

（2）乘性故障：指系统的某些参数的变化。它们能引起系统输出的变化，这些变化同时也受已知输入的影响。

4. 按照故障的复杂程度

（1）线性故障：表现为各部位常值偏差型或增益型故障。

（2）非线性故障：表现为系统输入、状态、输出以及时间的非线性函数。

12.1.2　故障诊断的任务

故障诊断技术是一门综合性技术，它的开发涉及多门学科，如现代控制理论、可靠性理论、数理统计、模糊集理论、信号处理、模式识别、人工智能等学科理论。故障诊断的任务，由低级到高级，可分为四个方面的内容：

1. 故障建模

按照先验信息和输入输出关系，建立系统故障的数学模型，作为故障检测与诊断的依据。

2. 故障检测

从可测或不可测的估计变量中，判断运行的系统是否发生故障，一旦系统发生意外变换，应发出报警。

3. 故障的分离与估计

如果系统发生了故障，给出故障源的位置，区别出故障原因是执行器、传感器和被控对象等或者是特大扰动。故障估计是在弄清故障性质的同时，计算故障的程度、大小及故障发生的时间等参数。

4. 故障的分类、评价与决策

判断故障的严重程度，以及故障对系统的影响和发展趋势，针对不同的工况采取不同的措施，其中包括保护系统的启动。

12.1.3 评价故障诊断系统的性能指标

评价故障诊断系统的性能指标大体上可分为以下三个方面：

1. 检测性能指标

（1）早期检测的灵敏度：是指一个故障检测系统对“小”故障信号的检测能力。检测系统早期检测的灵敏度越高，表明它能检测到的最小故障信号越小。

（2）故障检测的及时性：是指当诊断对象发生故障后故障检测系统在尽可能短的时间内检测到故障发生的能力。故障检测的及时性越好，说明故障从发生到被正确检测出来之间的时间间隔越短。

（3）故障的误报率和漏报率：误报是指系统没有发生故障却被错误判定出现了故障的情形；漏报是指系统中出现了故障却没有被检测出来的情形。一个可靠的故障检测系统应当保持尽可能低的误报率和漏报率。

2. 诊断性能指标

（1）故障分离能力：是指诊断系统对于不同故障的区分能力。这种能力的强弱决定于对象的物理特性、故障大小、噪声、干扰、建模误差以及所设计的诊断算法。分离能力越强，表明诊断系统对于不同故障的区分能力越强，对故障的定位也就越准确。

（2）故障辨识的准确性：是指诊断系统对故障大小，发生时刻及其时变特性的估计的准确程度。故障辨识准确性越高，表明诊断系统对故障的估计就越准确，也就越有利于故障的评价与决策。

3. 综合性能指标

（1）鲁棒性：是指故障诊断系统在存在噪声、干扰、建模误差的情况下正确完成故障诊断任务，同时保持满意的误报率和漏报率的能力。一个故障诊断系统的鲁棒性越强，表明它受噪声、干扰、建模误差的影响越小，其可靠性也就越高。

（2）自适应能力：是指故障诊断系统对于变化的被诊断对象所具有的自适应能力，并且能够充分利用由变化产生的新信息来改善自身。引起这些变化的原因可以是被诊断对象的外部输入的变化、结构的变化或由诸如生产数量、原材料质量等原因引起的工作条件的变化。

12.1.4 故障诊断方法

故障诊断方法分类示意图如图 12-1 所示，现有的故障诊断技术主要分为两大类，即基于解析模型的故障诊断技术和不基于解析模型的故障诊断技术。其中，不基于解析模型的故障诊断技术又包括基于知识的方法和基于信号处理的方法。基于解析模型的故障诊断技术的核心思想是用解析冗余取代硬件冗余，以系统的数学模型为基础，利用观测器（组）、等价空间方程、Kalman 滤波器、参数模型估计和辨识等方法产生残差，然后基于某种准则或阈值对该残差进行评价和决策。但是，由于现代化控制系统的复杂性，许多控制系统的建模是非常困难的，难以精确完善地建立系统模型，而传统故障诊断方法过分依赖模型，缺乏鲁棒性。因此，无模型的故障诊断和检测方法近年来日益受到国内外学者的关注。

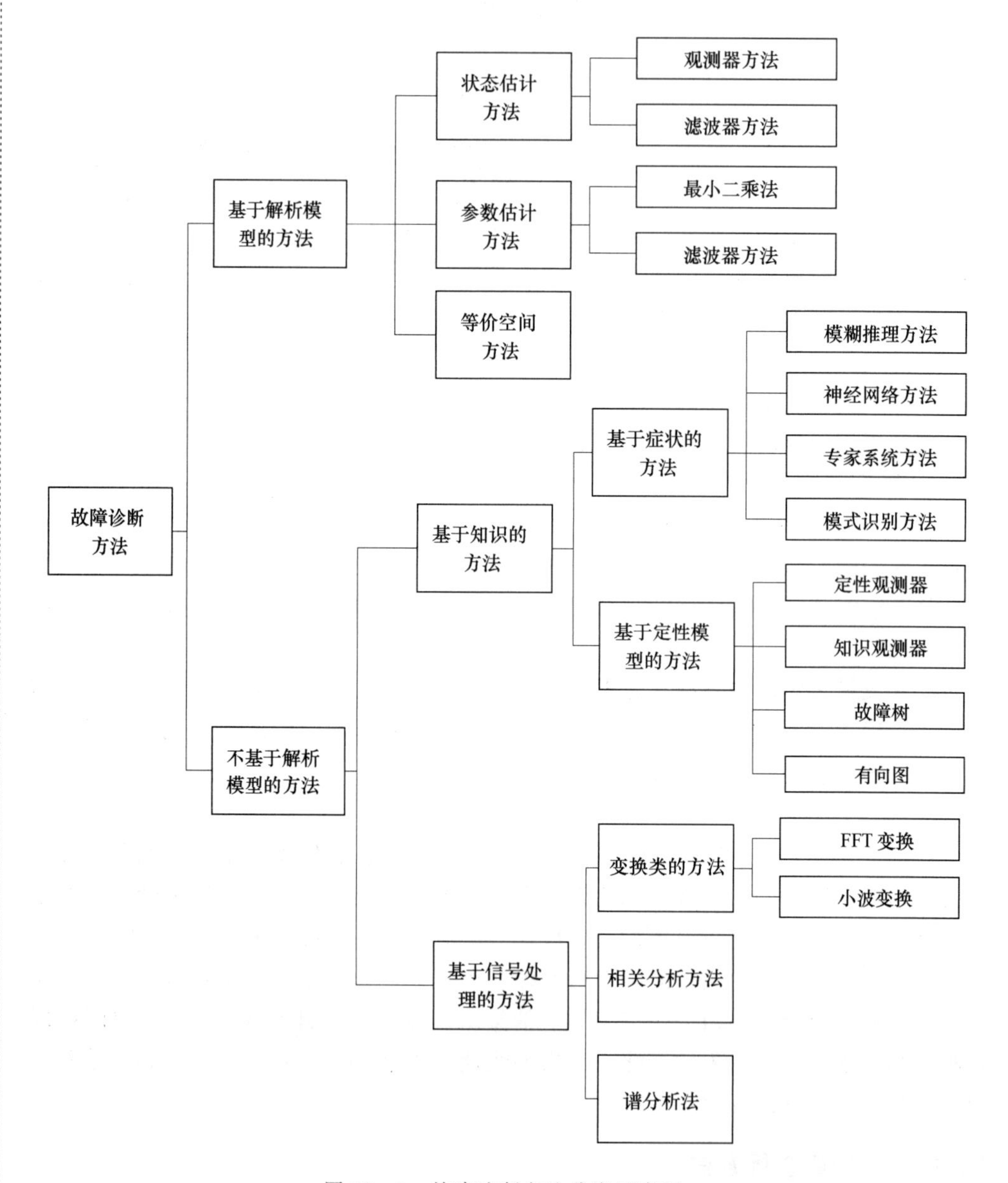

图 12-1　故障诊断方法分类示意图

基于模型的方法是最早发展起来的，它一般需要系统的、较为精确的数学模型。基于信号的方法对系统模型的精确度要求不是特别高，而是利用信号模型来处理问题。基于知识的方法是伴随着系统的日益复杂化而出现的，它特别适用于很难获得系统精确数学模型的情况。

1. 基于数学模型方法

基于模型的方法可以分为状态估计方法、等价空间方法和参数估计方法三大类。这三种方法均是独立发展起来的，但它们之间存在一定的联系。现已证明等价空间方法与观测器方法在结构上的等价性。

（1）参数估计诊断方法。当故障由参数的显著变化来描述时，可利用已有的参数估计方法来检测故障信息，根据参数的估计值与正常值之间的偏差情况来判断系统的故障情况。其设计步骤是：

1）建立被控过程的输入输出模型。

$$y(t)=F(u(t),\theta) \tag{12-1}$$

式中 θ——模型参数。

2）建立模型参数与过程参数之间的联系。

$$\theta=g(P) \tag{12-2}$$

式中 P——过程参数。

3）基于系统的输入输出序列，估计出模型参数序列 $\hat{\theta}_i$。

4）由模型参数序列计算过程参数序列。

5）确定过程参数的变化量序列。

6）基于此变化序列的统计特性，检测故障是否发生。

7）当确定有故障发生时，进行故障分离、估计及决策。

上述故障诊断的基本思想是把理论模型和参数辨识结合起来。基于参数估计的故障诊断如图12-2所示。

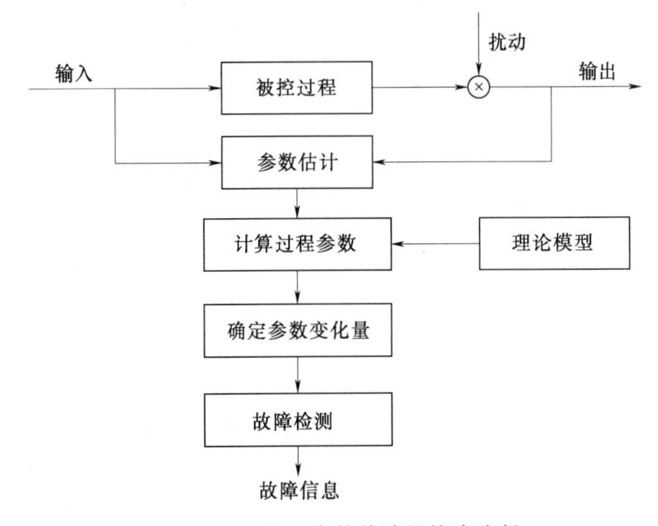

图12-2 基于参数估计的故障诊断

因此，这种方法需要下列前提条件：①建立精确的过程模型；②具有有效的参数估计方法；③被控过程充分地激励；④选择适当的过程参数；⑤有必要的故障统计决策方法。

尽管已经提出了众多的参数估计方法，但由于最小二乘法简单实用，并且有极强的鲁棒性，因此它仍是参数估计的首选方法。

基于系统参数估计的故障诊断方法存在的问题有：①基于系统参数估计的故障诊断方法利用系统参数过程系数关联方程反推物理元件参数，而对于一个实际系统，系统参数过程系数关联方程的个数不一定等于物理元件参数的个数，而且这种系统参数过程系数关联方程是非线性的，由此求解物理元件参数是很困难的，有时甚至是不可能的；②当系统发生故障时，不仅可能引起系统参数的变化，还可能引起模型结构的变化。基于系统参数估计的动态故障诊断面临的是一种变结构变参数的参数估计问题，需要一种同时辨识模型结构和参数的实时递推算法；③系统故障发生时，系统故障引起系统模型结构和参数变化的形式（是突变还是缓变，是参数变化还是结构变化，或是二者兼而有之）是不确定的，而对不确定时变、变结构、变参数辨识问题，目前还缺少有效的方法。

（2）状态估计诊断法。被控过程的状态直接反映系统运行状态，通过估计出系统的状态，并结合适当模型则可进行故障诊断。首先重构被控过程状态，并构成残差序列，残差序列中包含各种故障信息。基本残差序列，通过构造适当的模型并采用统计检验法，才能把故障从中检测出来，并作进一步分离、估计及决策。所谓残差，就是与被诊断系统的正常运行状态无关的、由其输入输出信息构成的线性或非线性函数。在没有故障时，残差等于零或近似为零（在某种意义下）；而当系统中出现故障时，残差应显著偏离零点。为便于实现故障的分离，残差应当属于下面二者之一：①结构化残差（structured residual），指这样一类残差，对应于每个故障，残差都有不同的部分与之对应，当诊断对象发生故障时，这些特定部分就由零变为非零。②固定方向性残差（fixed direction residual），指这样一类残差，对应于每个故障，残差向量都具有不同的方向与之对应。理论上讲，当系统发生故障时，残差应以确定性的偏移量出现。状态估计方法在线性系统和非线性系统的故障检测与诊断中都有应用。通常可以基于状态观测器或滤波器来进行状态估计，如未知输入观测器法、卡尔曼滤波器法、自适应观测器法以及模糊观测器法等。

采用状态估计诊断方法的前提条件：

1）具备过程数学模型知识（结构和参数）。

2）已知噪声的统计特性。

3）系统可观测或部分可观测。

4）方程解析应有一定的精度。

5）在许多场合下要将模型线性化，并假设干扰为白噪声。

未知输入观测器方法不需要对象非常精确的数学模型，将建模不确定性作为系统的未知输入来处理。这种方法将参数的失配建模为系统的未知输入，故障则是系统状态和输入的非线性函数，通过干扰解耦技术，用状态变换把原系统化为规范

型。同时，将故障转化为可测输入和输出信号的非线性函数。

卡尔曼滤波器方法是另一种状态估计方法。与未知输入观测器法相比，这种方法的设计过程相对简单，但缺点是需要噪声的统计特性，且运算量较大。利用自适应扩展卡尔曼滤波器方法可以克服噪声的影响。

自适应观测器法也是颇受关注的一种状态估计方法。这种方法直接建立系统的自适应检测观测器或诊断观测器，再构造出残差，对故障进行检测或诊断。值得注意的是，若建立的是检测观测器，则应在正常系统模型的基础上建立观测器方程，即观测器方程中的故障矩阵取系统正常时的值若建立的是诊断观测器，则观测器方程中的故障矩阵为待估计的值。无论实际建立的是哪一种观测器，总是想要通过在线调节观测器参数，使系统残差收敛，从而使观测器及整个系统达到稳定。

近年来，由于模糊模型与观测器方法的结合，产生了基于下模糊模型的观测器方法。它是利用描述非线性系统输入输出关系的“IF－THEN”模糊规则将原非线性模型在工作点处进行局部线性化，再将这些线性模型进行加权组合来拟合原非线性模型。在模糊模型的基础上，按照线性系统的方法，建立起模糊观测器。

(3) 等价空间方法。等价空间方法是利用系统的输入、输出的实际测量值检验系统数学模型的等价性，从而检测和隔离故障的一种方法。等价空间方法主要包括几种具体的方法：奇偶方程的方法、方向性残差的方法和约束优化的等价方程方法等。其中，应用较多的是奇偶方程的方法和方向性残差的方法。

奇偶方程方法是通过构造测量冗余方程和奇偶向量，得到包含残差的奇偶方程，从而对故障进行检测和诊断。目前已有成果主要是在线性系统方面，对非线性系统的研究还处于起步阶段。

方向性残差方法是通过将故障到残差的传递函数转化为对角形式，使得残差为固定方向，从而每个残差分量和故障向量的一个分量相关，实现故障的分离。

2. 基于系统输入输出信号处理的方法

(1) 直接测量系统的输入输出。在正常情况下，被控过程的输入输出在正常范围内变化：

$$U_{\min}(t)<U(t)<U_{\max}(t)$$
$$Y_{\min}(t)<Y(t)<Y_{\max}(t)$$

当此范围被突破时，可以认为故障已经发生或将要发生。另外，还可以通过测量输入输出的变化率是否满足：

$$\dot{U}_{\min}(t)<\dot{U}(t)<\dot{U}_{\max}(t)$$
$$\dot{Y}_{\min}(t)<\dot{Y}(t)<\dot{Y}_{\max}(t)$$

来判断故障是否发生。

(2) 基于小波变换的方法。其基本思路是，首先对系统的输入输出信号进行小波变换，利用该变换求出输入输出信号的奇异点。然后去除由于输入突变引起的极值点，则其余的极值点对应于系统的故障。这种方法不需要系统的数学模型，具有灵敏度高、克服噪声能力强的特点，已在管线泄漏诊断系统、电机局部放电中得到成功的应用。

(3) 输出信号处理法。系统的输出在幅值、相位、频率及相关性上与故障源之间会存在一定的联系，这些联系可以用一定的数学形式（如输出量的频谱等）表达，在发生故障时，则可利用这些量进行分析处理，来判断故障源的所在，常用的方法有频谱分析法、概率密度法、相关分析法及功率谱分析法等。

(4) 信息匹配诊断法。此方法引入了类似矢量、类似矢量空间、一致性等概念，将系统的输出序列在类似空间中划分成一系列子集，分析各子集的一致性，并按一致性强弱进行排列，一致性最强的一组子集的鲁棒性也最强，而一致性最差的子集则可能已发生故障，通常类似矢量值很小，而当故障发生时，类似矢量将在此故障相应的方向上增大，因此类似矢量的增加表明了故障的发生，而其方向给出了故障传感器的位置。

(5) 基于信息融合的方法。故障诊断实际上是根据检测量所获得的某些故障特征以及系统故障源与故障表征之间的映射关系，找出系统故障源的过程。为了充分利用检测量所提供的信息，在可能的情况下，可以对每个检测量采用多种诊断方法进行诊断，这一过程称为局部诊断，将各诊断方法所得结果加以综合，得到系统故障诊断的总体结果称为全局诊断融合。对局部—全局融合方案的实现，可用模糊推理的方法进行决策。

(6) 信息校核的方法。在许多控制系统的故障诊断中，都没有考虑到信息校核的方法。实际上，系统的信息校核是进行故障诊断的比较简单有效的方法，因为信息是进行系统过程监测的依据，利用错误的信息去进行计算和推理是徒劳无益的，而且还会得出错误的结论。可依据物料平衡与能量守恒定律等物理化学规律及数量统计来进行信息的校核。信息的矛盾一般意味着信息获取上的故障或矛盾。

3. 基于人工智能的故障诊断

(1) 基于专家系统的故障诊断方法。专家系统是人工智能领域中最活跃的一个分支，它已广泛地应用于过程监测系统。这种方法不依赖于系统的数学模型，而是根据人们长期的实践经验和大量的故障信息知识，设计出的一套智能计算机程序，以此来解决复杂系统的故障诊断问题。

在故障检测专家系统的知识库中，存储了某个对象的故障征兆、故障模式、故障原因、处理意见等内容，这是检测诊断的基础。故障检测诊断专家系统的推理机构是一个特定的计算机程序，它在一定的推理机制指导下，根据用户的信息，运用知识进行推理判断。根据出现的前提条件去触发对应规则来推断其结论的方法，这种方法称为前提驱动推理机制；为了确定某个事实去选择的这项事实为结论的规则，然后证实这个规则的前提条件是否成立的方法称为结论驱动推理机制。

(2) 基于神经元网络的故障诊断方法。由于神经元网络具有处理复杂多模式及进行联想、推测和记忆功能，它非常适合应用于故障诊断系统。它具有自组织自学习能力，能克服传统专家系统当启发式规则未考虑到时就无法工作的缺陷。因此，将神经元网络应用于过程监测系统已成为一个非常活跃的研究领域，并有不少成功的应用实例。用神经元网络进行控制系统故障诊断，主要有离线诊断和在线诊断两种方式。

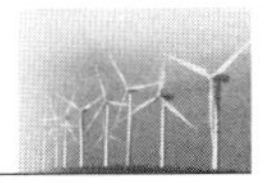

（3）基于图论的模型推理方法。基于网络图论方法的故障诊断技术，实质上是根据一个实际系统中各个元件之间所存在的非常普遍的故障传播关系，构成故障诊断网络，利用搜索和测试技术进行故障定位。这种方法已在大型工业生产过程和空间飞行器等领域中得到了应用。

（4）基于模糊数学的诊断方法。由于故障征兆是界限不分明的模糊集合，用传统的二值逻辑方法显然不合理，通过选用确定隶属函数，用相应的隶属度来描述这些症状存在的倾向性。模糊诊断方法就是通过某些症状的隶属度来求出各种故障原因的隶属度，以表征各故障存在的倾向性。

4. 基于离散事件的方法

基于离散事件的故障诊断方法是近年来发展起来的一种新型故障诊断方法。其基本思想是：离散事件模型的状态既反映正常状态，又反映系统的故障状态。系统的故障事件构成整个事件集合的一个子集。系统的正常事件构成故障事件的补集。故障诊断就是确定系统是否处于故障状态和是否发生了故障事件。这种方法的主要优点是不需要被诊断系统的精确数学模型，因而非常适用于解决难以建立精确模型的系统的故障诊断问题。

12.2 风力发电机组故障

经过20多年的发展，风力发电机的设计、制造已经不是难题，目前，如何提高风力发电机的可靠性以及维持这些已安装机组的正常运行，成为摆在广大科技工作者面前的一项重要课题。

我国已建成的风电场的风力发电机有相当部分是20世纪90年代中后期由国外购进的，其单机容量为250kW、300kW、500kW、600kW、660kW和750kW几种。这些机组寿命为15～20年，保修期一般为2年，随着机组运行时间的加长，目前这些机组陆续出现了故障（包括风轮叶片、发电机、增速齿轮以及控制系统等），导致机组停止运行，严重影响发电量，造成经济损失。风力发电机组叶片断裂故障如图12-3所示，风力发电机组机舱内故障起火如图12-4所示。

图12-3　风力发电机组叶片断裂故障

图12-4　风力发电机组机舱内故障起火

综上所述，由于工况非常恶劣，许多风力发电机组出现不同形式的故障，在这些故障中，有许多是可以通过状态监测故障诊断的技术来避免或减少的。虽然风力发电机组故障不仅仅在我国出现，全世界很多地方也出现过问题，但在我国目前风力发电机组运行出现的故障中已占了很大比例，应认真分析研究。

随着风电产业在中国的飞速发展，如何保证风力发电机组稳定运行，高效地利用风力资源已经成为非常重要的一个课题摆在了我们面前。我国风电场中安装的风电机组多数为进口机组。随着运行时间的积累，发现在风力发电机的液压、监控、机械传动等几大系统中齿轮箱的故障率是偏高的。

近年来，振动与噪声理论、测试技术、信号分析与数据处理技术、计算机技术及其他相应基础学科的发展，为设备状态监测与故障诊断技术打下了良好的基础，而工业生产逐步向大型化、高速化、自动化、流程化方向发展，又为设备状态监测技术开辟了广阔的应用前景。可以预见，这项源于生产实际，又与近代科学技术发展密切相关的新兴学科在实际生产中必将发挥越来越大的作用。

风力发电机组故障诊断属于旋转机械故障诊断的范畴，其内容主要包括风力发电机组主传动链上主轴、齿轮箱、发电机的故障诊断。

1. 故障含义

故障包含两层含义：一是机械系统偏离正常功能，通过参数调节，或零部件修复又可恢复到正常功能；二是功能失效，是指系统连续偏离正常功能，且其程度不断加剧，使机械设备基本功能不能保证。一般零件失效可以更换，但关键零件失效，往往会导致整机功能丧失。

2. 机械系统故障特点

机械系统运行过程是动态过程，本质是随机过程。在不同时刻的观测数据是不可重复的，用检测数据直接判断运行过程故障是不可靠的。机械设备都是由成百上千个零件装配所构成，故障与现象之间没有一一对应的因果关系，如果只采用一种方法只从某一个侧面去分析做出判断，是很难做出决策的。我们的出发点是从随机过程出发，运用各种现代化科学分析工具，综合判断机械的故障现象属性、形成与发展。

3. 机械故障诊断

状态监测与故障诊断可以理解为识别机械设备运行状态的科学，也就是说利用各种检测方法和监视诊断手段，从所检测的信息特征判别系统的工况状态。它的最终目的是提高设备效率、运行可靠性，分析故障形成原因，以防患于未然。故障诊断是大型机械设备运行的关键技术之一，也是各种自动化系统及一般机械系统提高效率和可靠性，进行预知维修及预知管理的基础。机械故障诊断有离线诊断和在线诊断。

风力发电机设计标准《风力发电机组安全要求》（IEC 61400－1：1999、GB 18451.1—2001）第八章中明确要求风力发电机应具备一套独立于控制系统之外的保护系统，该保护系统在风力发电机超速、过载、过分振动等情况下应起作用。风力发电机在线监测系统是保护系统的一部分。

国际权威认证机构——德国的劳埃德船级社与风能协会合作，出台了风力发电

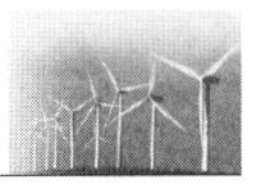

机状态监测系统认证规范（guideline for the certification of condition monitoring systems for windturbines）。规范中阐述了风力发电机状态监测系统的重要性、必要性，同时对风力发电机状态监测系统的设计、制造、安装、使用等都做了详细的描述。

以往由于技术、成本等原因，风力发电机的安全保护系统一般比较简单，功能比较单一。随着风力发电技术的进步及设备管理技术的发展，人们对风力发电机的可靠性、安全性、运行效率、环保性等提出了更高的要求，原来的保护系统已不能满足这些要求。另外，风力发电一次投入成本相当高，业主一般会买保险，而保险公司会要求在所投保风力机上加装在线监测系统或严格按照保险公司规定的频度对风力发电机进行巡检。可见风力发电机的状态监测系统的研究是必要的、适时的、很有意义的。

设备状态监测一般有两种方式：定期巡检和在线状态监测。定期巡检，就是按照规定的时间，工作人员背负测试设备爬上位于风力发电机塔顶的机舱进行数据采集，这种方式效率低、工作人员劳动强度大、受天气等外界因素影响大，效果一般。在线监测故障诊断系统以现代科学中的系统论、控制论、可靠性理论、失效理论、信息论为理论基础，以包括传感器在内的仪表设备和计算机、网络、通信为技术手段，结合监测对象的特殊性，有针对地对各运行参数进行在线连续监测，对设备状态做出实时评价，对故障提前预报并做出诊断，变故障停机为一般停机，减少停机或避免事故扩大化，使企业对设备的维修管理从计划性维修、事故性维修逐步过渡到以状态监测为基础的预防性维修，提高了企业设备管理现代化水平，创造了巨大的经济效益。

状态监测与故障诊断是紧密联系、密不可分的。状态监测与故障诊断不是等同的概念，而又统一于动态系统之中。状态监测的任务是在线判断动态系统是否偏离正常功能，监视其发展趋势、预防突发性故障的产生。故障诊断的任务是：一旦偏离正常功能，如系统有可调参数，应迅速做出调整，使工况恢复到正常，如果系统某个环节存在故障，就要进一步查明故障原因及其部位。因此，信号分析及数据处理则是在线诊断的重要手段，而状态监测是故障诊断的基础。终极目的是提高设备效率和运行可靠性，分析故障形成原因，防患于未然，为预知维修和预知管理打下基础。

故障诊断首先需根据监视系统提供的信息，对当前工况状态及其发展趋势做出确切的判断。故障诊断主要任务是针对异常工况，查明故障部位、性质、程度，不仅需要根据当前机组的实际运行工况，而且还需要考虑机组的历史资料及领域专家的知识做出精确诊断。诊断和监视不同之处是诊断精度放在第一位，而实时性是第二位。

12.3 机组常见故障

12.3.1 控制与安全系统的常见故障

风力发电机组控制系统的故障表现形式，由于其构成的复杂性而千变万化。但总体来讲，一类故障是暂时的，而另一类则属于永久性故障。例如，由于某种干扰使控制系统的程序“走飞”，脱离了用户程序。这类故障必然使系统无法完成用户所要求的功能。但系统复位之后，整个应用系统仍然能正确地运行用户程序。还有，某硬件连线、插头等接触不良，有时接触有时不接触；某硬件电路性能变坏，接近失效而时好时坏、它们对系统的影响表现出来也是系统工作时好时坏，出现暂时性的故障。当然，另外一些情况就是硬件的永久性损坏或软件错误，它们造成系统的永久故障。不管是暂时故障还是永久故障，作为控制系统设计者来说，在进行系统设计时，就必须认真仔细考虑将故障的发生率降至最低，达到用户的可靠性指标的要求。造成故障的因素是多方面的，归纳起来主要有如下几个方面。

（1）内部因素。产生故障的原因来自构成风力发电机组控制系统本身，是由构成系统的硬件或软件所产生的故障。例如，硬件连线开路、短路；接插件接触不良；焊接工艺不好；所用元器件失效；元器件经长期使用后性能变坏；软件上的种种错误以及系统内部各部分之间的相互影响等。

（2）环境因素。风力发电机所处的恶劣环境会对其控制系统施加更大的应力，使系统故障显著增加。读者会有这样的经验，当环境温度很高或过低时，控制系统都容易发生故障。环境因素除环境温度外，还有湿度、冲击、振动、压力、粉尘、盐雾以及电网电压的波动与干扰；周围环境的电磁干扰等。所有这些外部环境的影响在进行系统设计时都要认真加以考虑，力求克服它们所造成的不利影响。

（3）人为因素。风力发电机组控制系统是由人来设计而后供人来使用的。因此，由于人为因素而使系统产生故障是客观存在的。例如，在进行电路设计、结构设计、工艺设计、热设计、防止电磁干扰设计中，设计人员考虑不周或疏忽大意，必然会给后来研制的系统带来后患。在进行软件设计时，设计人员忽视了某些条件，在调试时又没有检查出来，则在系统运行中一旦进入这部分软件，必然会产生错误。

同样，风力发电机组控制系统的操作人员在使用过程中也有可能按错按钮、输入错误的参数、下达错误的命令等，最终结果也是使系统出现错误。以上这些是风力发电机组控制系统故障的原因，可直接使系统发生故障。

12.3.2　控制与安全系统常出现的硬件故障

1. 硬件故障

构成风力发电机组控制系统的硬件包括各种部件。从主机到外设，除了集成电路芯片、电阻、电容、电感、晶体管、电机、继电器等许多元器件外，还包括插头、插座、印制电路板、按键、引线、焊点等。硬件的故障主要表现在这几个方面。

（1）电气元件故障。电器故障主要是指电器装置、电气线路和连接、电气和电子元器件、电路板、接插件所产生的故障，也是风力发电机组控制系统中最常发生的故障。

1）输入信号线路脱落或腐蚀。

2）控制线路、端子板、母线接触不良。

3）执行输出电动机过载或烧毁。

4）保护线路熔丝烧毁或断路器过电流保护。

5）热继电器安装不牢、接触不可靠、动触点机构卡住或触头烧毁。

6）中间继电器安装不牢、接触不可靠、动触点机构卡住或触头烧毁。

7）控制接触器安装不牢、接触不可靠、动触点机构卡住或触头烧毁。

8）配电箱过热或配电板损坏。

9）控制器输入/输出模板功能失效、强电烧毁或意外损坏。

（2）机械故障。机械故障主要发生在风力发电机组控制系统的电气外设中。例如，在控制系统的专用外设中，伺服电动机卡死不动，移动部件卡死不走，阀门机械卡死等等。凡由于机械上的原因所造成的故障都属于这一类。

1）安全链开关弹簧复位失效。

2）偏航减速机齿轮卡死。

3）液压伺服机构电磁阀心卡涩，电磁阀线圈烧毁。

4）风速仪、风向仪转动轴承损坏。

5）转速传感器支架脱落。

6）液压泵堵塞或损坏。

（3）传感器故障。这类故障主要是指风力发电机组控制系统的信号传感器所产生的故障，例如，闸片损坏引起的闸片磨损或破坏，风速风向仪的损坏等。

1）温度传感器引线振断、热电阻损坏。

2）磁电式转速电气信号传输失灵。

3）电压变流器和电流变流器对地短路或损坏。

4）速度继电器和振动继电器动作信号调整不准或给激励信号不动作。

5）开关状态信号传输线断或接触不良造成传感器不能工作。

（4）人为故障。人为故障是由于人为地不按系统所要求的环境条件和操作规程而造成的故障。例如，将电源加错，将设备放在恶劣环境下工作，在加电的情况下插拔元器件或电路板等。

2．产生硬件故障的因素

（1）元器件失效。元器件在工作过程中会发生失效，通过对各类元器件在一定条件下，大量试验的统计结果发现，电子元器件的失效率是有一定规律的。元器件的失效率与时间的关系，也就是失效特征其曲线形状如同“浴盆”，故又称其为“浴盆”特性。

元器件失效的表现形式有多种。一种是突然失效，或称为灾难性失效。是由于元器件参数的急剧变化造成的，经常表现为短路或开路状态；另一种称为退化失效，即元器件的参数或性能逐渐变坏。对一个硬件系统来说，尚有局部失效和整体失效，前者使系统的局部无法正常工作，而后者则使整个系统的整体无法正常工作。例如，风力发电机组控制系统的打印机接口失效，使系统无法打印是局部失效。若微型机失效，则整个系统就无法工作。

（2）使用不当。在正常使用条件下，元器件有自己的失效期。经过若干时间的使用，它们逐渐衰老失效，这都是正常现象。在另一种情况下，如果不按照元器件的额定工作条件去使用它们，则元器件的故障率将大大提高。在实际使用中，许多硬件故障是由于使用不当造成的。因此，在设计风力发电机组控制系统时，必须从使用的各个方面仔细设计，合理地选择元器件，以便获得高的可靠性。

（3）结构及工艺上的原因。硬件故障中，由于结构不合理或工艺上的原因而引起的占相当大的比重。在结构设计中，某些元器件太靠近热源；需要通风的地方未能留出位置；将晶闸管、大继电器等产生较大干扰的器件放在易受干扰的元器件附近。此外，结构设计不合理，操作人员观察、维修都十分困难。所有这些问题，均对硬件可靠性带来影响，需要加以注意。

工艺上的不完善也同样会影响到系统的可靠性。例如，焊点虚焊、印制电路板加工不良，金属氧化孔断开等工艺上的原因，都会使系统产生故障。因此，在设计及加工过程中，一定要保证质量，小心谨慎地进行。

3. 提高可靠性的方法

（1）注意元器件的电气性能。各种元器件，都有它们自己的电气额定工作条件，这里仅以几种经常使用的元器件为例，予以简单的说明。

1）电阻器。各种电阻器具有各自的特点、性能和使用场合。必须按照厂家规定的电气条件使用它们，随便乱用，肯定要出问题。电阻器的电气特性主要包括阻值、额定功率、误差、温度系数、温度范围、线性度、噪声、频率特性、稳定性等指标。在选用电阻器时，应根据系统的工作情况和性能要求，选用合适的电阻器。例如，薄膜电阻可用于高频或脉冲电路；而线绕电阻只能用于低频或直流电路中。每个电阻都有一定的额定功率；不同的电阻温度系数也不一样。因此，系统设计者在设计电路时，必须根据多项电气性能的要求，合理地选择电阻器。

2）电容器。同电阻器一样，电容器的种类繁多，它们的电气性能参数也各不一样。电气性能参数也包括各方面的特性。例如，容量、耐压、损耗、误差、温度系数、频率特性、线性度、温度范围等等。在使用时必须注意这些电气特性，否则容易出现问题。例如，大的铝电解电容器在频率为几百兆赫兹时，会呈现感性。在电容耗损大时，应用于大功率场合会使电容发热烧坏。超过电容的耐压范围使用，电容很快就会击穿。这就要求设计者在选择电容器时，必须考虑系统工作的多种因素来决定采用什么样的电容器。

3）集成电路芯片。查看集成电路手册，如线性电路手册、数字集成电路（74系列或 CMOS 系列）手册，可以发现就电气性能而言，不同的芯片，不同的用途都有许多要求。例如，工作电压、输入电平、工作最高频率、负载能力、开关特性、环境工作温度、电源电流等。同样，在选用集成电路时也必须按照厂家给定的条件，不可有疏忽。同时，应特别注意以下几个问题。

a. 74（或 54）系列集成电路的最大工作电压比较低，在使用时应特别注意。其他如温度范围、负载能力等指标也应认真考虑。

b. 为了获得最快的开关速度和最好的抗干扰能力，与门及与非门的不用的输入

端不要悬空。可以把它们接高电平；也可把一个固定输出高电平的门的输出接到这些输入端上；若前面输出有足够的负载能力，则可将不用的输入端并联在有用的输入端上。对于54LS或74LS系列的与门及与非门。它们的输入端有钳位二极管，可以将其不用的输入端直接接电源电压；无钳位二极管的与门或与非门，可以通过一个几千欧姆电阻接电源电压。

c. 注意电路的驱动能力。必须保证每块集成电路的负载都是合适的。

d. 集电极开路门负载电阻的计算。一般地说，非集电极开路门是不允许将它们的输出端线“或”的。而当选择合适的集电极开路门的负载之后，就可以实现这种门输出端的线“或”。在电路设计时，需确定一个合适的负载电阻值。此电阻有一个最大值，用以保证在输出均为高电平时，能为下级门提供足够的高电平输入电流。而且也为并联的各开路门提供高电平输出电流。另外，该电阻应有一个最小值，以保证当某一集电极开路门输出为低电平时，此电阻上流过足够的电流，确保输出为低电平。

e. 使用MOS及CMOS应注意的问题。在使用MOS及CMOS器件时，要特别防止静电损坏器件。人体静电是很高的，这与人所穿衣服、地面的绝缘程度等有很大关系，通常会有数千伏甚至一万多伏。因此，必须特别注意防止静电，虽然现在许多MOS及CMOS器件都增加了防静电的齐纳二极管，起着保护器件的作用。即使如此，在使用这些器件时，仍然要十分小心。在使用这类器件中如何防止静电损坏器件。

使用MOS及CMOS器件时，通常采用较高的电源电压，在与TTL电路相连接时，注意它们之间的电平转换。

（2）环境因素的影响。环境因素对风力发电机组控制系统产生很大的影响。有些元器件，当温度增加10℃时，其失效率可以增加一个数量级，这说明环境因素对硬件系统的影响的程度。因此，当在进行系统设计时，必须想法减少外界应力对硬件的影响。

1）温度。温度是影响硬件可靠性的一种应力。它对系统可靠性的影响是很大的。经验告诉我们，由于温度增高，微机应用系统故障率明显增加。在系统设计时，热设计必须仔细考虑，使系统的温度满足系统硬件的要求。

2）电源的影响。电源自身的波动、浪涌及瞬时掉电都会对电子元器件带来影响，加速其失效的速度。电源的冲击、通过电源进入微机应用系统的干扰、电源自身的强脉冲干扰，同样会使系统的硬件产生暂时的或永久性故障。

3）湿度的影响。湿度过高会使密封不良、气容性较差的元器件受到侵蚀。有些系统的工作环境不仅湿度大、且具有腐蚀性气体或粉尘，或者湿度本身就是由于溶解有腐蚀性物质的液体所造成的，故元器件受到的损害会更大。

4）振动、冲击的影响。振动和冲击可以损坏系统的部件或者使元器件断裂、脱焊、接触不良。不同频率、不同加速度的振动和冲击造成的后果不一样。但这种应力对风力发电机组控制系统的影响可能是灾难性的。

5）其他应力的影响。除上面所提到的环境因素之外，还有电磁干扰、压力、盐雾等许多因素。这些均需要在风力发电机组控制系统设计时加以考虑，尽可能减少环境应力的影响。

12.3.3 控制与安全系统软件设计中常见故障

1. 软件故障的特点

软件是由若干指令或语句构成，大型软件的结构十分复杂。在许多方面，软件故障不同于硬件故障，有它的特点。

对硬件来说，元器件愈多，故障率也愈高。可以认为它们呈线性关系。而软件故障与软件的长度基本上是指数关系。因此，随着软件（指令或语句）长度的增加，其故障（或称错误）会明显地增加。

软件错误与时间无关，它不像硬件会随时间呈现“浴盆”特性，软件不因时间的加长而增加错误，原有错误也不会随时间的推移而自行消失。软件错误一经维护改正，将永不复现。这不同硬件，某芯片损坏后。换上新芯片还有失效的可能。因此，随着软件的使用，隐藏在软件中的错误被逐个发现、逐个改正，其故障率会逐渐降低。在这个意义上讲，软件故障与使用时间是有关系的。

软件故障完全来自设计，与复制生产、使用操作无关。当然，复制生产的操作要正确，所用介质要良好。单就软件故障本身来说，取决于设计人员的认真设计、查错及调试。可以认为软件是不存在耗损的，也与外部环境无关。这是指软件本身而不考虑存储软件的存储媒体。

2. 软件错误的来源

软件错误是由设计者的错误、疏忽及考虑不够周全等设计上的原因造成的。具体说明如下。

（1）没有认真进行需求调查。软件设计的第一步就是用户的需求调查。这一步工作极为重要，因为如果没有弄清楚用户的要求，或者没有理解或者将用户的要求理解错了。则设计出的软件必然无法满足用户要求，错误的出现也就是意料之中的事了。

用户的需求是设计软件的依据、出发点。在系统设计中，包括软件设计之前，一定要彻底了解用户的要求，对这些要求要逐字逐句推敲。将你的理解与用户进行讨论，看双方对每一种要求的理解是否一致。用户与设计者在软件上要经常沟通，达到理解上的完全一致。如果不是这样，错误是肯定难以避免的。

（2）编程中的错误。在软件设计者编写程序的过程中，经常会出现各种各样的错误。例如，在编程过程中，会出现语法错、语义错、定义域错、逻辑错、无法结束的死循环等等。这些错误很易发生。

设计者必须知道，在编程过程中所出现的错误，有些利用编译（汇编）、查错和测试程序可以检查出来。但有些错误，如逻辑错、定义域错只在软件执行中甚至偶尔某一次执行中发生，要发现这些错误有时需绞尽脑汁。为此，要求设计者在编程时，对上面提到的错误要特别注意。

（3）规范错误。在程序设计中，制定编程的规范极为重要。要将用户的需求转

化成软件，这中间必定要制定一系列的规范，以便顺利编程。所谓规范就是解决问题的逻辑及算法规约。如果在制定规范时出错；或者有漏洞，考虑不周；或者出现自相矛盾，则设计出来的软件就会出错。

(4) 性能错误。性能错误是指所设计的软件性能与用户的要求相差太大，不能满足用户的性能要求。例如，软件的响应时间、执行时间、控制系统的精度等等性能指标。尽管软件可以完成所要求的功能，但性能上太差也是无法使用的。如果风力发电机组控制系统在被测控的对象发生某种故障时，需要立即做出响应，包括系统自动保护，并向操作人员报警。若是响应时间太长，系统就有可能发生严重后果。类似这样的问题，都属于软件错误，在设计软件时应加以避免。

(5) 中断与堆栈操作。在软件设计中，尤其是工程应用系统的软件设计，中断和堆栈操作是极为有用的手段。在对某些事件的实时响应时，中断是必不可少的手段。在程序调用及对内存的某些快速操作中，经常会用到堆栈操作。这种操作使编程更加简单。另外，中断与堆栈操作很容易产生一些错误，而这些错误必须仔细地、与所采用的中断及堆栈操作联系在一起才能解决。

(6) 人为因素。软件对设计人员有着极大的依赖性。设计人员的素质将直接影响到软件的质量。因此，要求设计人员具有丰富的基础知识和软件编程能力，能够熟练地运用所使用的程序设计语言，在微机的工程应用中，C语言和汇编语言将是不可缺少的程序设计语言。要求软件设计人员具有较好的数据结构及程序设计方法的知识，以便编出效率高、错误少的软件。同时，应用系统的软件设计人员必须能熟练地对软件进行查错和测试。通过这些手段，使软件的错误减到最少。

希望软件设计人员具备良好的思想素质及优秀的工作作风，这样的设计人员所设计的软件错误必定很少。粗心大意、不负责任、马马虎虎的工作态度势必造成不可收拾的后果。

12.3.4 减小故障出现的方法

1. 元器件的选择

合理地选择微机应用系统的元器件，对提高硬件可靠性是一个重要步骤。选择合适的元器件，要确定系统的工作条件和工作环境。例如，系统工作电压、电流、频率等工作条件，以及环境温度、湿度、电源的波动和干扰等环境条件。同时，还要预估系统在未来的工作中可能受到的各种应力、元器件的工作时间等因素，选择合适的元器件，满足上面所考虑到的种种条件。

2. 筛选

把所选择的合适元器件的特性测试后，对这些元器件施加外应力，经过一定时间的工作，再把它们的特性重新测一遍，剔除那些不合格的元器件，其过程称为筛选。

在筛选过程中所加的外应力可以是电的、热的、机械的等。在选择器件之后，使元器件工作在额定的电气条件下；甚至工作在某些极限的条件下；甚至还加上其他外应力，如使它们同时工作在高温、高湿、振动、拉偏电压等应力下，连续工作

数百小时。此后，再对它们进行测试并剔除不合格者。使元器件在高温箱（温度一般在 120～300℃）存放若干小时，这就是高温存储筛选。将元器件交替放在高温和低温下，称为温度冲击筛选。此外，当微机应用系统的样机做出来之后，总是先让它加电工作，为的是使它更快地进入随机失效期。

3. 降额使用

降额使用就是使元器件工作在低于它们的额定工作条件以下。实践证明，这种措施对提高可靠性是有用的。

一个元件或器件的额定工作条件是多方面的，其中包括电气的电压、电流、功耗、频率等，机械的压力、振动、冲击等及环境方面的温度、湿度、腐蚀等。元器件在降额使用时，就是设法降低这些条件。

（1）电子元器件的降额使用。从电路设计来说，在设计时降低元器件的工作电参数。从系统的结构设计、热设计来说要降低机械及环境工作参数。这里主要对几种元器件的电气上的降额使用做简单说明。

对于电阻器，降额使用主要是指降低它的工作时的功率。通常使电阻工作在它的额定功率的 0.1～0.6W 之间，其工作环境温度在 45℃以下。这样的条件下，电阻器保持较低的失效率。

电容器的降额使用主要是指降低它们的工作电压。由于电容器种类繁多，所用材料也不一样。因此，降额使用的标准也有差别。一般工作电压选择在小于其额定电压的 60%，环境温度不要高于 45℃。

整流二极管及晶闸管器件，降额是指降低其电流。稳压二极管、晶体管，降额是指降低其功率损耗。一般工作在额定值的一半或更小。环境温度亦最好在 45℃以下。

集成电路的降额使用也需从电气及环境等方面来考虑。在电气上，主要考虑降低功耗，在保证工作的条件下，适当降低工作电压。同时，减少其输出的负载。在它们的工作环境下，环境温度、湿度、振动、干扰等都应保持在较好的水平上。

对于其他元器件的降额可以参照上面所提到的方法进行，这里不再说明。

（2）机械及结构部件上的降额。在风力发电机组控制系统中也可能会遇到一些机械或结构部件的设计。在设计中，为提高可靠性，同样采用降额的方法。根据使用条件并进行一些必要的实验，以便确定机械的应力强度。在设计时采用降额使用的办法。

总之，在设计风力发电机组控制系统时，从各个方面采取降额措施。据文献介绍，合适的降额使用，可使硬件的失效率降低 1～2 个数量级。

4. 可靠的电路设计

可靠性资料调查表明，影响风力发电机组控制系统可靠性的因素，大约四成来自设计。可见，作为一个设计人员，其工作的重要性。

在电路设计中，要采用简化设计。我们知道，完成同一个功能，使用的元器件愈多、愈复杂，其可靠性就愈低。在设计中，尽可能简化。在逻辑电路设计中，采用简化的方法进行设计，必能获得提高可靠性的结果。

在电路设计中尽量采用标准器件。这样做一方面标准器件容易更换，便于维修；另一方面标准器件都是前人已使用过，经过实际考验的，其可靠性必然较高。

最坏设计：各电子元器件的参数都不可能是一个恒定值，总是在其标称上下有一个变化范围。同时，各种电源电压也有一个波动范围。在设计电路时，考虑电源及元器件的公差，取其最坏（最不利）的数值，核算审查电路每一个规定的特性。如果这一组参数能够保证电路正常工作，那么，在公差范围内的其他所有元件值一定都能使电路可靠地工作。

瞬态及过应力保护：在电路工作过程中，会发生瞬态应力变化甚至出现过应力。这些应力的变化，对电路元器件的工作是极为不利的。为此，在电路设计时，就应预计到将来的各种瞬时应力及过应力，例如，应对静电、电源的冲击浪涌、各种电磁干扰采取各种保护性措施。对于各种晶体管、TTL电路、MOS及CMOS集成电路的保护措施，在许多资料上均有介绍。由于所占篇幅太多，此处不做说明。

减少电路设计中的误差和错误：在进行电路设计时，由于人为的原因，使设计误差太大，以致使系统投入运行后出现故障。更有甚者，在设计上有错误而没有检查出来，当系统投入运行后会产生灾难性后果。

5. 冗余设计

所谓冗余，就是为了保证整个系统在局部发生故障时能够正常工作，而在系统内设置一些备份部件，一旦故障发生便启动备份部件投入工作，使系统保持正常工作的方法。硬件冗余可以在元器件级、部件级、分系统级乃至系统级上进行。利用这种措施，提高可靠性是显而易见的。但是，硬件冗余要增加硬件，同时也要增加系统的体积、重量、功耗及成本。在采用冗余技术时，要看到它的利也要看到它的弊。

（1）两种结构。有两种基本结构形式。将若干个功能相同的装置并联运行，这种结构称为并联系统。而若干个部件串联运行构成的系统称为串联系统。

在并联系统中，只要其中一个装置（部件）正常工作，则系统就能维持正常功能。对于n个装置的串联系统，其中任何一个装置出现故障，则整个系统就无法工作。根据上述基本结构，还可以构成串并联系统。同样，系统还可以构成并串联系统。若已知各部件的可靠性，利用算法可以计算各系统的可靠性。

（2）并联冗余。

1）部件级的冗余。在某些系统中，对某种部件的可靠性要求特别高，用一个部件又难以达到要求，可以采用多个同样的部件并联冗余。利用并联冗余措施，在部件级上实现。

2）微控制器双机并联。一种微型机双机并联系统中两个微型计算机是相互独立的，各自都有自己的CPU内存、总线和输入输出接口。对系统的检测控制对象来说，两个微型机中只有其中一个用来完成用户的检测控制任务，另一个处于并行工作的待命状态，它与另一微型机执行同样的程序且两个微型机在运行用户程序时是同步进行的，一旦发现主控机出现故障，则处于待命状态的备份机立即自动切换上去，代替原主控机的工作，使整个检测控制系统维持正常工作，这时可对出故障的微型机进行检修。这种工作方式有时也称为双机热备份工作。显然，这比提供一台冷备份微型机要好得多，因为冷备份机在进行代换时，必然对系统的正常工作产生影响，而热备份可以实现双机的无扰动切换。

3）三机表决系统。在前面双机并联系统中，如果两个微型机执行某个事件结果不一致，我们难以判别是哪一台微型机出现了故障。如果采用 3 个微型机并联工作，对故障机做出判断就容易得多。理论和实践已证明，3 台微型机中，两台或两台以上，同时出现故障的概率较其中某一台出现故障的概率要小得多。因此，3 机并联系统中，采用表决的办法来解决故障检测问题。

4）冷备份。冷备份也是一种简单的冗余手段。冷备份可以备份部件，也可以备份系统。所备份的部件或系统平时不加电，而是将它们保存在仓库中。只是在系统的部件或系统出现故障时，才用它们代替故障部件或故障系统。在我国目前条件下，许多用户单位可能没有冷备份部件和系统，只能备份一些元器件，在发现系统有故障时，需要判断是哪一个元器件故障，以便代换新的元器件。

5）其他冗余手段。在风力发电机组控制系统设计中，有时要增加一些硬件来提高可靠性，而这些硬件并不是系统所必需的。如：为了指示输入输出接口的工作状态，可以增加发光二极管显示。利用这些发光二极管，可为检查、发现故障提供了方便。又如，在某一控制系统中，前一步动作未执行时，不允许后一步动作提前执行。这可以利用软件采集状态反馈信号，确知前者已经发生，再执行下一步。

12.4　机组状态监测及健康诊断

对风力发电机组的健康状态进行及时准确地评价能够保证风力发电机组安全可靠运行，运行状态评价有利于及时发现机组的早期故障征兆、延长其正常工作寿命、降低场内运营维护成本并且提高其运行的安全性，对减少停机时间、提高机组可利用率、保证机组安全运行、降低运维支出、逐渐实现风电机组大规模利用具有重要意义。目前多数研究对于机组 SCADA 系统的数据信息的处理，还停留在简单的归一化处理的层面，大量研究仅关注风力发电机组单一部件（子系统）的故障诊断或者某一参数的统计处理，如故障率较高的发电机、风轮、齿轮箱、电气系统等，但风电机组的结构导致子部件相互影响程度较高，外界环境的动态变化特性与机组本身的复杂构造导致风电机组整体健康状态评价较难进行。本节基于相关机构的故障统计信息，根据健康状态评价指标的选择原则，构建出了完整的风电机组健康状态评价的参数层次模型。

风力发电机组外部运行环境恶劣，内部结构复杂，各个部件出现故障频率均比较高。对风力发电机组历史运行过程中各部件的故障信息进行统计分析，不仅能了解机组的薄弱环节从而进行针对性运维，而且能掌握对机组健康状态产生影响作用的相关部件重要程度，为进行机组健康状态评价建立理论基础。国内外许多组织和相关单位对此进行了长期统计和分析。德国 ISTE 出具的风力发电机组子部件故障

统计结果如图 12－5 所示，从中可以发现电气系统、控制单元和风轮的故障发生率远高于其他部件，而齿轮箱、风轮和发电机等故障是导致停机时间最长、经济损失最大的原因。

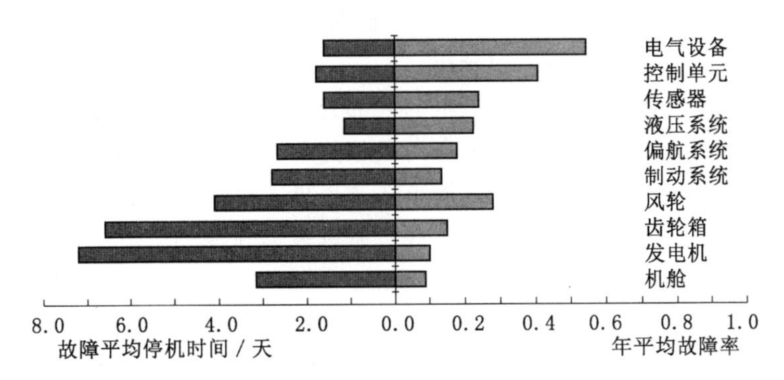

图 12－5　ISTE 出具的风力发电机组子部件故障统计结果

瑞典皇家理工学院（KTH）可靠性评估管理中心分别对瑞典、德国和芬兰 2151 台风机故障情况进行的统计结果见表 12－1。瑞典、德国和芬兰风电机组故障率高的部件有电气系统和液压系统、风轮、齿轮箱、传感器和控制单元，而齿轮箱、传动链和发电机等部件发生故障频率不高，但故障一旦发生将会导致严重后果，造成长时间停机维护以及巨大的发电量损失和经济损失。

表 12－1　　KTH 出具的风力发电机组故障情况统计表

项　目	瑞典	芬兰	德国
最易发生故障的部件	1. 电气系统； 2. 传感器； 3. 风轮	1. 液压系统； 2. 风轮； 3. 齿轮箱	1. 电气系统； 2. 控制单元； 3. 传感器
导致故障停机次数最多的部件	1. 齿轮箱； 2. 控制系统； 3. 驱动链	1. 齿轮箱； 2. 风轮； 3. 液压系统	1. 发电机； 2. 齿轮箱； 3. 驱动链
故障恢复时间最多的部件	1. 驱动链； 2. 偏航系统； 3. 齿轮箱	1. 齿轮箱； 2. 风轮； 3. 结构	1. 发电机； 2. 齿轮箱； 3. 驱动链

12.5　机　组　维　护

12.5.1　维护工作主要内容

随着科技的进步，风电事业的不断发展，新机组不断投运，旧机组不断老化，风力发电机组日常运行维护也是越来越重要。风力发电机组的运行维护主要包括以下内容。

1. 运行

风力发电机组的控制系统是采用工业微处理器进行控制，一般都由多个 CPU 并列运行，其自身的抗干扰能力强，并且通过通信线路与计算机相连，可进行远程控制，大大降低了运行的工作量。风力发电机组的运行工作就是进行远程故障排除、运行数据统计分析及故障原因分析。

（1）远程故障排除。风力发电机组的大部分故障都可以进行远程复位控制和自动复位控制。风力发电机组的运行和电网质量好坏是息息相关的，为了进行双向保护，风机设置了多重保护故障，如电网电压高、低，电网频率高、低等，这些故障是可自动复位的。由于风能的不可控制性，所以过风速的极限值也可自动复位，温度的限定值也可自动复位，如发电机温度高，齿轮箱温度高、低，环境温度低等。风电机组的过负荷故障也是可自动复位的。

除了自动复位的故障以外，引起远程复位控制故障的原因有以下几种：

1）风机控制器误报故障。

2）各检测传感器误动作。

3）控制器认为风机运行不可靠。

（2）运行数据统计分析。对风电场设备在运行中发生的情况进行详细的统计分析是风电场管理的一项重要内容。通过运行数据的统计分析，可对运行维护工作进行考核量化，也可对风电场的设计、风资源的评估、设备选型提供有效的理论依据。

每个月的发电量统计报表，是运行工作的重要内容之一，其真实可靠性直接和经济效益挂钩。主要内容有：风力发电机的月发电量、场用电量、风力发电机的设备正常工作时间、故障时间、标准利用小时、电网停电、故障时间等。风力发电机的功率曲线数据统计与分析，可对风力发电机在提高出力和提高风能利用率上提供实践依据。通过对风况数据的统计和分析，可以了解风机随季节变化的出力规律，制定合理的定期维护工作时间表，以减少风资源的浪费。

（3）故障原因分析。通过对风力发电机各种故障进行深入的分析，可以减少排除故障的时间或防止多发性故障的发生次数，减少停机时间，提高设备完好率和可利用率。

2. 维护

风力发电机是集电气、机械、控制、电力电子、流体力学、材料力学、气象学、空气动力学等各学科于一体的综合产品，各部分紧密联系，息息相关。风力发电机组维护的好坏直接影响到发电量的多少和经济效益的高低；风力发电机本身性能的好坏，也要通过维护检修来保持，维护工作及时有效可以发现故障隐患，减少故障的发生，提高风机效率。

风机维护可分为定期检修和日常排故维护两种方式。

（1）风机的定期检修维护。定期的维护保养可以使设备保持最佳期的状态，并延长风机的使用寿命。定期检修维护工作的主要内容有：风机连接件之间的螺栓力矩检查（包括电气连接），各传动部件之间的润滑和各项功能测试。

风机在正常运行时，各连接部件的螺栓长期运行在各种振动的合力当中，极易使其松动，为了不使其在松动后导致局部螺栓受力不均被剪切，必须定期对其进行螺栓力矩的检查。在环境温度低于－5℃时，应使其力矩下降到额定力矩的80％进行紧固，并在温度高于－5℃后进行复查。一般对螺栓的紧固检查都安排在无风或风小的夏季，以避开风机的高出力季节。

风机的润滑系统主要有稀油润滑（或称矿物油润滑）和干油润滑（或称润滑脂润滑）两种方式。风机的齿轮箱和偏航减速齿轮箱采用的是稀油润滑方式，其维护方法是补加和采样化验，若化验结果表明该润滑油已无法再使用，则进行更换。干油润滑部件有发电机轴承、偏航轴承、偏航齿等。这些部件由于运行温度较高，极易变质，导致轴承磨损，定期维护时，必须每次都对其进行补加。另外，发电机轴承的补加剂量一定要按要求数量加入，不可过多，防止太多后挤入电机绕组，使电机烧坏。

定期维护的功能测试主要有过速测试、紧急停机测试、液压系统各元件定值测试、振动开关测试、扭缆开关测试。还可以对控制器的极限定值进行一些常规测试。定期维护除以上三大项以外，还要检查液压油位，各传感器有无损坏，传感器的电源是否可靠工作，闸片及闸盘的磨损情况等方面。

（2）日常排故维护。风力发电机组在运行中，也会出现一些故障必须到现场去处理，这样就可顺便进行一下常规维护。首先要仔细观察风力发电机内的安全平台和梯子是否牢固，有无连接螺栓松动，控制柜内有无煳味，电缆线有无位移，夹板是否松动，扭缆传感器拉环是否磨损破裂，偏航齿的润滑是否干枯变质，偏航齿轮箱、液压油及齿轮箱油位是否正常，液压站的表计压力是否正常，转动部件与旋转部件之间有无磨损，看各油管接头有无渗漏，齿轮油及液压油的滤清器的指示是否在正常位置等。其次是听，听一下控制柜里是否有放电的声音，有声音就可能是有接线端子松动，或接触不良，须仔细检查，听偏航时的声音是否正常，有无干磨的声响，听发电机轴承有无异响，听齿轮箱有无异响，听闸盘与闸垫之间有无异响，听叶片的切风声音是否正常。最后，清理干净自己的工作现场，并将液压站各元件及管接头擦净，以便于今后观察有无泄漏。

虽然上述的常规维护项目并不是很完全，但是只要每次都能做到认真、仔细，一定能防止出现故障隐患，提高设备的完好率和可利用率。要想运行维护好风力发电机组，在平时还要对风力发电机相关理论知识进行深入地研究和学习，认真做好各种维护记录并存档，对库存的备件进行定时清点，对各类风机的多发性故障进行深入细致分析，并力求对其做出有效预防。只有防患于未然，才是我们运行维护的最高境界。

12.5.2 机组各部件的维护

1. 叶片检查与维护

（1）裂纹检查。检查叶片是否有裂纹，如有裂纹应做如下记录：机组号、叶片号、叶片角度、长度、方向及可能的原因。在裂纹末端做标记并进行拍照记录，在下一次检查中必须检查此裂纹，如果裂纹未发展，就无须更深一步检查。

如果在叶片根部或叶片承载部分找到裂纹或裂缝，机组必须停机。

（2）裂纹修补。裂纹发展至增强玻璃纤维处，必须修补。

如果环境温度在10℃以上时，叶片修补在现场进行否则修补工作延迟直到温度回升到10℃以上。当叶片修补完且修补部分完全固化后风力发电机组方可运行。

（3）表面检查：

1）检查叶片表面是否有损伤等现象，特别注意在最大弦长位置附近处的后缘。

2）检查叶片法兰盘与叶片壳体间密封是否完好。

3）检查叶片表面是否有腐蚀现象。

（4）叶片噪音检查。叶片的异常噪音通常是由于表面不平整或叶片边缘不平滑造成，也可能由于叶片内部存在脱落物。查找叶片噪音来源，并进行处理。

（5）检查雷电保护系统：

1）检查雷电保护系统线路是否完好。

2）检查叶片是否存在雷击损伤，雷击后的叶片可能存在如下现象。

a. 在叶尖附近防雷接收器处可能产生小面积的损伤；

b. 叶片表面有火烧黑的痕迹，远距离看像油脂或油污点；

c. 叶尖或边缘裂开；

d. 在叶片表面有纵向裂纹；

e. 在外壳中间裂开；

f. 在叶片缓慢旋转时，叶片发出咔嗒声。

（6）叶片排水孔检查。检查叶片排水孔是否堵塞，如堵塞进行清理。

（7）叶片根部盖板检查。检查叶片根部盖板是否安装牢固。

（8）叶片螺栓的维护和检查。以规定力矩检查叶片安装螺栓。

2. 变桨轴承检查与维护

（1）防腐检查。检查变桨轴承表面的防腐涂层是否有脱落现象。

（2）检查变桨轴承表面清洁度。检查变桨轴承表面是否有油污或其他污染物，并清理干净。

（3）变桨轴承密封检查。检查变桨轴承（内圈、外圈）密封是否完好。

（4）检查变桨大齿圈齿面。检查齿面是否有点蚀、断齿、腐蚀等现象，润滑剂是否涂抹均匀。

（5）检查变桨轴承噪音。检查变桨轴承是否有噪音。如果有噪音，查找噪音的来源。

（6）变桨轴承与轮毂连接螺栓的检查。以规定的力矩检查变桨轴承与轮毂安装螺栓，每检查完一个，用记号笔在螺栓头处做一个圆圈记号。变桨轴承示意图如图12－6所示，轮毂连接螺栓如图12－7所示。

在轮毂内工作时工作区域狭小，要注意人身及设备安全。

（7）缓冲撞块用螺栓的检查。缓冲撞块如图12－8所示，检查内六角螺栓1（M10×35，8.8级）是否松动。

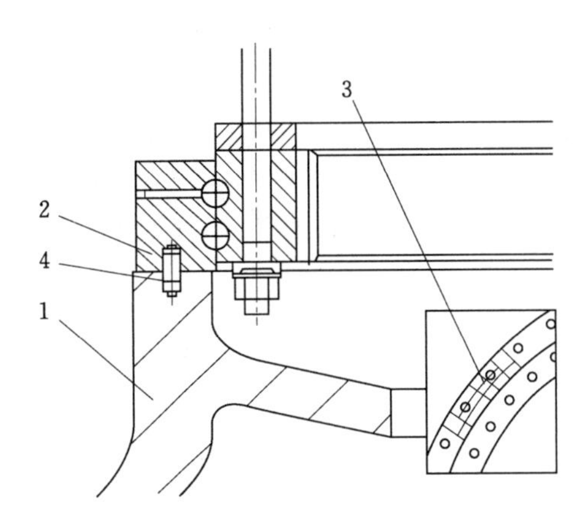

图 12-6 变桨轴承示意图

1—轮毂；2—变桨轴承；3—雷电保护爪；4—定位销（B20×40）

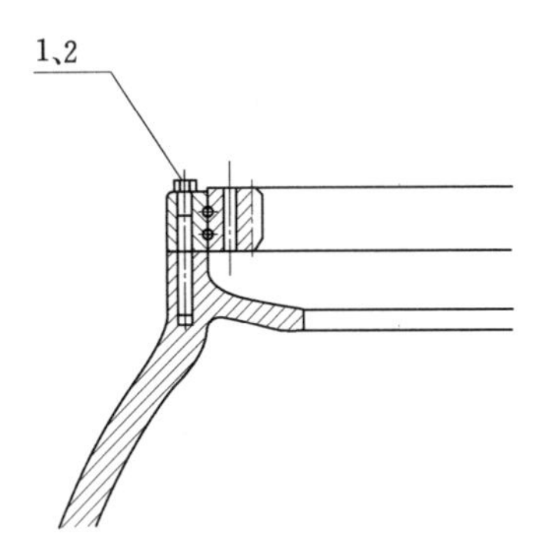

图 12-7 轮毂连接螺栓

1—垫圈（30）；2—螺栓（M30×290）

(8) 极限工作位置撞块用螺栓 1 的检查。极限工作位置撞块如图 12-9 所示，检查螺栓 1（M8×25，8.8 级）是否松动。

(9) 顺桨接近开关感应片用螺栓 1 的检查。顺桨接近开关感应片如图 12-10 所示，检查螺栓 1（M8×25，8.8 级）是否松动。

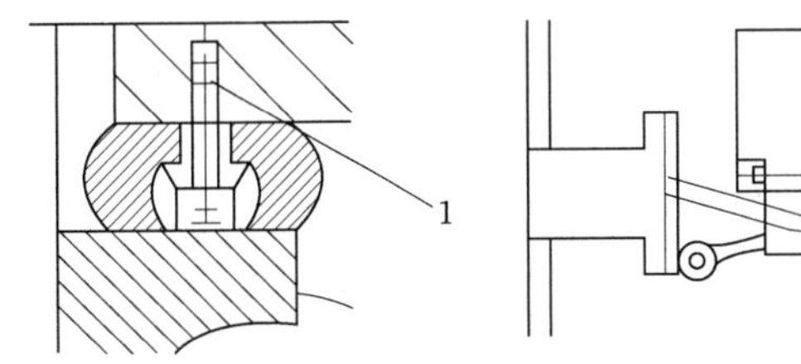

图 12-8 缓冲撞块　图 12-9 极限工作位置撞块　图 12-10 顺桨接近开关感应片

(10) 变桨轴承润滑：

1）清理干净加油嘴。

2）在加注润滑脂过程中必须旋转轴承。

3）加注润滑脂工作完成后应立即清理干净泄漏的润滑脂。

4）检查润滑脂型号及用量。

(11) 变桨电机检查：

1）变桨电机表面的防腐涂层是否有脱落现象。

2）检查变桨电机表面是否有污物。

3）检查变桨电机接线情况，如果松动，关闭电源后再紧固接线。

(12) 变桨减速箱与变桨小齿轮检查：

1）检查变桨减速箱表面的防腐涂层是否有脱落现象。

2）检查变桨减速箱表面，并清理干净。

3）检查变桨减速箱润滑油油位是否正常。

注意：在加油或检查油位过程中减速箱必须与水平面垂直。如果不正常，检查变桨减速箱是否漏油，修复工作和加油工作完成后，将减速箱清理干净。

4）检查变桨减速箱是否存在噪音。

5）检查变桨小齿轮与变桨齿圈的啮合间隙，正常啮合间隙 0.2～0.5mm。

6）检查小齿轮表面是否严重锈蚀或磨损，齿面出现点蚀裂纹等应及时更换或采取补救措施。

（13）变桨减速箱螺栓检查。以规定的力矩检查变桨减速箱与轮毂连接螺栓，每检查完一个，用记号笔在螺栓头处做一个圆圈记号。

（14）变桨控制柜检查维护：

1）外观是否清洁。

2）接线是否牢固。

3）文字标注是否清楚。

4）电缆标注是否清楚。

5）电缆是否有损坏。

6）屏蔽层与地线之间连接是否完好。

（15）变桨控制柜螺栓紧固：

1）检查控制柜安装螺栓是否松动。

2）检查每个电气元件的连接情况，各接线端子的连接情况。

（16）检查限位开关及限位开关安装螺栓：

1）检查限位开关是否完好。

2）检查限位开关安装螺栓紧固情况。

3. 轮毂与滑环

（1）轮毂外表检查与维护：

1）检查轮毂表面的防腐涂层是否有脱落现象。

2）检查轮毂表面清洁度。

3）检查轮毂表面是否有裂纹。

（2）轮毂与齿轮箱连接螺栓紧固。以规定的力矩检查轮毂与齿轮箱连接螺栓，每检查完一个，用记号笔在螺栓头处做一个圆圈记号。

（3）滑环表面检查。检查滑环表面是否清洁，是否存在防腐层脱落。

（4）检查滑环接线。检查滑环接线是否松动，滑环线是否绑扎牢固。

（5）检查滑环安装位置：

1）检查滑环支撑杆是否晃动。

2）检查滑环安装螺栓是否松动。

3）检查滑环支撑杆与横向吊杆安装角度是否垂直。

（6）检查横向吊杆是否转动灵活。

4. 齿轮箱的维护

（1）齿轮箱外表检查与维护：

1）检查齿轮箱表面的防腐涂层是否有脱落现象。

2）检查齿轮箱表面清洁度。

3）检查齿轮箱输入端、输出端、各管接口等部位是否有漏油、渗油现象。

（2）夹紧法兰固定到主机架上的螺栓。以规定的力矩检查用于将夹紧法兰固定到主机架上的螺栓，每检查完一个，用记号笔在螺栓头处做一个圆圈记号。

（3）将楔块固定到加紧法兰上的螺栓。以规定的力矩检查用于将楔块固定到加紧法兰上的螺栓，每检查完一个，用记号笔在螺栓头处做一个圆圈记号。

（4）将楔块安装到主机架上的螺栓。以规定的力矩检查用于将楔块安装到主机架上的螺栓，每检查完一个，用记号笔在螺栓头处做一个圆圈记号。

（5）固定避雷板的螺栓。检查固定避雷板的螺栓是否松动，共三个避雷板。

（6）紧固转子锁装置：

1）对于齿轮箱，检查紧固转子锁装置把手螺栓及转子锁装置挡板螺栓是否松动。

2）对于卓轮齿轮箱，检查转子锁挡板螺栓是否松动。

3）检查锁销是否能够在孔中往复运动，以锁定转子。

（7）检查润滑油油位。检查油位前应先将机组停机等待一段时间（时间≥20min），等油温降下来（油温≤50℃）以后，再检查油位。静止状态下油位计中正常油位位于油位计的1/3～2/3处，观察孔中油位水平线与观察孔底部相切。

（8）齿轮箱油样采集：

1）机组停止运行后等待5～10min。

2）关闭油冷却泵高、低速断路器，取油样时油温应保持在40～50℃之间。

3）打开齿轮箱检查孔端盖。

4）用吸油泵吸取200mL油样存入取样瓶，注意一定保证油管、取样瓶的清洁，如重复利用，必须用准备取样的齿轮油冲洗。

5）对取样瓶标记如下信息：风场名称、机组编号、取样时间、取样时齿轮油温和取样人姓名。

6）清理废油并安装密封检查孔端盖。风机正常运行后，每隔6个月对齿轮箱润滑油进行一次采样化验，根据化验结果决定是否需要更换。

（9）检查齿轮箱润滑油。检查油的情况时，应先将风力机停止运行等待一段时间（时间≥10min），使油温降下来（油温≤50℃），再检查油液是否有氧化、乳化等现象。

（10）检查齿轮箱空气滤清器。风机长时间工作后，齿轮箱上的空气滤清器可能因灰尘、杂质、油气或其他物质而导致污染。取下空气滤清器的上盖，检查其污染情况。如已经污染，更换滤清器。

（11）检查齿轮箱噪音及轮齿啮合。检查齿轮箱是否有异常的噪音（如嘎吱声、嘎嗒声或其他异常噪音）。如果发现异常噪音，立即停机并查找原因。

（12）检查轮齿啮合及齿表面情况。首先将视孔盖及其周围清理干净，然后用扳手打开视孔盖。通过观察孔观察齿轮啮合情况、齿表面情况（点蚀、胶合等）。如发现问题，禁止重新启动，并立即与生产厂家联系。观测完成后，按照安装要求，将视孔盖重新密封安装。

（13）检查传感器。检查齿轮箱上所有的温度、压力传感器，查看其连接是否牢固。

（14）检查减震装置。目检减震装置中的板弹簧，查看有无裂纹、老化及损坏现象。

（15）检查集油盒。检查主机架底部的集油盒并将其清理干净。

（16）检查避雷装置。检测避雷装置上的炭块。炭块必须与主轴前端转子接触。如果炭块的磨损量过大，应立即更换新的炭块。

（17）更换齿轮箱润滑油：

1）换油时应先将风力发电机停止运行一段时间（时间≥20min），使油温降至20℃以下。用洁净的抹布清理排油阀及加油孔端盖，清理完后，将放油软管一端连接到排油阀上，另一端放入油桶内。检查放油管路，如无问题打开放油阀，将齿轮箱内的润滑油全部排出，然后关闭排油阀。

2）检查齿轮箱内部清洁程度，用清洗剂清洗齿轮箱内部，清洗完毕后必须将清洗剂排除干净，然后用少量的新润滑油冲洗。

3）通过油泵与过滤装置，将新润滑油过滤后泵入齿轮箱内。

4）加完油后将加油孔按照装配要求重新封好，并清理掉加油过程中所泄漏的润滑油。

5）再次检查加油孔、放油阀是否密封好。

6）润滑油型号及加注量可参考设备说明书。

（18）检查管路：

1）检查冷却系统所有管路的接头连接情况，查看各接头处是否有漏油、松动、损坏现象。

2）检查油冷管路是否老化。

（19）检查油冷却器：

1）检查主机架上部的油冷却器，检查油冷却器上电动机的接线是否松动。

2）检查油冷却器的散热片是否有过多的污垢，如有及时清理。

3）检查油冷却器的各连接部位的连接情况。

4）检查油冷却器的整体运转情况是否正常，是否存在振动、噪声过大等现象。如果有立即查找原因、进行检修处理。

（20）检查过滤器：

1）确认机组已处于停止状态，润滑与冷却系统已完全卸压。

2）关闭齿轮箱与油泵之间的球阀。

3）用抹布清洁过滤器四周，拆下过滤器与齿轮箱之间的连接软管及尾帽。

4）检查滤芯是否堵塞，如堵塞则更换新的滤芯。

更换过程：打开过滤器下部的放油阀，放掉脏油取出滤芯，同时取出过滤器中的脏物收集器并进行清洗，重新装回脏物收集器，装入新滤芯，关闭放油阀，旋紧尾帽（旋紧尾帽后再回松四分之一圈以方便下次操作），连接放气软管并打

开球阀。

(21) 检查油泵及油泵电机：

1) 检查油泵电机的接线是否松动。

2) 检查油泵表面的清洁度。

3) 检查油泵与过滤器的连接处是否漏油。

(22) 检查球阀。检查球阀，确定其工作位置是否正确，有无漏油现象。

(23) 紧固件检查。检查油冷系统紧固螺栓是否有松动。

5. 联轴器

(1) 检查制动盘与联轴器连接螺栓。以规定力矩检查制动盘与联轴器连接螺栓，每检查完一个，用记号笔在螺栓头处做一个圆圈标记。

(2) 检查联轴器与收缩盘连接螺栓。目检联轴器与收缩盘连接螺栓是否松动。

(3) 检查联轴器本体螺栓。联轴器剖面图如图12-11所示，以规定力矩检查联轴器本体螺栓（ISO4014-M20×120)、(ISO4014-M20×90)。每检查完一个，用记号笔在螺栓头处做一个圆圈记号。

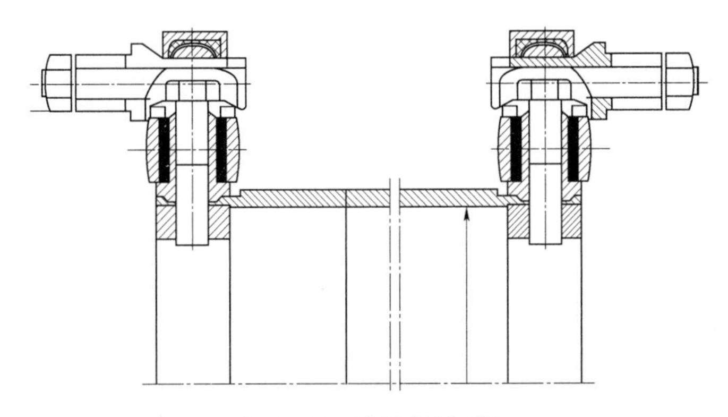

图12-11 联轴器剖面图

(4) 联轴器螺栓检查。检查膜片组安装螺栓和胀紧螺母是否松动（目视检查），如有异常（如油漆面出现裂纹），就应检查其拧紧力矩。

检查联轴器膜片是否有损坏，单片膜片破裂就必须更换整个膜片组，并且检查相应的连接法兰确保没有损坏。

(5) 同轴度检测。为保证联轴器的使用寿命，必须每年进行2次同轴度检测。轴向、径向及角度偏差最大允许值分别为0.5mm、0.8mm和0.2°。

6. 制动器

(1) 制动器外表检查与维护：

1) 检查制动器表面的防腐涂层是否有脱落现象。

2) 检查制动器表面清洁度。

3) 检查制动器的液压管路是否有渗油漏油现象。

(2) 螺栓检查：

1) 检查将制动器安装在齿轮箱上的螺栓。以规定的力矩检查用于将制动器安

装到齿轮箱上的螺栓，每检查完一个，用记号笔在螺栓头处做一个圆圈记号。

2）检查制动器其余螺栓是否松动。

（3）检测并调整制动盘与刹车片之间的间隙。用塞尺检测制动盘和刹车片之间的间隙，该间隙标准范围为 1～1.5mm，如果该间隙大于 1.5mm，则需重新调整。

（4）检测刹车片厚度。用标尺检查制动器刹车片的厚度，如果其磨损量达到 5mm（刹车片总厚度＝27mm 时），则必须更换所用刹车片。

（5）检查油位及油压。通过油位指示器，检查油位。利用压力表检测制动泵启动压力、停止压力、溢流压力。

（6）检查制动盘：

1）目检制动盘是否有裂痕、损伤等现象。

2）检查制动盘是否有油污、锈迹。

（7）检查传感器。检查制动器后端两个传感器的连接是否松动。

（8）制动器刹车片的更换。制动器刹车片由钢板层和摩擦材料层两部分组成，其总厚度为 32mm。当刹车片磨损量达到 5mm（钢板层＋摩擦材料层＝27mm）时，刹车片必须更换。更换步骤如下：

1）拆掉后端的传感器。

2）利用主机架侧面的制动器操作按钮将制动器打开，安装尾帽后面的螺栓，再将系统的压力卸掉。

3）卸掉两侧的刹车片返回弹簧和螺栓，卸下刹车片保持装置，将刹车片垫片取下。

注意：无论在什么情况下，当系统加压时都不允许将手指放于制动盘与刹车片之间。

4）将新的刹车片安装到刹车蹄内，重新安装刹车保持装置，拧紧螺栓。

5）安装返回弹簧和螺栓。

6）利用压力将尾帽后部的螺栓卸掉，重新安装传感器。

7. 发电机

（1）发电机表面检查。检查发电机表面是否清洁，涂漆是否脱落。

（2）发电机集电环检查。检查发电机集电环表面是否光滑平整，有无划痕，有无电弧灼伤痕迹，检查碳粉是否堆积过多，碳刷是否严重磨损，如磨损严重立即更换。

（3）发电机地脚螺栓检查。以规定的力矩检查发电机地脚螺栓，每检查完一个，用记号笔在螺栓头处做一个圆圈记号。

（4）电机减震器安装用螺栓。以规定的力矩检查减震器安装螺栓，每检查完一个，用记号笔在螺栓头处做一个圆圈记号。

（5）检查发电机接线：

1）打开定子及转子接线盒，检查接线是否合理。

2）检查发电机电缆绝缘皮是否有磨损。

3）检查发电机地线是否完好，接线是否牢固。

4）检查编码器及接线是否松动。

（6）检查发电机润滑：

1）检查自动加脂机是否缺少润滑脂，确保储油罐内油脂不少于其容量的1/3。

2）检测加脂机是否工作正常。

8. 水冷系统

水冷系统中冷却剂主要成分乙二醇（monoethylenglykol）属有毒物质，检修前必须穿好防护服，戴好橡胶手套，如有必要还须戴上安全眼镜。

维护完毕重新启机时，除必须有人观察水冷系统工作状态外，还必须确保有人守在紧急开关旁，可随时按下开关，使系统刹车。

（1）检验要点：

1）检查固定冷却器的螺栓。

2）清除冷却器的脏物。

3）使用冰点仪核验冷却剂所要求的防冻性。

4）查看压力表，核验系统压力。

5）核查所有管接头的密封性。

6）检查所有软管和螺栓连接是否连接紧固。

7）检查连接软管是否存在老化、裂纹等现象。

（2）密封性检查。如果发现管路漏水，立即关闭所有管路阀门进行修理，如压力不足通过手动泵补充防冻液。防冻液型号可参考相关设备说明书。

（3）紧固件检查。检查所有水冷系统固定用螺栓是否紧固。

9. 主机架

（1）表面清洁。检查主机架表面是否清洁。

（2）目检防腐。检查表面涂漆是否有脱落现象。

（3）焊缝的检查。目检主机架上的焊缝，如果在随机检查中发现有焊缝，则必须做标记和记录，如果下次检查发现长度有变化，则必须进行补焊。焊接完成后，下次检查时应注意此焊缝。

（4）非紧固件的检查与维护。检查弹性支撑是否存在磨损、裂纹等现象。

目检主机架各部件外形尺寸，注意踏板及梯子。若有变形损坏的，应及时修复或更换。

检查逃生支架安装是否牢靠。

（5）小吊车检查。检查小吊车安装是否牢固。测试小吊车功能是否正常。

（6）紧固件检查与维护。机架悬臂如图12－12所示，以规定力矩检查机架悬臂（一）的螺栓是否松动。

主机架和发电机底座如图12－13所示，以规定力矩检查主机架和发电机底座连接的螺栓是否松动。

主机架上连接机舱罩的弹性支撑如图12－14所示，检查主机架上连接机舱罩的弹性支撑的螺栓2是否松动。

机舱罩上连接弹性支撑如图12－15所示，检查机舱罩上连接弹性支撑的螺栓是

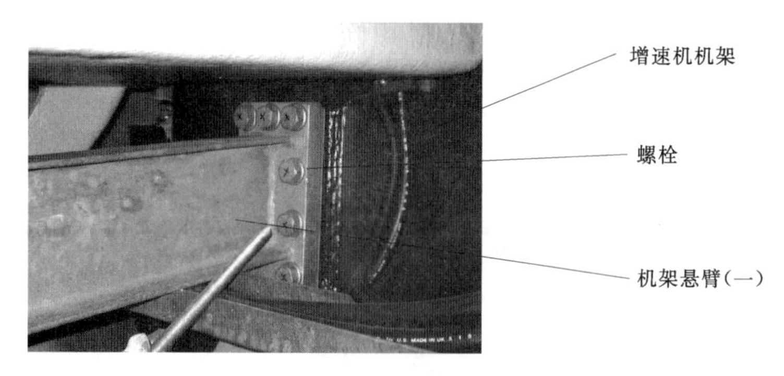

图 12-12　机架悬臂（一）

图 12-13　主机架和发电机底座

图 12-14　主机架上连接机舱罩的弹性支撑

否松动。

机架悬臂（二）如图 12-16 所示，检查连接到发电机底座的机架悬臂（二）的螺栓是否松动。

机架的壳体悬挂如图 12-17 所示，检查主机架的壳体吊挂的螺栓是否松动。

（7）附属零部件的紧固件检查。检查紧固主机架上其余附属零部件安装的螺栓，附属零部件包括小吊车悬臂、机舱梯子、电缆夹、线缆支架、联轴器罩子、避雷单元、所有踏板等。

10. 偏航系统

（1）表面检查与维护：

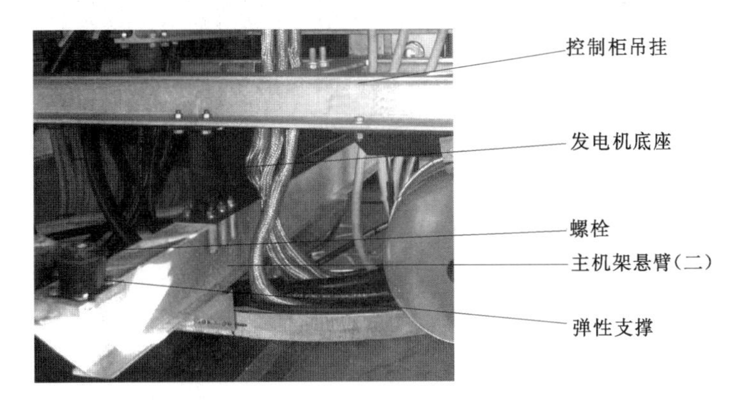

图 12-15 机舱罩上连接弹性支撑

图 12-16 机架悬臂（二）

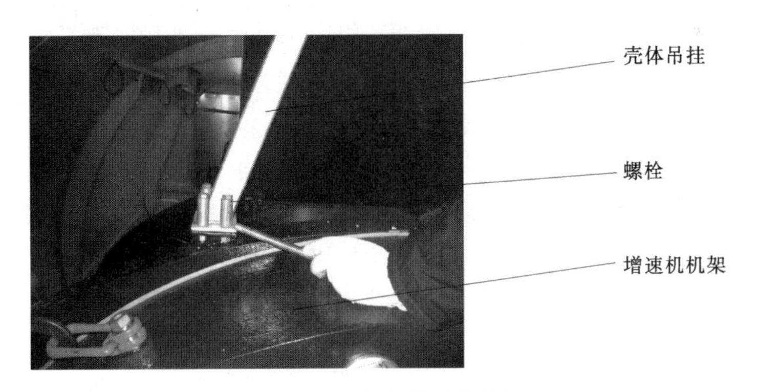

图 12-17 机架的壳体吊挂

1）偏航系统动作时检查是否有噪声。

2）停机检查偏航卡爪和齿圈外表是否有污物，如有应及时清理。

3）检查偏航减速箱是否存在油液渗漏现象。

4）检查电缆缠绕情况、绝缘皮磨损情况。

5）打开齿圈上部盖板检查齿圈是否清洁。

（2）偏航齿圈与塔筒连接螺栓。以规定的力矩检查偏航齿圈与塔筒连接螺栓，每检查完一个，用记号笔在螺栓头处做一个圆圈记号。

(3) 将偏航卡爪装配到主机架上用的螺栓。以规定的力矩检查用于将主机架装配到偏航卡爪上用的螺栓，每检查完 1 个，用记号笔在螺栓头处做 1 个圆圈记号。每个偏航卡爪的连接螺栓应至少抽检 1 个。

(4) 安装扁钢用螺栓（扁钢位置：偏航卡爪侧面滑动垫两侧）。检查安装扁钢用螺栓是否松动。

(5) 偏航驱动装置与主机架连接螺栓。

(6) 以规定的力矩检查偏航驱动装置与主机架连接螺栓是否松动，每检查完一个，用记号笔在螺栓头处做一个圆圈记号。

(7) 偏航卡爪预紧螺栓。检查偏航噪音及偏航功率，如噪音过大，调整偏航卡爪预紧螺栓。首先旋松锁紧螺母，再旋松预紧螺栓，然后手动拧紧至不能旋动为止，然后使用开口扳手将调整螺栓拧紧 240°，然后使用力矩扳手以 300N·m 的力矩将锁紧螺母锁紧。必须对角调整各个偏航卡爪上的预紧螺栓。

注意：调整螺栓拧紧角度因季节、空气湿度等的差异而不同。

(8) 偏航驱动电机检查与维护：

1) 检查电机外部表面是否有油漆脱落或者腐蚀现象。

2) 检查电机有无异常噪声。

3) 检查电缆接线有无表皮损坏等，若有及时修补或更换。

4) 打开接线盒检查电机接线是否松动。

(9) 偏航减速箱检查与维护。每个减速箱有一个外置的油位计，用于检查油位。当油位低于正常油位时，旋开加油螺塞补充规定型号的润滑油。

润滑油不满足要求时，旋开排油螺塞将润滑油从螺塞孔放出，用清洗剂清洗后从加油孔注入规定型号的润滑油到规定位置。润滑油型号及用量参见附件一。

检查偏航减速箱是否有漏油现象，若有渗漏现象，则说明密封出现问题，需要修理。另外还要检查是否有异常的偏航噪声。

(10) 小齿轮与回转齿圈检查与维护。4 个小齿轮分别与偏航减速箱连接在一起，与同一个偏航齿圈啮合。为了使得偏航位置精确且无噪声，定期用塞尺检查啮合齿轮副的侧隙，要保证侧隙在 0.7～1.3mm 之间，若不满足要求，则将主机架与驱动装置连接螺栓拆除，缓慢转动变桨减速箱，直到得到合适的间隙，然后以规定的力矩拧紧螺栓。

检查轮齿齿面的腐蚀、破坏情况，检查是否有杂质渗入齿轮间隙，如有则立即清除。检查大齿圈与小齿轮的啮合齿轮副是否需要涂抹润滑脂，如需要，涂抹规定型号的润滑脂。

(11) 滑动衬垫检查与维护：

1) 由于滑动衬垫具有自润滑性，无须加注润滑脂。

2) 定期检查滑动衬垫的磨损情况，上下衬垫厚度必需大于 5mm。

3) 检查侧面滑动衬垫，滑动衬垫厚度必需大于 2mm。

4) 检查侧面滑动衬垫与大齿圈之间间隙，应在 0.2～0.25mm。

(12) 扭缆传感器。扭缆传感器是防止电缆缠绕而设置的凸轮开关，当机舱偏

航旋转圈数达到预定值时，扭缆传感器发出信号，机组停机并自动解缆。

检查凸轮开关安装螺栓是否松动。

(13) 零部件维修时的拆装。拆卸和安装前必须确保风力发电机组处于停机状态，叶片位于顺桨位置，且叶轮锁锁定。

(14) 驱动装置的维修。若驱动电机损坏可单独将电机拆下维修，去掉接线后，旋松安装螺栓，借助吊葫芦将驱动电机垂直吊起放到机舱罩底板上或者借助小吊车放回地面维修。待维修完成后用原安装方法重新安装到原来位置，并以规定力矩把紧。

(15) 滑动垫片更换。下滑动衬垫及侧面滑动衬垫的更换相对上滑动衬垫较为容易，先将主机架与大齿圈采用专用工装稳定好，将偏航卡爪拆下更换即可。更换时衬垫表面一定要清理干净。

上滑动衬垫的拆装维修较为复杂，需要借助液压千斤顶，将千斤顶放于偏航齿圈上，靠近叶轮一侧的偏航驱动装置附近，将一根圆钢穿于两侧的偏航驱动装置下部的主机架圆孔中，拆除连接螺栓后用千斤顶将主机架微微顶起，滑垫保持装置可以取出即可。待滑动衬垫更换完后借助千斤顶重新将滑动衬垫及偏航卡爪安装好，并将螺栓以规定力矩把紧，然后重新调整调节螺栓。

11. 塔筒

(1) 非紧固件的检查维护：

1) 检查塔筒内是否有污物，如有应及时清理干净。

2) 检查塔基控制柜安装螺栓是否松动。

3) 检查塔基控制柜底部密封是否完好。

4) 目检塔筒门外梯子，确保正常。

5) 检查塔门是否完好，如有损坏应尽快修补或更换。

6) 检查塔筒各涂漆件是否有油漆脱落现象，如有应及时补上。

7) 检查塔筒照明是否正常，及时修复、更换各老化、损坏的电气元件，确保电气系统各元件工作正常。

8) 仔细检查钢丝绳和安全锁扣，确保钢丝绳拉紧、稳固，安全锁扣结构正常没有损坏。

9) 检查灭火器支架外形结构是否正常，灭火器是否在有效使用日期内。如有问题应及时修理或更换。

10) 确保救助箱内物品完整，如有缺少部分，应及时补充。

11) 检查梯子的外形结构，如果有变形应及时修复。

12) 检查各段平台，注意护栏、盖板，如有变形或损坏应及时修复或更换。

13) 检查塔筒法兰处的接地线，确保接地正常。

14) 检查塔筒内电缆有无下坠现象。

15) 检查塔筒内接线盒是否牢固。

(2) 焊缝检查。目检塔筒中的焊缝，如果在随机检查中发现有焊接缺陷，则必须做标记和记录，如果下次检查发现长度有变化，则必须进行补焊。注意在塔筒法

兰和筒体之间过渡处的横向焊缝检查以及门框和筒体之间过渡处的连续焊缝检查。

(3) 检查法兰连接螺栓。以规定的力矩，检查连接各段塔筒间法兰的螺栓。每检查完一个，用记号笔在螺栓头处做一个圆圈记号。

(4) 塔筒附件螺栓：

1) 检查门外梯子、塔筒门安装螺栓是否松动。

2) 检查固定各层平台的螺栓是否松动。

3) 检查塔筒附件安装螺栓是否松动，塔筒附件包括电缆夹、电缆改向装置、电缆管支架。

12. 罩体

(1) 外表检查与维护：

1) 检查机舱罩及轮毂罩是否有损坏、裂纹，如有及时修复。

2) 检查罩体内是否渗入雨水，如有则清除雨水并找出渗入位置。

3) 检查罩体内雷电保护线路接线是否牢靠。

4) 检查避雷针安装是否牢靠。

5) 检查紧急逃生孔盖板是否牢靠。

(2) 螺栓检验：

1) 检查机舱罩各组成部分之间连接用螺栓是否松动。

2) 检查轮毂罩连接用螺栓是否松动。

3) 检查机舱照明灯是否安装牢固，工作是否正常。

(3) 航空灯的检查维护（可选）。检查航空灯接线是否稳固，工作是否正常，电缆绝缘皮有无损坏腐蚀，如有则及时修复或者更换。

(4) 风速风向仪检查维护。检查连接线路接线是否稳固，信号传输是否准确，电缆绝缘皮有无损坏或磨损，如有则及时更换。

(5) 修复。当机舱罩有小范围的损坏或者裂纹时经用户批准，可直接由专业技术人员停机进行修复，当损坏范围较大或者影响到风机的正常工作时，应交由罩体生产商进行修复。

13. 低温系统

为了保持机舱内温度满足机组运行条件，有些低温型机组增加加热器等部件。

(1) 外表检查与维护：

1) 检查加热器表面是否清洁，是否存在防腐层脱落现象。

2) 检查加热器电缆是否完好。

3) 检查加热器风扇功能是否正常。

(2) 加热器/主机架螺栓检验。检查加热器/主机架螺栓是否松动。

14. 液压系统

(1) 设备的检查。启动前检查油位是否正常，行程开关和限位块是否紧固，手动和自动循环是否正常，电磁阀是否处于原始状态等。

设备运行中监视工况的项目有：系统压力是否稳定并在规定范围内，设备有无异常振动和噪声，油温是否在允许范围内（一般为 35～55℃范围内，不得大于

60℃)，有无漏油。

(2) 液压油。液压系统的介质是液压油，一般采用专门用于液压系统的矿物油。对于液压系统，油液的清洁十分重要。液压系统中的油液或添加到液压系统中的油液必须经常过滤，即使初次用的新油也要过滤。

附录：风 力 发 电 词 汇

结构参数

1. 风力机　wind turbine
2. 风力发电机组 wind turbine generator system （WTGS）
3. 风电场　wind power station；wind farm
4. 水平轴风力机　horizontal axis wind turbine
5. 垂直轴风力机　vertical axis wind turbine
6. 轮毂（风力机）　hub（for wind turbines）
7. 机舱　nacelle
8. 支撑结构（风力机）support structure（for wind turbine）
9. 关机（风力机）shutdown（for wind turbine）
10. 紧急关机（风力机）emergency shutdown（for wind turbine）
11. 空转（风力机）idling（for wind turbine）
12. 锁机（风力机）blocking（for wind turbine）
13. 停机（风力机）parking
14. 静止 standstill
15. 制动器（风力机）brake（for wind turbine）
16. 停机制动（风力机）parking brake（for wind turbine）
17. 风轮转速（风力机）rotor speed（for wind turbine）
18. 控制系统（风力机）control system（for wind turbine）
19. 保护系统（风力发电系统）protection system（for WTGS）

设计和安全参数

20. 设计工况 design situation
21. 载荷情况　load case
22. 外部条件（风力机）　external conditions（for wind turbine）
23. 设计极限　design limits
24. 极限状态　limit state
25. 安全寿命　safe life

风特性

26. 风速　wind speed
27. 风矢量　wind velocity
28. 额定风速（风力机）rated wind speed（for wind turbine）

29. 切入风速　cut – in wind speed
30. 切出风速　cut – out wind speed
31. 年平均　annual average
32. 年平均风速　annual average wind speed
33. 平均风速　mean wind speed
34. 极端风速　extreme wind speed
35. 风切变 wind shear
36. 下风向　down wind
37. 上风向　up wind
38. 阵风　gust
39. 粗糙长度　roughness length
40. 湍流强度　turbulence intensity
41. 风场　wind site
42. 测量参数　measurement parameters
43. 测量位置　measurement seat
44. 最大风速　maximum wind speed
45. 风功率密度　wind energy density
46. 阵风影响　gust influence
47. 环境　environment
48. 气候　climate
49. 海洋气候　ocean climate
50. 室内气候　indoor climate
51. 极端　extreme
52. 极端最高　extreme maximum
53. 年最高　annual maximum
54. 月平均温度　mean monthly temperature
55. 空气湿度　air humidity
56. 绝对湿度　absolute humidity
57. 相对湿度　relative humidity
58. 雨　rain
59. 冻雨　freezing rain
60. 雾凇；霜　rime
61. 雾　fog
62. 盐雾　salt fog
63. 标准大气压　standard air pressure
64. 平均海平面　mean sea level
65. 太阳辐射　solar radiation
66. 直接太阳辐射　direct solar radiation

67. 天空辐射　sky radiation
68. 太阳常数　solar constant
69. 黑体　black body
70. 白体　white body
71. 温室效应　greenhouse effect
72. 表面温度　surface temperature

与电网连接

73. 输出功率（风力发电机组）　output　power
74. 额定功率（风力发电机组）　rated power

功率特性测试

75. 功率特性　power performance
76. 功率系数　power coefficient
77. 扫掠面积　swept area
78. 测量功率曲线　measured power
79. 可利用率（风力发电机组）　availability（for WTGS)
80. 数据组（测试功率特性）　data set（for power performance measurement)
81. 精度（风力发电机组）　accuracy（for WTGS)
82. 测量误差　uncertainty in measurement
83. 测量周期　measurement period
84. 实验场地　test site
85. 气流畸变　flow distortion
86. 障碍物　obstacles
87. 风障　wind break
88. 声压级　sound pressure level
89. 声级　weighted sound pressure level；sound level
90. 值向性（风力发电机组）　directivity（for WTGS)
91. 音值　tonality
92. 风的基准风速　acoustic reference wind speed
93. 标准风速　standardized wind speed
94. 基准高度　reference height
95. 基准粗糙长度 reference roughness length
96. 基准距离　reference distance
97. 掠射角　grazing angle
98. 比恩法　method of bins
99. 标准误差　standard uncertainly
100. 风能利用系数　rotor power coefficient
101. 力矩系数　torque coefficient

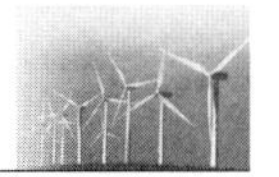

102. 额定力矩系数　rated torque coefficient
103. 起动力矩系数　starting torque coefficient
104. 最大力矩系数　maximum torque coefficient
105. 过载度　ratio of over load
106. 风力发电机组输出特性　output characteristic of WTGS
107. 调节特性　regulating characteristics
108. 平均噪声　average noise level
109. 机组效率　efficiency of WTGS
110. 机组寿命　service life
111. 度电成本　cost per kilowatt hour of the electricity generated by WTGS

风轮

112. 风轮　wind rotor
113. 风轮直径　rotor diameter
114. 风轮扫掠面积　rotor swept area
115. 风轮仰角　tilt angle of rotor shaft
116. 风轮偏航角　yawing angle of rotor shaft
117. 风轮额定转速　rated turning speed of rotor
118. 风轮最高转速　maximum turning speed of rotor
119. 风轮尾流　rotor wake
120. 尾流损失　wake losses
121. 风轮稳定　rotor stability
122. 实度损失　the degree of actual loss
123. 叶片数　number of blades
124. 叶片　blade
125. 等截面叶片　constant chord blade
126. 变截面叶片面积　variable chord blade
127. 叶片投影面积　projected area of blade
128. 叶片长度　length of blade
129. 叶根　root of blade
130. 叶尖　tip of blade
131. 叶尖速度　tip speed
132. 桨距角　pitch angle
133. 翼型　airfoil
134. 前缘　leading edge
135. 后缘　tailing edge
136. 几何弦长　geometric chord of airfoil
137. 平均几何弦长　mean geometric chord of airfoil
138. 气动弦线　aerodynamic chord of airfoil

139. 翼型厚度　thickness of airfoil
140. 翼型相对厚度　relative thickness of airfoil
141. 厚度函数　thickness function of airfoil
142. 翼型族　the family of airfoil
143. 叶片根梢比　ratio of tip - section chord to root - section chord
144. 叶片展弦比　aspect ratio
145. 叶片安装角　setting angle of blade
146. 叶片扭角　twist of blade
147. 叶片几何攻角　angle of attack of blade
148. 叶尖损失　tip losses
149. 叶片损失　blade losses
150. 颤振　flutter
151. 迎风机构　orientation mechanism
152. 调速机构　regulating mechanism
153. 风轮偏侧式调速机构　regulating mechanism of turning wind rotor out of the wind sideward
154. 变桨距调节机构　regulating mechanism by adjusting the pitch of blade
155. 导流罩　nose
156. 顺桨　feathering
157. 阻尼板　spoiling flap
158. 风轮空气动力特性　aerodynamic characteristics
159. 叶尖速比　tip - speed ratio
160. 额定叶尖速比　rated tip - speed ratio
161. 升力系数　lift coefficient
162. 阻力系数　drag coefficient
163. 推或拉力系数　thrust coefficient

传动系统

164. 传动比　transmission ratio
165. 齿轮　gear
166. 齿轮副　gear pair
167. 平行轴齿轮副　gear pair with parallel axes
168. 齿轮系　train of gears
169. 行星齿轮系　planetary gear train
170. 小齿轮　pinion
171. 大齿轮　wheel gear
172. 主动齿轮　driving gear
173. 从动齿轮　driven gear
174. 行星齿轮　planet gear

175. 行星架　planet carrier
176. 太阳轮　sun gear
177. 内齿圈　ring gear
178. 外齿轮　external gear
179. 内齿轮　internal gear
180. 内齿轮副　internal gear pair
181. 增速齿轮副　speed increasing gear pair
182. 增速齿轮系　speed increasing gear train
183. 中心距离　center distance
184. 增速比　speed increasing ratio
185. 齿面　tooth flank
186. 工作齿面　working flank
187. 非工作齿面　non – working flank
188. 模数　module
189. 齿数　number of teeth
190. 啮合　engagement；mesh
191. 齿轮的变位　addendum modification on gear
192. 变位齿轮　gear with addendum modification
193. 圆柱齿轮　cylindrical gear
194. 直齿圆柱齿轮　spur gear
195. 斜齿圆柱齿轮　helical gear；single – helical gear
196. 节点　pitch point
197. 节圆　pitch circle
198. 齿顶圆　tip circle
199. 齿根圆　root circle
200. 直径和半径　diameter and radius
201. 齿宽　face width
202. 齿厚　tooth thickness
203. 压力角　pressure angle
204. 蜗杆　worm
205. 涡轮　worm wheel
206. 联轴器　coupling
207. 刚性联轴器　rigid coupling
208. 万向联轴器　universal coupling
209. 安全联轴器　security coupling
210. 齿　tooth
211. 齿槽　tooth space
212. 斜齿轮　helical gear

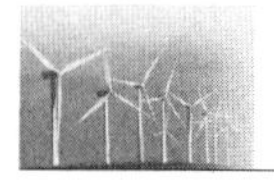

213. 人字齿轮　double - helical gear
214. 齿距　pitch
215. 法向齿距　normal pitch
216. 齿高　tooth depth
217. 输入轴　input shaft
218. 输出轴　output shaft
219. 柱销　pin
220. 柱销套　roller
221. 行星齿轮传动机构　planetary gear drive mechanism
222. 中心轮　center gear
223. 单级行星齿轮系　single planetary gear train
224. 多级行星齿轮系　multiple - stage planetary gear train
225. 柔性齿轮　flexible
226. 刚性齿轮　rigidity gear
227. 柔性滚动轴承　flexible rolling bearing
228. 输出连接　output coupling
229. 刚度　rigidity
230. 扭转刚度　torsional rigidity
231. 扭转刚度系数　coefficient of torsional rigidity
232. 起动力矩　starting torque
233. 传动误差　transmission error
234. 传动精度　transmission accuracy
235. 固有频率　natural frequency
236. 弹性连接　elastic coupling
237. 刚性连接　rigid coupling
238. 滑块连接　Oldham coupling
239. 固定连接　integrated coupling
240. 齿啮式连接　dynamic coupling
241. 花键连接　splined coupling
242. 牙嵌式连接　castellated coupling
243. 径向销连接　radial pin coupling
244. 周期振动　periodic vibration
245. 随机振动　random vibration
246. 峰值　peak value
247. 临界阻尼　critical damping
248. 阻尼系数　damping coefficient
249. 阻尼比　damping ratio
250. 减震器　vibration isolator

251. 幅值　amplitude
252. 位移幅值　displacement amplitude
253. 速度幅值　velocity amplitude
254. 加速度幅值　acceleration amplitude

发电机

255. 同步发电机　synchronous generator
256. 异步发电机　asynchronous generator
257. 感应电机　induction generator
258. 转差率　slip
259. 瞬态电流　transient current
260. 笼型　cage
261. 绕线转子　wound rotor
262. 绕组系数　winding factor
263. 换向器　commutator
264. 集电环　collector ring
265. 换向片　commutator segment
266. 励磁响应　excitation response

制动系统

267. 制动系统　braking system
268. 制动机构　brake mechanism
269. 正常制动系　normal braking system
270. 紧急制动系　emergency braking system
271. 空气制动系　air braking system
272. 液压制动系　hydraulic braking system
273. 电磁制动系　electromagnetic braking system
274. 机械制动系　mechanical braking system
275. 辅助装置　auxiliary device
276. 制动器释放　braking releasing
277. 制动器闭合　brake setting
278. 液压缸　hydraulic cylinder
279. 溢流阀　relief valve
280. 泄油　drain
281. 齿轮马达　gear motor
282. 齿轮泵　gear pump
283. 电磁阀　solenoid valve
284. 液压过滤器　hydraulic filter
285. 液压泵　hydraulic pump

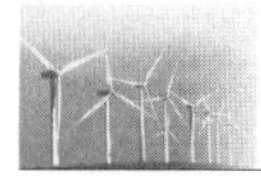

286. 液压系统　hydraulic system
287. 油冷却器　oil cooler
288. 压力控制阀　pressure control valve
289. 安全阀　safety valve
290. 设定压力　setting pressure
291. 切换　switching
292. 旋转接头　rotating union
293. 压力表　pressure gauge
294. 液压油　hydraulic fluid
295. 液压马达　hydraulic motor
296. 油封　oil seal
297. 刹车盘　brake disc
298. 闸垫　brake pad
299. 刹车油　brake fluid
300. 闸衬片　brake lining

偏航系统

301. 滑动制动器　sliding shoes
302. 偏航　yawing
303. 主动偏航　active yawing
304. 被动偏航　passive yawing
305. 偏航驱动　yawing driven
306. 解缆　untwist

塔架

307. 塔架　tower
308. 独立式塔架　free stand tower
309. 拉索式塔架　guyed tower
310. 塔影效应　influence by the tower shadow

控制与监测系统

311. 远程监视　telemonitoring
312. 协议　protocol
313. 实时　real time
314. 单向传输　simplex transmission
315. 半双工传输　half - duplex transmission
316. 双工传输　duplex transmission
317. 前置机　front end processor
318. 运动终端　remote terminal unit (RUT)
319. 调制解调器　modern

320. 数据终端设备　date terminal equipment
321. 接口　interface
322. 数据电路　date circuit
323. 信息　information
324. 状态信息　state information
325. 分接头位置信息　tap position information
326. 监视信息　monitored information
327. 事件信息　event information
328. 设备故障信息　equipment failure information
329. 返回信息　return information
330. 告警　alarm
331. 设定值　set point valve
332. 瞬时测量　instantaneous measured
333. 计量值　counted measured ; metered measured ; metered reading
334. 确认　acknowledgement
335. 信号　signal
336. 模拟信息　analog signal
337. 命令　command
338. 字节　byte
339. 位：比特　bit
340. 地址　address
341. 波特　BD
342. 编码　encode
343. 译码　decode
344. 代码　code
345. 集中控制　centralized control
346. 可编程序控制　programmable control
347. 微机程制　minicomputer program control
348. 模拟控制　analogue control
349. 数字控制　digital control
350. 强电控制　strong current control
351. 弱电控制　weak current control
352. 单元控制　unit control
353. 就地控制　local control
354. 联锁装置　interlocker
355. 模拟盘　analogue board
356. 配电盘　switch board
357. 控制台　control desk

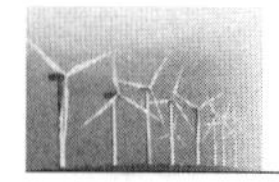

358. 紧急停车按钮　emergency stop push - button
359. 限位开关　limit switch
360. 有载指示灯　on - load indicator
361. 位置指示灯　position indicator
362. 屏幕显示　screen display
363. 指示灯　display lamp
364. 起动信号　starting signal
365. 公共供电点　point of common coupling
366. 闪变　flicker
367. 数据库　data base
368. 硬件　hardware
369. 硬件平台　hardware platform
370. 层　layer ; level ; class
371. 模型　model
372. 响应时间　response time
373. 软件　software
374. 软件平台　software platform
375. 系统软件　system software
376. 自由脱扣　trip - free
377. 基准误差　basic err
378. 一对一控制方式　one - to - one control mode
379. 一次电流　primary current
380. 一次电压　primary voltage
381. 二次电流　secondary current
382. 二次电压　secondary voltage
383. 低压电器　low voltage
384. 额定工作电压　rated operational voltage
385. 运行管理　operation management
386. 安全方案　safety
387. 外部条件　external condition (for WTGS)
388. 失效　failure
389. 故障　fault
390. 控制柜　control cabinet
391. 冗余技术 redundance
392. 正常关机　normal shutdown (for wind turbine)
393. 失效-安全　fail - safe
394. 排除故障　clearance
395. 空转　idling (for wind turbine)

396. 外部动力　external power supply
397. 锁定装置　locking set
398. 临界转速　activation rotational speed
399. 最大转速　maximum rotational speed
400. 过载功率　over power (for wind turbine)
401. 临界功率　activation power　(for wind turbine)
402. 最大功率　maximum power　(for wind turbine)
403. 外联机试验　field test with turbine
404. 试验台　test - bed
405. 台架试验　test on bed
406. 防雷系统　lighting protection system (LPS)
407. 外部防雷系统　external lighting protection system
408. 内部防雷系统　internal lighting protection system
409. 接闪器　air - termination system
410. 等电位连接　equipotential bonding
411. 引下线　down - conductor
412. 接地装置　earth - termination system
413. 接地线　earth conductor
414. 接地体　earth electrode
415. 环行接地体　ring earth electrode
416. 基础接地体　foundation earth electrode
417. 等电位连接带　bonding bar
418. 等电位连接导体　bonding conductor
419. 保护等级　protection lever
420. 防雷区　lightning protection zone
421. 雷电流　lightning current
422. 电涌保护区　surge suppressor
423. 共用接地系统　common earthing system
424. 接地基准点　earthing reference point (ERP)
425. 持续运行　continuous operation
426. 持续运行的闪变系数　flicker coefficient for continuous operation
427. 闪变阶跃系数　flicker step factor
428. 最大允许功率　maximum permitted power
429. 最大测量功率　maximum measured power
430. 电网阻抗相角 network impedance phase angle
431. 正常运行　normal operation
432. 功率采集系统　power collection system
433. 额定电流　rated current

434. 额定无功功率　rated reactive power
435. 停机　standstill
436. 起动　start up
437. 切换运行　switching operation
438. 风力机最大功率　maximum power of wind turbine
439. 风力机停机　parked wind turbine
440. 安全系数　safety system
441. 控制装置　control device
442. 额定负载　rated load
443. 周期　period
444. 相位　phase
445. 频率　frequency
446. 阻尼　damping
447. 电　electricity
448. 电的　electric
449. 电流　electric current
450. 导电性　conductivity
451. 电压　voltage
452. 电磁感应　electromagnetic induction
453. 励磁　excitation
454. 电阻率　resistivity
455. 导体　conductor
456. 半导体　semiconductor
457. 电路　electric circuit
458. 串联电路　series circuit
459. 电容　capacitance
460. 电感　inductance
461. 电阻　resistance
462. 阻抗　impedance
463. 电抗　reactance
464. 传递比　transfer ration
465. 交流电压　alternating voltage
466. 交流电流　alternating current
467. 脉动电压　pulsating voltage
468. 脉动电流　pulsating current
469. 直流电压　direct voltage
470. 直流电流　direct current
471. 瞬时功率　instantaneous power

472. 有功功率　active power
473. 无功功率　reactive power
474. 有功电流　active current
475. 无功电流　reactive current
476. 功率因数　power factor
477. 中性点　neutral point
478. 相序　sequential order of the phase
479. 电气元件　electrical device
480. 接线端子　terminal
481. 电极　electrode
482. 地　earth ; ground
483. 接地电路　resistance of an earthed conductor
484. 绝缘子　insulator
485. 绝缘套管　insulating bushing
486. 母线　busbar
487. 线圈　coil
488. 螺线管　solenoid
489. 绕组　winding
490. 电阻器　resistor
491. 电感器　inductor
492. 电容器　capacitor
493. 继电器　relay
494. 电能转换器　electric energy transducer
495. 电机　electric machine
496. 发电机　generator
497. 电动机　motor
498. 变压器　transformer
499. 变流器　converter
500. 变频器　frequency converter
501. 整流器　rectifier
502. 逆变器　inverter
503. 传感器　sensor
504. 耦合器　electric coupling
505. 放大器　amplifier
506. 振荡器　oscillator
507. 滤波器　filter
508. 触头　contact
509. 开关设备　switchgear

510. 控制设备　controlgear
511. 闭合电路　closed circuit
512. 断开电路　open circuit
513. 通断　switching
514. 联结　connection
515. 串联　series connection
516. 并联　parallel connection
517. 星型联结　star connection
518. 三角形联结　star connection
519. 主电路　main circuit
520. 辅助电路 auxiliary circuit
521. 控制电路　control circuit
522. 信号电路　signal circuit
523. 保护电路　protective circuit
524. 换向　commutation
525. 输入功率　input power
526. 输入　input
527. 输出　output
528. 负载　load
529. 加载　to load
530. 充电　to charge
531. 放电　to discharge
532. 有载运行　on－load operation
533. 空载运行　no－load operation
534. 开路运行　open－circuit operation
535. 短路运行　short－circuit operation
536. 满载　full load
537. 效率　efficiency
538. 损耗　loss
539. 过电压　over－voltage
540. 过电流　over circuit
541. 欠电压　under－voltage
542. 特性　characteristic
543. 绝缘物　insulant
544. 隔绝　to isolate
545. 绝缘电阻　insulation resistance
546. 泄漏电流　leakage current
547. 短路　short circuit

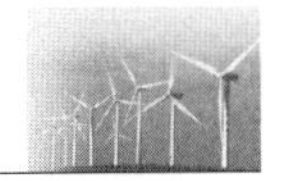

548. 噪音　noise
549. 额定值　rated value
550. 环境条件　environment condition
551. 工况　operating condition
552. 额定工况　rated condition
553. 极限数　limiting value
554. 绝缘比　insulation level
555. 负载比　duty ratio
556. 抽样试验　sampling test
557. 维护试验　maintenance test
558. 投运试验　commissioning test
559. 加速　accelerating
560. 特性曲线　characteristic curve
561. 额定电压　rated voltage
562. 额定频率　rated frequency
563. 额定转速　rated speed
564. 温升　temperature rise
565. 温度系数　temperature coefficient
566. 端电压　terminal voltage
567. 短路电流　short circuit current
568. 可靠性　reliability
569. 有效性　availability
570. 耐久性　durability
571. 维修　maintenance
572. 修复时间　repair time
573. 寿命　life
574. 寿命试验　life time
575. 使用寿命　useful life
576. 平均寿命　mean life
577. 耐久试验　endurance test
578. 可靠性测定试验　reliability determination
579. 现场可靠性试验　field reliability test
580. 加速试验　accelerated test
581. 安全性　fail safe
582. 应力　stress
583. 强度　strength
584. 试验数据　test data
585. 现场数据　field data

586. 电触头 electrical contact
587. 主触头 main contact
588. 击穿 breakdown
589. 电线电缆 electrical wire and cable
590. 电力电缆 power cable
591. 通信电缆 telecommunication cable ; communication cable
592. 油浸式变压器 oil－immersed type transformer
593. 干式变压器 dry－type transformer
594. 自耦变压器 auto－transformer
595. 空载电流 non－load current
596. 阻抗电压 impedance voltage
597. 电抗电压 reactance voltage
598. 电阻电压 resistance voltage
599. 配电电器 distributing apparatus
600. 控制电器 control apparatus
601. 开关 switch
602. 熔断器 fuse
603. 断路器 circuit breaker
604. 控制器 controller
605. 接触器 contactor
606. 机械寿命 mechanical endurance
607. 电气寿命 electrical endurance
608. 旋转电机 electrical rotating machine
609. 直流电机 direct current machine
610. 交流电机 alternating current machine
611. 同步电机 synchronous machine
612. 异步电机 asynchronous machine
613. 感应电机 induction machine
614. 开路特性 open－circuit characteristic
615. 负载特性 load characteristic
616. 短路特性 short－circuit characteristic
617. 额定转矩 rated load torque
618. 同步转速 synchronous speed
619. 转差率 slip
620. 短路比 short－circuit ratio
621. 同步系数 synchronous speed
622. 空载 no－load
623. 系统 system

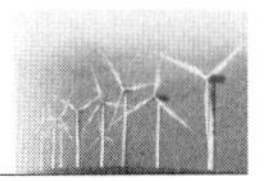

624. 正常状态　normal condition
625. 接触电压　touch voltage
626. 跨步电压　step voltage
627. 对地电压　voltage to earth
628. 安全阻抗　safer impedance
629. 安全距离　safe distance
630. 安全标志　safe marking
631. 安全色　safety color
632. 中性点有效接地系统　system with effectively earthed neutral
633. 检修接地　inspection earthing
634. 工作接地　working earthing
635. 保护接地　protective earthing
636. 过电压保护　over voltage protection
637. 过电流保护　over current protection
638. 断相保护　open - phase protection

附加词汇

639. 电力电子器件　power electronic device
640. 晶闸管　thyratron
641. 电力二极管　power diode
642. 半导体整流器　semiconductor rectifier（SR）
643. 绝缘栅双极晶体管　insulated - gate bipolar transistor（IGBT）
644. 普通二极管（整流二极管）　general purpose diode

参 考 文 献

［1］ 叶杭冶. 风力发电机组检测与控制［M］. 北京：机械工业出版社，2011.

［2］ 马宏忠，等. 风力发电机及其控制［M］. 北京：中国水利水电出版社，2016.

［3］ 贺益康，胡家兵，徐烈. 并网双馈异步风力发电机运行控制［M］. 北京：中国电力出版社，2012.

［4］ 霍志红，郑源，等. 风力发电机组控制［M］. 北京：中国水利水电出版社，2014.

［5］ 王承煦，张源. 风力发电［M］. 北京：中国电力出版社，2002.

［6］ Tapia A，Tapia G，Ostolaza J X. Reactive power control of wind farms for voltage control applications［J］. Renewable Energy，2004，29：377－392.

［7］ Bendtsen J D，Trangbaek K. Discrete－time LPV current control of an induction motor［J］. IEEE Conference on Decision and Control，Dec 2003，6：5903－5908.

［8］ Fingersh L，Johnson K. Baseline results and future plans for the NREL controls advanced research turbine［M］. in Proc. 23rd ASME Wind Energy Symp.，87－93.

［9］ Johnson K，Fingersh L，Balas M，etc. Methods for increasing region power capture on a variable speed wind turbine［J］. Journal of Solar Energy Engineering，2004，126（4）：1092－1100，2004.

［10］ Song Y，Dhinakaran B，X. Bao，etc. Variable speed control of wind turbines using nonlinear and adaptive algorithms［J］. Journal of Wind Engineering，2000，85（3）：293－308.

［11］ 李建林，许洪华，等. 风力发电中的电力电子变流技术［M］. 北京：机械工业出版社，2008.

［12］ 姚兴佳，宋俊. 风力发电机组原理与应用［M］. 北京：机械工业出版社，2011.

［13］ 王毅，朱晓荣，赵书强. 风力发电系统的建模与仿真［M］. 北京：中国水利水电出版社，2015.

［14］ Bin Wu，Yongqiang Lang，Navie Zargari，Samir Kouro. 风力发电系统的功率变换与控制［M］. 北京：机械工业出版社，2012.

［15］ 叶杭冶. 风力发电机组的控制技术［M］. 北京：机械工业出版社，2002.

［16］ Bongers P M M. Modelling and Identification of Flexible Wind Turbine and a Fractrarizational Approach to Robust Control［D］. Delft University of Technology，1994.

［17］ M Steinbuch. Dynamic Modelling and Robust Control of a Wind Energy Conversion System［D］，1990.

［18］ Brice Beltran，tarek Ahmed－ali，Mohamed benbouzid. Silding mode power control of variable－speed wind energy conversion system［J］. IEEE Transactions on Energy Conversion，2008，23（2）：551－558.

［19］ Ekanayake J B，Holdsworth L Dynamic modeling of doubly fed induction generator wind turbines［J］. IEEE Transactions on Power Systems，2003，18（2）：803－809.

［20］ Arantxa Tapia，Gerardo Tapia. Modeling and Control of a Wind Turbine Driven Doubly Fed Induction Generator［J］. IEEE Transactions on Energy Conversion，2003，18（2）：194－204.

［21］ Dominguez Rubira S，McCulloch M D. Control method comparison of doubly fed wind gener-

ators connected to the grid by asymmetric transmission lines [J]. IEEE Transaction on Industry Applications, 2000, 36 (4): 986-991.

[22] 周东华，叶银忠. 现代故障诊断与容错控制 [M]. 北京：清华大学出版社，2000.

[23] 闻新，张洪钺，周露. 控制系统的故障诊断和容错控制 [M]. 北京：机械工业出版社，1998.

[24] 胡昌华，许化龙. 控制系统故障诊断与容错控制的分析和设计 [M]. 北京：国防工业出版社，2000.

[25] Patton R J, Chen J. A Robust Parity Space Approach to Fault Diagnosis Based on Optimal Eigenstructure Assignment. International Conference on Control [J]. Edinburgh, 1991, 2: 1056-1061.

[26] 梅生伟，申铁龙，刘康志. 现代鲁棒控制理论与应用 [M]. 北京：清华大学出版社，2003.

[27] 吉明，姚绪梁. 鲁棒控制系统 [M]. 哈尔滨：哈尔滨工程大学出版社，2002.

[28] Lima M L, Silvino J L. H_∞ Control for a Variable-speed Adjustable-pitch Wind Energy Conservation System [J]. IEEE Conference on Electronic and Computer Engineering, 1999, 16 (5): 556-561.

[29] Kraan I, Bongers P M M. Control of a Wind Turbine Using Serval Linear Robust Controller [J]. IEEE Conference on Decision and Control, 1993: 1928-1929.

[30] Patton R J, Chen J. Robust Low Norm Multirate Control Using Eigenstructure Assignment [J]. International Conference on Control, 1991, 2: 1165-1170.

[31] Patton R J, Chen J. Robust Fault Detection Using Eigenstructure Assignment: a Tutorial Consideration and Some New Results [J]. IEEE Conference on Decision and Control, 1991: 2242-2247.